普通高等教育一流本科专业建设成果教材

浙江省普通本科高校"十四五"重点立项建设教材

大气污染控制工程

（第二版）

王家德　成卓韦　陈景欢　编著

U0201836

化学工业出版社

·北京·

内容简介

《大气污染控制工程》（第二版）结合我国大气环境保护工作新思想、新要求，以及大气污染控制领域推出的新技术和新标准，根据本科教材建设新规范进行编写。主要修订的内容包括以二维码的形式拓展了当前环保政策、法律法规标准、工程技术案例等课程资源，增加了碳捕集、利用与封存章节，精简了《大气污染控制工程》（第一版）第八章气态化合物控制技术基础气体吸收和气体吸附两节部分内容，改写了绪论、氮氧化物污染控制、移动源废气污染控制等章节部分内容，总章数增至 16 章。每章附有大量例题和课后习题，方便读者使用。

本书可作为高等院校环境工程等相关专业的教材或教学参考书，也可供相关专业领域的从业人员参考。

图书在版编目（CIP）数据

大气污染控制工程 / 王家德，成卓韦，陈景欢编著.
2 版. -- 北京：化学工业出版社，2024. 10. --（普
通高等教育一流本科专业建设成果教材）. -- ISBN 978-
7-122-46016-5

Ⅰ. X510.6

中国国家版本馆 CIP 数据核字第 2024YL3384 号

责任编辑：满悦芝　赵玉清　郭宇婧　　　装帧设计：张　辉
责任校对：田睿涵

出版发行：化学工业出版社
　　　　　（北京市东城区青年湖南街 13 号　邮政编码 100011）
印　　刷：北京云浩印刷有限责任公司
装　　订：三河市振勇印装有限公司
787mm×1092mm　1/16　印张 20　字数 491 千字
2024 年 8 月北京第 2 版第 1 次印刷

购书咨询：010-64518888　　　售后服务：010-64518899
网　　址：http://www.cip.com.cn
凡购买本书，如有缺损质量问题，本社销售中心负责调换。

定　　价：68.00 元

前　　言

党的二十大报告指出，大自然是人类赖以生存发展的基本条件。尊重自然、顺应自然、保护自然，是全面建设社会主义现代化国家的内在要求。必须牢固树立和践行绿水青山就是金山银山的理念，站在人与自然和谐共生的高度谋划发展。深入推进环境污染防治。坚持精准治污、科学治污、依法治污，持续深入打好蓝天、碧水、净土保卫战。加强污染物协同控制，基本消除重污染天气。

《空气质量持续改善行动计划》提出，协同推进降碳、减污、扩绿、增长，以改善空气质量为核心，以减少重污染天气和解决人民群众身边的突出大气环境问题为重点，以降低细颗粒物（PM$_{2.5}$）浓度为主线，大力推动氮氧化物和挥发性有机物（VOCs）减排；开展区域协同治理……扎实推进产业、能源、交通绿色低碳转型，强化面源污染治理，加强源头防控，加快形成绿色低碳生产生活方式，实现环境效益、经济效益和社会效益多赢。

《大气污染控制工程》自 2019 年出版，受到广大读者的好评，已被众多高校使用。党的十八大以来，我国大气污染防治取得显著成效，产业结构转型、能源绿色低碳、科技支持能力不断得到提升加强，新理念、新技术、新政策不断推出。因此，现有的大气污染控制工程教材内容迫切需要作相应更新。

本书第二版编写遵照教育部本科教材建设实施方案，坚持思想性、系统性、科学性、生动性、先进性相统一，做到结构严谨、逻辑性强、体系完备，在延续第一版知识内容和章节编排的基础上，以二维码形式拓展了当前环保政策、法律法规标准、工程技术案例等课程资源，增加了碳捕集、利用与封存章节，将大气污染控制领域的全新科研成果补充到了教材中，丰富了资源内容，精简了《大气污染控制工程》（第一版）第八章气态化合物控制技术基础气体吸收和气体吸附两节部分内容，改写了绪论、氮氧化物污染控制、移动源废气污染控制等章节部分内容，总章数增至 16 章。每章附有大量例题和课后习题，方便读者使用。

全书由王家德、成卓韦、陈景欢编著，陈景欢负责二维码拓展、第十三章内容编写以及附录、图、表等更新。浙江工业大学环境学院多届研究生积极地为教材修订提出了建议，并参与资料收集和插图绘制，在此表示衷心的感谢。

由于编者水平有限，本书难免出现疏漏之处，欢迎读者提出宝贵意见。

作者

2024 年 4 月于杭州

第一版前言

进入 21 世纪，我国大气环境保护工作得到快速发展，大气污染控制领域的一些新技术、新标准也不断推出，目标控制污染物也从颗粒物、SO_2、NO_x 扩展到 VOCs 和 O_3。因此，迫切需要编写一本反映上述变化的《大气污染控制工程》新教材。

大气污染控制工程涵盖内容十分广泛，本书保留了传统大气污染控制工程的经典理论和基本知识，采用了最新的环保政策、法律法规和标准，充实了 VOCs 污染控制内容，设立了大气污染控制工程设计、H_2S 排放与控制、移动源废气污染控制、室内空气质量与控制等章节，配合例题和课后习题，方便读者使用。

大气污染控制工程设计是环保工程师履行保卫蓝天责任的重要工作。尽管相关污染控制装置和系统的设计内容在一些大气污染控制手册中有描述，但是，工程概念仍是工程师培养过程中十分重要的。因此，本书系统地阐述了大气污染控制系统的原理和工艺流程，描述了解决大气污染物控制的方法和技术，并给出了各种污染控制装置设计和运行的必要参数和数据，以满足环境专业学生工程设计训练要求。

本书力求概念准确、语言简洁、通俗易懂，并反映学科发展的前瞻性，可作为高等院校环境工程等相关专业的教材或教学参考书，也可供相关专业领域的从业人员参考。

本书编著过程参考的文献和资料列在参考文献中，在此对文献作者们表示衷心的感谢。由于作者水平有限，书中疏漏之处在所难免，欢迎读者提出宝贵意见。

作者
2019 年 3 月于杭州

目　　录

第1章 概 论

1.1 大气污染

1.1.1 大气及大气污染

1.1.1.1 大气

大气是指包围地球的空气总体。大气总质量约为 5.32×10^{15} t，约占地球总质量的百万分之一，其中 99.9% 集中在距地表 48km 范围内的大气层。在环境保护领域，以大区域或全球性的气流为研究对象时，采用"大气"一词加以描述；而对特定场所或区域，供人和动植物生存的气体则习惯称之为"空气"，两者经常混用。

大气是地球上一切生命赖以生存的重要物质，一个成年人每天呼吸约 3 万次，吸入的空气量为 $12 \sim 16 m^3$。如表 1-1 所示，大气以氮（N_2）、氧（O_2）、氩（Ar）为主，混合二氧化碳（CO_2）、水蒸气、尘埃以及其他气体，其中 N_2、O_2、Ar 占大气总体积的 99.9%，称为恒定气体，属干洁大气，其平均分子量为 28.96，空气密度（0℃）为 $1.29 kg/m^3$；CO_2、水蒸气、尘埃等在大气中含量很低，随时间、地点、高度而变化，影响大气物理状况，称为可变气体。CO_2 体积占大气总体积的 0.03%，能强烈地吸收和放出长波辐射，对气温影响很大。臭氧（O_3）体积不到大气总体积的万分之一，主要分布在大气层 $5 \sim 50 km$ 高度，吸收紫外辐射能力极强，使 $40 \sim 50 km$ 高层大气温度升高，保护地面生物免受过多紫外辐射伤害。水蒸气是大气中唯一能发生相变（气、液、固三者之间相互转变）的成分，也是体积最易发生变化的成分之一，其体积变化范围为 0%～4%。

表 1-1 大气组成

空气成分	恒定气体			可变气体		
	氮气	氧气	氩气	二氧化碳	尘埃和其他气体	水蒸气
体积分数/%	78	21	0.9	0.03	0.03	—

描述大气的物理状况要素有气温、气压、湿度、风向、风速、云况、能见度、降水等。气温（T）是表示大气冷热程度的量，一般是指距地面 1.5m 高处的百叶箱中观测到的空气温度，其单位一般用摄氏温度（℃）、热力学温度（K）和华氏温度（℉）表征。气压（P）是指空气分子在任何表面的单位面积上运动所产生的压力，其大小同温度、密度、高度等有关，国际单位为帕（Pa），此外还有毫巴（mbar）、毫米汞柱（mmHg）、毫米水柱（mmH_2O）等，把温度为 0℃、纬度 45°海平面的气压称为标准大气压（1atm）。空气湿度（H）反映空气中水汽含量和空气潮湿程度，表示方法有绝对湿度、相对湿度、含湿量、水

分体积分数等，绝对湿度指 $1m^3$ 空气含有的水分质量（kg），相对湿度（RH）为绝对湿度与同温度下空气的饱和湿度（H_s）之比，单位用％表示。气象上把水平方向的空气运动称为风，垂直方向的空气运动则称为升降气流，风是一个矢量，具有大小和方向，风向是指风的来向，用方位表示，如风从东方来称东风（E）；风速（u）是指单位时间内空气在水平方向运动的距离，单位用 m/s 或 km/h 表示。

例 1.1 已知大气压为 1atm，气温为 28℃，空气相对湿度为 70％，估算空气的绝对湿度和水分体积含量。

解： 查手册，气温 28℃ 时，空气的饱和湿度 $H_s = 27.0 \text{g/m}^3$。相对湿度 RH＝70％，空气的绝对湿度 H 为：

$$H = RH \times H_s = 0.7 \times 27.0 = 18.9 (\text{g/m}^3)$$

根据理想气体状态方程，该空气的水分体积分数为：

$$\frac{18.9 \text{g/m}^3}{18 \text{g/mol}} \times \frac{[0.082 \text{atm} \cdot \text{L/(mol} \cdot \text{K})] \times (273+28) \text{K}}{1 \text{atm}} \times \frac{1 \text{m}^3}{1000 \text{L}} = 0.0259$$

1.1.1.2 大气污染

按照国际标准化组织（ISO）定义，大气污染通常是指由于人类活动和自然过程引起某种（些）物质进入大气中，呈现出足够的浓度，达到了足够的时间并因此危害了人体的舒适、健康和福利或危害了环境的现象。

一般来说，自然环境能利用其自身的物理、化学和生物机能（即自净能力），进入大气的污染物，经过一定时间后会被自行消除。当进入大气的污染物浓度超过了其自净能力所能容纳的限度，会导致大气环境质量恶化，影响、危害人类的生活和生产。

大气污染包括室内污染和室外污染。依据污染范围，室外大气污染可分为以下四类。

① 局部性污染。如某个工厂排气筒排气所造成的直接影响。

② 区域性污染。如工业园区及其附近地区或整个城镇大气受到污染。

③ 广域性污染。指更广泛、大区域的大气污染，如大城市群、大工业区域带出现的灰霾。

④ 全球性污染。指跨国界乃至整个地球大气层的污染，如温室效应、臭氧层破坏等。

进入 21 世纪，密闭空间（又称室内）的空气质量引起广泛关注，特别是大量现代化、电气化器件和材料的使用，使得室内空气污染问题日趋严重。

1.1.1.3 室内空气污染

"室内"是指居室、办公室、车间等相对密闭的人类活动空间。很多人一生大约 80％ 时间在室内，因此，室内空气质量与人体健康的关系更显密切。室内空气污染是指由于各种原因导致的密闭空间空气中有害物质浓度超标，对人体身心健康产生直接或间接、近期或远期，或者潜在有害影响。

造成室内空气污染的因子很多，主要有化学污染、物理污染、生物污染三个方面。化学污染来自建筑材料、装饰材料、日用化学品、燃料燃烧、香烟等；物理污染主要来自花岗岩石材、部分洁具及家用电器等放射性物质和电磁辐射；生物污染主要来自墙体、家具、地毯等霉变产生的，以及花草、植物、宠物等携带的细菌、霉菌和病毒。

1.1.2 大气污染物

1.1.2.1 大气污染物定义

大气污染物是指人类活动或自然过程排入大气的、对人和环境产生有害影响的物质。因此，大气污染物可分为天然污染物和人为污染物两大类，引起公害的往往是人为污染物。

大气污染物的种类很多，按其存在状态分为颗粒污染物和气态污染物，依据污染物产生机理又可分为一次污染物和二次污染物。一次污染物是指直接从污染源排放到大气中的原始污染物质，二次污染物是指由一次污染物与大气中已有组分之间（或几种一次污染物之间）经过一系列化学或光化学反应而生成的新污染物质。

在大气污染控制中，受到普遍重视的一次污染物主要有颗粒物、含硫化合物（H_2S、SO_x）、含氮化合物（NH_3、NO_x）、碳氧化物（CO、CO_2）及气态有机物等；二次污染物主要有硫酸烟雾、光化学烟雾以及化学反应生成的转化产物，如 H_2S 和 SO_2 转化成硫酸盐、NO_x 和 NH_3 转化成硝酸盐、气态有机物反应形成 O_3 和细粒子（$PM_{2.5}$）等。下面逐一描述。

1.1.2.2 颗粒污染物

从大气污染控制的角度，颗粒污染物（PM）按照颗粒大小可分为以下两种。

① 粉尘。指悬浮于空气中的小固体颗粒，通常是由于固体物质的破碎、研磨、输送等机械过程，以及土壤、岩石风化等自然过程形成的。颗粒形状不规则，粒径为 $1\sim200\mu m$。大于 $10\mu m$ 的粒子靠重力作用能在较短时间内沉降到地面，称为降尘；小于 $10\mu m$ 的粒子能长期在大气中飘浮，称为飘尘。

② 烟尘。指物质燃烧、熔融、冷凝等过程形成的固体或液体颗粒，粒径为 $0.01\sim1\mu m$。如金属冶炼过程中产生的铅烟、锌烟，氧化铅烟大小在 $0.16\sim0.43\mu m$ 之间；燃烧过程产生的烟气和黑烟。

日常生活中，飞灰指由燃料燃烧后产生的烟气带走的细小颗粒，粒径一般在 $1\sim100\mu m$ 之间，是含碳物质燃烧后残留的固体颗粒。雾泛指小液体粒子悬浮体系，它是由于液体蒸气凝结、液体雾化及化学反应等过程形成的，如水雾、酸雾、碱雾、油雾等，粒径一般小于 $10\mu m$。另外，扬尘是地面上尘土受风力、人为带动及其他活动作用而飞扬进入大气的开放性污染源，是环境空气中总悬浮颗粒的重要组成部分。

我国《环境空气质量标准》（GB 3095—2012）根据颗粒污染物粒径大小，将其分为总悬浮颗粒、可吸入颗粒和细粒子。总悬浮颗粒（TSP）指能悬浮在空气中、空气动力学当量直径≤$100\mu m$ 的颗粒；可吸入颗粒（IP）指悬浮在空气中、空气动力学当量直径≤$10\mu m$ 的颗粒，用 PM_{10} 表示；细粒子（FP）指悬浮在空气中、空气动力学当量直径≤$2.5\mu m$ 的颗粒，用 $PM_{2.5}$ 表示。

1.1.2.3 气态污染物

气态污染物是指在常温常压下以分子状态存在的污染物，包括气体和蒸气。气态污染物的种类很多，总体上可以分为五大类，见表 1-2。

表 1-2 气态污染物分类

污染物	一次污染物	二次污染物
含硫化合物	SO_2、H_2S	SO_3、H_2SO_4、硫酸盐
含氮化合物	NO、NH_3	NO_2、HNO_3、硝酸盐
碳氧化物	CO、CO_2	无
有机化合物	$C_1\sim C_{10}$ 化合物	细粒子、O_3
卤素化合物	HF、HCl	无

　　① 含硫化合物。污染大气的含硫化合物主要有 H_2S、SO_2、SO_3、硫酸雾等。SO_2 是目前大气污染物中数量大、影响范围广的一种气态污染物。大气中的 SO_2 主要来自化石燃料的燃烧过程，以及硫化物矿石的焙烧、冶炼等热过程，SO_3 是 SO_2 的二次氧化产物，硫酸雾是 SO_3 和空气中水反应形成的硫酸小液滴悬浮体；H_2S 主要来自含硫物质的分解，包括生物厌氧代谢过程及一些工业生产排放。

　　② 含氮化合物。污染大气的含氮化合物包括 NH_3、NO、NO_2 等。人为活动排放的 NO 主要来自化石燃料的燃烧过程，以及硝酸生产和使用。NO_2 是 NO 的进一步氧化产物，NO_2 参与空气中的光化学反应时，会形成光化学烟雾。

　　大气中 NH_3 的来源很复杂，主要来自于农牧业。大气中 NH_3 含量增加与作物肥料、畜禽废弃物、大气化学变化、土壤增温等有关。NH_3 是大气中唯一的碱性气体，可与酸性气体发生中和反应，生成细小颗粒，在气溶胶形成过程中扮演着重要的角色。

　　③ 碳氧化物。CO 和 CO_2 是气态污染物中发生量最大的一类污染物，主要来自燃料燃烧、石油炼制、钢铁冶炼、固体废物焚烧等。

　　CO 是无色、无臭的有毒气体，化学性质较稳定。CO 能与血红蛋白结合，降低后者的输氧能力，严重时可使人窒息死亡。CO_2 是无色、无毒气体，对人无害，一般不列为环境污染物。由于大气中 CO_2 浓度不断上升，强烈地吸收和放出长波辐射，引起地球气温变化，能产生"温室效应"，因而受到人们的关注，迫使各国政府实施减排计划。

　　④ 有机化合物。有机化合物种类很多，主要由碳、氢组成，还可能含有氧、氮、氯、磷和硫等元素。根据碳原子结合而成的基本骨架不同，有机化合物可分为三大类：链状化合物（脂肪族化合物）、碳环化合物（脂环族化合物和芳香族化合物）、杂环化合物。

　　非甲烷总烃（NMHC）通常是指除甲烷以外的所有可挥发的碳氢化合物（主要是 $C_2 \sim C_8$）。大气中 NMHC 超过一定浓度，除直接对人体健康有害外，在一定条件下经日光照射还能产生光化学烟雾，对环境和人类造成危害。

　　挥发性有机化合物（VOCs），是指在常温常压下沸点小于 260℃ 的有机化合物。VOCs在太阳光作用下容易产生光化学烟雾，一定浓度对植物和动物有直接毒性，对人体有致癌、引发白血病的危险。

　　⑤ 卤素化合物。卤素化合物是指含有氟（F）、氯（Cl）、溴（Br）、碘（I）、砹（At）卤族元素（简称卤素）且呈负价的化合物。按组成卤化物的键型，可分为离子型卤化物和共价型卤化物，硼、碳、硅、氮、氢、硫、磷等非金属卤化物均为共价型，共价型者大多数易挥发，熔点和沸点低。

　　大气中的卤素化合物主要来自玻璃、水泥、砖、盐酸等生产过程，以及基础化学品、其他涉及卤代反应和卤素化合物的生产活动。

1.1.2.4　大气复合污染

　　大气复合污染是指大气中不同来源的多种污染物在一定的大气条件下（如温度、湿度、阳光等）发生相互作用、彼此耦合构成的复杂大气污染体系。其主要表现为大气氧化性物质（如 O_3）和细颗粒物（$PM_{2.5}$）浓度增大、大气能见度显著下降和大气环境恶化趋势向整个区域蔓延。

　　各种来源的颗粒物分散在空气中会构成一个相对稳定的大悬浮体系，称为气溶胶体系。燃煤排放的 SO_2、颗粒物以及由 SO_2 被氧化所形成的硫酸盐颗粒物所造成的大气污染，称为硫酸型烟雾。空气中的氮氧化物、有机化合物等一次污染物在阳光照射下，和空气中氧化剂之间发生一系列光化学反应而生成的蓝色烟雾（有时带紫色或黄褐色），其主要成分有 O_3、过氧乙酰硝酸酯、酮类和醛类等，称为光化学烟雾。气溶胶、硫酸型烟雾、光化学烟雾不仅降低能见度、影响出行，而且会对人体健康、动植物生长、建筑物体造成很大危害。

随着城市化、工业化、区域经济一体化进程的加快，我国大气污染正从单一的空气污染类型（如煤烟型污染、机动车污染、石油化工污染）向复合型大气污染转变，部分地区曾出现区域范围的空气重污染现象，部分城市群已表现出明显的区域大气复合污染特征，严重制约了区域社会经济的可持续发展，有可能会损害公众的身体健康。因此，这里的"复合"具有三层含义：一是指煤烟型污染与机动车排气污染及其他污染叠加；二是指在大气中污染物各类反应机制的耦合；三是指局地污染与区域污染的相互作用。

1.1.3　大气污染的影响

世界卫生组织（WHO）和联合国环境规划署（UNEP）曾指出："空气污染已成为全世界城市居民生活中一个无法逃避的现实。"工业文明和城市发展，在为人类创造巨大财富的同时，也把数十亿吨计的废气和废物排入大气，人类赖以生存的大气圈成了空中垃圾库和毒气库。当大气中的有害气体和污染物达到一定浓度时，就会给人类和环境带来巨大灾难。

1.1.3.1　对人体的伤害

大气污染物主要通过三条途径危害人体：一是人体表面接触大气污染物后受到伤害，二是食用含有大气污染物的食物和水中毒，三是吸入污染的空气后患上各种疾病。表 1-3 概括了主要大气污染物对人体的危害。

表 1-3　主要大气污染物对人体的危害

名称	对人体的影响
SO_2	视程减少,流泪,眼睛有炎症。胸闷,呼吸困难,呼吸道有炎症,肺水肿,窒息死亡
H_2S	恶臭难闻,恶心呕吐,影响人体呼吸、血液循环、内分泌、消化和神经系统,昏迷,中毒死亡
NO_x	支气管炎、气管炎,肺水肿,肺气肿,呼吸困难,直至死亡
颗粒	伤害眼睛,视程减少,慢性气管炎,幼儿气喘病和肺尘埃沉着病
光化学烟雾	眼睛红痛,视力减弱,头疼、胸痛,麻痹,肺水肿,严重的在 1h 内死亡
碳氢化合物	皮肤和肝脏损害,致癌死亡
CO	头晕头疼,贫血,心肌损伤,中枢神经麻痹,呼吸困难,严重的在 1h 内死亡
F_2 和 HF	刺激眼睛、鼻腔和呼吸道,引起气管炎、肺水肿、氟骨症和斑釉齿
Cl_2 和 HCl	刺激眼睛、上呼吸道,严重时引起肺水肿
铅烟	神经衰弱,腹部不适,便秘,贫血,记忆力低下

例 1.2　受污染的空气中 CO 体积分数为 100×10^{-6}，如果吸入人体肺中的 CO 全被血液吸收，试估算人体血液中 COHb 的饱和浓度。已知血红蛋白对 CO 的亲和力大约是对 O_2 的 210 倍，暴露于两种气体混合物中所产生的 COHb 和 O_2Hb 的平衡浓度可用如下方程式表示：

$$\frac{COHb}{O_2Hb} = (200 \sim 250) \frac{P_{CO}}{P_{O_2}} \tag{1.1}$$

式中，P_{CO}、P_{O_2} 分别为吸入气体中 CO 和 O_2 的分压。

解：设人体肺部气体中氧体积分数与环境空气中氧体积分数一致，即21%，则应用式(1.1) 得到肺部 COHb 和 O_2Hb 的平衡浓度比值为：

$$\frac{COHb}{O_2Hb} = 210 \times \frac{100 \times 10^{-6}}{21 \times 10^{-2}} = 0.1$$

血液中 COHb 的饱和浓度为：

$$\frac{COHb}{COHb + O_2Hb} = \frac{COHb/O_2Hb}{1 + COHb/O_2Hb} = \frac{0.1}{1+0.1} = 0.091 = 9.1\%$$

1.1.3.2 对动植物的危害

大气污染主要通过三条途径危害动植物的生存和发育：一是使动植物中毒或枯竭死亡，二是减缓动植物的正常发育，三是降低动植物对病虫害的抗御能力。

植物在生长期中长期接触污染的大气，损伤了叶面，减弱了光合作用；伤害了内部结构，使植物枯萎，直至死亡。各种有害气体中，SO_2、Cl_2 和 HF 等对植物的危害最大。大气污染对动物的伤害，主要是呼吸道感染和食用了被大气污染的食物，其中以砷、氟、铅、钼等的危害最大。大气污染使动物体质变弱，以至死亡。大气污染还通过酸雨形式杀死土壤微生物，使土壤酸化，降低土壤肥力，危害了农作物和森林生长。

1.1.3.3 对物体的腐蚀

大气污染物对仪器、设备和建筑物等都有腐蚀作用，这些腐蚀主要发生在物体表面与大气中的酸性污染物接触时，引发电化学和化学腐蚀。例如，铁的生锈和石雕像的侵蚀。此外，大气中的 SO_4^{2-}、Cl^- 等强腐蚀性离子也会加速建筑物材料的腐蚀和衰老过程。

1.1.3.4 对全球大气环境的影响

大气污染对全球大气环境的影响表现为三个方面：一是臭氧层破坏，二是酸雨腐蚀，三是全球气候变暖。

① 臭氧层破坏。1984 年，英国科学家首次发现南极上空出现臭氧洞。大气臭氧层的损耗是当前世界上又一个被普遍关注的全球性大气环境问题，直接关系到生物圈安危和人类生存。臭氧层中臭氧的减少，导致照射到地面的太阳光紫外线增强，对生态系统和各种生物（包括人类）产生不利影响。为保护臭氧层，世界各国签订了《蒙特利尔议定书》。

② 酸雨腐蚀。酸雨是指 pH 低于 5.6 的大气降水，最早是英国科学家史密斯 1872 年在其著作《空气和降雨：化学气候学的开端》中提出的。从专业角度讲，酸雨又被称为酸性沉降，分为"湿沉降"与"干沉降"两大类，前者是指所有气态或颗粒污染物随雨、雪、雾或雹等降水过程落到地面，后者是指在不下雨时空气中酸性颗粒沉降。酸雨降到地面后，会导致水质恶化、危及水生动物和植物生存。据估计，酸雨每年要夺走 7500～12000 人的生命。1979 年 11 月，联合国欧洲经济委员会环境部长会议通过了《长程跨界空气污染公约》，该议定书于 1987 年生效。

③ 全球气候变暖。大气层包裹着地球，形成了一座无形的"玻璃房"，太阳短波辐射到达地面，地表受热后向外放出的长波热辐射线被大气吸收，在地球表面产生了类似玻璃暖房的效应，即"温室效应"。"温室效应"是正常的自然现象，能维持地表温度，使生命得以繁衍。但是，大量的温室气体（CO_2、O_3、N_2O、CH_4、氟碳化物）排放进入大气层，导致大气温室效应增强，地球表面温度上升，致使全球气候变暖，引发干旱、热浪、风暴和海平面上升等一系列自然灾害，对人类构成巨大威胁。联合国于 1992 年专门制定了《联合国气

候变化框架公约》，1997 年促生了第一个附加协议《京都议定书》，这是人类历史上首次以法规的形式限制温室气体排放。

1.1.4　大气污染物的来源

1.1.4.1　能源使用

以煤炭、石油产品、天然气和生物能为主的能源消耗是大气污染物的主要来源。燃烧排气的污染物组分与能源消费结构有密切关系，发达国家能源以石油为主，大气污染物主要是 CO、SO_2、NO_x 和有机化合物；我国能源以煤为主，主要大气污染物是颗粒物、SO_2 和 NO_x。

工业炉（窑）燃煤占我国煤炭消耗量的 85%，家庭燃煤使用量占煤炭消耗量的 15%。家庭煤炉燃烧效率低，其排放的污染物份额占燃煤排气总量的 30%。

1.1.4.2　工农业生产过程

化工、石油炼制、钢铁、焦化、水泥等各种类型的工业企业，在原材料及产品的运输、粉碎及产品的生产过程中，都会有大量的污染物排入大气中，所排放污染物的种类、数量、组成、性质等受生产工艺、流程、原辅材料及管理水平影响，差异很大。这类污染物主要有颗粒物、有机化合物、含硫化合物、含氮化合物以及卤素化合物等多种污染物。

农业生产过程排放的大气污染物主要来自农药和化肥的使用，以及畜禽排泄。有些有机氯农药如 DDT，施用后悬浮于水面，并同水分子一起挥发而进入大气；氮肥在施用后，可直接从土壤表面挥发而进入大气；有机氮或无机氮进入土壤内，在土壤微生物作用下可转化为氨进入大气。此外，稻田释放的甲烷，也会对大气造成污染。

1.1.4.3　交通运输

交通运输带来的行驶扬尘和汽车尾气已是城市大气污染的一个重要来源，也是二次污染物的主要来源。

有关研究结果表明，北京、上海等特大城市机动车尾气排放的污染物已占大气污染负荷的 60% 以上。其中，排放的 CO 和 NO_x 对大气污染的分担率分别达到 80%、20%，这表明我国特大城市的大气污染由煤烟型污染向石油型污染转变。

1.1.4.4　生活活动

人类生活活动也是大气污染物排放的一个污染源。除前面提到的燃煤、燃气等生活燃料燃烧，以及私家车使用外，生活活动还包括房屋装修、食物烹饪、服装干洗、美容美发等。与生产活动相比，人类生活活动产生的排污量比例是很小的。

1.2　大气污染防治

1.2.1　法律标准规范

二维码1-1　《中华人民共和国大气污染防治法》

1.2.1.1　大气污染防治法

《中华人民共和国大气污染防治法》于 1987 年 9 月 5 日发布，1988 年 6 月 1 日实施，先后于 1995 年、2000 年和 2015 年、2018 年经历了四次修订。

《中华人民共和国大气污染防治法》按照加快推进生态文明建设的精神，加强了对燃煤烟气、机动车船尾气、挥发性有机污染物等的控制，对大气污染防治标准和限期达标规划、大气污染防治的监督管理、大气污染防治措施、重点区域大气污染联合防治、重污染天气应对等内容作了规定，加大了对大气环境违法行为的处罚力度。

总体上，我国大气污染防治坚持源头治理、规划先行，转变经济发展方式，优化产业结构和布局，调整能源结构；加强对燃煤、工业、机动车船、扬尘、农业等大气污染的综合防治，推行区域大气污染联合防治，对大气污染物和温室气体实施协同控制，以解决我国当前煤烟与机动车尾气复合型污染、区域性雾霾和臭氧污染等突出性大气环境问题。

1.2.1.2 环境空气质量标准

我国《环境空气质量标准》（GB 3095）首次发布于 1982 年，1996 年、2000 年和 2012 年经历了三次修订。"标准"规定了环境空气功能区分类、标准分级、污染物项目、平均时间浓度限值、监测方法、有效性数据统计以及实施与监督等内容，以保护和改善生态环境，保障人体健康。

近年来，我国以煤炭为主的能源消耗大幅攀升，机动车保有量急剧增加，经济发达地区 NO_x 和 VOCs 排放量显著增长，O_3 和 $PM_{2.5}$ 污染加剧。新版标准 GB 3095—2012 增设了 $PM_{2.5}$ 平均浓度限值和 O_3 8 小时平均浓度限值，严格了 PM_{10} 等污染物的浓度限值，将监测数据有效性由原来的 50%～75% 提高至 75%～90%；更新了 SO_2、NO_2、O_3、颗粒物等污染物项目的分析方法，增加了自动监测分析方法；明确了标准分期实施的规定，以便客观地反映我国环境空气质量状况，推动大气污染防治。

GB 3095—2012 将环境空气功能区分为二类：一类区为自然保护区、风景名胜区和其他需要特殊保护的区域；二类区为居住区、商业交通居民混合区、文化区、工业区和农村地区。一类区适用一级浓度限值，二类区适用二级浓度限值。

1.2.1.3 室内空气质量标准

我国先后颁布了《室内空气质量标准》（GB/T 18883—2022）、《民用建筑工程室内环境污染控制规范》（GB 50325—2020）、《乘用车内空气质量评价指南》（GB/T 27630—2011）以及《工业企业设计卫生标准》（GBZ 1—2010）等，以保护和改善室内环境空气质量，保障人体健康。

GB 50325—2020 和 GB/T 18883—2022 表述的均是民用建筑工程室内空气质量合乎人居环境健康要求，涉及项目指标限定值包括甲醛、苯、氨、TVOC（总挥发性有机物）和氡。相比较而言，GB/T 18883—2022 标准涉及指标还有物理性、生物性等，检测要求门窗关闭时间为 12 小时，更接近人们日常生活习惯，因为人们在居室内总的时间一般为 8 小时以上。GB 50325—2020 检测要求门窗关闭时间为 1 小时，主要用于民用建筑工程和室内装修工程环保验收检测。

GB/T 27630—2011 根据车内空气中挥发性有机物的种类、来源，以及对车辆主要内饰材料本身挥发特性的分析，规定了车内空气中苯、甲苯、二甲苯、乙苯、苯乙烯、甲醛、乙醛、丙烯醛八种物质的浓度要求。

GBZ 1—2010 规定了车间空气中有害物质的最高容许浓度，明确了企业建设项目的设计应优先采用有利于保护劳动者健康的新技术、新工艺、新材料、新设备，对于生产过程中尚不能完全消除的生产性颗粒、有毒气体以及其他职业性有害因素，应采取综合控制措施，使工作场所职业性有害因素符合国家职业卫生标准要求。

二维码1-2 《环境空气质量标准》　二维码1-3 《室内空气质量标准》　二维码1-4 《民用建筑工程室内环境污染控制标准》　二维码1-5 《乘用车内空气质量评价指南》　二维码1-6 《工业企业设计卫生标准》

1.2.1.4　大气污染物排放标准

大气污染物排放标准是为了使空气质量达到环境质量标准，对排入大气中的污染物数量或浓度所规定的限制标准。我国于 1996 年制定了《大气污染物综合排放标准》（GB 16297—1996），规定了 33 种大气污染物的排放限值，其指标体系为最高允许排放浓度、最高允许排放速率和无组织排放监控浓度限值。

该标准规定，任何一个排气筒必须同时遵守最高允许排放浓度（任何 1 小时浓度平均值）和最高允许排放速率（任何 1 小时排放污染物的质量）两项指标，超过其中任何一项指标均为超标排放。

除综合性排放标准外，国家还制定了各种行业性排放标准，如《锅炉大气污染物排放标准》（GB 13271—2014）、《工业炉窑大气污染物排放标准》（GB 9078—1996）、《火电厂大气污染物排放标准》（GB 13223—2011）、《水泥工业大气污染物排放标准》（GB 4915—2013）、《恶臭污染物排放标准》（GB 14554—93）等。

二维码1-7 《大气污染物综合排放标准》　二维码1-8 《锅炉大气污染物排放标准》　二维码1-9 《火电厂大气污染物排放标准》　二维码1-10 《恶臭污染物排放标准》

1.2.2　大气污染防治措施

我国大气污染防治工作始于 20 世纪 70 年代，1973 年，发布第一个国家环境保护标准——《工业"三废"排放标准》；1987 年，颁布了针对工业和燃煤污染防治的《大气污染防治法》；1998 年 1 月，国务院批复了酸雨控制区和 SO_2 污染控制区（简称"两控区"）划分方案，提出"两控区"酸雨和 SO_2 污染控制目标；2000 年，实行 SO_2 排放总量控制、机动车排放污染物控制以及扬尘污染控制，实施区域联防联控机制。

2012 年 9 月，国务院发布《重点区域大气污染防治"十二五"规划》，把 NO_x 和 SO_2 排放总量纳入约束性指标；环境保护部颁布了《环境空气质量标准》（GB 3095—2012），将 $PM_{2.5}$ 浓度限值纳入空气质量标准。2013 年 9 月，国务院发布《大气污染防治行动计划》，大气污染防治工作形成四个战略性转变：①排放总量控制转变为关注排放总量与环境质量改善相协调；②主要关注燃煤污染物转变为多种污染物协同控制；③以工业点源为主转变为多种污染源的综合控制；④属地管理转变为区域联防联控管理。

2016 年 11 月，国务院发布《"十三五"生态环境保护规划》，实施大气环境质量目标管理和限期达标规划，加强重污染天气应对。2017 年 9 月，环境保护部印发《"十三五"挥发性有机物污染防治工作方案》，全面加强挥发性有机物（VOCs）污染防治。2018 年 7 月，国务院发布《打赢蓝天保卫战三年行动计划》，经过 3 年努力，大幅减少主要大气污染物排放总量……明显减少重污染天数，明显改善环境空气质量，明显增强人民的蓝天幸福感。

2020 年 9 月，我国明确提出"双碳"发展目标，力争 2030 年前二氧化碳排放达到峰值，努力争取 2060 年前实现碳中和目标；之后，构建了碳达峰碳中和"1+N"政策体系。2023 年 11 月，为持续深入打好蓝天保卫战，切实保障人民群众身体健康，以空气质量持续改善推动经济高质量发展，国务院印发《空气质量持续改善行动计划》，协同推进降碳、减污、扩绿、增长……开展区域协同治理，突出精准、科学、依法治污，完善大气环境管理体系……扎实推进产业、能源、交通绿色低碳转型，强化面源污染治理。

二维码1-11 《2030年前碳达峰行动方案》　　二维码1-12 《空气质量持续改善行动计划》

1.3　空气质量指数

1.3.1　大气污染物浓度

目前，大气污染程度的描述主要是用浓度和相关指数（如污染指数、质量指数）表示，并通过暴露时间与浓度的累积形式来评估污染对象的受害程度。本小节讨论大气污染物浓度的表示形式。

大气污染物浓度常用单位体积气体中所含污染物的量来表示。表述污染物的量有质量和体积两种方式，因此，对应的大气污染物浓度单位有：质量浓度 mg/m^3 或 $\mu g/m^3$，体积分数 10^{-6}（$\mu L/L$）或 10^{-9}（nL/L）。

根据理想气体状态方程：

$$PV = nRT = \frac{m}{M}RT \tag{1.2}$$

式中，P 为绝对大气压，atm；V 为气体体积，L；T 为气体热力学温度，K；R 为气体常数，0.08206 atm·m^3/(kmol·K)；n 为物质的量，mol；m 为物质质量，g；M 为物质摩尔质量，g/mol。

① 质量浓度。以 mg/m^3 或 $\mu g/m^3$ 表示，根据式（1.2），气体中污染物 i 的质量浓度计算公式为：

$$c_{mass} = \frac{m_p}{V} = \frac{p_i M_p}{RT} \tag{1.3}$$

式中，p_i 为气体中污染物 i 的分压，atm。

② 体积分数。以百万分之一（10^{-6}）或 10 亿分之一（10^{-9}）表示，10^{-6} 的计算式为：

$$c_{10^{-6}} = 10^6 \frac{V_p}{V} = 10^6 \frac{n_p RT}{VP} = 10^6 \frac{m_p RT}{VM_p P} (\mu L/L) \tag{1.4}$$

质量浓度与体积分数之间的换算关系式为：

$$c_{\text{mass}} = \frac{m_p}{V} = \frac{c_{10^{-6}} 10^{-6} M_p P}{RT} (\text{mg/m}^3) \tag{1.5}$$

由理想气体状态方程可知，气体受温度、压力的影响很大，因此，采用质量浓度必须折算成统一的标准状态，否则无法比较。我国所有标准涉及的浓度均采用 0℃、一个大气压（101.325kPa）为标准状态下的数据，单位表示 mg/m³ 或 μg/m³。日本、美国等采用 25℃、一个大气压（101.325kPa）为标准状态。采用体积分数无需考虑气体的状态，可直接进行数据比较，故仍被一些国家使用。

1.3.2 空气质量指数定义

空气质量指数（AQI）是根据环境空气质量标准和各项污染物对人体健康、生态、环境的影响，将常规监测的几种空气污染物浓度简化成为单一的无量纲概念性指数值形式，将空气污染程度和空气质量状况分级表示，如表 1-4 所示。AQI 适合于表示城市的短期空气质量状况和变化趋势。

空气污染物种类很多，参与空气质量评价的主要污染物有 PM_{10}、$PM_{2.5}$、SO_2、NO_2、O_3、CO 六项。为此，提出空气质量分指数（IAQI）描述单项污染物的空气质量状况。

污染物 i 的空气质量分指数 $IAQI_i$ 计算式为：

$$IAQI_i = \frac{IAQI_{Hi} - IAQI_{Lo}}{BP_{Hi} - BP_{Lo}} (c_i - BP_{Lo}) + IAQI_{Lo} \tag{1.6}$$

式中，c_i 为污染物 i 的质量浓度，$\mu g/m^3$；BP_{Hi} 为表 1-4 中与 c_i 相近的污染物浓度限值的高位值，$\mu g/m^3$；BP_{Lo} 为表 1-4 中与 c_i 相近的污染物浓度限值的低位值，$\mu g/m^3$；$IAQI_{Hi}$ 为表 1-4 中与 BP_{Hi} 对应的空气质量分指数；$IAQI_{Lo}$ 为表 1-4 中与 BP_{Lo} 对应的空气质量分指数。

描述空气质量状况时，空气质量指数 AQI 取所有空气质量分指数 IAQI 中最大值。AQI 大于 50 时，IAQI 值最大的污染物确定为首要污染物，若 IAQI 值最大的污染物有 2 个或 2 个以上，则并列为首要污染物。IAQI 大于 100 的污染物为超标污染物。

表 1-4 空气质量分指数及对应的污染物项目浓度限值

空气质量分指数（IAQI）	污染物项目浓度限值									
	SO_2 24h /($\mu g/m^3$)	SO_2 1h /($\mu g/m^3$)	NO_2 24h /($\mu g/m^3$)	NO_2 1h /($\mu g/m^3$)	PM_{10} 24h /($\mu g/m^3$)	CO 24h /(mg/m^3)	CO 1h /(mg/m^3)	O_3 1h /($\mu g/m^3$)	O_3 8h /($\mu g/m^3$)	$PM_{2.5}$ 24h /($\mu g/m^3$)
0	0	0	0	0	0	0	0	0	0	0
50	50	150	40	100	50	2	5	160	100	35
100	150	500	80	200	150	4	10	200	160	75
150	475	650	180	700	250	14	35	300	215	115

续表

空气质量分指数（IAQI）	污染物项目浓度限值										
	SO_2 24h /($\mu g/m^3$)	SO_2 1h /($\mu g/m^3$)	NO_2 24h /($\mu g/m^3$)	NO_2 1h /($\mu g/m^3$)	PM_{10} 24h /($\mu g/m^3$)	CO 24h /(mg/m^3)	CO 1h /(mg/m^3)	O_3 1h /($\mu g/m^3$)	O_3 8h /($\mu g/m^3$)	$PM_{2.5}$ 24h /($\mu g/m^3$)
200	500	800	280	1200	350	24	60	400	265	150
300	1600	(2)	565	2340	420	36	90	800	800	250
400	2100	(2)	750	3090	500	48	120	1000	(3)	350
500	2620	(2)	940	3840	600	60	150	1200	(3)	500

注：1. SO_2、NO_2 和 CO 的 1 小时平均浓度限值仅用于实时报，在日报中需使用相应污染物的 24 小时平均浓度限值。

2. SO_2 1 小时平均浓度值高于 $800\mu g/m^3$ 时，不再进行其空气质量分指数计算，SO_2 空气质量分指数按 24 小时平均浓度计算的分指数报告。

3. O_3 8 小时平均浓度值高于 $800\mu g/m^3$ 时，不再进行其空气质量分指数计算，O_3 空气质量分指数按 1 小时平均浓度计算的分指数报告。

1.3.3 空气质量分级

根据《环境空气质量指数（AQI）技术规定（试行）》（HJ 633—2012）规定，空气质量指数划分为 0～50、51～100、101～150、151～200、201～300 和 >300 六档，对应于空气质量的六个级别，指数越大，级别越高，说明污染越严重，对人体健康的影响也越明显，如表 1-5 所示。

表 1-5 空气质量指数及相关信息

空气质量指数	空气质量级别	空气质量级别及表示颜色		对健康影响情况	建议采取的措施
0～50	一级	优	绿色	空气质量令人满意，基本无空气污染	各类人群可正常活动
50～100	二级	良	黄色	空气质量可接受，但某些污染物可能对极少数敏感人群健康有较弱影响	极少数敏感人群应减少户外活动
101～150	三级	轻度污染	橙色	易感人群症状有轻度加剧，健康人群出现刺激症状	儿童、老年人及心脏病、呼吸系统疾病患者应减少长时间、高强度的户外锻炼
151～200	四级	中度污染	红色	进一步加剧易感人群症状，可能对健康人群心脏、呼吸系统有影响	儿童、老年人及心脏病、呼吸系统疾病患者避免长时间、高强度的户外锻炼，一般人群适量减少户外运动
201～300	五级	重度污染	紫色	心脏病和肺病患者症状显著加剧，运动耐受力降低，健康人群普遍出现症状	儿童、老年人及心脏病、肺病患者应停留在室内，停止户外运动，一般人群减少户外运动
>300	六级	严重污染	褐红色	健康人群运动耐受力降低，有明显强烈症状，提前出现某些疾病	儿童、老年人和病人应当留在室内，避免体力消耗，一般人群应避免户外活动

习题

1.1 根据我国《环境空气质量标准》（GB 3095—2012）的二级标准，求出 $PM_{2.5}$、SO_2、NO_2 三种污染物日平均浓度限值的体积分数。

1.2 含 CCl_4 废气，气流量为 $10m^3/s$，CCl_4 体积分数为 $150\mu L/L$，请估算废气中 CCl_4 的质量浓度（g/m^3）和物质的量浓度（mol/m^3）。

1.3 成人每次吸入的空气体积平均为 0.5L，假若每分钟呼吸 15 次，空气中颗粒物的质量浓度为 $100\mu g/m^3$，试计算每小时沉积于肺泡内的颗粒物质量。已知该颗粒物在肺泡中的沉降系数为 0.12。

1.4 设人体内有 4800mL 血液，每 100mL 血液中含 20mL 氧。重体力劳动者的呼吸量为 $4.2L/min$，受污染空气中所含 CO 体积分数为 $100\mu L/L$。血液中 CO 最初体积分数为 0%，计算血液达到 7% 的 CO 饱和度需要多少分钟。设吸入肺中的 CO 全被血液吸收。

1.5 地球上海洋的平均深度为 3.8km，海洋表层 1km 范围内平均温度约为 4℃，这层海水的热膨胀系数为 $0.00012℃^{-1}$。请估算，当表层 1km 范围内的海水温度升高 1℃ 时海平面将上升多少。

1.6 酸雨治理的方法之一是向湖泊投加石灰石，假如某湖泊面积为 $10km^2$，每年降水量为 1m（$1m^3/m^2$），为将 pH 值为 4.5 的酸沉降转变成与之当量的 pH 值为 6.5 的沉降，需向湖泊投加多少石灰石（$CaCO_3$）？

1.7 假设一烟气流量是 $80m^3/min$（温度 25℃，1atm），其中含有 75% N_2、5% O_2、8% H_2O 和 12% CO_2。①计算烟气的平均分子量；②若该烟气含有 $650\mu L/L$ SO_2，计算每天 SO_2 的排放速率。

第2章　大气污染控制工程设计

2.1　工程设计

2.1.1　大气污染控制系统

大气污染控制是为保护和改善大气环境，采取污染物排放控制技术和控制污染物排放政策，减少、清除生产和生活活动过程产生的大气污染物，推进生态文明建设，促进经济社会可持续发展。大气污染控制工程就是利用一些特殊装置，通过工程分析、设计、建造、安装和运行，达到预期的污染物去除、污染物排放量减少的效果。

大气污染控制工程涉及锅炉烟气、炉窑烟气、工业废气、机动车尾气、居室及公共场所空气污染、无组织排放源控制等领域。局部排气净化系统的基本组成如图2-1所示，主要由以下几部分组成。

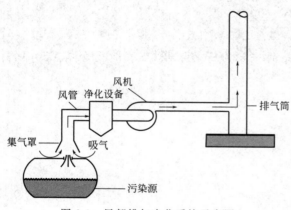

图 2-1　局部排气净化系统示意图

① 集气罩。用于捕集污染气流，其性能对净化系统的技术经济指标有直接影响。由于污染源设备结构、生产工艺以及通风方式等不同，集气罩的形式是多种多样的。

② 风管。用于输送气流，并将系统的设备和部件连成一个整体。

③ 净化设备。为了防止大气污染，当排气中污染物含量超过排放标准时，必须采用净化设备进行处理，达到排放要求后，才能排入大气。

④ 风机。系统中气体流动的动力设备。为了防止通风机的磨损和腐蚀，通常把风机放置在净化设备后面。

⑤ 排气筒。净化系统的排气装置。由于净化后废气中仍含有一定量的污染物，这些污染物在大气中扩散、稀释、悬浮或沉降到地面。为了保证污染物落到地面时浓度不超过环境空气质量标准，排气筒必须设置一定高度。

2.1.2　工程设计程序

2.1.2.1　工程设计概念

工程设计是人们运用科技知识和方法，根据工程项目和法律法规要求，为工程项目的建设提供有技术依据的设计文件和图纸的活动过程，包括对建设工程所需的技术、经济、资源、环境等条件进行综合分析、论证。工程设计不仅是建设项目实施极为重要的环节，也是工业创新的核心内容，代表着现代社会生产力的龙头。因此，工程设计的水平和能力是一个国家工业创新能力和竞争能力的决定性因素之一。

具体地，工程设计包括以下几个方面。

① 理解工程建设单位（用户）的期望、需要、动机，并掌握业务、技术和行业上的需求和限制。

② 分析、论证工程建设所需的技术、经济、资源、环境等条件，处理好技术与经济的关系。这是设计的意义和基本要求所在。

③ 提供相关的图纸、工艺设备、建筑、结构、自动控制等系列文件。

与工程设计相关的内容还有工程勘察和工程咨询，可以通过参阅相关资料进行了解。

2.1.2.2　工程设计程序

大气污染控制工程是生产性建设项目的重要组成部分，其设计主要内容是工艺设计，这是由生产性建设项目的特点、生产性质和功能来确定的。工艺设计有工艺规程设计和工艺装备设计两部分，具体内容包括：①了解车间产品产量和生产工艺过程，了解使用原辅材料、燃料、水、电等，掌握废气污染物组成、浓度、废气量及排放特性；②拟定废气处理工艺，说明工艺流程、主要设备和辅助设备的规格及数量，确定工程占地面积、设备平面布置和剖面高度，明确蒸汽、空气、电力等需要量和供应方法，拟定安全技术与劳动保护措施；③计算废气处理过程对药剂等材料的需求量，以及给排水量，确定必要的工时与劳动力消耗量，计算固定投资、运行成本和投资效益；④确定污染处理项目的管理体系，明确任务和其他环节之间的协作联系，拟定工作制度等。

下面，通过"工艺设计"介绍大气污染控制工程项目如何从设想、计划阶段到具体实施阶段。设计程序中的主要环节是拟解决的问题分析、甄别，以及工艺和设备的比选。每个环节，工程师必须评估可供选择的各种方案，并选择技术可行、经济合理的最终方案，同时分析所选方案可能涉及的所有相关问题，如二次污染控制、资源回收利用等。

以一个粉尘处理工艺选择为例，说明工艺设计的具体步骤。某公司生产木质层压板产品，碎木原料干燥过程会产生大量的肉眼可见的细粉尘，从干燥工序排出的废气粉尘浓度超过了允许的排放值。在这种情况下，企业需要从感官和监管角度对排放的粉尘进行治理。处理工艺设计程序如图 2-2 所示。

第一步，现场测量排放的气流量，对排放气体采样，带回实验室分析粉尘浓度及其粒径大小分布。核算企业所用材料的物料平衡，掌握处理工艺设计所需的数据信息，包括气体流量、粉尘浓度、气体温度和压力等。结合排放控制标准，明确处理工艺需要的处理效率。

第二步，选择处理工艺。粉尘处理工艺有旋风除尘、静电除尘、过滤除尘和湿式洗涤除尘等，工程师需要对每种处理工艺的去除效率、产生的次生问题等进行评估。干燥的木质类粉尘具有易燃性，因此，电除尘器基于安全考虑被排除，湿式洗涤除尘因涉及污泥（含水的木质粉尘）处置不被接受，旋风除尘只能起到预处理的效果，过滤除尘对细粉尘拦截效率高，但木质粉尘有一定黏性。

综合考虑，选择旋风除尘作为预处理、过滤除尘作为深度处理。进一步地，考虑旋风除尘器结构、去除负荷，过滤除尘器的滤袋材料、去除负荷、操作压降、清灰方式等。另外，还须考虑旋风除尘和过滤除尘后的细粉尘收集、回收利用等处置措施。

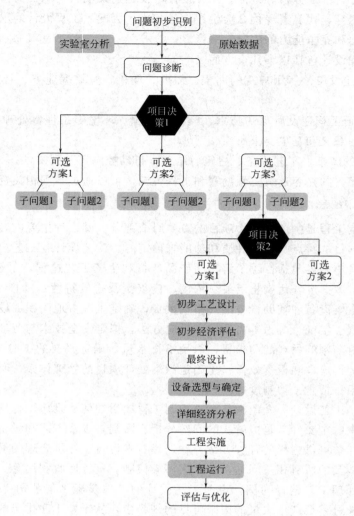

图 2-2　处理工艺设计程序

第三步,具体参数设计。主要包括旋风除尘器进口、筒体、锥体、出口等结构单元具体尺寸计算,过滤除尘器的滤袋面积、数量、清灰时间,输送系统(管道)布局、支干管尺寸、压降计算,整个系统风量、压降、风机功率、摆放位置等,以及资源回收利用系统的设计。工程设计还需要绘制工艺流程图、平面布置图、控制系统图、设备基础图等。

第四步,工程实施。包括工程建设和工程开机调试运行两个环节。

第五步,技术经济评估和工程验收。工程调试完成后进入正常运行,需要对设计的工程系统进行技术和经济方面评估,优化局部参数,为下一个工程设计总结经验。技术和经济评估包括去除效果、单位能耗、运行成本、资源回收利用情况等。工程验收是项目委托方(或用户)依据前期签订的合同条款,检验工程项目整个过程落实到位情况,并作出完整评价。

污染控制工程与其他构筑物建设、生产线设计、产品开发一样,也需要贯彻绿色、可持续的设计理念。因此,工程师要尽可能使用更少的能源和资源,实现可持续设计。

2.1.3　工程设计主要内容

2.1.3.1　大气污染控制系统设计的基本内容

如 2.1.1 所述，大气污染控制系统包括污染物的捕集装置（集气罩）、净化设备、管道系统、风机及排气筒五个部分。因此，设计内容主要包括集气方式及罩结构形式、安装位置以及性能参数确定；净化效率要求、净化方法、技术经济指标比较、型号规格及运行参数等；管道布置、管道内气体流速确定、管径选择、压力损失计算；通风机选型，排气筒高度、出口直径、排气速度计算等。

当然，为满足污染控制系统正常运行的需要，还应根据具体处理对象，如污染物特性、企业装备水平等，增设一些设备和部件，如高温烟气的冷却装置、余热利用装置、满足钢材热胀冷缩变化的管道补偿器、输送易燃易爆气体时所设的防爆装置，以及用于调节系统风量和压力平衡的各种阀门、测量系统内各种参数的测量仪表和控制仪表、降低风机噪声的消声装置、满足管理要求的自控系统等。因此，整个控制系统可能需要完成上述系统增加设备及部件的设计。

2.1.3.2　工艺流程图

工艺流程图提供了处理工艺的图形描述，可以是简单的框图，也可以是含显示仪表和工艺操作条件的详图，其详细程度主要由工程设计时间阶段和流程图的使用功能所决定。

工艺流程图在工程设计过程的每一个环节都是非常有用的。初期，可以使用简单的定性流程图来表示各工艺单元的连接，包括处理流程的各个单元连接和处理系统与生产车间设备单元的连接。如使用固定炭吸附床从干燥单元排气中回收甲苯和乙酸乙酯的混合溶剂项目，初期的流程图如图 2-3 所示，定性描述了该吸附回收工艺的基本组成。

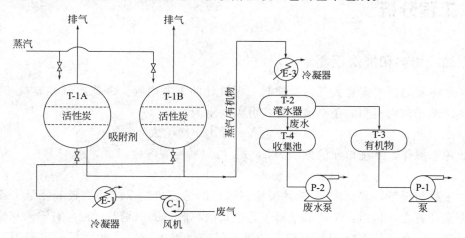

图 2-3　固定炭床吸附/溶剂回收系统的初期流程图

随着设计工作的深入，流程图被逐渐完善、细化。例如，吸附床经蒸汽再生后用热空气进行干燥。由于乙酸乙酯微溶于水，如果回收的溶剂混合物仅作为燃料燃烧，则不需要进一步分离；否则，需要采用蒸馏步骤，将滗水器的含水混合溶剂进行蒸馏分离，脱水后的溶剂返回到生产工序使用，详细流程图如图 2-4 所示。详细的流程图有利于列出设备清单，可以初步估算成本。此外，详细流程图还包括了流体流向和控制仪表等信息。

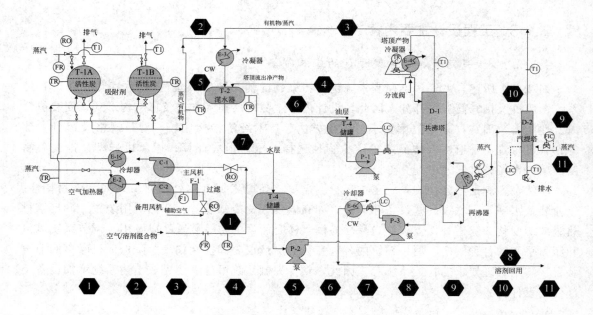

项目	空气/溶剂供给	汽提溶剂	汽提回流	D-1塔顶净流出物	滗水器	油层	水层	D-1底部	汽提蒸汽	汽提塔顶部	汽提塔底部
空气	54817										
H$_2$O		2916	256	1	3173	1	3172	—	635	256	3551
乙醇	427	427	104	10	541	434	107	424	—	104	3
甲苯	427	427	21	—	449	428	21	428	—	21	—
总量	55671	3770	381	11	4163	863	3300	852	635	381	3554

图 2-4 固定炭床吸附/溶剂回收系统的详细流程图

2.2 工程分析

2.2.1 物料和能量平衡

物料平衡和能量平衡是大气污染控制工程设计的重要内容。根据质量和能量守恒定律，对任一系统单元，物料和能量平衡计算式可以表示为：

$$累积＝输入－输出＋净生成 \tag{2.1}$$

对于稳态操作，系统单元的累积为 0，式（2.1）可表示为：

$$0＝输入－输出＋净生成 \tag{2.2}$$

在大多数情况下，式（2.2）描述了稳态运行的污染控制系统的物料和能量平衡。物料和能量平衡计算主要包括：①绘制处理工艺流程的草图；②识别并标记所有输入和输出的物料和能量流；③在草图上标记所有相关数据；④在流程中涉及平衡计算的部位画一个虚线框；⑤选择合适的计算基准。

2.2.1.1 物料平衡

物料平衡也称物料衡算，是工艺计算中最基本、最重要的内容之一。工程设计或工艺和设备改造均会涉及物料消耗或产品生产的变化。通过物料衡算，便于技术人员对工艺过程进行分析，选择最有效的工艺路线，设计最佳设备和操作条件。因此，所有工程的开发与放大都是以物料衡算为基础的。

下面通过一个案例说明物料平衡计算过程。

例 2.1　来自玻璃纤维企业的两个储罐废气，通过旋风分离器分离后，95%（以质量计）的颗粒物被去除、收集。估算旋风分离器排放的废气中残留的颗粒物质量浓度，以及单位时间内旋风分离器收集的颗粒物质量。

经测量，两个储罐的参数如下。

① 储罐 A 气流量为 5100 m^3/h（干气流），压力为 1.088atm；温度为 32.2℃，颗粒物质量浓度 34.45g/m^3（1 个大气压和 25℃状态下）。

② 储罐 B 气流量为 4245 m^3/h（干气流），压力为 1.156atm；温度为 43.3℃，颗粒物质量浓度 22.97g/m^3（1 个大气压和 25℃状态下）。

解：首先，绘制处理流程的草图（图 2-5），并在草图上标记操作条件。计算储罐 A 和储罐 B 废气汇流点 C 的物料平衡，获得旋风分离器进料口的总固体颗粒物信息。选择 1 小时操作为计算的基准。

气体质量平衡方程：

$$Q_A\rho_A + Q_B\rho_B = Q_F\rho_F \tag{2.3}$$

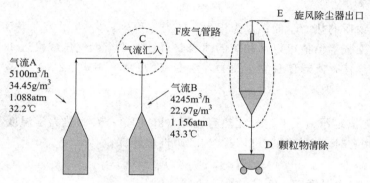

图 2-5　处理流程草图

固体颗粒物平衡：

$$Q_A c_A + Q_B c_B = Q_F c_F = \dot{M}_F \tag{2.4}$$

式中，Q 为气流的体积流量，m^3/h；ρ 为气流密度，kg/m^3；c 为颗粒物质量浓度，g/m^3；A、B、F 分别对应储罐 A、储罐 B、旋风除尘器进料口的标识；$\dot{M}_F$ 为旋风除尘器进料口颗粒物的质量流量，g/h。

注意，Q、c 和 ρ 必须使用统一的状态单位。鉴于颗粒物浓度数据单位是 1 个大气压和 25℃状态，因此，首先将气体流量转换为这个状态下的值。

$$Q_A = 5100 \frac{m^3}{h} \times \frac{1.088atm}{1atm} \times \frac{(25+273)R}{(32.2+273)R} = 5418 m^3/h$$

$$Q_B = 4245 \frac{m^3}{h} \times \frac{1.156atm}{1atm} \times \frac{(25+273)R}{(43.3+273)R} = 4623 m^3/h$$

既然气体流量已换算为同一状态下的值，因此 $\rho_A = \rho_B = \rho_F$。气体平衡方程（2.3）计算为：

$$Q_F = Q_A + Q_B = 10041 (m^3/h)$$

旋风除尘器底部无气流排出，因此，$Q_E = Q_F$。

现在，再根据颗粒物（污染物）平衡式，计算进入旋风分离器的颗粒物质量流量：

$$\dot{M}_{SF} = 5418 \; \frac{m^3}{h} \times 34.45 \; \frac{g}{m^3} + 4623 \; \frac{m^3}{h} \times 22.97 \; \frac{g}{m^3} = 292.84 kg/h$$

旋风分离器去除效率为 95%，则从旋风分离器排出的颗粒物质量浓度为：

$$c_E = \frac{0.05 \times 292.84 kg/h}{10041 m^3/h} = 1.46 g/m^3$$

因此，颗粒物收集速率为：

$$\dot{M}_D = 0.95 \times 292.84 kg/h = 278.2 kg/h$$

2.2.1.2 能量平衡

随着能源成本的显著增加，污染控制工程设计必须通过优化设计、提升设备性能等措施，降低污染控制系统的能源消耗。

流动系统能量常用焓（H）表征。物质的焓是指一定条件下的热力学状态函数，其热力学定义为：

$$H = U + pV \tag{2.5}$$

式中，U 为物质的热力学能；p 为压力；V 为体积。

水、蒸汽、空气等焓值可以从相关的图表获得。在 1 个大气压或接近 1 个大气压时，空气可近似为理想气体，其焓值独立于压力，焓变（ΔH）可用式（2.6）计算：

$$\Delta H = H_b - H_a = \int_{T_a}^{T_b} C_p dT \tag{2.6}$$

式中，C_p 为恒定压力下的空气比热容，$kJ/(kg \cdot K)$；T 为热力学温度，K。

当温度≤150℃时，空气焓变可用式（2.7）近似计算：

$$\Delta H = C_{p(avg)}(T_b - T_a) \tag{2.7}$$

式中，$C_{p(avg)}$ 为温度 T_a 和 T_b 时 C_p 的平均值。

例 2.2 余热锅炉是利用各种工业过程中的废气、废料或废液中的余热及其可燃物质燃烧后产生的热量把水加热到一定温度的锅炉，在很多工厂得到应用。如图 2-6 所示，热空气流量 102000m³/h（760℃和 1atm）。计算从 760℃冷却至 200℃时，从热气流中移走的热量。假设水以 32℃温度进入，并以 100℃的饱和蒸汽离开，计算所产生的蒸汽速率（以 kg/h 计）。

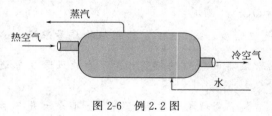

图 2-6　例 2.2 图

解： 使用附录 2 的空气密度，空气的质量流量为：

$$\dot{M} = 102000 \; \frac{m^3}{h} \times \frac{0.34 kg}{m^3} = 34680 kg/h$$

使用附录 2 中的两个温度下的空气比热容，从热空气流中除去的热量为：

$$\Delta H = \frac{34680 kg}{h} \times \frac{(1.034 + 1.097) kJ/(kg \cdot K)}{2} \times (760 - 200) K$$

$$= 2.069 \times 10^7 kJ/h$$

从附录 3 查得，水在 32℃时比热容为 4.179kJ/(kg·K)，100℃时比热容为 4.216kJ/(kg·K)。查汽化热表得到，1kg 100℃水转化为蒸汽的焓变为 2257.63kJ/kg。因此，在这种情况下，将 1kg 32℃的水转换为 1kg 100℃的蒸汽需要能量为：

$$\frac{(4.216+4.179)kJ/(kg \cdot K)}{2} \times (100-32)K + 2257.63kJ/kg = 2543.06kJ/kg$$

假设由热空气放出的所有热量都被水吸收，则产生的蒸汽量为：

$$\frac{2.069 \times 10^7 kJ/h}{2543.06kJ/kg} = 8.136 \times 10^3 kg/h$$

2.2.2 气流量和污染物排放量

2.2.2.1 气流量

气流量是大气污染控制工程中非常重要的一个参数。一般地，污染控制系统尺寸随气流量增大而增大。

废气按发生源，分为燃烧型废气（烟气）、生产工艺废气和通排风废气。燃烧型废气（烟气）、生产工艺废气通常是有组织的，产生量就是废气量。通排风废气常常是无组织的，是为了保证密闭环境空间的空气质量，通过送风和排气两种手段，将干净空气送入室内，将污浊空气（废气）排出室外。有时为了提高排气效率，常常采用集气罩对产生大气污染物的局部空间的气体进行收集外排。

有关生产工艺废气和通排风废气气量计算分别在第 14 章和第 16 章详细阐述，这里仅就燃烧型废气生产量计算作介绍。

燃烧型废气是大气污染控制工程中非常大的一类废气，涉及行业主要包括：交通运输的发动机燃料燃烧排气（发动机尾气），各种大小锅炉燃料燃烧废气（烟气），工业窑炉废气，固体废物焚烧炉废气，以及其他各类燃烧废气。这类废气的产生均经历了一个共同的环节——燃烧，燃料与氧或空气进行快速放热和发光的氧化反应，并以火焰的形式出现。

燃料与氧或空气进行氧化反应，产物是 CO_2、水和其他气态物质，其化学计量反应式可以表示为：

$$C_xH_yS_zO_wN_v + \left(x+\frac{y}{4}+z+\frac{v}{2}-\frac{w}{2}\right)O_2 \longrightarrow xCO_2 + \frac{y}{2}H_2O + zSO_2 + vNO + Q$$

$$(2.8)$$

化学计量需氧量为：

$$n_{\text{stoic oxygen}} = x+\frac{y}{4}+z+\frac{v}{2}-\frac{w}{2} \tag{2.9}$$

考虑空气中氧的百分比，化学计量空气物质的量为：

$$n_{\text{stoic air}} = \frac{n_{\text{stoic oxygen}}}{O_2\%} \tag{2.10}$$

为保证燃料完全燃烧，助燃剂（氧气或空气）通常是过量的，过剩系数 α 表示为：

$$\alpha = \frac{\text{实际空气量}}{\text{化学计量空气量}} = 1+E(\text{过剩空气分数}) \tag{2.11}$$

式中，E 为过剩的比例。因此，实际干空气物质的量为：

$$n_{\text{dry air}} = \alpha n_{\text{stoic air}} = (1+E)n_{\text{stoic air}} \tag{2.12}$$

考虑到实际空气含有一定水分 X（摩尔分数），则实际空气物质的量为：

$$n_{\text{total air}} = n_{\text{dry air}}(1+X) \tag{2.13}$$

根据上述化学计量反应式，燃烧生产的化学计量烟气量为：

$$n_{\text{stoic flue}} = n_{\text{product}} + n_{N_2} + n_{H_2O}(来自空气)$$

$$= n_{\text{product}} + 0.78 n_{\text{stoic dry air}} + X n_{\text{stoic dry air}} \qquad (2.14)$$

实际烟气量还包括过剩空气量，计算式为：

$$n_{\text{flue}} = n_{\text{stoic flue}} + n_{\text{excess air}} = n_{\text{stoic flue}} + E n_{\text{stoic air}}(1+X) \qquad (2.15)$$

根据理想气体状态方程，烟气体积 V 与物质的量之间的关系式为：

$$V_{\text{flue}} = n_{\text{flue}} \times \frac{RT}{P} \qquad (2.16)$$

式中，P 为烟气压力，atm；T 为烟气温度，K；R 为气体常数，0.0802 L·atm/(mol·K)。

关于燃烧工艺助燃气的过剩系数 α，可以通过测定燃烧烟气的组成，计算得到。分析碳元素的实际完全燃烧反应，烟气中产物组成为 CO_2、过剩 O_2 和未参与反应的 N_2，其物质的量物料平衡反应为：

$$C + (1+E)(O_2 + 3.71 N_2) = CO_{2p} + O_{2p} + N_{2p} \qquad (2.17)$$

反应式中，3.71 是实际空气中氮气和氧气的物质的量之比，即 $0.78/0.21 = 3.71$。因此，化学计量需氧物质的量等于总氧量物质的量减去烟气中氧物质的量，计算式为：

$$O_{2,\text{stioc}} = \frac{1}{3.71} N_{2p} - O_{2p} = 0.27 N_{2p} - O_{2p} \qquad (2.18)$$

烟气中的氧是燃烧反应过剩的氧，即 $O_{2p} = E \times O_{2,\text{stioc}}$，代入式（2.18），得过剩系数 α 计算式为：

$$\alpha = 1 + E = 1 + \frac{O_{2p}}{0.27 N_{2p} - O_{2p}} \qquad (2.19)$$

当烟气中含有 CO 时，则需要扣除 CO 氧化生成 CO_2 需要的氧气量。

$$CO + 0.5 O_2 == CO_2 \qquad (2.20)$$

过剩系数计算式（2.19）变为：

$$\alpha = 1 + \frac{O_{2p} - 0.5CO}{0.264 N_{2p} - (O_{2p} - 0.5CO)} \qquad (2.21)$$

例 2.3 一干煤质量组成为：碳 75.8%，氢 5.0%，氮 1.5%，硫 1.6%，氧 7.4%，飞灰 8.7%。采用过剩 20% 的空气作助燃气，空气湿度（以每摩尔干空气计）为 0.0116 mol/mol。计算完全燃烧情况下，烟气量及组成。

解： 100g 干煤的摩尔组成，化学计量反应需要的氧量以及生成产物的物质的量如表 2-1 所示。

表 2-1 例 2.3 表

元素	质量/g	物质的量/mol	需氧量/mol	产物	生成产物的物质的量/mol
C	75.8	6.32	6.32	CO_2	6.32
H	5.0	5.0	1.25	H_2O	2.5
N	1.5	0.107	0.054	NO	0.107
S	1.6	0.050	0.050	SO_2	0.050
O	7.4	0.462	−0.231		0
飞灰	8.7	0	0		0
合计	100	11.939	7.443		8.977

则，100g 干煤实际使用的干空气物质的量为：

$$n_{dry\ air} = \alpha n_{stoic\ air} = 1.2 \times \frac{7.443}{0.21} = 42.53(mol)$$

湿空气物质的量（以每 100g 干煤计）为：

$$n_{total\ air} = n_{dry\ air}(1+X) = 42.53 \times 1.0116 = 43.02(mol)$$

100g 干煤完全燃烧产生的烟气物质的量为：

$$n_{total\ out} = n_{CO_2} + n_{H_2O,combustion} + n_{NO} + n_{SO_2} + (n_{total\ air} - n_{stoichO_2})$$
$$= 6.32 + 2.5 + 0.107 + 0.05 + (43.02 - 7.443) = 44.55(mol)$$

烟气中，水分物质的量（以每 100g 干煤计）为：

$$n_{H_2O} = n_{dry\ air}X + n_{H_2O,combustion} = 42.53 \times 0.0116 + 2.5 = 2.99(mol)$$

烟气中 N_2 物质的量（以每 100g 干煤计）为：

$$n_{N_2} = n_{dry\ air} \times 0.79 = 42.53 \times 0.79 = 33.60(mol)$$

烟气中剩余 O_2 物质的量（以每 100g 干煤计）为：

$$n_{O_2} = n_{stoichO_2} \times 0.2 = 7.443 \times 0.2 = 1.49(mol)$$

烟气 SO_2、NO 体积分数为：

$$c_{SO_2} = \frac{n_{SO_2}}{n_{total\ air}} = \frac{0.05}{44.55} = 1122(\mu L/L)$$

$$c_{NO} = \frac{n_{NO}}{n_{total\ air}} = \frac{0.107}{44.55} = 2402(\mu L/L)$$

2.2.2.2 污染物排放量

下面以燃煤发电厂为例，运用物料平衡和能量平衡，阐述煤燃烧过程污染物排放量。

煤粉发电厂采用粉碎机将块状煤粉碎成粉状煤，然后将其与空气混合，吹入锅炉，在火焰中快速燃烧。煤燃烧释放的热量被锅炉内钢管中流动的高纯水吸收，水吸收热量后转变成蒸汽，蒸汽吸收更多的热量后成为过热蒸汽。过热蒸汽通过管道输送到大型涡轮机，带动涡轮机高速旋转，进而带动发电机组产生电力，将热能和压力能通过机械能转换为电能。过热蒸汽经过涡轮机时释放了压力能和热能，离开涡轮机时被冷凝成水，该部分水被泵送回锅炉循环使用。离开涡轮机的蒸汽余热通过大型热交换器低纯度冷却水移除，最终经大型冷却塔排放到大气中。工艺流程如图 2-7 所示。

煤粉和空气混合燃烧产生的烟气含 N_2、过量 O_2、SO_2、NO_x、颗粒物和汞蒸气等。烟气离开燃烧区后将依次通过蒸汽过热段、高纯水加热段、空气过热器，将热量传递给蒸汽、进入锅炉的高纯水和空气；冷却的烟气（温度 170～200℃）携带煤燃烧期间产生的所有污染物，进入烟气净化系统，烟气污染物浓度达到国家规定的排放标准后排入大气。

尽管人们采用各种方法提高热量利用效率（热效率），但所有电厂都不能将燃烧释放的热量全部转换成电能，存在一个有用功转换的热力学极限。Carnot 循环热效率极限计算值为 64%，但它不适合蒸汽发电厂，Rankine 循环热效率更符合现代燃煤电厂的运行热效率数值。2008 年，燃煤电厂热效率接近 40%，通过新材料（如特种钢合金材料）和新技术（如超临界蒸汽技术）等研发，目前热效率已提升至 40% 以上，甚至接近 50%。

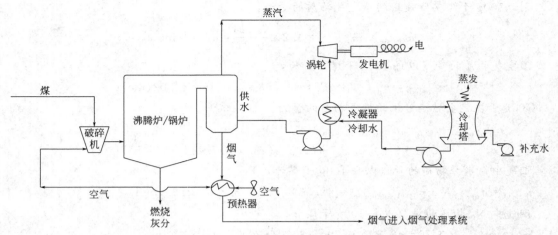

图 2-7　燃煤电厂简化工艺流程图

例 2.4　某燃煤电厂，装机容量 750MW，煤成分为：热值为 23500kJ/kg，碳质量分数 60%，灰分 9%，硫 2.2%，汞 120nL/L。该热电厂总热效率为 37.5%，假设 20%灰分留在炉底，其余以飞灰的形式与烟气气体一起排出。采用电除尘器（ESP）收集颗粒物，湿式洗涤器脱除 SO_2，其中 ESP 除尘效率为 99.4%，湿式洗涤器脱硫效率为 92%、除汞效率 30%。

计算：①排放到环境的热排放速率（kJ/s）；②进入炉子的煤进料速率（t/d）；③烟气进入大气时灰分、SO_2、Hg、CO_2 排放速率（kg/h）。

解：首先绘制一个能量平衡简图，如图 2-8 所示。

图 2-8　能量平衡简图

① 该热电厂总热效率为 37.5%，意味着 37.5%的输入能量转换成电能，因此：

$$Q_{in} = \frac{750MW}{0.375} = 2000MW$$

排放到环境的热量为：

$$Q_{out} = (1-0.375) \times 2000MW = 1250MW$$

转换为以 kJ/s 为单位，得：

$$Q_{out} = 1250MW \times \frac{1000kW}{1MW} \times \frac{1kJ/s}{1kW} = 1.25 \times 10^6 kJ/s$$

② 煤热值为 23500kJ/kg，因此煤输入率：

$$2000MW \times \frac{1000kW}{1MW} \times \frac{24h}{1d} \times \frac{3600kJ}{1kW \cdot h} \times \frac{1kg}{23500kJ} \times \frac{1t}{1000kg} = 7353t/d$$

③ 计算灰分、SO_2、Hg、CO_2 排放到大气中的速率（kg/h）。

绘制图 2-9，表示空气、煤的流入和烟道气的流出。

煤灰分含量为 9%，则与煤一起进入的灰分是：

$$\frac{7353t(煤)}{d} \times \frac{1000kg}{1t} \times \frac{0.09kg(灰分)}{kg(煤)} = 661770kg/d$$

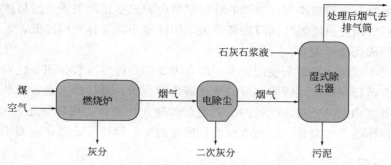

图 2-9　空气、煤流入和烟道气流出示意图

离开燃烧炉并且经过处理的气体逸出 ESP 的飞灰为：

$$\frac{661770\text{kg}}{\text{d}} \times (1-0.20) \times (1-0.994) = 3176\text{kg/d}$$

硫含量为 2.2%，与煤一起进入的硫在燃烧炉被氧化为 SO_2，S 和 SO_2 的分子量分别为 32 和 64，因此，产生的 SO_2 量为：

$$\frac{7353\text{t（煤）}}{\text{d}} \times \frac{1000\text{kg}}{1\text{t}} \times \frac{0.022\text{kg(S)}}{\text{kg（煤）}} \times \frac{64\text{kg}(SO_2)}{32\text{kg(S)}} \times (1-0.92) = 25883\text{kg/d}$$

汞体积分数为 120nL/L，煤中一些汞可与飞灰一起被捕获，剩余超过 30% 汞可被 SO_2 洗涤器捕获，因此，产生的汞量为：

$$\frac{7353\text{t（煤）}}{\text{d}} \times \frac{1000\text{kg}}{1\text{t}} \times 120\text{nL/L} \times \frac{10^{-9}}{1\text{nL/L}} \times (1-0.30) = 0.618\text{kg/d}$$

碳含量为 60%，CO_2 排放率为：

$$\frac{7353\text{t（煤）}}{\text{d}} \times \frac{0.6\text{t(C)}}{1\text{t（煤）}} \times \frac{44\text{t}(CO_2)}{12\text{t(C)}} = 16176\text{t/d}$$

2.3　经济核算

2.3.1　成本优化原则

污染控制通常有几种可行的解决方案。如本章前面所述，设计过程的一个主要任务是选择技术和经济上可行的最佳方案。经济核算就是对各种技术方案的经济效益进行计算、分析和评价，使得应用于工程的技术能够有效地为项目服务。没有可靠的经济核算，就难以保证工程方案的正确。本节从大气污染控制工程的投资和运行成本方面进行阐述，讨论污染控制工程设计方案的选择原则。

一般地，人们总是希望以最少的投资成本达到预期的控制结果，实际情况是在固定投资和运行费用之间通常存在一个平衡点。图 2-10 是一个典型的纤维过滤器的几种成本

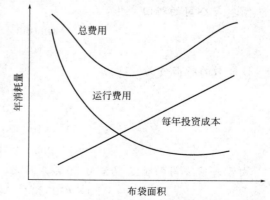

图 2-10　典型的布袋除尘器各种费用之间的关系

曲线图。由图可知，固定成本与过滤器的纤维滤袋面积成正比例关系，滤袋越多，设备投资成本越大；运行费用与过滤器的压降密切相关，压降越小，运行费用越低，但压降与过滤器的纤维滤袋面积成反比例关系。

在这种情况下，这个装置的使用成本要综合考虑的是纤维滤袋面积（代表固定投资）和过滤压降（代表运行费用）之间的关系。从经济角度分析，最佳的工程方案是将过滤器使用成本控制在两者之和的最低值，此时的工艺设计如操作便利性、去除稳定、维护最小化等，可能不是最佳操作的工艺设计，因为这些最佳操作的工艺设计可能已经脱离了成本最优化。

2.3.2 折旧

有形资产如污染控制设备由于老化或技术落后，其价值会随时间的流逝而下降。老化是物理磨损或腐蚀的结果，技术落后是由于新技术出现或控制要求提高，这两种情况都会要求企业用新设备代替旧设备，这个过程涉及资金支出，导致使用成本增加。

有形资产折旧是指在资产使用寿命内，按照确定的方法对折旧额进行分摊。折旧额是指折旧资产的原价扣除其预计净残值后的金额。在编制初步成本估计时，简便的方法是按式（2.22）线性折旧公式计算：

$$d = \frac{V_R - V_S}{n} \qquad (2.22)$$

式中，d 为年折旧值，元/年；V_R 为设备的初始成本（原值），元；V_S 为预计净残值，元；n 为使用年数。

一般地，污染控制工程的设定预计净残值和最低使用寿命分别为 0 元和 10 年。此时，年折旧率为初始成本的 10%。

另一种算法是双倍余额递减法。在此方法中，年折旧率是折旧年度开始时资产价值的固定百分比。服务年数 n 时的资产价值为：

$$V_S = V_R(1-f)^n \qquad (2.23)$$

式中，年折旧率 $f = (2/n) \times 100\%$，无量纲。

例 2.5 公司 A 和公司 B 在 2007 年购买了相同的文丘里洗涤器，每个价格为 400000 元。使用寿命均为 10 年，残值为零，两家公司的企业所得税税率为 50%。公司 A 使用直线折旧，公司 B 使用双倍余额递减折旧。基于各自的折旧方法，请问公司 B 的文丘里洗涤器在前 3 年的服役期内节省了多少钱？

解： A 公司的折旧费为：

$$d_A = \frac{400000}{10} \times 3 = 120000（元）$$

B 公司的折旧费为：

$$f = \frac{2 \times 100\%}{10} = 20\%$$

$$V_S = V_R(1-f)^n = 400000 \times (1-0.2)^3 = 204800（元）$$

$$d_B = 400000 - 204800 = 195200（元）$$

由于每家公司的企业税率为 50%，因此，B 公司节省了：

$$0.50 \times (195200 - 120000) = 37600（元）$$

实际上，所有公司都在法律允许的范围内使用最有利的折旧方法以达到减少税收目的，但通常的做法是使用线性折旧法来评价替代方案的折旧费。

2.3.3　增量投资回报率

投资回报率（ROI）是投资利润率的常用度量，定义如下：

$$ROI = \frac{P}{I} \times 100 \tag{2.24}$$

式中，ROI 为投资回报率，%；P 为投资的年利润（收入－支出），元；I 为总投资，元。

增量投资回报率可用来衡量可供选择方案的增量收益（即增量利润和增量投资的比值），它是以满足要求的最小投资为计算基准的。通常情况下，当公司必须购买污染控制设备时，可供选择的解决方案都涉及投资，基本不产生效益。然而，在法律法规的制约下，公司必须从这些方案中选择一个最佳方案来解决污染问题。在这种情况下，就可以引入投资回报的概念，一个方案较另一个方案节约成本就是"利润"。现在，企业之间出现了一种新的流通"商品"——污染控制信贷。有些企业愿意投资一些超过控制要求的方案，产生多余的污染控制信贷，从而出售给其他信贷额度不够的企业。

例 2.6　公司须购买旋风除尘器以控制铸造厂的颗粒。对满足所有控制要求的旋风分离器的最低投标方案有两种：一种是包括安装费的碳钢旋风分离器，成本为 210000 元，使用寿命为 10 年；另一种是包括安装费的不锈钢旋风分离器，成本 300000 元，使用寿命是 15 年，每年维修成本比碳钢便宜 6000 元。两个旋风分离器的预计净残值均为零。如果公司目前在所有投资中获得税前 12% 的回报，那么应该购买哪种旋风分离器？

解：分离器 A 折旧率 $= \dfrac{210000}{10} = 21000$（元/年）

分离器 B 折旧率 $= \dfrac{300000}{15} = 20000$（元/年）

每年节省费用 $= 21000 - 20000 + 6000 = 7000$（元/年）

增量投资 $= 300000 - 210000 = 90000$（元）

增量 $ROI = \dfrac{P}{I} \times 100 = \dfrac{7000}{90000} \times 100 = 7.78$

由于增量投资回报率未超过公司投资回报 12% 的要求，因此，不锈钢旋风分离器的投标不应被接受。注意，尽管增量投资回报率不是很高，但必须在第二次购买时考虑不锈钢旋风分离器，因为 10 年后购买不锈钢旋风分离器可能是更好的选择，可能会带来更高的增量投资回报率。

此外，如果出现三个以上备选方案要进行比选时，增量投资回报率分析按如下程序进行。

① 选择具有最低投资成本的方案作为计算基准，并将其指定为方案 1 或基本方案。

② 按成本增加的顺序指定高成本方案 2、方案 3 等。

③ 计算方案 1 和方案 2 之间的增量 ROI。如果 ROI 是可接受的，则方案 2 成为基本方案；如果 ROI 不可接受，方案 1 仍为基本方案，方案 2 被丢弃。

④ 计算方案 1 和方案 3 之间的增量 ROI。如果 ROI 是可接受的，则方案 3 是新的基本方案；如果 ROI 是不可接受的，方案 3 被丢弃。

⑤ 重复以上步骤，直到所有方案都被评估。该程序要确保每次增加投资都可以获得可接受的回报。

2.3.4　大气污染控制设备成本和运行费用估算

2.3.4.1　设备成本估算

精确的成本估算有助于建设单位在决策时准确把握投资的优先顺序。污染控制工程的成本估算需要很多的数据信息，数据信息收集越多，成本估算就越精确。

在设计初期，工程师只需进行粗略的成本估算，准确度要求±30%。此阶段收集的信息主要包括工艺流程草图，大气污染控制设备的初步尺寸或容积，水、汽、电、废水等公用部分的粗略估算，以及管道、泵、风机等辅助设备的初步型号。这些初步估计通常根据设备的类型和尺寸要求，参考设备的固有成本或类似的成功案例。

当设计工作接近完成时，工程师需要给出最终的详细估算。此时，各类设备型号、公用部分用量以及辅助设施的情况等都已明确，工程师可以结合供应商或市场报价等信息，完成最终的详细估算，准确度要求达到±5%。

2.3.4.2　年运行费用估算

污染控制工程的年运行费用包括人工、电耗、药剂消耗和工程折旧费等，如表 2-2 所示。

表 2-2　污染控制工程年运行费用组成

直接运行费	间接运行费
劳动力费用:小时/年×(费用/小时)	劳动管理费:占劳动力费用的 60%
指导和监督费:占劳动力费用的 15%	税费:占固定投资的 1%
维护费:占固定投资的 5%	保险:占固定投资的 1%
公用设施使用费 　电:kW·h/年×[费用/(kW·h)] 　蒸汽:t/年×(费用/t) 　冷却水:t/年×(费用/t)	折旧费:按需所求

不同类型的废气处理工程涉及的运行费用构成是不一样的。例如，用于去除酸性气体的湿式洗涤器和喷雾干燥器，化学试剂成本可能是主要的运行费用；对于需要定期更换部件的吸附器或催化氧化炉，吸附剂或催化剂的更换费用将成为主要的运行费用。

 ## 习题

2.1　一股废气含 90%（体积分数）空气和 10%（体积分数）氨气，废气流量为 2520m³/h，温度为 49℃、气压 1.05atm，采用填料塔水喷淋吸收处理，水喷淋量为 4.5m³/h，处理后排气温度 24℃、气压 1.02atm，氨气体积分数 0.3%（干基），估算填料塔排气口氨气的排放速率。

2.2　某化工车间产生的高浓度工艺废气量 13400m³/h，温度 121℃、气压 1.0atm，采用燃烧法处理，燃料气质量流量 34kg/h，燃烧温度 650℃，采用热交换器回收燃料烟气热量，热回收后烟气温度降为 260℃，每回收 10000kJ 热量收益为 0.46

元，估算每天收益。工艺废气和烟道气的物理性质请查阅相关资料。

2.3　某锅炉燃用煤气的成分如下：CO 28.5%，H_2 13.0%，CH_4 0.7%，CO_2 5%，H_2S 0.2%，O_2 0.2%，N_2 52.4%，空气含湿量为 12g/m^3，$\alpha=1.2$，试求实际需要的空气量和燃烧时产生的实际烟气量。

2.4　干烟道气的组成为：CO_2 11%（体积分数），O_2 8%，CO 2%，SO_2 120×10^{-6}（体积分数），颗粒物 30.0g/m^3（在测定状态下），烟道气流流量在 700mmHg 和 443K 条件下为 5663.37m^3/min，水分含量 8%（体积分数）。

试计算：①过量空气百分比；②SO_2 的排放质量浓度（$\mu g/m^3$）；③在标准状态下（1atm 和 273K），干烟道体积；④在标准状态下颗粒物的质量浓度。

2.5　燃料油的质量组成为：C 86%，H 14%。在干空气下燃烧，烟气分析结果（基于干烟气）为：O_2 1.5%；CO 600×10^{-6}（体积分数）。试计算燃烧过程的空气过剩系数。若实测烟尘质量浓度为 24mg/m^3，试问校正至过剩空气系数 $\alpha=1.8$ 时烟尘浓度是多少？

2.6　某热电厂发电量为 800MW，1 年按照最大负荷的 70% 运行（相当于在最大负荷上运行 1 年中 70% 的工作日），热效率约 35%，煤燃料含 C 65.7%。试问，40 年中该电厂将排放多少 CO_2？如果通过种植树吸收电厂每年排放的 CO_2，假设一棵树每年可以吸收 18.3kg CO_2，请问需要种多少树？

2.7　用喷雾干燥塔净化从焚烧危险废物窑炉排出的废气中的酸雾，需将该焚烧烟气的温度从 1200℃ 降至 300℃。通过对多种冷却烟气技术的比对，最终获得了两种可行的方案：方案 1 是安装一个废热燃烧器；方案 2 是安装洗涤塔，采用水进行喷淋降温。试问，基于以下数据，哪个方案更合理？假设所有投资中获得税前 6% 的回报。

① 废热燃烧器：安装费用 200 万元，服务期 10 年，运行费用（含折旧费）40 万元/年，产生的蒸汽价值 40 万元/年；

② 洗涤塔：安装费用 50 万元，服务期 5 年，运行费用（含折旧费）15 万元/年。

注意：若在烟气中增加额外的水汽时，会使喷雾干燥塔的体积增加 50%。这样喷雾干燥塔的费用增加至 100 万元（服务期 10 年）。

第3章 颗粒污染物控制技术基础

3.1 颗粒污染物

颗粒污染物包括固体粒子、液体粒子或它们在气体介质中的悬浮体系，粒径范围 $0.01 \sim 200 \mu m$，大于 $10 \mu m$ 的颗粒易于沉降，除尘容易实现；小于 $0.1 \mu m$ 的颗粒所占比例小，对排放浓度贡献不大。除尘系统重点是高效捕集粒径为 $0.1 \sim 10 \mu m$ 的粉尘、烟尘。

颗粒污染物按其成分分为无机、有机及混合型。无机颗粒物包括矿尘、金属尘、加工无机物产生的粉尘等，有机颗粒物包括加工有机物的粉尘、动植物粉尘以及微生物等。

3.2 颗粒的物理特性

3.2.1 颗粒密度

颗粒密度 (ρ) 是指单位体积颗粒物的质量，单位为 kg/m^3 或 g/cm^3。颗粒的密度分真密度和堆积密度。

真密度 (ρ_p) 是指单位体积颗粒去除颗粒内部孔隙和颗粒间空隙后的颗粒质量。真密度是颗粒最基本物理参数，广泛应用于颗粒特征评价，如测定颗粒分布等。真密度值取决于颗粒物化学组成，其测定方法主要有气体容积法和浸液法两种。

堆积密度 (ρ_b) 又称体积密度、松密度或毛体密度，是指颗粒在堆积状态下单位体积的质量。若将颗粒之间的空间体积与包含空间的颗粒总体积之比称为空隙率 ε，则颗粒的堆积密度 ρ_b 与真密度 ρ_p、ε 之间存在如下关系：

$$\rho_b = (1-\varepsilon)\rho_p \tag{3.1}$$

对于某种颗粒来说，ρ_p 为一定值，ρ_b 则随 ε 而变化，ε 值与颗粒种类、粒径及充填方式等因素有关。颗粒愈细，ε 值增大；充填过程加压或振动，ε 值减小。真密度用于研究颗粒在流体中的运动，堆积密度用于计算物料存仓或灰斗容积。常见工业颗粒物两种密度值见表 3-1。

表 3-1 常见工业颗粒物的真密度和堆积密度

颗粒名称	真密度/(kg/m^3)	堆积密度/(kg/m^3)	颗粒名称	真密度/(kg/m^3)	堆积密度/(kg/m^3)
滑石粉,$1.6\mu m$	2750	$530 \sim 620$	混凝土干法窑尘	3000	600
滑石粉,$2.7\mu m$	2750	$560 \sim 660$	粉煤飞灰	2200	1070
滑石粉,$3.2\mu m$	2750	$590 \sim 710$	水泥粉尘	3120	1500
硅砂粉,$8\mu m$	2630	1150	石墨粉尘	2000	300
硅砂粉,$30\mu m$	2630	1450	炭黑粉尘	1850	40
硅砂粉,$105\mu m$	2630	1550	造纸黑液粉尘	3100	130
电炉粉尘	4500	$600 \sim 1500$	铅冶粉尘	6000	600
化铁炉粉尘	2000	800	锌冶粉尘	5500	500

3.2.2　颗粒含水率和润湿性

3.2.2.1　颗粒含水率

颗粒水分包括附着在颗粒表面和凹坑处与细孔中的自由水分，以及紧密结合在颗粒内部的物理结合水分。颗粒组成部分的化学结合水分（如结晶水等）不能用干燥的方法去除，否则会破坏颗粒本身的分子结构，因而不属于颗粒水分的范围。

颗粒水分含量用含水率 w（%）表示，定义为颗粒中所含水分质量与颗粒总质量（包括干颗粒质量与水分质量）之比。颗粒含水率会影响颗粒其他物理性质，如导电性、黏附性、流动性等，这些因素在设计净化装置时都需考虑。颗粒的含水率与颗粒的润湿性有关。

3.2.2.2　颗粒润湿性

颗粒润湿性是指液体与颗粒相互附着或附着难易的性质。根据颗粒润湿性，颗粒分为两大类：容易被水润湿的亲水性颗粒和难被水润湿的疏水性（憎水性）颗粒（如石墨粉尘、炭黑等）。颗粒润湿性除了与颗粒组成有关外，还受其粒径、表面粗糙度和荷电性等影响。

湿式除尘器的除尘机制主要是利用颗粒被水润湿的机制。对于润湿性差的疏水性颗粒，可在水中加入一些润湿剂（如皂角素等）降低水的表面张力，提高润湿效果，从而使小尘粒凝聚为较大的尘粒而被除去。混凝土、熟石灰和白云石等尘粒，虽是亲水性的，但吸水后形成不溶于水的硬垢，称为水硬性颗粒。硬水性颗粒易在管道、设备内结垢，不宜采用湿式净化装置进行捕集。

3.2.3　颗粒流动性

3.2.3.1　颗粒黏附性

颗粒附着在固体表面上或颗粒彼此相互附着的现象称为黏附，克服附着现象所需要的力称为黏附力。气体介质的黏附力主要有范德华力、静电引力和毛细管力等。

影响颗粒黏附的因素有粒径、形状、表面粗糙度、含水率、润湿性以及荷电量等。由于黏附力的存在，颗粒的相互碰撞会导致颗粒的凝聚，这种作用将有益于各种净化装置对颗粒的捕集，在电除尘器中表现得最为突出。但是在含尘气流管道和气流净化设备中，需要防止颗粒在器壁上的黏附，以免堵塞管道和设备。

3.2.3.2　颗粒安息角

颗粒通过小孔连续地下落到水平面上时，堆积成的锥体母线与水平面的夹角称为安息角，又称静止角或堆积角。安息角是评价颗粒流动特征的一个重要指标。安息角小的颗粒，其流动性好。相反，安息角大的颗粒其流动性差。

安息角是粒状物料特有的性质，与颗粒粒径、形状、含水率、颗粒表面光滑程度等因素有关。对于同一种颗粒，粒径大、接近球形、表面光滑、含水率低时，安息角小。安息角是设计料仓锥度、除尘器灰斗锥度、气流管路倾斜度的主要依据。表 3-2 是几种常见工业颗粒的安息角。

表 3-2　几种常见工业颗粒的安息角

颗粒名称	安息角/(°)	颗粒名称	安息角/(°)
白云石	35	烟煤粉尘	35～45
黏土	40	无烟煤粉尘	37～45
高炉灰	25	生石灰	25
烧结混合料	35～40	水泥粉尘	35

3.2.4　颗粒电学性能

3.2.4.1　颗粒的荷电性

颗粒在其产生和运动过程中，由于碰撞、摩擦、放射线照射、电晕放电及接触带电体等原因，会带有一定数量的电荷。颗粒的荷电量随温度升高、表面积增大及含水率减小而增大。颗粒荷电量的大小和极性，除与其化学组成、表面积和含水率外，还与其外部荷电条件有关。不同颗粒的天然荷电数据见表 3-3。

表 3-3　不同颗粒的天然荷电

颗粒种类	电荷分布/%			比电荷/(C/kg)	
	正	负	中性	正	负
飞灰	31	26	43	$6.3×10^{-3}$	$7.0×10^{-3}$
石膏粉尘	44	50	6	$5.3×10^{-7}$	$5.3×10^{-7}$
熔铜炉粉尘	40	50	10	$6.7×10^{-8}$	$1.3×10^{-7}$
铅烟尘	25	25	50	$1.0×10^{-9}$	$1.0×10^{-9}$
油烟	0	0	100	0	0

颗粒荷电后，将改变其凝聚性、附着性及其稳定性等物理性质。颗粒的荷电性在除尘技术中有重要作用，如电除尘器就是利用颗粒的荷电性进行除尘的，在袋式除尘器和湿式除尘器中也可以利用颗粒或者液滴的荷电性来提高其捕集效率。

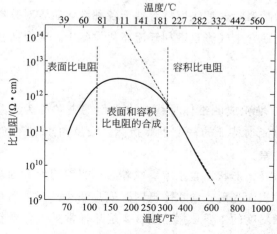

图 3-1　典型的温度-比电阻关系

3.2.4.2　颗粒的比电阻

颗粒导电性可用比电阻表示，单位为 $\Omega \cdot cm$，即面积为 $1cm^2$、厚度为 $1cm$ 的颗粒层的电阻值称为颗粒的比电阻。颗粒导电机制有两种：温度 $>200℃$ 时，主要靠颗粒本体电子或离子所产生的容积导电；温度 $<100℃$ 时，靠颗粒表面吸附的水分和化学膜发生的表面导电。

因此，颗粒的比电阻与气体温度、湿度和成分，颗粒粒径、成分以及堆积松散度等有关。图 3-1 为典型的温度-比电阻关系曲线，在表面导电占优势的低温范围内，颗粒比电阻称为表面比电阻，其值随温度升高而增大，随含水率增大而减小；在容积导电占优势的高温范围内，颗粒比电阻称为容积比电阻，其值随温度升高而减小；在两种导电机制皆重要的中间温度范围内，颗粒比电阻是表面比电阻和容积比电阻的合成。工业排气中的颗粒比电阻值变化范围大致为 $10^3 \sim 10^{14} \, \Omega \cdot cm$。

3.2.5 颗粒比表面积

粒状物料的许多物理、化学性质与其表面积大小有关。例如，颗粒运动受到的流体阻力，因其表面积增大而增大；氧化、溶解、蒸发、吸附及催化等反应速度，也因颗粒表面积增大而增大；有些颗粒的爆炸性和毒性，也随其表面积增加而增加。

单位质量（体积）颗粒所具有的总表面积称为颗粒比表面积，单位 m^2/m^3 或 cm^2/g。颗粒比表面积是用来表示颗粒总体细度的一种粒度特征值。

颗粒比表面积值的变化范围很广，表 3-4 为几种工业颗粒的比表面积。大部分烟尘的比表面积在 $1000 \sim 10000 \, cm^2/g$ 范围内变化。

表 3-4 工业颗粒的比表面积

颗粒名称	中粒径/μm	比表面积/(cm^2/g)	颗粒名称	中粒径/μm	比表面积/(cm^2/g)
烟草粉尘	0.5	100000	水泥窑粉尘	13	2400
细飞灰	5	6000	细炭黑尘	0.33	1100000
粗飞灰	25	1700	细砂	500	50

3.2.6 颗粒自燃性和爆炸性

3.2.6.1 颗粒的自燃性

颗粒的自燃是指颗粒在常温下存放过程中自然发热，此热量经长时间的积累，达到该颗粒的燃点而引起燃烧的现象。颗粒自燃在于自然发热，且产热速率超过排热速率，热量不断积累所致。

引起颗粒自然发热的主要途径有：①氧化热，即颗粒与空气中的氧接触而发热，包括金属粉类、碳素粉末类和其他粉末类；②分解热，因颗粒中一些化学物质自然分解而发热，包括漂白粉、次亚硫酸钠等；③聚合热，因颗粒中所含的聚合物单体发生聚合而发热，如丙烯腈、苯乙烯、异丁烯酸盐等；④发酵热，因微生物和酶的作用使颗粒中所含有机物降解而发热，如干草、饲料等。

各种颗粒的自燃温度相差很大，黄磷、还原铁粉、还原镍粉、烷基铝等与空气的反应活化能极小，自燃温度低，常温下暴露于空气中就可以直接起火。影响颗粒自燃的因素，除颗粒本身结构和物理化学性质外，还有颗粒的存在状态。处于悬浮状态的颗粒自燃温度要比堆积状态粉体的自燃温度高。

3.2.6.2 颗粒的爆炸性

颗粒爆炸指可燃性颗粒在爆炸极限范围内，遇到热源（明火或高温），快速发生化学反应，同时释放大量的热，形成很高的温度和很大的压力，系统的能量转化为机械能，产生光和热的辐射，形成很强的破坏力。

颗粒爆炸多半在有铝粉、锌粉、各种塑料粉末、有机合成粉末料、小麦粉、糖、植物纤维尘等产生场所发生。颗粒爆炸难易与颗粒物理、化学性质和环境条件有关。一般地，燃烧热越大的物质越容易爆炸，如煤尘、炭、硫黄等；氧化速度快的物质容易爆炸，如镁粉、铝粉、氧化亚铁、染料等；容易带电的颗粒也很容易引起爆炸，如树脂粉末、纤维尘、淀粉等；颗粒粒径越小，比表面积越大，水分含量越小，爆炸危险性越大。

颗粒爆炸条件有三个：①以适当的浓度在空气中悬浮，形成尘云；②有充足的空气和氧化剂；③有火源或者强烈振动与摩擦。引起爆炸的最低浓度叫做爆炸下限，最高浓度叫做爆炸上限，可燃物浓度低于爆炸浓度下限或高于爆炸浓度上限时，均无爆炸危险。爆炸浓度上限值很大，多数情况都达不到，实际意义不大。对于有爆炸危险的颗粒，通风除尘系统设计必须给予充分注意，采取必要的防爆措施。

3.3 颗粒粒径分布

3.3.1 粒径

粒径是表征颗粒大小的代表性尺寸。对球形颗粒，粒径是指它的直径。实际颗粒形状大多是不规则的，此时用来衡量其大小的"粒径"往往有不同的含义。同一颗粒按不同的测定方法和定义所得的粒径，数值不同，应用场合也不同。因此，使用颗粒粒径时，必须了解所采用的测定方法。例如，用显微镜法测定时，有定向粒径、定向面积等分粒径和投影面积粒径等；用重力沉降法测出的粒径有斯托克斯粒径或空气动力直径；用光散射法测定时，粒径为体积粒径；用筛分法测定时，粒径为筛分直径。选取粒径测定方法除须考虑方法本身的精度、操作难易程度及费用等因素外，还应注意测定的目的和应用场合。

颗粒粒径是选用净化工艺、确定净化设备的基础。在颗粒污染物净化技术中，常用的颗粒粒径有筛分粒径、斯托克斯直径、空气动力直径等，现作如下介绍。

3.3.1.1 筛分粒径

筛分就是用单层或多层的带孔筛面，将粒度大小不同的混合物料分成若干个粒度级别的作业过程。筛分粒径是用标准筛进行筛分法测定时得到的颗粒物大小，是颗粒物能够通过的最小筛孔尺寸。

筛孔尺寸与筛孔目数存在一一对应关系。筛孔目数是指每平方英寸上的开孔数目。目数越大，筛孔内径越小，表示筛分通过的颗粒越细。由于存在开孔率的问题，不同国家每平方英寸上开孔数目对应的筛孔尺寸不一样，目前存在美国、英国和日本三种标准，其中英国和美国标准相近，与日本的差别较大。我国目前使用的是美国标准，筛孔内径（μm）×筛孔目数=15000。颗粒粒径与目数的对应关系如表 3-5 所示。

3.3.1.2 空气动力直径

学术界和工程界引入"等效球直径"（ESD），用来描述非球形物体的"大小"，其值等于与非球形物体有相同性质（空气力学、水力学、光学、电学）的球体直径。

表 3-5　颗粒粒径与目数的对应关系

目数	粒度/μm	目数	粒度/μm	目数	粒度/μm
5	3900	120	124	1100	13
10	2000	140	104	1300	11
16	1190	170	89	1600	10
20	840	200	74	1800	8
25	710	230	61	2000	6.5
30	590	270	53	2500	5.5
35	500	325	44	3000	5
40	420	400	38	3500	4.5
45	350	460	30	4000	3.4
50	297	540	26	5000	2.7
60	250	650	21	6000	2.5
80	178	800	19	8000	1.6
100	150	900	15	10000	1.3

在同一气流中，受重力作用，与被测颗粒的密度相同、终沉降速度相等的圆球的直径，称为斯托克斯直径（d_{st}）。在非紊流区内，斯托克斯直径可以通过斯托克斯定律计算得到，相关内容在 3.4 节详细阐述。

如果被测颗粒终沉降速度与单位密度（密度值为 1000kg/m³）的圆球终沉降速度相等，则这个圆球的直径被称为空气动力学当量直径（d_a），简称空气动力直径。空气动力直径与斯托克斯直径之间的关系可以用式（3.2）表示：

$$d_a = d_{st}\left(\frac{\rho_p}{1000}\right)^{\frac{1}{2}} \tag{3.2}$$

式中，ρ_p 为颗粒密度，kg/m³。

表 3-6 给出了一些常用的颗粒粒径定义及其计算公式。

表 3-6　颗粒粒径的定义及部分计算公式

名称	符号	定义	公式
费雷特直径	d_F	在同一方向上与颗粒投影外形相切的一对平行直线之间的距离	
马丁直径	d_M	在同一方向上将颗粒投影面积二等分的直线长度	
最大直径	d_{max}	不考虑方向的颗粒投影外形的最大直线长度	
最小直径	d_{min}	不考虑方向的颗粒投影外形的最小直线长度	
投影面积直径	d_A	与任意放置的颗粒投影面积相等的圆的直径	$d_A = (4A_p/\pi)^{1/2}$
表面积直径	d_s	与颗粒的外表面积相等的圆球的直径	$d_s = (S/\pi)^{1/2}$
体积直径	d_v	与颗粒的体积相等的圆球的直径	$d_v = (6V_p/\pi)^{1/3}$
表面积体积直径	d_{sv}	同颗粒的外表面积与体积之比相等的圆球的直径	$d_{sv} = d_v^3/d_s^2$
周长直径	d_c	与颗粒投影外行周长相等的圆的直径	$d_c = L/\pi$
展开直径	d_R	通过颗粒重心的平均弦长	$E\langle d_R \rangle = \frac{1}{\pi}\int_0^{2\pi} d_R \mathrm{d}\theta_R$

续表

名称	符号	定义	公式
筛分直径	d_{ap}	颗粒能通过的最小方筛孔的宽度	
阻力直径	d_d	在黏度相同的流体中,在相同的运动速度下与颗粒具有相同运动阻力的圆球的直径	
自由沉降直径	d_f	在密度和黏度相同的流体中,与颗粒具有相同密度和相同自由沉降速度的圆球的直径	
斯托克斯直径	d_{st}	在同一流体中与颗粒的密度相同和沉降速度相等的球的直径	$d_{st} = \sqrt{\dfrac{18\mu v_{st}}{\rho_p g C_u}}$
空气动力学当量直径	d_a	空气中与颗粒沉降速度相同的单位密度的球的直径	$d_a = \sqrt{\dfrac{18\mu v_{st}}{1000 g C_u}}$

注:A_p 为投影面积,S 为颗粒外表面积,V_p 为颗粒体积,L 为颗粒投影外行周长,μ 为流体黏度,v_{st} 为沉降速度,C_u 为坎宁汉系数。

3.3.2 粒径分布

粒径分布又称分散度,是指不同粒径颗粒在全体颗粒中所占百分数。按计量方法不同,分为计数分布和计重分布。以颗粒的个数所占的比例表示时,称为个数分布;以颗粒的质量表示时,则称为质量分布。由于目前我国颗粒污染物排放标准、烟尘浓度测试方法多采用计重法,除尘器性能分析和计算也涉及颗粒的质量和受力,因此除尘技术常用质量分布。

粒径分布有区间分布(频率分布)和累积分布(积分分布)两种形式。区间分布表示一系列粒径区间的颗粒百分含量,累积分布表示小于或大于某粒径的颗粒百分含量。两种分布的表示方法有列表法、图示法和函数法 3 种,其中列表法最简单、最常用。下面以列表法来说明颗粒物粒径分布的表达方法和相应的意义。

按粒径间隔给出的个数分布数据列于表 3-7。其中,n_i 为每一间隔测得的颗粒个数,$N = \sum n_i$ 为颗粒的总个数(本例中 $N=1000$ 个)。据此可以给出颗粒个数分布直方图(图 3-2)。

表 3-7　粒径个数分布数据的测定和计算结果

分级号 i	粒径范围 $d_p/\mu m$	颗粒个数 $n_i/$个	个数频率 f_i	间隔上限粒径 $/\mu m$	个数筛下累积频率 F_i	粒径间隔 $\Delta d_{pi}/\mu m$	个数频率密度 $p/\mu m^{-1}$
1	0~4	104	0.104	4	0.104	4	0.026
2	4~6	160	0.160	6	0.264	2	0.080
3	6~8	161	0.161	8	0.425	2	0.0805
4	8~9	75	0.075	9	0.500	1	0.075
5	9~10	67	0.067	10	0.567	1	0.067
6	10~14	186	0.186	14	0.753	4	0.0465
7	14~16	61	0.061	16	0.814	2	0.0305
8	16~20	79	0.079	20	0.893	4	0.0197

续表

分级号 i	粒径范围 $d_p/\mu m$	颗粒个数 $n_i/$个	个数频率 f_i	间隔上限粒径 $/\mu m$	个数筛下累积频率 F_i	粒径间隔 $\Delta d_{pi}/\mu m$	个数频率密度 $p/\mu m^{-1}$
9	20~35	103	0.103	35	0.996	15	0.0068
10	35~50	4	0.004	50	1.000	15	0.0003
11	>50	0	0.000	∞	1.000		0.000
总计		1000	1.00				

算数平均粒径 $d_L=11.8\mu m$，中位粒径 $d_{50}=9.0\mu m$，众径 $d_d=6.0\mu m$，几何平均粒径 $d_g=8.96\mu m$。

3.3.2.1 个数频率

个数频率 f_i 为第 i 间隔的颗粒个数 n_i 与颗粒总个数 $\sum n_i$ 之比，即

$$f_i=\frac{n_i}{\sum n_i} \tag{3.3}$$

并有 $\sum f_i=1$。

3.3.2.2 个数筛下累积频率

小于第 i 间隔上限粒径的所有颗粒个数与颗粒总个数 $\sum n_i$ 之比，称为个数筛下累积频率 F_i，即

$$F_i=\sum_1^i n_i / \sum_1^N n_i \tag{3.4}$$

个数筛下累积频率与个数频率之间的关系为：$F_i=\sum_1^i f_i$，并有 $F_N=\sum_1^N f_i=1$。

相应地，大于第 i 间隔上限粒径的所有颗粒个数与颗粒总个数之比为个数筛上累积频率。根据计算出的各级个数筛下累积频率分布 F_i 值对应各级上限粒径 d_p，可得个数筛下累积频率分布曲线图（图 3-3）。由累积频率曲线可以求出任一粒径间隔的频率 f 值。

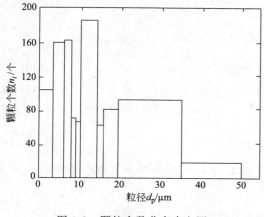

图 3-2 颗粒个数分布直方图

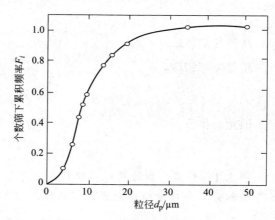

图 3-3 个数累积频率分布曲线

3.3.2.3 个数频率密度

频率密度为单位粒径间隔（即 $1\mu m$）时的频率，简称频度，单位为 μm^{-1}。

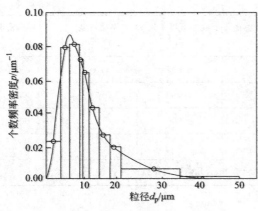

图 3-4　个数频率密度分布曲线

显然，个数频率密度表示式为：

$$p(d_p) = dF/dd_p \tag{3.5}$$

根据表 3-7 的数据，计算每一间隔的平均频率密度 $\overline{p_i} = \Delta F_i / \Delta d_{p_i}$，按 $\overline{p_i}$ 值对粒径间隔中值作出 d_{p_i} 个数频率密度分布曲线（图 3-4）。

对式（3.5）积分，得到：

$$F = \int_0^{d_p} p \cdot dd_p \tag{3.6}$$

粒径 a 和粒径 b 间隔的频率、个数筛下累积频率、个数频率密度之间的关系为：

$$f_{a-b} = F_a - F_b = \int_{F_b}^{F_a} dF = \int_{d_{p_b}}^{d_{p_a}} \frac{dF}{dd_p} dd_p$$
$$= \int_{d_{p_b}}^{d_{p_a}} p \, dd_p \tag{3.7}$$

由图 3-4 可知，个数频率密度有最大值，这个值对应的粒径称为众径 d_d。个数筛下累积频率 $F=0.5$ 时对应的粒径 d_{50} 称为个数中位粒径（NMD）。

3.3.2.4　质量分布

对于同质颗粒物，密度相同，颗粒质量与其粒径的立方成正比。因此，以颗粒个数给出的粒径分布数据，可以转换为以颗粒质量表示的粒径分布数据。类似个数分布，颗粒可以按质量分级得出相应的质量频率、质量筛下累积频率和质量频率密度定义式。

第 i 级颗粒发生的质量频率：

$$g_i = \frac{m_i}{\sum m_i} = \frac{n_i d_{pi}^3}{\sum_1^N n_i d_{pi}^3} \tag{3.8}$$

小于第 i 间隔上限粒径的所有颗粒发生的质量频率，即质量筛下累积频率：

$$G_i = \sum_1^i g_i = \frac{\sum_1^i n_i d_{pi}^3}{\sum_1^N n_i d_{pi}^3} \tag{3.9}$$

并有 $G_N = \sum_1^N g_i = 1$。

质量频率密度：

$$q = \frac{dG}{dd_{p_i}} \tag{3.10}$$

因此，得到：

$$G = \int_0^{d_p} q \, dp \tag{3.11}$$

例 3.1　对某一颗粒进行实验测定，得表 3-8 数据。试绘出该颗粒质量频率分布、质量筛下累积分布和质量频率密度分布曲线。

表 3-8　颗粒实验测定数据

粒径范围/μm	0～5	5～10	10～15	15～20	20～25	25～30	30～35	35～40	40～45	45～50	50～55
质量/g	9	28	66	121	174	198	174	174	121	28	9

解： ① 质量频率分布 g。以粒径 $0\sim5\mu m$ 和 $5\sim10\mu m$ 为例：

$m_0=9+28+66+121+174+198+174+174+121+28+9=1102$（g）

$g_{0\sim5}=\Delta m/m_0\times100\%=9/1102\times100\%=0.8\%$

$g_{5\sim10}=\Delta m/m_0\times100\%=28/1102\times100\%=2.5\%$

依此类推可求出其他粒径间隔下的质量频率分布，见表 3-9 和图 3-5。

表 3-9　质量频率分布、质量频率密度分布、质量筛上累积分布和质量筛下累积分布

粒径间隔 /μm	组中点 /μm	组间隔 /μm	质量频率分布 g %	质量频率密度 分布 $q/\mu m^{-1}$	质量筛上累积 分布 R/%	质量筛下累积 分布 G/%
$0\sim5$	2.5	5	0.8	0.16	99.2	0.8
$5\sim10$	7.5	5	2.5	0.5	96.7	3.3
$10\sim15$	12.5	5	6.0	1.2	90.7	9.3
$15\sim20$	17.5	5	11.0	2.2	79.7	20.3
$20\sim25$	22.5	5	15.8	3.16	63.9	36.1
$25\sim30$	27.5	5	18.0	3.6	45.9	54.1
$30\sim35$	32.5	5	15.8	3.16	30.1	69.9
$35\sim40$	37.5	5	15.8	3.16	14.3	85.7
$40\sim45$	42.5	5	11.0	2.2	3.3	96.7
$45\sim50$	47.5	5	2.5	0.5	0.8	99.2
$50\sim55$	52.5	5	0.8	0.16	0	100

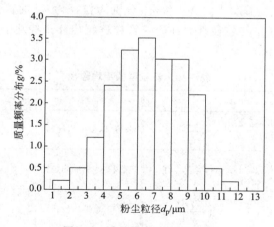

图 3-5　质量频率分布曲线图

② 质量筛下累积分布 G。由 $G=\sum g$，计算得：

$$G_{0\sim5}=g_{0\sim5}=0.8\%$$

$$G_{0\sim10}=g_{0\sim5}+g_{5\sim10}=3.3\%$$

同理，求出其他粒径间隔下的质量筛下累积分布，见表 3-9。

③ 质量筛上累积分布 R 和质量频率密度分布 q。由 $R=1-G$，得：

$$R_{0\sim5}=99.2\%\qquad R_{0\sim10}=96.7\%$$

同理，求出其他粒径间隔下的质量筛下累积分布和质量频率密度分布，见表 3-9 和图 3-6、图 3-7。

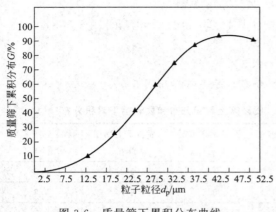

图 3-6 质量筛下累积分布曲线

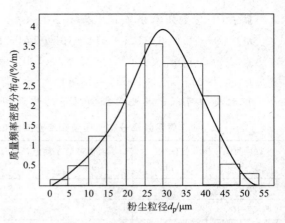

图 3-7 质量频率密度分布曲线图

3.3.3 颗粒群平均粒径

颗粒群是由不同粒径的颗粒所组成的群集合。常采用代表颗粒群特征的平均粒径，表示颗粒群的某一物理特征。对于由不同粒径的颗粒所组成的实际颗粒群，以及由尺寸相同的圆球颗粒所组成的假想颗粒群，如果它们具有某一相同的物理特征，则称此圆球颗粒的直径为实际颗粒群的平均粒径。

颗粒群的特征包括个数、长度、表面积、体积和质量等，据此可以定义出代表颗粒群不同特征的平均粒径，见表 3-10。表中 i 表示将颗粒群按粒径大小顺序分成 i 个间隔，d_i 为第 i 间隔的代表粒径，n_i、L_i、S_i、V_i 和 m_i 分别为粒径为 d_i 的颗粒的个数、长度、表面积、体积和质量。除上述平均粒径外，在研究颗粒群粒径分布特性中，还将用到几何平均粒径、众径和中位径等。

表 3-10 颗粒群的平均粒径

名　称	计算公式	名　称	计算公式
个数-长度平均直径	$\bar{d}_{NL}=\dfrac{\sum L_i}{\sum n_i}=\dfrac{\sum d_i n_i}{\sum n_i}$	长度-体积平均粒径	$\bar{d}_{LV}=\left(\dfrac{\sum V_i}{\sum L_i}\right)^{1/2}=\left(\dfrac{\sum d_i{}^3 n_i}{\sum d_i n_i}\right)^{1/2}$
个数-表面积平均直径	$\bar{d}_{NS}=\left(\dfrac{\sum S_i}{\sum n_i}\right)^{1/2}=\left(\dfrac{\sum d_i{}^2 n_i}{\sum n_i}\right)^{1/2}$	表面积-体积平均粒径	$\bar{d}_{SV}=\dfrac{\sum V_i}{\sum S_i}=\dfrac{\sum d_i{}^3 n_i}{\sum d_i{}^2 n_i}$
个数-体积平均直径	$\bar{d}_{NV}=\left(\dfrac{\sum V_i}{\sum n_i}\right)^{1/3}=\left(\dfrac{\sum d_i{}^3 n_i}{\sum n_i}\right)^{1/3}$	体积-矩平均粒径	$\bar{d}_{VM}=\dfrac{\sum M_i}{\sum V_i}=\dfrac{\sum d_i{}^4 n_i}{\sum d_i{}^3 n_i}$
长度-表面积平均直径	$\bar{d}_{LS}=\dfrac{\sum S_i}{\sum L_i}=\dfrac{\sum d_i{}^2 n_i}{\sum d_i n_i}$	质量-矩平均粒径	$\bar{d}_{mM}=\dfrac{\sum M_i}{\sum m_i}=\dfrac{\sum d_i m_i}{\sum m_i}=\dfrac{\sum d_i{}^4 n_i}{\sum d_i{}^3 n_i}$

3.3.4 颗粒粒径分布函数

颗粒物粒径分布的频率密度（p 或 q）曲线大致呈钟形，累积频率（R）曲线大致呈"S"形。因此，可以找到一些简单的方程式来描述这些分布曲线。这些方程式既可以用 q 对 d_p，也可用 R 对 d_p 的函数形式给出。常用的有正态分布函数、对数正态分布函数、罗辛-拉姆勒分布函数等。

3.3.4.1　正态分布

正态分布也称高斯分布，频率密度 q 和累积频率 R 的函数形式为：

$$q(d_p) = \frac{1}{\sigma_g \sqrt{2\pi}} \exp\left[\frac{(d_p - \overline{d}_p)^2}{2\sigma_g^2}\right] \tag{3.12}$$

$$R(d_p) = \frac{1}{\sigma_g \sqrt{2\pi}} \int_0^{d_p} \exp\left[-\frac{(d_p - \overline{d}_p)^2}{2\sigma_g^2}\right] \mathrm{d}d_p \tag{3.13}$$

式中，$\overline{d}_p$ 为算数平均粒径；σ_g 为标准差。它们的定义分别为：

$$\overline{d}_p = \frac{\sum n_i d_{pi}}{N} \tag{3.14}$$

$$\sigma_g = \left[\frac{\sum n_i (d_p - \overline{d}_p)^2}{N-1}\right]^{1/2} \tag{3.15}$$

如图 3-8 所示，正态分布的频率密度 q 分布曲线是关于算术平均粒径 $\overline{d}_p$ 的对称性钟形曲线，此时 $\overline{d}_p$ 值与中位粒径 d_{50} 和众粒径 d_d 均相等。它的累积频率 R 曲线在正态概率坐标纸上为一条直线，其斜率决定于标准差 σ_g 值。从 R 曲线图中可以查出，对应于 $R = 15.87\%$ 的粒径 $d_{15.87}$，$R = 84.13\%$ 的粒径 $d_{84.13}$，以及 $R = 50\%$ 的中位径 d_{50}，则可以按下式计算出标准差：

$$\sigma_g = d_{84.13}/d_{50} = d_{50}/d_{15.87}$$
$$= (d_{84.13}/d_{15.87})^{1/2} \tag{3-16}$$

实际颗粒物粒径呈正态分布的很少，大多数颗粒物的频率密度 q 曲线不是关于平均粒径的对称性曲线，而是向大颗粒方向偏移。正态分布函数可以用于描述单分散的实验颗粒、某些花粉和孢子以及专门制备的聚苯乙烯乳胶球。

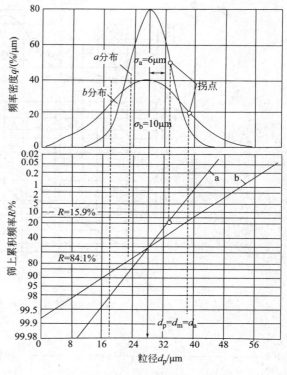

图 3-8　正态分布曲线和特征值

3.3.4.2　对数正态分布

大多数颗粒物（如空气中的尘和雾）的粒径分布在直线坐标中是偏态的，如图 3-9 所示。若将横坐标用对数表示，可以转化为近似正态分布的对称性钟形曲线，称为对数正态分布。将对数 $\ln d_p$ 代替式（3.12）粒径 d_p、$\ln \sigma_g$ 代替式（3.13）标准差 σ_g，得到对数正态分布函数为：

$$R(d_p) = \frac{1}{\sqrt{2\pi}\ln\sigma_g} \int_{-\infty}^{\ln d_p} \exp\left[-\left(\frac{\ln d_p/d_g}{\sqrt{2}\ln\sigma_g}\right)^2\right] \mathrm{d}(\ln d_p) \tag{3.17}$$

此时，频率密度 q 为：

$$q(d_p) = \frac{\mathrm{d}R(d_p)}{\mathrm{d}d_p} = \frac{1}{\sqrt{2\pi}\,d_p\ln\sigma_g} \exp\left[-\left(\frac{\ln d_p/d_g}{\sqrt{2}\ln\sigma_g}\right)^2\right] \tag{3.18}$$

式中，d_g 为几何中位粒径，σ_g 为几何标准差，它们的定义分别为：

$$\ln d_g = \frac{\sum n_i \ln d_{pi}}{N} \tag{3.19}$$

$$\ln \sigma_g = \left[\frac{\sum n_i (\ln d_{pi}/d_p)^2}{N-1} \right]^{1/2} \tag{3.20}$$

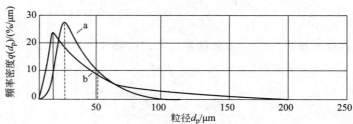

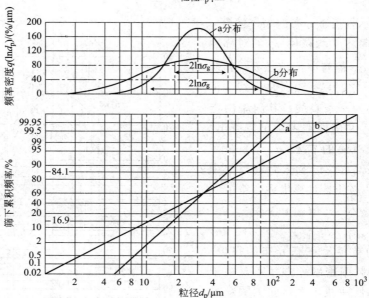

图 3-9　对数正态分布曲线及特征值

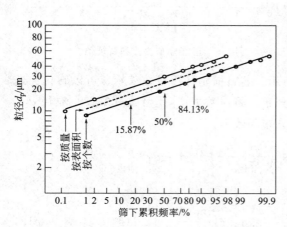

图 3-10　玻璃珠样品的对数正态分布曲线

对数分布函数的一个重要特性是，如果某颗粒的粒径分布符合对数正态分布，则以颗粒的个数、质量或表面积表示的粒径分布，都符合对数正态分布，并且具有相同的几何标准差 σ_g。因此，它们的累积频率曲线绘在对数概率坐标纸上为相互平行的直线，只是沿着粒径坐标方向平移了一段常量距离，如图 3-10 所示。这一常量值用各种中位粒径确定最为方便。质量中位粒径和表面积中位粒径与个数中位粒径（NMD）的换算关系如下。

质量中位粒径（MMD）：

$$\ln \text{MMD} = \ln \text{NMD} + 3\ln^2 \sigma_g \tag{3.21}$$

表面积中位粒径（SMD）：

$$\ln SMD = \ln NMD + 2\ln^2 \sigma_g \tag{3.22}$$

各种中位粒径大小的顺序是：MMD＞SMD＞NMD。

3.3.4.3　罗辛-拉姆勒分布（R-R 分布）

尽管对数正态分布函数在解析上比较方便，但是对破碎、碾磨、筛分过程产生的细颗粒及粒径分布很散的颗粒物，常有不吻合的情况。这时可以采用适用范围更广的罗辛-拉姆勒分布函数，简称 R-R 分布函数。

质量筛上累积频率 R：

$$R = \exp(-\beta d_p)^\alpha \tag{3.23}$$

式中，α 为分布指数；β 为分布系数。

将质量中位粒径 $d_{50}(R = 50\%)$ 代入式（3.23），可得：

$$\beta = \frac{\ln 2}{(d_{50})^\alpha} = \frac{0.693}{(d_{50})^\alpha} \tag{3.24}$$

对式（3.23）移项、取两次对数，得：

$$\ln\left(\ln\frac{1}{R}\right) = \ln\beta + \alpha\ln d_p \tag{3.25}$$

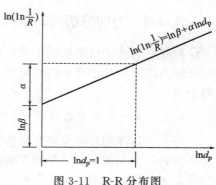

图 3-11　R-R 分布图

判断颗粒粒径分布是否符合 R-R 分布，可用式（3.25）验证。在双对数坐标上，用 $\ln(1/R)$ 对 d_p 作图，若是一条直线，则说明粒径分布数据符合 R-R 分布。如图 3-11，可由直线的斜率和截距求得 α、β。

例 3-2　颗粒粒径分析结果如表 3-11 所示，试求其分布函数及粒径分别为 $1\mu m$、$5\mu m$、$10\mu m$、$20\mu m$、$40\mu m$ 的筛上累积频率。

表 3-11　颗粒粒径分析结果

$d_p/\mu m$	2.1	3.7	5.8	9.6	16.2	28	34.6
筛上累积频率/%	98.7	92.4	83	57.2	22.8	4.7	1.8

解：将表中数据标注于双对数坐标图上，各点成直线 AB（图 3-12），说明该颗粒物粒径分布符合 R-R 分布规律。

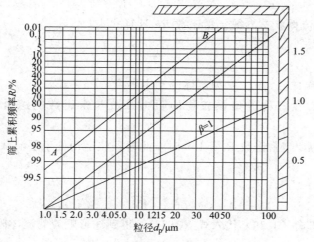

图 3-12　颗粒物 R-R 分布图

坐标点原点画直线 AB 的平行线交于边缘指数 β 的标尺，得 $\beta=1.86$。再由图查得 $d_{50}=12\mu m$。将 β 和 d_{50} 的数值代入分布函数：

$$R=\exp\left[-0.693\left(\frac{d_p}{d_{50}}\right)^{\beta}\right]=\exp\left[-0.693\left(\frac{d_p}{12}\right)^{1.86}\right]=\exp(-0.0068d_p^{1.86}) \quad (3.26)$$

由上式可算出，或按图查出：$R_1=0.993$，$R_5=0.873$，$R_{10}=0.611$，$R_{20}=0.167$，$R_{40}=0.15\%$。

3.4 颗粒在流体中的运动行为

3.4.1 力的分析

颗粒在气流中运动受到不同力的作用，包括外力、流体阻力和相互作用力。颗粒间的相互作用力，在颗粒浓度不高时可忽略。下面对流体阻力、重力、离心力、静电力、热力和惯性力等一一作介绍。

3.4.1.1 流体阻力

在不可压缩的连续流体介质中，做稳定运动的颗粒必然受到流体阻力的作用。这种阻力是由两种现象引起的：一是由于颗粒具有一定的形状，运动时必须排开周围的流体，导致其前面的流体压力比其后面大，产生了所谓的形状阻力；二是由于流体具有一定的黏性，与运动颗粒之间存在着摩擦力，导致了所谓的摩擦阻力。阻力的大小取决于颗粒的形状、粒径、表面特性、运动速度以及流体的种类和性质，阻力的方向总是与速度向量的方向相反。流体阻力按如下方程计算：

$$F_d=\frac{1}{2}C_dA_p\rho_{fluid}v_r^2 \quad (3.27)$$

式中，F_d 为流体阻力，N；A_p 为颗粒垂直于气流的最大断面积，m^2；ρ_{fluid} 为流体密度，kg/m^3；v_r 为颗粒与流体之间的相对运动速度，m/s；C_d 为阻力系数。

阻力系数 C_d 是颗粒雷诺数 Re 的函数，关系式为：

$$C_d=f(Re)=\frac{a}{Re^m} \quad (3.28)$$

式中，a、m 为流体状态参数；雷诺数 Re 计算式为：

$$Re=\frac{d_pv_r\rho_{fluid}}{\mu} \quad (3.29)$$

式中，d_p 为颗粒粒径，m；μ 为流体的动力黏度，Pa·s。

球形、圆柱、圆盘三种类型颗粒物的阻力系数与雷诺数的综合关系曲线如图 3-13 所示。

对于球形颗粒物，当雷诺数 $Re\leqslant1.0$ 时，此时颗粒运动处于层流状态，即 Stokes 区域。阻力系数计算式为：

$$C_d=\frac{24}{Re} \quad (3.30)$$

将式（3.30）和式（3.29）代入式（3.27），得到球形颗粒的流体阻力计算公式：

$$F_d=3\pi\mu d_pv_r \quad (3.31)$$

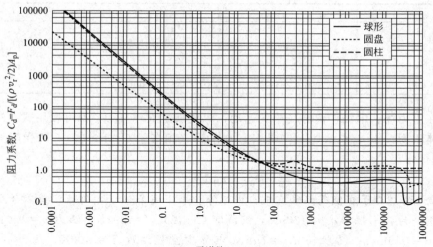

图 3-13　阻力系数 C_d 与粒子雷诺数 Re 的关系

当雷诺数 $1.0 < Re \leqslant 1000$ 时，颗粒运动处于湍流过渡区，阻力系数计算式为：

$$C_d = \frac{24}{Re}(1 + 0.14Re^{0.7}) \tag{3.32}$$

当雷诺数 $1000 < Re \leqslant 100000$ 时，颗粒运动处于湍流状态，阻力系数几乎不随雷诺数 Re 变化，近似取值 $C_d \approx 0.44$，即通常说的牛顿流体区域。

当颗粒大小与气体分子平均自由程 λ 差不多时，颗粒开始脱离与气体分子的接触，流体阻力减少，颗粒运动发生所谓的"滑动"。针对这种现象，坎宁汉提出了滑动修正系数（又称坎宁汉修正系数），以 C_u 表示。

$$C_u = 1 + Kn \left[1.257 + 0.4\exp(-1.10/Kn)\right] \tag{3.33}$$

式中，Kn 为努森数（量纲为 1）。

$$Kn = 2\lambda/d_p \tag{3.34}$$

式中，d_p 为颗粒粒径，m；λ 为气体分子的平均自由程，m。

$$\lambda = \frac{\mu}{0.499\overline{v}\rho} \tag{3.35}$$

式中，μ 为气体的动力黏度，Pa·s；ρ 为气体的密度，kg/m³；$\overline{v}$ 为气体分子的平均运动速度，m/s。

$$\overline{v} = \sqrt{\frac{8RT}{\pi M}} \tag{3.36}$$

式中，T 为气体的热力学温度，K；M 为气体分子的摩尔质量，kg/kmol；R 为摩尔气体常数，$R = 8314\text{J}/(\text{kmol}\cdot\text{K})$。

在常压空气中，C_u 也可用下式估算：

$$C_u = 1 + 6.21 \times 10^{-4}T/d_p \tag{3.37}$$

式（3.37）中，粒径 d_p 的单位为 μm。

一个大气压、室温（25℃）气流中的颗粒粒径对应的坎宁汉修正系数见表 3-12。

表 3-12　不同颗粒粒径的坎宁汉修正系数

$d_p/\mu m$	C_u	$d_p/\mu m$	C_u
0.01	22.5	1.0	1.166
0.05	5.02	2.0	1.083
0.10	2.89	5.0	1.033
0.50	1.334	10.0	1.017

颗粒在重力场、电场、离心场中的运动，只要满足 $Re \leqslant 1.0$，都可以用式（3.31）计算所受的流体阻力。当 $d_p \leqslant 1.0 \mu m$，或 $Kn > 0.016$（相当于 $C_u > 1.02$），所受阻力要按照式（3.38）进行修正：

$$F_d = 3\pi \mu d_p v / C_u \qquad (3.38)$$

例 3.3　两种粒子在空气沉降室中自由沉降。求下述条件下，匀速沉降粒子所受到的阻力。已知条件为：①粒径 $d_p = 120 \mu m$，沉降室空气温度 $T = 293K$，压力 $p = 1.013 \times 10^5 Pa$，沉降速度 $v = 0.9 m/s$；②粒径 $d_p = 1 \mu m$，沉降室空气温度 $T = 400K$，压力 $p = 1.013 \times 10^5 Pa$，沉降速度 $v = 50 \mu m/s$。

解：①查相关资料得：$T = 293K$，压力 $p = 1.013 \times 10^5 Pa$ 条件下，空气的动力黏度 $\mu = 1.81 \times 10^{-5} kg/(m \cdot s)$，密度 $\rho = 1.205 kg/m^3$。则粒子雷诺数：

$$Re = d_p \rho v / \mu = 120 \times 10^{-6} \times 1.205 \times 0.9 / 1.81 \times 10^{-5} = 7.19$$

由于 $1.0 < Re < 1000$，粒子的沉降运动处于过渡区，得阻力系数为：

$$C_d = \frac{24}{Re}(1 + 0.14 Re^{0.7}) = 5.20$$

$$F_d = C_d A_p \frac{\rho v^2}{2} = 5.20 \times \frac{\pi}{4} \times (120 \times 10^{-6})^2 \times \frac{1.205 \times 0.9^2}{2} = 2.87 \times 10^{-8} (N)$$

② $d_p = 1 \mu m$，需要对斯托克斯阻力公式进行坎宁汉修正。由相关资料查得 $T = 400K$，压力 $p = 1.013 \times 10^5 Pa$ 条件下，空气的动力黏度 $\mu = 2.29 \times 10^{-5} kg/(m \cdot s)$，密度 $\rho = 0.8826 kg/m^3$，空气的摩尔质量 $M = 28.97 kg/kmol$，代入式（3.36）得空气分子的平均运动速度为：

$$\bar{v} = \sqrt{\frac{8RT}{\pi M}} = \sqrt{\frac{8 \times 8314 \times 400}{\pi \times 28.97}} = 540.8 (m/s)$$

计算空气分子的平均自由程 λ：

$$\lambda = \frac{\mu}{0.499 \bar{v} \rho} = \frac{2.29 \times 10^{-5}}{0.499 \times 540.8 \times 0.8826} = 0.096 (\mu m)$$

努森数 $Kn = 2\lambda / d_p = 2 \times 0.096 / 1 = 0.192$

由式（3.33）计算坎宁汉修正系数 C_u：

$$C_u = 1 + Kn\left[1.257 + 0.4 \exp\left(\frac{-1.10}{Kn}\right)\right] = 1 + 0.192 \times \left[1.257 + 0.4 \exp\left(\frac{-1.10}{0.192}\right)\right] = 1.2416$$

粒子所受阻力 F_d 为：

$$F_d = \frac{3\pi \mu d_p v}{C_u} = \frac{3\pi \times 2.29 \times 10^{-5} \times 1 \times 10^{-6} \times 50 \times 10^{-6}}{1.2416} = 8.69 \times 10^{-15} (N)$$

3.4.1.2　外力

颗粒在流体中运动时，除受到阻力外，可能受到的外力还有重力、浮力、惯性力、离心力、电场力和热力等。这些力与阻力一起共同作用于运动中的颗粒，形成综合效应。这些力的计算公式如下：

重力
$$F_g = mg = \rho_p \left(\frac{\pi}{6}\right) d_p^3 g \tag{3.39}$$

浮力
$$F_b = \rho_{fluid} \left(\frac{\pi}{6}\right) d_p^3 g \tag{3.40}$$

惯性力
$$F_I = ma \tag{3.41}$$

离心力
$$F_c = ma = \rho_p \left(\frac{\pi}{6}\right) d_p^3 \left(\frac{v_c^2}{r}\right) \tag{3.42}$$

电场力
$$F_e = qE_p \tag{3.43}$$

热力
$$F_t = \frac{W}{L} \tag{3.44}$$

式中，m 为颗粒的质量；d_p 为颗粒粒径；a 为颗粒运动加速度；v_c 为颗粒离心运动的线速度；r 为离心运动的圆弧半径；q 为颗粒带的电荷量；E_p 为颗粒所在位置的电场强度；W 为热能做的功；L 为在力的方向上移动的距离。

3.4.2　斯托克斯定律

3.4.2.1　Stokes 沉降速度

一个球形颗粒在空气流中做自由沉降运动时所受到的作用力如图 3-14 所示。根据牛顿第二定律，可知：

$$ma = F_g - F_b - F_d \tag{3.45}$$

式（3.45）右边三项分别是重力、浮力和流体阻力，公式左边 "ma" 项表示的是作用在球形颗粒上力的综合效应，实现颗粒向下加速运动。由 3.4.1 可知，流体阻力随相对运动速度增加而增大，当相对运动速度为 0 时，流体阻力等于 0；当流体阻力等于重力与浮力的差值时，颗粒物开始做匀速沉降运动，此时，公式左边等于 0。代入重力 F_g、浮力 F_b、流体阻力 F_d 的计算公式，式（3.45）转化为：

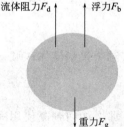

流体阻力 F_d ↑　　浮力 F_b ↑

重力 F_g ↓

图 3-14　颗粒上作用力的分析

$$\frac{1}{2} C_d A_p \rho_{air} v_r^2 = \rho_p \left(\frac{\pi}{6}\right) d_p^3 g - \rho_{air} \left(\frac{\pi}{6}\right) d_p^3 g \tag{3.46}$$

对于球形颗粒，当雷诺数 Re 小于 1.0 时，式（3.46）左边的流体阻力计算简化为：

$$F_d = 3\pi \mu d_p v_r \tag{3.47}$$

将简化的流体阻力计算式代入式（3.46），则上式简化为：

$$3\pi \mu d_p v_r = \rho_p \left(\frac{\pi}{6}\right) d_p^3 g - \rho_{air} \left(\frac{\pi}{6}\right) d_p^3 g \tag{3.48}$$

式（3.48）整理后，得到颗粒物匀速沉降相对运动速度：

$$v_r = \frac{g d_p^2 (\rho_p - \rho_{air})}{18\mu} \tag{3.49}$$

当颗粒物在静止的空气流中做自由沉降运动时，$v_{air} = 0$，则颗粒物在重力作用下的沉降速度为：

$$v_{st} = \frac{g d_p^2 (\rho_p - \rho_{air})}{18\mu} \tag{3.50}$$

这就是著名的斯托克斯定律，式（3.50）又称为 Stokes 公式。它很好地描述了球形颗粒在静止空气流中做自由沉降运动时的最终沉降速度，通过测定沉降速度，可以计算得到颗粒粒径。

与颗粒相比，空气密度 ρ_{air} 远远小于颗粒 ρ_p，因此可忽略浮力的影响。式（3.50）进一步简化为：

$$v_{st} = g d_p^2 \frac{\rho_p}{18\mu} \tag{3.51}$$

例 3.4 计算粒径为 $1\mu m$ 的球形颗粒在静止空气中的最终沉降速度。空气的动力黏度为 $1.8 \times 10^{-5} kg/(m \cdot s)$，颗粒密度为 $2000 kg/m^3$。

解： 分别采用式（3.50）和式（3.51）进行计算。

$$v_{st} = \frac{9.81 m/s^2 \times (10^{-6} m)^2 \times (2000 kg/m^3 - 1.2 kg/m^3)}{18 \times 1.8 \times 10^{-5} kg/(m \cdot s)} = 6.05 \times 10^{-5} m/s$$

$$v_{st} = \frac{9.81 m/s^2 \times (10^{-6} m)^2 \times 2000 kg/m^3}{18 \times 1.8 \times 10^{-5} kg/(m \cdot s)} = 6.05 \times 10^{-5} m/s$$

两者结果是一样的，这说明采用式（3.51）计算最终沉降速度精度完全满足要求。

当 $1.0 < Re < 1000$ 时，整理式（3.46）后，得到静止空气流中颗粒最终重力沉降速度计算式为：

$$v_{st} = \left[\frac{4 d_p (\rho_p - \rho_{air}) g}{3 C_d \rho_{air}} \right]^{1/2} \tag{3.52}$$

由 3.4.1 知，阻力系数的计算公式为：

$$C_d = \frac{24}{Re} (1 + 0.14 Re^{0.7}) \tag{3.53}$$

对于牛顿流体区域，$C_d \approx 0.44$，直接代入式（3.52），即可得到最终沉降速度 v_{st}。

$$v_{st} = 1.74 \left[\frac{d_p (\rho_p - \rho_{air}) g}{\rho_{air}} \right]^{1/2} \tag{3.54}$$

那么如何判断使用哪个公式计算沉降速度呢？这里介绍一种"试错法"。"试错法"的计算流程如下。

首先，通过用 Stokes 公式试算沉降速度 v_{st}：

$$v_{st} = \frac{g d_p^2 (\rho_p - \rho_{air})}{18\mu} \tag{3.55}$$

然后，计算雷诺数 Re，比较判断 Re 是否小于 1.0 或在 1.0～1000 之间。

$$Re = \frac{d_p v \rho_{air}}{\mu} \tag{3.56}$$

如果 $Re < 1.0$，则表明前面的试算正确。否则，按下式计算阻力系数 C_d：

$$C_d = \frac{24}{Re} (1 + 0.14 Re^{0.7}) \tag{3.57}$$

接着，再按下式计算新的沉降速度 v_{st} 和新的雷诺数 Re：

$$v_{st} = \left(\frac{4 d_p (\rho_p - \rho_{air}) g}{3 C_d \rho_{air}} \right)^{1/2} \text{ 和 } Re = \frac{d_p v \rho_{air}}{\mu} \tag{3.58}$$

开始新一轮的比较、判断，并接着计算新的阻力系数、新的沉降速度和新的雷诺数，如此循环，直至前后轮计算的沉降速度值误差满足设定的要求，计算结束。

迄今为止，斯托克斯定律被证明能很好地描述颗粒重力沉降过程。如图 3-15 所示，

Stokes 公式计算得到的颗粒终端沉降速度与实测值吻合良好。当颗粒粒径小于 $1.0\mu m$ 或大于 $30\mu m$ 时，需要通过上述修正。

例 3.5 已知石灰石颗粒的真密度为 $2.67g/cm^3$，试计算粒径为 $1\mu m$ 和 $400\mu m$ 的球形颗粒在 293K 空气中的重力沉降速度。

解：① 对于粒径 $1\mu m$，按式（3.51）计算重力沉降速度，并用坎宁汉修正系数修正。

在 293K 空气中，坎宁汉修正系数近似按式（3.37）计算：

$$C_u = 1 + 6.21 \times 10^{-4} \times 293/1 = 1.18$$

则，颗粒重力沉降速度：

$$v_{st} = \frac{(1 \times 10^{-6})^2 \times 2670 \times 9.81 \times 1.18}{18 \times 1.81 \times 10^{-5}}$$
$$= 9.49 \times 10^{-5} (\text{m/s})$$

② 对于 $d_p = 400\mu m$ 的颗粒，采用"试错法"进行计算：

$$v_{st} = \frac{9.81 \times (400 \times 10^{-6})^2 \times 2670}{18 \times 1.81 \times 10^{-5}} = 12.86 (\text{m/s})$$

$$Re = \frac{400 \times 10^{-6} \times 12.86 \times 1.2}{1.81 \times 10^{-5}} = 341 > 1$$

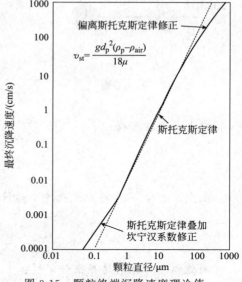

$$v_{st} = \frac{gd_p^2(\rho_p - \rho_{air})}{18\mu}$$

图 3-15 颗粒终端沉降速度理论值与实际值的差别

不符合 Stokes 公式应用的条件。采用过渡区公式计算：

$$C_d = \frac{24}{341} \times (1 + 0.14 \times 341^{0.7}) = 0.654$$

按式（3.57）、式（3.58）循环计算新的重力沉降速度、雷诺数和阻力系数。"试错法"计算结果如表 3-13 所示。经过 5 轮迭代计算，计算结果满足设定的误差要求，计算结束。

表 3-13 例 3.5 表

迭代次数	阻力系数	重力沉降速度/(10^{-5}m/s)	雷诺数
1	0.654	4.22	112
2	1.03	3.36	89
3	1.14	3.20	85
4	1.17	3.15	83
5	1.18	3.14	

3.4.2.2 Stokes 停止距离

例 3.6 一直径 $1\mu m$ 的球形颗粒，其密度为 $2.0g/cm^3$，以 10 m/s 的速度从枪口射出进入静止的空气流中。请问，颗粒受阻力的作用，飞行多远停止下来？忽略重力和浮力作用。

解：颗粒在静止的空气中运动受到阻力、惯性力的作用，这两个力方向相反、大小相等（图 3-16）：

$$-F_d = ma \tag{3.59}$$

空气流中，颗粒受到阻力为：

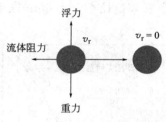

图 3-16　例 3.6 图

$$F_d = \frac{3\pi\mu d_p v_r}{C_u} \tag{3.60}$$

颗粒运动惯性力计算式为：

$$ma = \frac{\pi}{6} d_p^3 \rho_p \frac{\mathrm{d}v_r}{\mathrm{d}t} \tag{3.61}$$

将阻力和惯性力计算式代入，得到：

$$-\frac{3\pi\mu d_p v_r}{C_u} = \frac{\pi}{6} d_p^3 \rho_p \frac{\mathrm{d}v_r}{\mathrm{d}t} \tag{3.62}$$

对上式整理可得：

$$\frac{\mathrm{d}v_r}{\mathrm{d}t} = -\frac{18\mu v_r}{d_p^2 \rho_p C_u} \tag{3.63}$$

上式，$\mathrm{d}t = \frac{\mathrm{d}x}{v_r}$。将此式代入上述计算式，得：

$$\mathrm{d}x = -\frac{d_p^2 \rho_p C_u}{18\mu} \mathrm{d}v_r \tag{3.64}$$

两边积分并代入边界条件，得：

$$\int_0^x \mathrm{d}x = -\frac{d_p^2 \rho_p C_u}{18\mu} \int_{v_0}^0 \mathrm{d}v_r \tag{3.65}$$

计算得：

$$x_{\text{Stokes}} = \frac{v_0 d_p^2 \rho_p C_u}{18\mu} \tag{3.66}$$

空气动力黏度为 $1.8 \times 10^{-5} \mathrm{kg/(m \cdot s)}$，$C_u = 1.166$。代入计算得到：

$$x_{\text{Stokes}} = \frac{10\mathrm{m/s} \times (10^{-6})^2 \times (2000\mathrm{kg/m^3}) \times 1.166}{18 \times 1.8 \times 10^{-5} \mathrm{kg/(m \cdot s)}} = 7.2 \times 10^{-5} \mathrm{m} = 72\mu\mathrm{m}$$

3.5　颗粒污染物控制技术

3.5.1　颗粒污染物净化方法

　　颗粒污染物属于非均相混合物，一般采用物理方法进行分离净化，其原理是气体分子与固态（或液态）粒子在物理性质上的差异。将固态或液态粒子从气体介质中分离出来的净化方法称为气体除尘。目前，常用的除尘器有机械力除尘、电除尘、过滤式除尘和湿式除尘。

　　① 机械力除尘器。利用质量力（重力、惯性力和离心力等）的作用使颗粒与气流分离沉降的装置，包括重力沉降室、惯性除尘器和旋风除尘器等。

　　② 电除尘器。利用高压电场使尘粒荷电，在静电力作用下使颗粒与气流分离沉降的装置。

　　③ 过滤式除尘器。使含尘气流通过织物或多孔填料层进行过滤分离的装置，包括袋式除尘器、颗粒层除尘器等。

　　④ 湿式除尘器。又称湿式洗涤器，是指利用液滴、液膜或液层洗涤含尘气流，使颗粒与气流分离的装置。

　　按照除尘效率高低，除尘器分为高效除尘器（电除尘器、袋式除尘器和高能文丘里洗涤器）、中效除尘器（旋风除尘器和其他湿式除尘器）和低效除尘器（重力沉降室和惯性除尘器）三类。低效除尘器一般作为多级除尘系统的初级除尘。

3.5.2　净化装置性能评价

　　净化装置评估指标主要有两个方面：经济指标和性能指标。经济指标包括设备的投资和运行费用、占地面积或占用空间体积、设备可靠性和使用年限等；性能指标包括废气处理量、净化效率和压力损失等。

　　由于气体的体积流量与其状态有关，所以除尘技术净化装置性能参数统一采用标态（273K，101.325kPa）数据。

3.5.2.1　净化装置的处理气体量

　　处理气体量（Q）是衡量装置处理含污染物气体能力大小的指标，用通过除尘器的体积流量（m^3/s 或 m^3/h）表示，在净化装置设计中一般为给定值。当装置存在漏气时，标准状态下的处理气体量 Q_N 用进口流量 Q_{1N} 和出口流量 Q_{2N} 的平均值代表，即

$$Q_N = (Q_{1N} + Q_{2N})/2 \qquad (3.67)$$

　　净化装置的漏风率：

$$\delta = \frac{|Q_{1N} - Q_{2N}|}{Q_{1N}} \times 100\% \qquad (3.68)$$

3.5.2.2　压力损失（阻力）

　　压力损失（Δp）是指净化装置进口和出口断面上气流平均全压（全压＝静压＋动压）之差。不同类型净化装置 Δp 的计算方法和公式一般是不相同的。如旋风除尘器的压力损失 Δp 一般与其入口速度 v_i（m/s）的平方成正比，即

$$\Delta p = \xi \frac{\rho v_i^2}{2} \qquad (3.69)$$

　　式中，ρ 为气体的密度，kg/m^3；ξ 为旋风除尘器的阻力系数。

　　净化装置的压力损失实质上代表了气流通过装置时所消耗的机械能，它与通风机所耗功率成正比。所以 Δp 既是技术指标，也是经济指标。工业废气净化技术的理想状况是能耗低而效率高，即所谓的"低阻高效"。

3.5.2.3　除尘器的除尘效率

　　除尘器的除尘效率代表除尘器捕集颗粒效果的高低，有以下几种表示方法。

　　① 总除尘效率 η。若通过除尘器的气体流量为 Q（m^3/s）、颗粒流量为 m（g/s）、含尘浓度为 c（g/m^3），除尘器进口、出口和捕集的颗粒流量分别用下标 i、o 和 c 表示（图 3-17）。

　　除尘器的总除尘效率系指同一时间内除尘器捕集的颗粒质量与进入的颗粒质量之百分比，即

$$\eta = \frac{m_c}{m_i} \times 100\% = \left(1 - \frac{m_o}{m_i}\right) \times 100\% = \left(1 - \frac{c_o Q_o}{c_i Q_i}\right) \times 100\% \qquad (3.70)$$

　　若除尘器本体不漏气，则 $Q_i = Q_o$，上式简化为：

$$\eta = \left(1 - \frac{c_o}{c_i}\right) \times 100\% \qquad (3.71)$$

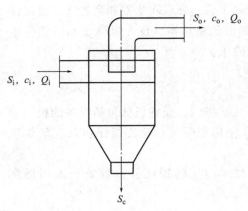

图 3-17　除尘效率计算式中的符号的意义

② 串联运行时的总除尘效率。当气体含尘浓度较高，一级除尘器的出口浓度达不到排放要求，或者即使能达到排放要求，但因颗粒负荷过大，会引起装置性能不稳定或堵塞，这时应考虑采用两级或多级多种除尘器串联使用。

设 η_1，η_2，$\cdots$，η_n 为第 1，2，$\cdots$，n 级除尘器的除尘效率，则 n 级除尘器串联后的总除尘效率为：

$$\eta = 1 - (1-\eta_1)(1-\eta_2)\cdots(1-\eta_n) \quad (3.72)$$

应当指出，由于进入各级除尘器的颗粒粒径越来越小，所以每级除尘器的除尘效率一般也越来越低。

③ 分级除尘效率。是指除尘器对某一粒径 d_p 或粒径 $d_p \sim (d_p + \Delta d_p)$ 范围内颗粒的除尘效率。除尘器对 $d_p \sim (d_p + \Delta d_p)$ 范围内颗粒的分级效率 η_d 为：

$$\eta_d = \frac{\Delta m_c}{\Delta m_i} \times 100\% \quad (3.73)$$

式中，Δm_i、Δm_c 分别为粒径为 $d_p \sim (d_p + \Delta d_p)$ 范围内除尘器进口和捕集的颗粒流量，g/s。

若以 ΔD_i 和 ΔD_c 分别表示除尘器入口和捕集的颗粒的相对频数分布，$\Delta m = m \Delta D$。所以：

$$\eta_d = \frac{\Delta m_c}{\Delta m_i} = \frac{m_c \Delta D_c}{m S_i \Delta D_i} = \eta \frac{\Delta D_c}{\Delta D_i} = \eta \frac{f_c}{f_i} \quad (3.74)$$

式中，f_i、f_c 分别为除尘器进口和捕集颗粒的粒径频度分布。

分级效率 η_d 与除尘器的种类、气流状况、颗粒的密度和粒径等因素有关。图 3-18 示出各种除尘装置 η_d 与 d_p 的关系，图中表明，除旋风除尘器和湿式洗涤器外，其他除尘器粉尘粒径对分级效率影响不明显。

④ 粒径分布与分级效率和总效率的关系。根据总效率 $\eta = m_c / m_i$ 及式（3.74）可得：

$$\eta = \int_0^\infty f_i \eta_d \mathrm{d}d_p \quad (3.75)$$

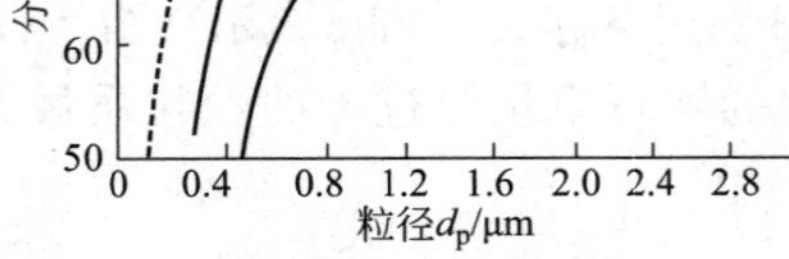

图 3-18　各种除尘器的分级效率与粒径之间的关系

（α 和 m 是与粉尘逃逸有关的常数）

1—电除尘（$\alpha = 3.22$，$m = 0.33$）；2—过滤除尘（$\alpha = 2.74$，$m = 0.33$）；3—洗涤除尘（$\alpha = 2.04$，$m = 0.67$）；4—小型旋风除尘（$\alpha = 1.07$，$m = 0.58$）

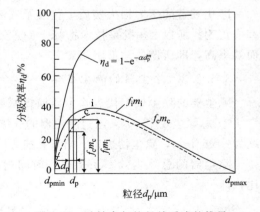

图 3-19　总效率与粒径关系式的推导

如图 3-19 所示，当给出某除尘器的分级效率 η_d 和要净化的颗粒的频度分布 f_i 时，便可按式（3.75）计算出总除尘效率 η。这是设计新除尘器时常用的计算方法。

实际上，若给出粒径范围 Δd_p 内的频数分布 ΔD_i，由 $f_i = \Delta D_i / \Delta d_p$，可将上式（3.75）改成求和的形式，即

$$\eta = \sum_{d_{min}}^{d_{max}} \Delta D_i \eta_d \tag{3.76}$$

3.5.2.4　净化系数 f_d 与净化指数

除尘器的净化系数 f_d 指进口含尘浓度 c_i 与出口含尘浓度 c_o 之比，即

$$f_d = \frac{c_i}{c_o} \times 100\% = \frac{1}{1-\eta} \tag{3.77}$$

f_d 的对数值称为净化指数。例如某除尘器 $\eta = 99.99\%$，则 $f_d = 1/(1-0.9999) = 10^4$，净化指数为 4。

 习题

3.1　已知某颗粒粒径分布数据如表 3-14 所示。①判断该颗粒的粒径分布是否符合对数正态分布；②如果符合，求其几何标准差、质量中位直径、个数中位直径。

表 3-14　习题 3.1 表格

颗粒粒径/μm	0~2	2~4	4~6	6~10	10~20	20~40	>40
质量浓度/($\mu g/m^3$)	0.8	12.2	25	56	76	27	3

3.2　某旋风除尘器的现场测试：除尘器进口的气体流量为 10000m^3/h，含尘浓度为 4.2g/m^3。除尘器出口的气体流量为 12000m^3/h，含尘浓度为 340mg/m^3。已知旋风除尘器进口面积为 0.24m^2，除尘器阻力系数为 9.8，进口气流温度为 423K，气体静压为 -490Pa，试确定该除尘器运行时的压力损失（假定气体成分接近空气）。

3.3　两级除尘系统，已知系统的流量为 2.22m^3/s，工艺设备产生颗粒量为 22.2g/s，各级除尘效率分别为 80% 和 95%。试计算该除尘系统的总除尘效率、颗粒排放浓度和排放量。

3.4　某旋风除尘器进口粉尘粒径分布和效率分布、全效率如表 3-15 所示，部分数据丢失，问除尘器捕集平均粒径 15mm 粉尘的分级效率？

表 3-15　习题 3.4 表格

粒径间隔/mm	0~5	5~10	10~20	20~30	30~40	>40
质量分布/%	10	15	20	—	20	13
分级效率/%	60	80	—	95	98	100
全效率/%				89.5		

3.5　计算粒径不同的三种飞灰颗粒在空气中的重力沉降速度，以及每种颗粒在 30s 内的沉降高度。假定飞灰颗粒为球形，颗粒直径分别为 0.4μm、40μm、4000μm，

空气温度为 387.5K，压力为 101325Pa，飞灰真密度为 2310kg/m³。

3.6 经测定某城市大气中飘尘的质量粒径分布遵从对数正态分布规律，其中，中位径 $d_{50}=5.7\mu m$，筛上累积分布 $R=15.87\%$ 时粒径为 $9.0\mu m$，试确定以个数表示时对数正态分布函数的特征数。

3.7 采用二级除尘的形式进行含尘废气的处理。系统初始风量 $Q=120000m^3/h$，正压操作。除尘系统安装完毕，运行约 1 个月后，测得一级除尘器漏风率为 5%，二级除尘器为 8%。系统进口颗粒浓度、布袋除尘器进口颗粒浓度和系统出口颗粒浓度分别为 20000mg/m³、6000mg/m³ 和 400mg/m³，并测得系统各处颗粒质量粒径分布如表 3-16 所示。

表 3-16 习题 3.7 表格

	粒径/μm	0~2	2~5	5~10	10~20	20~50	>50
粒径	一级除尘器进口 $d_{\varphi_1}/\%$	10	15	20	30	15	10
	二级除尘器进口 $d_{\varphi_2}/\%$	30	40	20	8	2	0
	二级除尘器出口 $d_{\varphi_3}/\%$	27	40	23	7	3	0

① 若风管漏风量忽略不计，计算系统总除尘效率。②计算一级除尘和二级除尘分别对粒径为 2~5μm 颗粒的分级效率及总效率。

3.8 粉尘由粒径 5μm 和 10μm 的粒子等质量组成。除尘器 A 的处理气量为 3Q，对应的分级效率分别为 70% 和 80%；除尘器 B 的处理气量为 Q，其分级效率分别为 68% 和 85%。试求：①并联处理气量为 4Q 时的总除尘效率；②总处理气量为 3Q，除尘器 A 在前、3 台 B 并联在后的串联的总效率。

第4章 机械力除尘器

4.1 概述

机械力除尘器是依靠重力、惯性力、离心力等将尘粒从气流中去除的装置，包括重力沉降室、惯性除尘器和旋风除尘器。机械力除尘器适用于含尘浓度高和颗粒粒径较大的气流，广泛用于除尘要求不高的场合或用作高效除尘装置的前置预除尘。

4.2 重力沉降室

重力沉降室是指尘粒通过自身的重力作用从气流中分离的除尘装置。如图 4-1 所示，含尘气流进入沉降室后，由于流动截面积扩大，气流速度迅速下降，其中较重颗粒在自身重力作用下缓慢向灰斗沉降。

4.2.1 沉降理论

含尘气流进入沉降室，其中颗粒沿气流方向向前运动的同时以沉降速度下降。进入沉降室的含尘气体在沉降室断面上的平均水平流速 v_{avg}（m/s）为：

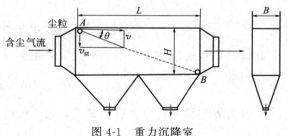

图 4-1 重力沉降室

$$v_{avg} = \frac{Q}{HW} \qquad (4.1)$$

式中，Q 为含尘气流量，m^3/s；H 为沉降室高度，m；W 为沉降室的宽度，m。

沉降室气体流动模式主要有层流和混合流，下面详细阐述两种模式下的颗粒沉降过程。

① 层流流动模式。假设气体流动始终保持层流状态，水平流速在沉降室内处处相等，颗粒沿气流方向的运动速度等于气流速度，垂直向下速度等于颗粒终沉降速度，颗粒在沉降过程中无相互干扰，沉降到沉降室底部也无反弹。此时，颗粒在沉降室内停留的时间 t 为：

$$t = \frac{L}{v_{avg}} \qquad (4.2)$$

式中，L 为沉降室长度，m。

这段时间内，颗粒通过重力作用的垂直沉降距离（高度）h 计算式为：

$$h = v_{st}t = v_{st}\frac{L}{v_{avg}} \qquad (4.3)$$

颗粒在沉降室内被沉降去除的条件是在停留时间 t 内颗粒完全沉入料斗，即垂直沉降距离 $h \geqslant$ 颗粒距离沉降室底部高度（最大高度为 H），如图 4-2 所示。因此，对于气流中第 i

种粒径的颗粒被沉降分离的最大比例为：

$$\eta_{i,\text{block}} = \frac{v_{\text{avg}}Wh}{v_{\text{avg}}WH} = \frac{h}{H} = \frac{v_{\text{st}}L}{v_{\text{avg}}H} \tag{4.4}$$

将 Stokes 公式中颗粒终沉降速度 v_{st} 代入式（4.4），得第 i 种粒径颗粒在层流模式下的重力沉降去除效率计算公式：

$$\eta_{i,\text{block}} = \frac{v_{\text{st}}L}{v_{\text{avg}}H} = \frac{Lgd_{\text{p}}^{2}\rho_{\text{p}}}{18Hv_{\text{avg}}\mu} \tag{4.5}$$

② 混合流模式。气流流动处于湍流状态，颗粒在沉降过程将受到气流干扰，沉降效率下降。此时，颗粒去除效率可按如下程序计算。

如图 4-3 所示，考虑宽度 W、高度 H 和长度 $\mathrm{d}x$ 的捕集元，颗粒停留（沉降）时间为：

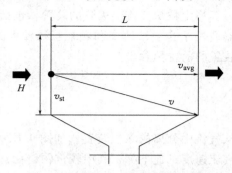 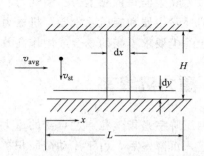

图 4-2　层流式重力沉降室纵断面图　　　图 4-3　混合流重力沉降微单元示意图

$$\mathrm{d}t = \frac{\mathrm{d}x}{v_{\text{avg}}} \tag{4.6}$$

此时，颗粒通过重力作用的垂直沉降距离 h（$\mathrm{d}y$）：

$$h = v_{\text{st}}\mathrm{d}t = v_{\text{st}}\frac{\mathrm{d}x}{v_{\text{avg}}} \tag{4.7}$$

结合边界层的气流层流运动理论，第 i 种粒径的颗粒被沉降分离的最大比例为：

$$\eta_{i,\text{mixed}} = \frac{v_{\text{st}}\mathrm{d}t}{H} = \frac{v_{\text{st}}\mathrm{d}x}{v_{\text{avg}}H} \tag{4.8}$$

气流通过长度 $\mathrm{d}x$ 时的颗粒浓度变化为 $\mathrm{d}c$，则

$$\eta_{i,\text{mixed}} = -\frac{\mathrm{d}c}{c} \tag{4.9}$$

联合式（4.8）和式（4.9），得到：

$$-\frac{\mathrm{d}c}{c} = \frac{v_{\text{st}}\mathrm{d}x}{v_{\text{avg}}H} \tag{4.10}$$

对式（4.10）进行积分，得：

$$\ln c = -\frac{v_{\text{st}}}{v_{\text{avg}}H}x + C \tag{4.11}$$

式（4.11）的边界条件为：$x=0$ 时，$c=c_{\text{in}}$；$x=L$ 时，$c=c_{\text{out}}$。将边界条件代入式（4.11），得到：

$$\eta_{i,\text{mixed}} = 1 - \exp\left(-\frac{Lv_{\text{st}}}{Hv_{\text{avg}}}\right) = 1 - \exp(-\eta_{i,\text{block}}) \tag{4.12}$$

这就是第 i 种粒径的颗粒在混合流模式下的重力沉降去除效率计算公式。

对于给定的沉降室，可以按式（4.12）求出不同粒径颗粒的分级效率 η_i，再根据沉降室入口颗粒的粒径分布，求出沉降室的总除尘效率 η：

$$\eta = \sum_i \phi_i \eta_i \tag{4.13}$$

从上述颗粒去除效率计算式可知，对于重力沉降室，去除效率与沉降室长度（沉降时间）、颗粒沉降速度成正比，而与沉降室高度、气流水平流速成反比。因此，降低水平气流流速、增加沉降室长度、降低沉降室高度，均可提高沉降室除尘效率。

实际工程中，沉降室总高度不变时，可通过在沉降室内增设水平隔板，形成多层沉降，降低所需沉降高度，提高除尘效率：

$$\eta_{i,\text{block}} = \frac{v_{\text{st}} L (n+1)}{v_{\text{avg}} H} \tag{4.14}$$

式中，n 为水平隔板层数。

考虑到多层沉降室清灰的困难，实际工程中一般限制隔板数 $n \leqslant 3$。

例 4.1　分别用层流模式和混合流模式，计算重力沉降室对颗粒的去除效率。沉降室参数：$H=2.0\text{m}$，$L=10\text{m}$，$v_{\text{avg}}=1.0\text{m/s}$。颗粒真密度 $=2000\text{kg/m}^3$，气流动力黏度 $1.8 \times 10^{-5}\text{kg/(m·s)}$。假设颗粒沉降符合 Stokes 定律。

解：分别采用式（4.5）、式（4.12），计算上述重力沉降室对粒径 $1\mu\text{m}$、$10\mu\text{m}$、$30\mu\text{m}$、$50\mu\text{m}$、$80\mu\text{m}$、$100\mu\text{m}$、$120\mu\text{m}$ 的颗粒去除效率。结果如表 4-1 所示。

表 4-1　例 4.1 表

颗粒直径/μm	$\eta_{\text{层流}}$	$\eta_{\text{混合流}}$
1	0.000303	0.000303
10	0.0303	0.0298
30	0.273	0.239
50	0.76	0.53
57.45	1.00	0.63
80	—	0.86
100	—	0.95
120	—	0.99

4.2.2　沉降室设计

重力沉降室构造简单，阻力低（压力损失 $50 \sim 100\text{Pa}$），但体积大、效率低，适用于捕集粒径大于 $50\mu\text{m}$ 的颗粒。

沉降室设计计算主要是根据处理气量和净化效率，确定沉降室的尺寸。气体流速选取是关键，气速低，分离效果好，但横截面积大。为防止已沉积的颗粒飞扬，沉降室中气体流速宜控制在 $0.4 \sim 1.0\text{m/s}$。沉降室横截面积 A 为：

$$A = \frac{Q}{v_{\text{avg}}} \tag{4.15}$$

计算捕集颗粒的沉降速度 v_{st}，确定隔板数 n，然后根据要求达到的捕集效率，计算沉降室的长度与高度之比（L/H）。根据现场空间条件，以消耗材料最少化以及运转便利为依据，确定具体的长度和高度尺寸。最后，复核该沉降室所能捕集的最小颗粒的粒径。

例 4.2 设计一重力沉降室，已知气流量 $Q=2800\text{m}^3/\text{h}$，气流温度 150℃，此温度下气流动力黏度 $\mu=2.4\times10^{-5}\text{kg}/(\text{m}\cdot\text{s})$，颗粒真密度 $\rho_p=2100\text{kg}/\text{m}^3$，要求能去除 $d_p\geqslant 30\mu\text{m}$ 的颗粒。

解： ① 由式（3.51）计算 30μm 颗粒的沉降速度 v_{st}：

$$v_{st}=\frac{d_p^2\rho_p g}{18\mu}=\frac{(30\times10^{-6})^2\times2100\times9.8}{18\times2.4\times10^{-5}}=0.0429(\text{m/s})$$

取沉降室内气速 $v=0.4\text{m/s}$，$H=1.5\text{m}$，由式（4.3）计算沉降室最小长度 L：

$$L=Hv/v_{st}=1.5\times0.4/0.0429=14.0(\text{m})$$

由于沉降室过长，可采用三层水平隔板，即 $n=3$，取每层高 $\Delta H=0.4\text{m}$，总高 $H=0.4\times(3+1)=1.6$（m），则此时所需沉降室长度：

$$L=\Delta Hv/v_{st}=0.4\times0.4/0.0429=3.72\text{（m）}，取 3.8\text{m}。$$

沉降室宽度 B 为：

$$B=\frac{Q}{3600\times H\times v}=\frac{2800}{3600\times1.6\times0.4}=1.22\text{（m）}，取 1.3\text{m}。$$

因此，沉降室尺寸为 $L\times B\times H=3.8\text{m}\times1.3\text{m}\times1.6\text{m}$，能 100% 捕集的最小粒径为：

$$d_{min}=\sqrt{\frac{18Q\mu}{\rho_p gL(n+1)B}}=\sqrt{\frac{18\times(2800/3600)\times2.4\times10^{-5}}{2100\times9.8\times3.8\times4\times1.3}}=2.87\times10^{-5}=28.7(\mu\text{m})$$

例 4.3 根据混合流沉降公式，计算例 4.2 中粒径 28.7μm 的颗粒实际捕集效率和该粒径颗粒分级效率达到 99% 所需的沉降室长度。

解： $d_p=28.7\mu\text{m}$ 粒子的沉降速度为：

$$v_{st}=\frac{d_p^2\rho_p g}{18\mu}=\frac{(28.7\times10^{-6})^2\times2100\times9.8}{18\times2.4\times10^{-5}}=0.039(\text{m/s})$$

由式（4.12）得 $d_p=28.7\mu\text{m}$ 粒子的分级效率：

$$\eta_d=1-\exp\left[-\frac{(n+1)BLv_{st}}{Q}\right]=1-\exp(-\frac{4\times1.3\times3.8\times0.039}{2800/3600})=0.629$$

当 $d_p=28.7\mu\text{m}$ 颗粒的分级效率 $\eta_d=99\%$ 时，所需的沉降室长度为：

$$L=-\frac{Q}{(n+1)Bv_{st}}\ln(1-\eta_d)=-\frac{2800/3600}{4\times1.3\times0.039}\ln(1-0.99)=17.66(\text{m})$$

4.3 惯性除尘器

运动气流与其中颗粒具有不同的惯性力，当含尘气体急转弯或者与某种障碍物碰撞时，颗粒运动轨迹偏离气流流向。这种使含尘气体与挡板撞击或者急剧改变气流方向，利用惯性力分离并捕集颗粒的除尘设备，称为惯性除尘器。

4.3.1 除尘机理

如图 4-4 所示，颗粒受到的惯性力与颗粒质量、转向速度平方成正比，与转向曲率半径成反比：

$$F_{\text{interial}} \propto m \frac{v_c^2}{r} \qquad (4.16)$$

颗粒质量越大，气流转向流速越快，气体转向曲率半径 r 越小，则颗粒受到的惯性力越大，除尘效率越高，但阻力也随之增大。若惯性除尘器内气流流速为 1 m/s，颗粒粒径大于 $20\mu m$，则惯性除尘器的除尘效率为 $50\% \sim 70\%$，压力损失 $150 \sim 700$ Pa。为提高效率，可以在挡板上淋水，形成水膜，这就是湿式惯性除尘器。

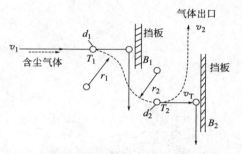

图 4-4　惯性除尘器的分离机理示意图

4.3.2　结构形式

惯性除尘器分为碰撞式和回转式两种。

① 碰撞式惯性除尘器。沿气流方向装设一道或多道挡板，含尘气体碰撞到挡板上使尘粒从气体中分离出来。如图 4-5 所示，其中迷宫型（带有喷嘴）惯性除尘器装有喷嘴，增加了气体的冲撞次数，提高除尘效率。显然，气体撞到挡板之前速度高，碰撞后速度降低，则可以减少携带的颗粒，除尘效率提高。

碰撞式惯性除尘器的除尘效率也较低。与重力除尘器不同，碰撞式惯性除尘器要求气流速度较高，为 $18 \sim 20$m/s，气流基本上处于紊流状态。

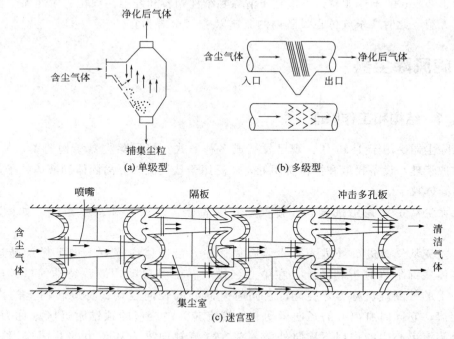

图 4-5　碰撞式惯性除尘器

② 回转式惯性除尘器。使含尘气体多次改变方向，在转向过程中把颗粒分离出来，气流转换方向的曲率半径越小，尘粒分离越细。图 4-6 为常见的三种回转式惯性除尘器结构示意图，其中多层隔板塔型除尘装置主要用于烟雾分离，能捕集几个微米粒径的雾滴，顶部装

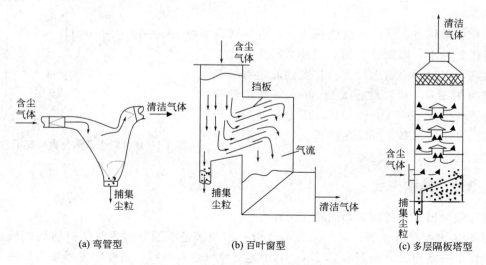

图 4-6　回转式惯性除尘器结构示意图

设填料层，可提高更细小雾滴的捕集效率。通常压力损失在 1000 Pa 左右，无填料层、空塔速度 1～2m/s 时，隔板塔压力损失 200～300Pa。

惯性除尘器一般置于多级除尘系统的第一级，用来分离颗粒较粗的颗粒，特别适用于捕集粒径大于 $20\mu m$ 的干性颗粒，不适宜于清除黏结性颗粒和纤维性颗粒。惯性除尘器还可以用来分离雾滴，此时要求气体在设备内的流速以 1～2m/s 为宜。

4.4　旋风除尘器

4.4.1　结构和工作原理

旋风除尘器始用于 1885 年，现已发展成多种形式。旋风除尘器结构简单，易于制造、安装和维护管理，设备投资和操作费用低，广泛用于从气流中分离固体和液体粒子，或从液体中分离固体粒子。

旋风除尘器主要是由进气口、排气口、圆筒体、圆锥体和灰斗组成，如图 4-7（a）所示。

含尘气流从气流进口处进入除尘器圆筒体后，沿筒体内壁由上向下做旋转运动，气流到达锥体底部附近时折转向上，在中心区做旋转上升运动，最后经排气口排出。一般将旋转向下的外圈气流称为外旋流，它同时有向心的径向运动；将旋转向上的内圈气流称为内旋流，它同时有离心的径向运动。外旋流转为内旋流的顶锥附近区域称为回流区。颗粒在外旋流离心力的作用下移向外壁，并在气流轴向推力和重力的共同作用下，沿壁面落入灰斗。

通过对旋风除尘器内气流运动的测定发现，旋风除尘器的气流运动很复杂，无论是外旋流还是内旋流，均存在有切向、轴心、径向运动速度，速度大小和方向随旋转气流运动而发生相应变化。

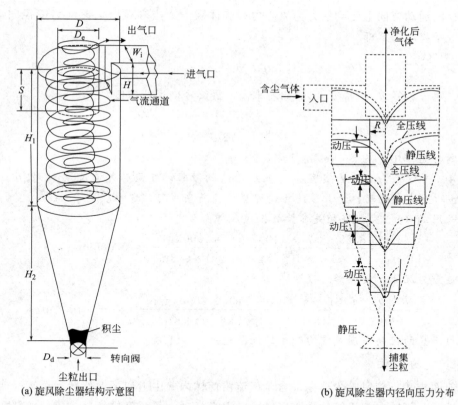

(a) 旋风除尘器结构示意图　　　　　　　(b) 旋风除尘器内径向压力分布

图 4-7　旋风除尘器结构示意图和旋风除尘器内径向压力分布

4.4.2　除尘效率计算

4.4.2.1　颗粒沉降速度

含尘气流在旋风除尘器内，沿筒体内壁由上向下做外旋流运动时，颗粒受旋转离心力的作用，产生指向筒壁的径向速度（又称离心速度），如图 4-8 所示。类似于重力作用下的沉降速度，离心力作用下的径向速度可参照进行推导。

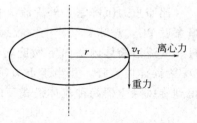

图 4-8　颗粒物旋转运动示意图

颗粒沿筒体内壁由上向下做外旋流运动时受到的离心力 F_c 为：

$$F_c = \frac{m v_c^2}{r} \tag{4.17}$$

同时，受到的作用力还有重力、浮力，以及流体阻力。

$$重力\ F_g = mg = \rho_p \left(\frac{\pi}{6}\right) d_p^3 g \tag{4.18}$$

$$浮力\ F_b = \rho_{fluid} \left(\frac{\pi}{6}\right) d_p^3 g \tag{4.19}$$

流体阻力 $F_d = \frac{1}{2} C_d A_p \rho_{fluid} v_r^2$，与离心力方向相反。对于层流区域的颗粒，流体阻力 $F_d = 3\pi \mu d_p v_r$。

颗粒径向运动方向上受到的力为离心力和流体阻力。当颗粒以匀速向筒壁径向运动时，流体阻力等于离心力，即

$$3\pi\mu d_p v_r = \frac{m v_c^2}{r} \tag{4.20}$$

因此，对于粒径 d_p、密度 ρ_p 的颗粒来说，最终径向运行速度：

$$v_r = \frac{v_c^2 d_p^2 \rho_p}{18\mu r} \tag{4.21}$$

这是离心力作用下的 Stokes 定律表达式。

例 4.4 一粒径 $1\mu m$、真实密度 $2000kg/m^3$ 的颗粒，在旋转气流流速 $18.29m/s$、旋转半径 $0.3m$ 的气流中运动，计算最终径向速度。空气密度可以忽略。

解: 采用式 (4.21)，将相关参数数据代入得:

$$v_r = \frac{(18.29m/s)^2 \times (10^{-6}m)^2 \times 2000kg/m^3}{18 \times 1.8 \times 10^{-5} kg/(m \cdot s) \times 0.3m} = 0.0069m/s$$

如果是重力沉降，则沉降速度为:

$$v_{st} = \frac{g d_p^2 \rho_p}{18\mu} = \frac{9.81m/s^2 \times (10^{-6}m)^2 \times 2000kg/m^3}{18 \times 1.8 \times 10^{-5} kg/(m \cdot s)} = 6.05 \times 10^{-5} m/s$$

离心力产生的径向速度是重力产生的沉降速度的 114 倍。

4.4.2.2 分级效率

正如前面描述，旋风除尘器内，含尘气流沿筒体内壁由上向下做旋转运动，气流到达锥体底部附近后，折转向上沿筒体中心区做旋转上升运动，最后经排气口排出。颗粒在外旋流离心力的作用下移向外壁，在气流轴向推力和重力的共同作用下，沿壁面落入灰斗。

比照重力沉降室，外旋流离心力功能相当于重力沉降室的重力，将颗粒移向筒壁。进气口宽度 W_i，意味着气流中颗粒到筒壁的最大距离为 W_i，相当于重力沉降室的最大沉降高度 H。气流沿筒体内壁向下做旋转流动的距离 $x = N\pi D_0$，其中 N 是外旋气流旋转的圈数，D_0 为筒体内直径，相当于重力沉降室长度 L。将这些参数代入重力沉降室效率计算公式，得到旋风除尘器两种流体模式下的效率计算公式:

层流模式:
$$\eta_{i,\text{block}} = \frac{L v_{st}}{H v_{avg}} = \frac{\pi N D_0 v_r}{W_i v_c} \tag{4.22}$$

混合流模式:
$$\eta_{i,\text{mixed}} = 1 - \exp\left(-\frac{N\pi D_0 v_r}{W_i v_c}\right) \tag{4.23}$$

将离心力作用下的 Stokes 定律表达式代入上述方程，则可以得到旋风除尘器分级效率计算公式。

层流模式:
$$\eta_{i,\text{block}} = \frac{\pi N v_c d_p^2 \rho_p}{9 W_i \mu} \tag{4.24}$$

混合流模式:
$$\eta_{i,\text{mixed}} = 1 - \exp\left(-\frac{\pi N v_c d_p^2 \rho_p}{9 W_i \mu}\right) \tag{4.25}$$

式中，N 是旋风除尘器内，外旋气流旋转的圈数。一般地，N 取 5，或按下式进行计算。

$$N = \frac{1}{H}\left(H_1 + \frac{H_2}{2}\right) \tag{4.26}$$

式中，H 为旋风除尘器进气口高度，m；H_1 为旋风除尘器筒体高度，m；H_2 为旋风除尘器锥体高度，m。

例 4.5　计算层流模式和混合流模式下，旋风除尘器对颗粒的去除效率。旋风除尘器参数：$W_i = 0.152$m，$N = 5$，$v_c = 18.29$m/s。颗粒真密度 $= 2000$kg/m³，气流动力黏度 1.8×10^{-5}kg/(m·s)。假设颗粒沉降符合 Stokes 定律。

解：分别采用式（4.24）、式（4.25），计算上述旋风除尘器对不同颗粒粒径的去除效率，结果如表 4-2 所示。

表 4-2　例 4.5 表

颗粒直径/μm	$\eta_{层流}$	$\eta_{混合流}$
0.1	0.000232	0.00232
1	0.0232	0.0230
2	0.0930	0.0888
3	0.209	0.189
4	0.372	0.311
5	0.582	0.441
6.559	1.00	0.632
10	—	0.902
15	—	0.995

4.4.3　最小直径和分割直径

4.4.3.1　最小直径

在旋风除尘器内，外旋气流的运动速度 v_c 等于进口气速 v_i，气流在筒体内做外旋运动的时间（或称外旋停留时间）：

$$\Delta t = \frac{2\pi r N}{v_i} \tag{4.27}$$

式中，r 为外旋气流半径，m。

外旋气流中颗粒到筒壁的最大距离为 W_i，则颗粒在离心力产生的径向速度作用下，到筒壁需要的最大时间为：

$$\Delta t' = \frac{W_i}{v_r} \tag{4.28}$$

同种颗粒，粒径不同，离心力作用下产生的径向速度也不一样。颗粒到达筒壁需要的时间也不相同，只有那些在气流外旋运动结束前到达筒壁的颗粒，才能从气流中分离出来，即

$$\Delta t' \leqslant \Delta t \tag{4.29}$$

将式（4.27）、式（4.28）代入，得到：

$$\frac{W_i}{v_r} \leqslant \frac{2\pi r N}{v_i} \tag{4.30}$$

将离心力作用下的 Stokes 公式代入式（4.30），得到能分离出来的颗粒粒径计算式：

$$d_p \geqslant \left(\frac{9 W_i \mu}{\pi N v_i \rho_{part}} \right)^{1/2} \tag{4.31}$$

不等式右边就是能被分离出来的颗粒最小粒径，又称最小直径。理论上，所有大于这个粒径的颗粒都能 100％被分离收集，但实际情况是复杂的。

4.4.3.2 分割直径

如前所述，在旋风除尘器内，外旋气流中颗粒做径向运动受到的力是离心力和流体阻力。在内外旋转气流交界面上，离心力大于向心作用的流体阻力时，颗粒在离心力推动下移向筒壁而被捕集；如果流体阻力大于离心力，颗粒在向心气流的带动下进入内旋气流，最后排出排气口；如果两个力相等，则颗粒在内外旋转气流交界面上不停旋转。实际上，由于各种随机因素的影响，处于这种平衡状态的颗粒有 50％的可能性进入内旋气流，也有 50％的可能性移向筒壁，它被去除的概率为 50％，这种颗粒的粒径称为除尘器的分割直径，用 d_{cut} 表示。

根据效率计算式（4.24），将分级效率 50％代入等式左边，得到：

$$\frac{1}{2}=\frac{\pi N v_c d_{cut}^2 \rho_p}{9W_i \mu} \tag{4.32}$$

等式整理后，得到分割直径计算式为：

$$d_{cut}=\left(\frac{9W_i \mu}{2\pi N v_c \rho_p}\right)^{1/2} \tag{4.33}$$

尽管有人提出采用混合流模式的效率计算式来计算分割直径，但大量实践证明，上述公式估算旋风除尘器的分割直径，精度是足够的。

由上述分析可知，分割直径越小，说明这个除尘器性能越好。依据分割直径 d_{cut}（也可用 d_{c50} 表示），人们提出了各种估算除尘器效率的经验公式。下面介绍应用比较广泛的两种经验公式。

一种是分析大量实验数据后提出的经验公式：

$$\eta_i=\frac{(d/d_{cut})^2}{1+(d/d_{cut})^2} \tag{4.34}$$

还有一种是水田一和木村典夫根据许多实验结果归纳出的经验式：

$$\eta_i=1-\exp\left(-0.639\times\frac{d_p}{d_{cut}}\right) \tag{4.35}$$

由上述公式算出 d_{cut} 后，可以计算不同粒径颗粒的分级效率，如图 4-9 所示。最后，根据已知的颗粒粒径分布，计算出总除尘效率 η。

例 4.6 某旋风除尘器的进口宽度为 0.12m，气流在除尘器内旋转 4 圈，入口气速为 15m/s，颗粒真密度为 1700kg/m³，载气为空气，温度为 350K。试计算在该条件下，此旋风除尘器的分割粒径 d_{c50}。

解： 从附录 2 查得空气在 350K 时的动力黏度 $\mu=2.08\times10^{-5}$Pa·s，则

$$d_{cut}=\left(\frac{9\times2.08\times10^{-5}\times0.12}{2\pi\times4\times15\times1700}\right)^{0.5}$$

$$=5.92\times10^{-6}(m)=5.92(\mu m)$$

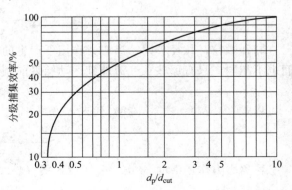

图 4-9 分级效率与 d_p 与 d_{cut} 的关系

4.4.4　压力损失

一般认为，旋风除尘器的压力损失 Δp（Pa）与进口气速 v_i（m/s）的平方成正比，即

$$\Delta p = \xi \frac{\rho v_i^2}{2} \tag{4.36}$$

式中，ξ 为旋风器的阻力系数，无因次。

在缺乏实验数据时，ξ 值可用井伊谷冈一提出的公式估计：

$$\xi = K \left(\frac{W_i H}{D_e^2}\right)\left(\frac{D}{H_1 + H_2}\right)^{\frac{1}{2}} \tag{4.37}$$

式中，K 为常数，$20\sim40$，可近似取 30；D_e 为排气口直径，m；W_i 和 H 分别为进口管的宽度和高度，m；D 和 H_1 分别为筒体的直径和长度，m；H_2 为锥体长度，m。

另外，当气体温度、湿度和压力变化较大时，将引起气体密度的较大变化，此时须对旋风除尘器的压力损失按下式进行修正：

$$\Delta p = \Delta p_N \frac{\rho}{\rho_N} \tag{4.38}$$

气体密度 ρ 是有关温度、压力和湿度的参数。当气体湿度没有发生变化时，Δp 的修正公式为：

$$\Delta p = \Delta p_N \frac{T_N \rho}{T \rho_N} \tag{4.39}$$

式中，ρ 为气体密度，m³/kg；p 为压力，Pa；T 为热力学温度，K；下标 N 表示标准状况，无下标的量则表示实际状况。

根据以上理论分析和实验研究，影响旋风除尘器压力损失的主要因素有：

① 同一结构形式旋风除尘器的相似放大或缩小，ξ 值相同。若进口气速 v_i 相同，压力损失基本不变。

② 因 $\Delta p \propto v_i^2$，故处理气量 Q 增大时，Δp 随之增大。

③ 由式（4.37）知，Δp 随进口断面 $A = W_i H$ 的增大和排气管直径 D_e 的减少而增大，随筒体长 H_1 和锥体长 H_2 的增加而减少。

④ Δp 随气体密度的增大而增大，即随气体温度的降低或压力的增高而增大。

⑤ 除尘器内部有叶片、突起和支持物等障碍物时，使气体旋转速度降低，离心力减少，从而使 Δp 降低；但除尘器内壁粗糙会使 Δp 增大。

⑥ 由于气体与尘粒间的摩擦作用可使气流的旋转速度降低，因而 Δp 随进口气体含尘浓度 c_i 增大而降低。

根据旋风分离器压力损失，可以计算气流在旋风分离器上消耗的能量：

$$\dot{W} = Q \Delta p \tag{4.40}$$

式中，Q 为气流量，m³/s。

例 4.7　旋风除尘器筒体直径 1.0m、除尘器进风口高度 0.5m、宽度 0.25m，筒体与直径比值为 2.0，锥体与直径比值为 2.0，常数 $K = 30$，计算：①旋风除尘器压降（用 kPa 表示），②能耗（用 kW 表示）。进口气流速度 20m/s，$D_e/D = 0.5$。

解：根据式（4.37）、式（4.38），计算得：

$$\xi = K \left(\frac{W_i H}{D_e^2}\right)\left(\frac{D}{H_1 + H_2}\right)^{1/2} = 30 \times \frac{0.25 \times 0.5}{0.5^2} \times \left(\frac{1.0}{2+2}\right)^{1/2} = 7.5$$

$$\Delta \rho = \xi \frac{\rho_{g} v_{i}^{2}}{2}$$

$$= 7.5 \times \frac{(1.01 \mathrm{kg/m^3}) \times (20 \mathrm{m/s})^2}{2} \times \frac{1\mathrm{N}}{\mathrm{kg} \cdot (\mathrm{m/s^2})} = 1515 \mathrm{N/m^2} = 1.515 \mathrm{kPa}$$

根据式（4.40），计算得能耗为：

$$\dot{W} = Q \Delta p$$
$$= v H W_{i} \Delta p = 20 \mathrm{m/s} \times 0.5\mathrm{m} \times 0.25\mathrm{m} \times 1515\mathrm{N/m^2} = 3788\mathrm{N} \cdot \mathrm{m/s}$$
$$= 3788 \mathrm{J/s} = 3.79 \mathrm{kW}$$

4.4.5　影响因素

从效率和压降计算公式可知，影响旋风除尘器性能的因素有很多，主要包括以下几方面。

4.4.5.1　气流特性和操作参数

气体密度变化对除尘效率的影响可忽略不计，但气体的温度、黏度、风速、尘粒大小和密度等会影响旋风除尘器的效率。

① 温度。温度增加时，气体黏度增大，而 d_{cut} 与 $\mu^{1/2}$ 成正比，故温度升高，d_{cut} 增大，除尘效率降低。

② 颗粒粒径与密度。粒径大，受到的离心力大，捕集效率高。d_{cut} 与颗粒 $\rho^{1/2}$ 成反比，颗粒密度越小，越难分离。

③ 进口风速。由分割直径计算式可知，入口风速增大，分割粒径减小，除尘效率提高。但风速过大时，旋风除尘器内气流运动过于强烈，会把已分离下来的部分颗粒重新带走，影响效率。实验证明，入口速度超过 20m/s，效率变化不大，但阻力增加很多。因此，合适的入口风速一般为 12~20m/s，不宜低于 10m/s。

4.4.5.2　二次效应

旋风除尘器的理论效率与实际效率有差异，主要原因是二次效应，即被捕集的粒子重新进入气流。在较小粒径区间内，理应逸出的粒子由于聚集或被较大尘粒撞向壁面而脱离气流获得捕集，实际效率高于理论效率；在较大粒径区间，粒子被反弹回气流或沉积的尘粒被重新吹起，实际效率低于理论效率。通过环状雾化器将水喷淋在旋风除尘器内壁上，能有效地控制二次效应。

此外，灰斗的气密性也会影响二次效应。由图4-7（b）可知，除尘器内部静压是从筒体壁向中心逐渐降低的，即使除尘器在正压下工作，锥体底部也可能处于负压状态。若除尘器下部密封不严，漏入空气，会把已经落入灰斗的颗粒重新带走，使效率大幅下降。实验证明，当漏气量达到除尘器处理气量的15%时，效率几乎为零。因此，旋风除尘器进行排灰时，应严格防止漏气情况。

4.4.5.3　比例尺寸

旋风除尘器的各个部件都有一定的尺寸，某个比例关系的变动会影响旋风除尘器的效率。旋风除尘器各部分尺寸的比例见表4-3。

在其他条件相同时，筒体直径愈小，颗粒所受离心力愈大，除尘效率愈高。筒体高度的变化，对除尘效率影响不明显。适当增大锥体长度，有利于提高除尘效率。减小排气管直径，对提高效率有利。若将旋风除尘器各部分的尺寸进行几何相似放大，除尘效率会有降低。

表 4-3　旋风除尘器各部分尺寸的比例

部件	说　明
筒体直径 D	旋风除尘器筒体直径越小,越能分离细小颗粒;但过小时易引起颗粒的堵塞。筒径一般为 $150 \sim 1000mm$,不小于 $150mm$。如果处理气体量大,则采用多个除尘器并联,或多管旋风除尘器。旋风除尘器规格的命名及各部分尺寸比例多以筒径 D 为基准
入口尺寸	旋风除尘器入口断面形状多为矩形的,入口的高宽比 H/W_i 一般为 $1 \sim 4$,$W_i \leqslant (D - D_e)/2$,避免压损 Δp 过大
筒体高度 H_1	一般对分离效果影响不大,通常取 $H_1 = (0.8 \sim 2)D$ 为宜
锥体高度 H_2 与圆锥角	锥体高度增大,有利于降低阻力和提高除尘效率。当 $H_1 \leqslant 1.5D$ 时,H_2 在 $4D$ 左右,可以获得满意的除尘效率。通常和筒体高度一起综合考虑,$H_2 - H_1 = (1 \sim 3)D$,$H_2 + H_1 \leqslant 5D$。圆锥角增大时,气流旋转半径很快变小,切向速度增加很快,圆锥内壁磨损较快,因此圆锥角不宜过大;圆锥角过小,使除尘器高度增加,一般取 $20° \sim 30°$
排气口直径 D_e	排气口直径 $D_e = 0.5D$。D_e 过小会影响颗粒沉降,再次被上升气流带走,同时易被颗粒堵塞,特别是黏性颗粒,最小直径 $D_e \geqslant 70mm$
特征长度 l	气流在除尘器内下降的最低点并不一定能达到除尘器的底部。从排出管下部到气流下降的最低点间的距离称为旋风除尘器的特征长度,$l = 2.3D_e \left(\dfrac{D^2}{A}\right)^{1/3}$
排气管插入深度 h	与除尘器的结构形式有关,一般形式的排气管插至筒体下端,或插至入口下端,使 $h \geqslant H$,以防进口含尘气流短流至排气管中

4.5　旋风除尘器选用

4.5.1　旋风除尘器类型

按气流流动方式,旋风除尘器分回流式和直流式两种类型。目前,这两种类型旋风除尘器在工业除尘过程得到广泛运用。

① 回流式。含尘气流进入除尘器后螺旋下降,到达底部后再螺旋上升,经排气口排出。这种除尘器分离路径长,除尘效率高,但阻力也大。回流式是旋风除尘器的基本形式,使用最广。

② 直流式。如图 4-10 所示,含尘气体由一端进入,经旋转分离后由另一端排出。与回流式相比,直流式没有内旋流,所以没有返混合二次飞扬现象;但由于分离运动的路径较短,分离效率较低。

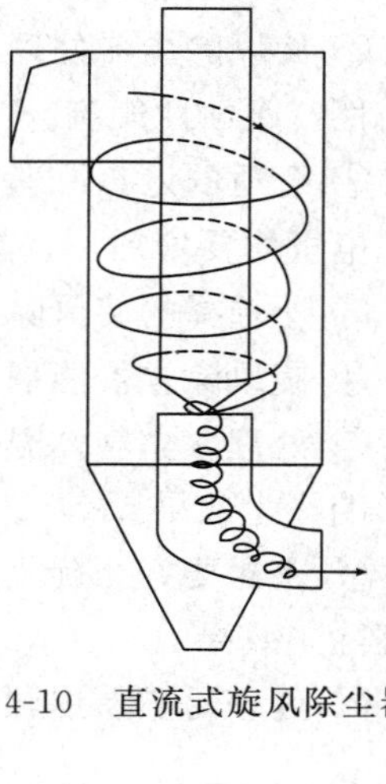

按照气流进入方式,旋风除尘器有:蜗壳式、切入式和轴向式 [分别如图 4.11 (a)、(b)、(c) 所示]。其中,蜗壳式入口效果最好,有利于颗粒的分离;切入式进口管设计制造方便,且性能稳定;轴向式入口阻力最低,相同的压力损失下,气流分布均匀,主要用于多管旋风除尘器和处理气流量大的场合。

通常以入口面积 A 和筒体直径平方之比 (A/D^2) 作为描

稳流芯棒

图 4-10　直流式旋风除尘器

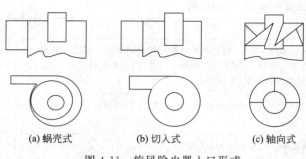

(a) 蜗壳式　　　　　(b) 切入式　　　　　(c) 轴向式

图 4-11　旋风除尘器入口形式

述除尘器性能指标。该比值小，效率高、阻力低。一般而言，该比值的范围为 0.075~0.26。

入口断面宽度小，旋转气流的径向厚度薄，颗粒分离过程的运动距离短，分离效率高。但是宽度减小，入口高度要加大，旋转气流的螺距也就增大，气流在除尘器内的旋转圈数就减少。因此，除尘器入口的高宽比一般取 1~2。

4.5.2　旋风除尘器的设计选型

4.5.2.1　旋风分离器设计计算

① 收集有关设计资料。主要包括废气特性、颗粒特征、净化要求以及其他辅助设施资料。

废气特性有气体流量、成分、温度、湿度、压力、腐蚀性以及波动范围。当气体温度、密度、水蒸气含量等变化较大时，要对气流量进行换算，以便确定除尘器直径。

颗粒特征包括含尘浓度、粒度分布、密度、黏附性、爆炸性等。

净化要求是指除尘效率、压力损失、颗粒收集方式等。

辅助设施包括风机、水源、电源、气源、场地位置等。

② 旋风除尘器选型计算。根据废气特性、颗粒特征及净化要求，选择旋风除尘器结构形式。

根据处理气流量和允许压力降，确定进口气速 v_i，一般进口气速取 12~20m/s。针对大气流量场合，可采用上述的多管旋风除尘器，或多个除尘器并联。

计算单个除尘器进风口面积。由除尘器类型系数，计算除尘器进风口尺寸、筒体直径、筒体长度、锥体长度等参数。

核定分级除尘效率和总除尘效率，说明设计满足要求。

确定除尘器运行参数，计算能耗。

4.5.2.2　选型原则

① 旋风除尘器处理气量应与实际需要处理的含尘气流量一致。旋风除尘器不适宜处理黏结性、腐蚀性气流。

② 合适的入口风速是旋风除尘器选型的关键，过低时除尘效率下降；过高时阻力损失及耗电量均要增加，且除尘效率提高不明显。

③ 所选择的旋风除尘器应压力损失小，动力消耗少，且结构简单、维护简便。

④ 旋风除尘器能捕集到的最小颗粒粒子应稍小于被处理气体中的颗粒粒度。

⑤ 处理含尘气体温度很高时，旋风式除尘器应设有保温设施，以避免水分在其内凝结而影响除尘效果。

⑥ 密封要好。旋风式除尘器必须设置气密性好的卸尘阀，以防除尘器本体下部漏风，保证除尘效果。

⑦ 处理易燃易爆颗粒时，旋风除尘器应设有防爆装置。

⑧ 选择旋风除尘器遵循小筒体直径原则，如果处理风量较大，可多除尘器并联。并联时，须遵循同型号、同规格原则，合理设计连接风管，确保每个除尘器处理气量相等。

习题

4.1　气溶胶含有粒径为 $0.63\mu m$ 和 $0.83\mu m$ 的粒子（质量分数相等），以 3.61L/min 的流量通过多层沉降室。给出下列数据，运用斯托克斯定律和坎宁汉校正系数计算沉降效率。$L=50cm$，$\rho=1.05g/cm^3$，$W=20cm$，$H=0.129cm$，$\mu=0.000182g/(cm \cdot s)$，$n=19$ 层。假设空气温度为 298K。

4.2　某种颗粒真密度为 $2700kg/m^3$，气体介质（近于空气）温度为 433K，压力为 101325Pa，试计算粒径为 $10\mu m$ 和 $500\mu m$ 的尘粒在离心力作用下的末端沉降速度。已知离心力场中颗粒的旋转半径分别为 200mm 和 20mm，该处的气流切向速度为 16m/s。

4.3　已知气体的动力黏度为 $2\times10^{-5}Pa \cdot s$，颗粒相对密度为 2.9，旋风除尘器气体入口速度为 15m/s，气体在旋风除尘器内的有效旋转圈数为 5 次；旋风除尘器直径为 3m，入口宽度 76cm。试确定旋风除尘器的分割直径和总效率，给定颗粒的粒径分如表 4-4 所示。

表 4-4　习题 4.3 表格

平均粒径范围/μm	0~1	1~5	5~10	10~20	20~30	30~40	40~50	50~60	>60
质量分数/%	3	20	15	20	16	10	6	3	7

4.4　某旋风除尘器筒体直径 0.5m，处理含有尘气流，颗粒密度 $1200kg/m^3$，气体密度 $0.9kg/m^3$，气流运动黏度 $\mu=1.6\times10^{-5}kg/(m \cdot s)$，进口气流速度 25m/s，颗粒物分析试验如表 4-5 所示。估算：①除尘效率；②假设进口气流速度降低至 15m/s，除尘效率为多少；③假如颗粒密度为 $1000 kg/m^3$，除尘效率又为多少。

表 4-5　习题 4.4 表格

粒径范围/μm	颗粒的质量分数/%
0~4	3.0
4~10	10.0
10~20	30.0
20~40	40.0
40~80	15.0
>80	2.0

4.5　上述旋风除尘器的进气口高度 0.25m、宽度 0.125m，筒体和锥体高度均为 1.0m，试计算压力损失。

4.6　欲设计一个用于取样的旋风分离器，希望在入口气速为 20m/s 时，其空气动力学分割直径为 $1\mu m$。①估算该旋风分离器的筒体外径；②估算通过该旋风分离器的气体流量。

4.7 假设一旋风除尘器的效率为 78.5%，试估计下列情况中的除尘效率：①气体密度从 1.2kg/m³ 下降到 1.0kg/m³；②气体流量增加 33%；③进气负荷增加 1 倍。

4.8 拟用沉降室净化常温下空气流中的石灰石粒子，相对密度为 2.67，浓度为 600g/m³，空气流量为 15000m³/h，石灰石粒子尺寸分布如表 4-6 所示。

表 4-6 习题 4.8 表格

粒径 $d/\mu m$	0~5	5~20	20~50	50~100	100~500	>500
分布率/%	2	6	17	28	36	11

已知除尘器宽 7.5m、高 2.0m、长 5m，装有 3 个隔板。试计算每一级粒径范围的平均分级除尘效率、总除尘效率，当粒径 10μm 的颗粒粒子分级效率达到 99% 时所需的除尘器的长度。若增加除尘器长度不可行，试提出可行的方案。

第 5 章 电除尘器

5.1 概述

电除尘器（ESP）是利用静电力，实现颗粒（固体或液体粒子）与气流分离的一种除尘装置。具体地，含颗粒气流通过高压电场，颗粒荷电后在电场力的作用下沉积在集尘板上，从气流中分离出来。与旋风除尘的区别在于，电除尘过程分离力仅作用在粒子上而不是整个气流上，因此，电除尘器具有分离效率高、能耗低、气流阻力小等优点。

具体地，电除尘器耗能为 $0.2 \sim 0.4 kW \cdot h/1000 m^3$，阻力降为 $200 \sim 500 Pa$，处理气量可达 $10^5 \sim 10^6 m^3/h$。电除尘器适用范围广，对粒径分散度、颗粒浓度、气流温度、湿度等都有较好的适应性。但是电除尘器设备大，一次性投资大，而且对设备的制造、安装及维护操作的技术要求比较严格；对颗粒的比电阻比较敏感，一般要求比电阻在 $10^4 \sim 10^{10} \Omega \cdot cm$ 之间。

5.2 工作原理

5.2.1 电除尘器的除尘过程

电除尘器的除尘过程包括电晕放电、粒子荷电、粒子迁移捕集和清灰四个过程。为保证电除尘器高效运行，这四个过程均需要十分有效地进行。

① 电晕放电。在电晕极（又称放电极）与集尘极（又称收尘极）之间施加高压直流电，使放电极发生电晕放电，气体电离，生成大量自由电子和正离子。

② 粒子荷电。气流通过电场空间，颗粒与自由电子、离子碰撞附着，实现粒子荷电。

③ 粒子迁移捕集。在电场力的作用下，荷电粒子被驱往集尘极，在集尘极表面放出电荷而沉积。在电晕区内，也有带电粒子沉积，因电晕极面积很小，故沉积的粒子数也很少。

④ 清灰。用适当方式（振打或水膜等）清除集尘板上沉积的颗粒。

5.2.2 电晕放电

5.2.2.1 电晕放电机理

电晕放电发生在细金属电晕线（放电极）和金属管或板（集尘极）之间，如图 5-1 所示。

高压直流电施加到放电极和集尘极之间，形成一个非均匀电场。对于管式电除尘场（图 5-2），其电场强度 E（V/m）为：

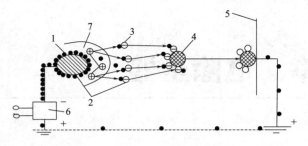
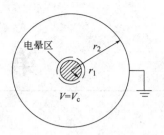

图 5-1　电除尘器工作原理示意图　　　图 5-2　管式电除尘电场

1—电晕极；2—电子；3—离子；4—粒子；5—集尘极；

6—供电装置；7—电晕区

$$E(r) = \frac{V}{r\ln(r_2/r_1)} \tag{5.1}$$

式中，V 为施加到放电极和集尘极之间的电压，V；r_1 为电晕线半径，m；r_2 为管式集尘极的半径，m；r 为距离电晕线的距离，m。

由式（5.1）可知，电场强度与施加电压成正比，与放电极的距离成反比，放电极附近的电场强度最大，集尘极附近的电场强度最小。

当施加电压足够高时，放电极表面或附近放出的电子或离子被加速，向集尘极运动，这种高能电子束或离子束与气体分子发生撞击，生产新的电子和离子，新的电子和离子又被加速，与气体分子产生进一步的碰撞、电离，如此急速多次的碰撞、电离，形成大量的电子和离子，类似雪崩效应，这就是所谓的电晕放电。在电晕区外，电场强度减弱，电子或离子运动速度降低到不足以引起气体分子碰撞电离，因而电晕放电减少并停止。

当放电极是负极，形成负电晕，电晕区电子在电场力的作用下向集尘极（正极）迁移；当放电极为正极时，产生正电晕，电晕区正离子沿电场强度降低的方向迁移。同一电场内，自由电子的迁移速度约为离子的 1000 倍，因此，对于负电晕，电子附着气体分子形成气体负离子，对保持稳定的空间电荷、避免活化放电是至关重要的，而正电晕则不需要依靠离子附着形成空间电荷。

5.2.2.2　起始电晕电压

在电除尘器内，放电极表面或附近开始放出电子或离子、形成电晕电流时所施加在放电极和集尘极之间的电压称为起始电晕电压。根据式（5.1），放电极表面的起始电压 V_c 为：

$$V_c = E_c r_1 \ln(r_2/r_1) \tag{5.2}$$

式中，E_c 为起始电晕电场强度，V/m。

皮克（Peek）通过对电晕过程的深入研究，提出如下计算起始电晕电场强度的公式：

$$E_c = 3 \times 10^6 m(\delta + 0.03\sqrt{\delta/r_1}) \tag{5.3}$$

式中，δ 为空气相对密度，$\delta = \dfrac{T_0 P}{T P_0}$，其中 $T_0 = 298\text{K}$，$P_0 = 1.0\text{atm}$，T 和 P 为操作温度和压强；m 为导线光滑修正系数，无因次，$0.5 < m < 1.0$。对于清洁的光滑圆线，$m = 1.0$；实际可取 $0.6 \sim 0.7$。

将式（5.3）代入式（5.2），放电极表面的起始电晕电压 V_c 为：

$$V_c = 3 \times 10^6 r_1 m(\delta + 0.03\sqrt{\delta/r_1})\ln(r_2/r_1) \tag{5.4}$$

可见，起始电晕电压与电极几何尺寸相关。电晕线越细，起始电晕所需的电压越小。

例 5.1 若管式电除尘器的电晕线半径为 1mm，集尘管直径为 200mm，运行时的空气压强为 1.013×10^5 Pa，温度为 300℃，试计算起始电晕电场强度和起始电晕电压。

解： 取导线光滑修正系数 $m = 0.7$，由式（5.3）得：

$$E_c = 3 \times 10^6 \times 0.7 \times \left(\frac{298 \times 1.013 \times 10^5}{573 \times 1.013 \times 10^5} + 0.03 \times \sqrt{\frac{298 \times 1.013 \times 10^5}{573 \times 1.013 \times 10^5 \times 0.001}} \right)$$

$$= 2.529 \times 10^6 \, (\text{V/m})$$

代入式（5.2）得：

$$V_c = 0.001 \times 2.529 \times 10^6 \times \ln(0.1/0.001) = 11.65 \, (\text{kV})$$

5.2.2.3 电晕电流-电压关系

正或负电晕在空气中的电晕电流-电压关系曲线如图 5-3 所示。当施加到放电极和集尘极的电压升到一定值，达到起始电晕电压 V_c 时，开始产生电晕电流；随着电晕电压继续升高，电晕电流开始快速增大，此时，气体温度和压力急剧增加。当电压升至击穿电压 V_{SP} 值时，两极间发生弧光放电，电路短路，电除尘器停止工作。

由图 5-3 可知，相同电压下，负电晕电流大于正电晕电流，且其击穿电压高。因此，工业废气净化倾向于采用稳定性强、可以得到较高操作电压和电流的负电晕电除尘器。负电晕放电时，高速电子和负离子在碰撞气体电离过程中会产生比正电晕多得多的 O_3 和 NO_x，所以室内空调净化装置不采用负电晕放电，而采用较低操作电压和电流的正电晕模式。

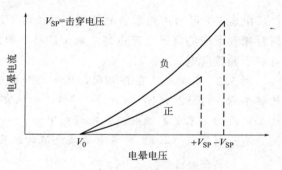

图 5-3　正、负电晕极在空气中的
电晕电流-电压关系曲线

管式电除尘器中任一点电场强度 $E(r)$ 与电流的线密度 i 的关系，可以通过描述电场分布的泊松方程导出：

$$E(r) = -\frac{dV}{dr} = -\left[\left(\frac{r_1 E_c}{r} \right)^2 + \frac{i}{2\pi\varepsilon_0 K_i} \left(1 - \frac{r_1^2}{r^2} \right) \right]^{1/2} \tag{5.5}$$

式中，ε_0 为真空介电常数，$8.85 \times 10^{-12} \text{C}^2/(\text{N} \cdot \text{m}^2)$；$i$ 为电流的线密度，即每米电晕线发出的电流，A/m；K_i 为离子迁移率，即电场强度为 1V/m 时离子的迁移速度，$\text{m}^2/(\text{s} \cdot \text{V})$。

$$K_i = K_{i0} \frac{TP_0}{T_0 P} \tag{5.6}$$

式中，K_{i0} 为标准状态下的离子迁移率。

通过简化，得到管式电除尘器的电流-电压关系（伏安特性）：

$$i = \frac{9\pi\varepsilon_0 K_i}{r_2^2 \ln(r_2/r_1)} V(V - V_c) \tag{5.7}$$

不同气体离子的 K_{i0} 值见表 5-1。表中（+）、（-）代表电晕电极的极性，在负电晕中有"-"者，说明此种纯气体不能吸附自由电子。

表 5-1 不同气体在标态下的离子迁移率 K_{i0}

气体	迁移率/[m²/(s·V)]		气体	迁移率/[m²/(s·V)]	
	$K_{i0}(-)$	$K_{i0}(+)$		$K_{i0}(-)$	$K_{i0}(+)$
He	—	10.4×10^{-4}	C_2H_2	0.83×10^{-4}	0.78×10^{-4}
Ne	—	4.2×10^{-4}	C_2H_5Cl	0.38×10^{-4}	0.36×10^{-4}
Ar	—	1.6×10^{-4}	C_2H_5OH	0.37×10^{-4}	0.36×10^{-4}
Kr	—	0.9×10^{-4}	CO	1.14×10^{-4}	1.10×10^{-4}
Xe	—	0.6×10^{-4}	CO_2	0.98×10^{-4}	0.84×10^{-4}
干空气	2.1×10^{-4}	1.36×10^{-4}	HCl	0.62×10^{-4}	0.53×10^{-4}
湿空气	2.5×10^{-4}	1.8×10^{-4}	$H_2O(372K)$	0.95×10^{-4}	1.1×10^{-4}
N_2	—	1.8×10^{-4}	H_2S	0.56×10^{-4}	0.62×10^{-4}
O_2	2.6×10^{-4}	2.2×10^{-4}	NH_3	0.66×10^{-4}	0.56×10^{-4}
H_2	—	12.3×10^{-4}	N_2O	0.90×10^{-4}	0.82×10^{-4}
Cl_2	0.74×10^{-4}	0.74×10^{-4}	SO_2	0.41×10^{-4}	0.4×10^{-4}
CCl_4	0.31×10^{-4}	0.30×10^{-4}	SF_6	0.57×10^{-4}	—

由表 5-1 可知，通常负电晕产生的负离子迁移率高于正电晕产生的正离子。离子迁移率高意味着形成的离子电流也高；离子迁移率愈高，离子在电场中与颗粒碰撞的机会也愈多，有利于颗粒荷电。

例 5.2 与例 5.1 条件相同，已知施加在两极间的工作电压 $V=50\text{kV}$，工作状态的离子迁移率 $K_i=1.824\times10^{-4}\text{m}^2/(\text{s·V})$，介电常数 $\varepsilon_0=8.85\times10^{-12}\text{C}^2/(\text{N·m}^2)$，试计算该电除尘器的每米电晕线电流、距放电中心 $r=50\text{mm}$ 及集尘极附近的场强。

解：利用式 (5.7) 计算电晕线电流的线密度，即

$$i=\frac{9\pi\varepsilon_0 K_i}{r_2^2\ln(r_2/r_1)}V(V-V_c)$$

$$=\frac{9\pi\times8.85\times10^{-12}\times1.824\times10^{-4}}{0.1^2\ln(0.1/0.001)}\times50\times10^3\times(50\times10^3-11.64\times10^3)$$

$$=1.9\times10^{-3}(\text{A/m})$$

$r=50\text{mm}$ 处等电场面的场强用式 (5.5) 计算，即

$$E(50)=\left[\left(\frac{r_1 E_c}{r}\right)^2+\frac{i}{2\pi\varepsilon_0 K_i}\left(1-\frac{r_1^2}{r^2}\right)\right]^{1/2}$$

$$=\left[\left(\frac{0.001\times2.529\times10^6}{0.05}\right)^2+\frac{0.0019}{2\pi\times8.85\times10^{-12}\times1.824\times10^{-4}}\times\left(1-\frac{0.001^2}{0.05^2}\right)\right]^{1/2}$$

$$=4.36\times10^5(\text{V/m})$$

当 $r=r_2$ 时，此时 $r\gg r_1$，式 (5.5) 可以简化为集尘极附近的场强 E_p：

$$E_p=\left[\frac{i}{2\pi\varepsilon_0 K_i}\right]^{1/2}=\left(\frac{0.0019}{2\pi\times8.85\times10^{-12}\times1.824\times10^{-4}}\right)^{1/2}=4.33\times10^5(\text{V/m})$$

② 对于板式电除尘器，人们提出电晕放电时的简化伏安特性：

$$i=4Cj=\frac{4\pi\varepsilon_0 K_i}{S_x^2\ln(a/r_1)}V(V-V_c) \tag{5.8}$$

式中，C 为两根极线中心距离的一半，m；j 为集尘板的平均电流密度，A/m^2；S_x 为两块平行极板之间距离的一半，m；a 为参数，m。a 值由两个相邻的集尘极间距与放电极间距之比（S_x/C）确定：$S_x/C \leqslant 0.6$ 时，$a = 4S_x/\pi$；$S_x/C \geqslant 2.0$ 时，$a = (S_x/C) \exp(\pi S_x/2C)$；$0.6 < S_x/C < 2.0$ 时，由图 5-4 确定。

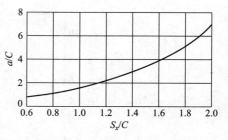

图 5-4　决定式（5.8）中参数 a 的曲线

5.2.2.4　影响电晕放电的因素

电晕放电取决于许多因素，包括气体组成、气体的温度和压力、电极形状和尺寸等。

① 气体组成影响气体离子形成和迁移率。惰性气体对电子没有亲和力，不能使电子附着形成负离子；工业废气中的 O_2、SO_2 等电负性气体，易俘获电子形成稳定的负离子；另外一些气体，如 CO_2、H_2O，对电子也没有亲和力，但与高速电子碰撞时会先电离出一个氧原子，然后电子附着在氧原子上，也能形成负离子。

不同气体离子的迁移率是不一样的，因此，不同气体组成的电晕放电伏安特性不一样，火花电压也不同。图 5-5 为 SO_2 和 N_2 不同混合比时的伏安特性曲线，纯 N_2 不能俘获电子，电晕区产生的自由电子向极板运动时具有极高的迁移速率，因而火花电压最低；纯 SO_2 气体离子的迁移率 [0.41×10^{-4} $m^2/(s \cdot V)$] 比纯 CO_2 气体离子的迁移率 [0.98×10^{-4} $m^2/(s \cdot V)$] 低，所以火花电压高。图 5-6 为空气和水蒸气混合物伏安特性曲线，水蒸气对提高空气火花电压有重要影响，水蒸气质量分数从 0% 增加到 40% 时，火花电压增加 25%～30%。因此，高电子亲和力和低迁移率的气体，可以施加更高的电压，提升电除尘器性能。

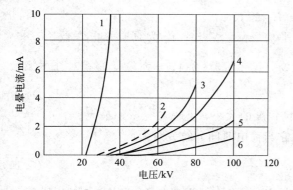

图 5-5　N_2 和 SO_2 混合物的伏安特性曲线

1—100% N_2，37kV、16mA 时火花放电；
2—100% CO_2，火花放电；3—1.7% SO_2，火花放电；
4—5% SO_2；5—40% SO_2；6—100% SO_2

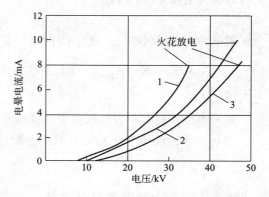

图 5-6　空气和水蒸气混合物伏安特性曲线

1—100% 空气；2—40% H_2O；3—100% H_2O

② 气体的温度和压力影响起晕电压和伏安特性。在电子雪崩过程中，两次碰撞之间必须要有足够的时间使电子加速到气体电离的速度。若气体密度大，分子互相靠近，平均自由程短，碰撞间隙时间减少，这时要求更高的电场强度，才能使电子加速到气体电离的速度。因此，气体压力降低或温度升高时，气体密度减小，起晕电压降低，火花电压降低，如图 5-7 所示。另外，温度和压力的变化也影响离子的迁移率，从而改变伏安特性。

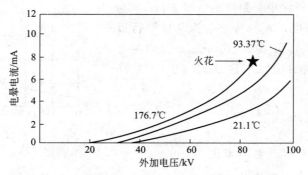

图 5-7　气体温度对伏安特性的影响

③ 电极形状和尺寸影响起晕电压。相同条件下的试验表明，圆芒刺极线、$\phi2mm$ 圆形极线、星形极线的起晕电压分别为 20kV、25kV、32.5kV。极线愈细，起晕电压愈低。

此外，管式电除尘器的圆管直径、板式电除尘器的极板间距、电源电压波形和电极上颗粒层等也对电晕放电产生一定的影响。

5.2.3　粒子荷电

粒子荷电是指颗粒带上电荷的过程。在电除尘器中，气溶胶粒子与气体离子相碰，离子附着在粒子上使粒子荷电。粒子荷电包括电场荷电和扩散荷电两种机制。

5.2.3.1　电场荷电

又称碰撞荷电，是气体离子在静电力作用下的定向运动，与粒子碰撞而使粒子荷电。粒子的饱和荷电量 q_s 为：

$$q_s = \pi\varepsilon_0 E_{ch} d_p^2 K \tag{5.9}$$

式中，d_p 为粒径，m；E_{ch} 为两极间的平均场强，V/m；ε_0 为真空介电常数，$8.85\times10^{-12}C/(V\cdot m)$；$K=\dfrac{3\varepsilon}{\varepsilon+2}$，对大多数颗粒物，$K=1.5\sim2.4$；$\varepsilon$ 为粒子的相对介电系数，无因次。

粒子的饱和荷电量主要取决于粒径和电场强度的大小，尤以粒径影响最大。

设 q_t 为粒子经时间 t 后的瞬时荷电量，它与荷电时间 t 的关系为：

$$q_t = q_s \frac{t}{t+t_0} \tag{5.10}$$

式中，t_0 为电场荷电时间常数，为荷电率（q_t/q_s）等于 50% 的荷电时间，由下式确定：

$$t_0 = \frac{4\varepsilon_0}{N_0 e K_i} \tag{5.11}$$

或

$$t_0 = \frac{8\pi\varepsilon_0 rE}{i} \tag{5.12}$$

式中，K_i 为离子迁移率，$m^2/(s\cdot V)$；e 为电子电量，$e=1.6\times10^{-19}C$；N_0 为电场中粒子的密度，在运行条件下（150~400℃）为 $10^{14}\sim10^{15}$ 个/m^3。

电场荷电过程的初速率很快，在 0.1~1.0s 内荷电率可达 99%，若电晕电流提高，荷电时间还会缩短；粒子比电阻高或其他原因使电流增大受到限制时，粒子荷电速率下降；当接近饱和时，荷电速率变得很慢，理论上，达到饱和荷电量所需时间为无穷大，但习惯上将接近饱和荷电称为饱和荷电。

例5.3　若管式电除尘器的电晕电流线密度 $i = 1.0\text{mA/m}$，距电晕线中心 $r = 3.0\text{cm}$ 处的场强 $E = 2 \times 10^6 \text{V/m}$。试计算粒子荷电时间常数 t_0 及荷电率达 90% 时所需的荷电时间 t。

解： 由式 (5.12) 得：$t_0 = \dfrac{8\pi\varepsilon_0 rE}{i} = \dfrac{8 \times 3.14 \times 8.85 \times 10^{-12} \times 0.03 \times 2 \times 10^6}{0.001} = 0.0133$ （s）

荷电率 $q_t/q_s = 90\%$ 所需荷电时间为：

$$t = t_0 \frac{q_t/q_s}{1 - q_t/q_s} = 0.0133 \times \frac{0.9}{1 - 0.9} = 0.1197(\text{s})$$

5.2.3.2　扩散荷电

扩散荷电是气体离子做不规则的扩散运动，与存在于气体中的粒子相碰撞，使粒子荷电的过程。粒子扩散荷电的荷电量取决于气体离子热运动的动能、粒子大小和荷电时间。

怀特（White）提出不考虑电场影响的扩散荷电电量计算公式为：

$$q_t = \frac{2\pi\varepsilon_0 kTd_p}{e}\ln\left(1 + \frac{d_p N_0 e^2 t}{2\varepsilon_0 \sqrt{2\pi mkT}}\right) \tag{5.13}$$

式中，k 为玻耳兹曼常数，$k = 1.38 \times 10^{-23}\text{J/K}$；$T$ 为气体热力学温度，K；m 为离子质量，kg；t 为时间，s。

粒子荷电后，会产生排斥电场，阻止其他离子接近荷电离子。波德尼尔（Pauthenier）提出了考虑外加电场时的扩散荷电量计算公式：

$$q_t = \frac{2\pi\varepsilon_0 kTd_p}{e}\ln\left[\frac{(8\pi)^{1/2}}{3}\frac{d_p N_0 e^2 t}{2\varepsilon_0 \sqrt{2\pi mkT}}\frac{\sinh(E_0 ed_p/2kT)}{E_0 ed_p/2kT} + 1\right] \tag{5.14}$$

对于细粒子，$\sinh(E_0 ed_p/2kT)/(E_0 ed_p/2kT)$ 接近于 1。扩散荷电是小于 $0.2\mu\text{m}$ 粒子的主要荷电机制。

5.2.3.3　综合作用

实际电除尘器中，电场作用下的离子定向运动和气体不规则的扩散运行均存在，粒子荷电是定向运动和无规则扩散运动的两者综合作用。研究表明，综合作用的荷电量可以近似地表示为电场荷电和扩散荷电的加和，且与实验值基本一致：

$$q_t = 3\pi\varepsilon_0 E_0 d_p^2\left(\frac{\varepsilon}{2+\varepsilon}\right) + \frac{2\pi\varepsilon_0 kTd_p}{e}$$

$$\ln\left(1 + \frac{d_p N_0 e^2 t}{2\varepsilon_0 \sqrt{2\pi mkT}}\right) \tag{5.15}$$

电场荷电、扩散荷电和综合作用的荷电量随粒径的变化如图 5-8 所示。

实验证明，小于 $0.15\mu\text{m}$ 的粒子可仅考虑扩散荷电；大于 $0.5\mu\text{m}$ 的粒子可仅考虑电场荷电；对 $0.15 \sim 0.5\mu\text{m}$ 的粒子，其总荷电量可近似取电场荷电量与扩散荷电量之和。当荷电时间 $t \geqslant 10t_0$ 时，电场荷电量按饱和荷电量公式式 (5.9) 计算。

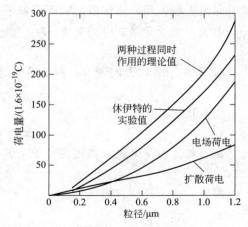

图 5-8　典型条件下的粒子荷电量

例 5.4 估算电除尘器中粒径为 $0.5\mu m$ 和 $1.0\mu m$ 的尘粒在 $0.1s$、$1.0s$ 和 $10s$ 时的荷电量。已知 $\varepsilon=5$，$E_0=3\times10^6 V/m$，$T=300K$，$N_0=2\times10^{15}$ 个$/m^3$，$m=5.3\times10^{-26} kg$。

解：首先按空气负离子的迁移率 $K_i=2.1\times10^{-4} m^2/(s\cdot V)$ 计算时间常数 t_0。

由式（5.11）得：

$$t_0=\frac{4\varepsilon_0}{N_0 e K_i}=\frac{4\times8.85\times10^{-12}}{2\times10^{15}\times1.6\times10^{-19}\times2.1\times10^{-4}}=0.000527(s)$$

由于要计算的粒子粒径为 $0.5\mu m$、$1.0\mu m$，荷电时间大于 $10t_0$，因此，粒子的总荷电量近似取电场荷电的饱和荷电量与扩散荷电量之和。忽略电场对扩散荷电的影响，则粒子总荷电量为：

$$q_t=\frac{3\pi\varepsilon_0\varepsilon d_p^2 E_0}{\varepsilon+2}+\frac{2\pi\varepsilon_0 kT d_p}{e}\ln\left(1+\frac{d_p N_0 e^2 t}{2\varepsilon_0\sqrt{2\pi mkT}}\right)$$

$$=\frac{3\times5}{7}\times3.14\times8.85\times10^{-12}\times3\times10^6 d_p^2+\frac{2\times3.14\times8.85\times10^{-12}\times1.38\times10^{-23}300d_p}{1.6\times10^{-19}}\times$$

$$\ln\left[1+\frac{(1.6\times10^{-19})^2\times2\times10^{15}td_p}{2\times8.85\times10^{-12}\sqrt{2\times5.3\times10^{-26}\times3.14\times1.38\times10^{-23}\times300}}\right]$$

$$=178.7\times10^{-6}d_p^2+1.438\times10^{-12}d_p\ln(1+7.79\times10^{10}td_p)$$

计算结果见表 5-2。

表 5-2 例 5.4 表

$d_p/\mu m$	$q_{0.1s}/C$	$q_{1.0s}/C$	q_{10s}/C
0.5	50.62×10^{-18}	52.28×10^{-18}	57.55×10^{-18}
1.0	191.59×10^{-18}	194.90×10^{-18}	198.21×10^{-18}

5.2.4 粒子捕集

5.2.4.1 粒子驱进速度

电除尘器中，运动的荷电粒子受四种力作用，即重力、浮力、电场力和流体阻力。其中，重力和浮力垂直于荷电粒子运动方向，电场力和流体阻力与运动方向平行。电场力驱动粒子向集尘极运动，流体阻力则阻碍粒子向集尘极方向运动。

电场中粒子受到的电场力 F_e 为：

$$F_e=qE_p \tag{5.16}$$

对于 $0.5\mu m$ 以上的颗粒，粒子荷电以电场荷电为主。此时，粒子荷电量为：

$$q=\pi\varepsilon_0 E_{ch}d_p^2 K \tag{5.17}$$

代入式（5.16），得：

$$F_e=\pi\varepsilon_0 E_{ch}d_p^2 K E_p \tag{5.18}$$

对于具体粒子来说，作用在粒子上的场强近似等于两极间的平均场强，即

$$E_{ch}=E_p=E \tag{5.19}$$

因此，式（5.18）简化为：

$$F_e=\pi\varepsilon_0 d_p^2 K E^2 \tag{5.20}$$

对于呈层流模式区域的颗粒物，流体阻力 $F_d=3\pi\mu d_p v_r$。

当荷电粒子处于匀速运动时，作用于颗粒的电场力等于流体阻力：

$$3\pi\mu d_p v_r = \pi\varepsilon_0 d_p^2 K E^2 = q E_p \tag{5.21}$$

此时，颗粒运动速度称为电场力驱动下的驱进速度。电场荷电的荷电粒子驱动速度计算公式为：

$$v_r = \frac{d_p \varepsilon_0 E^2 K}{3\mu} = \omega \tag{5.22}$$

或

$$\omega = \frac{q E_p}{3\pi\mu d_p} \tag{5.23}$$

对于小于 $0.2\mu m$ 的细粒子，以扩散荷电为主，荷电量可按式（5.13）或式（5.14）计算。

可见，荷电粒子驱进速度的大小与其荷电量、粒径、集尘极附近场强及气体黏度有关；其运动方向与电场方向一致，垂直于集尘极表面。按式（5.22）或式（5.23）计算的粒子驱进速度称为理论驱进速度，是粒子平均驱进速度的近似值，因为电场中各点的场强并不相同，粒子荷电量的计算也是近似的，此外，气流和粒子特性的影响也未考虑进去。对于粒径小于 $1.0\mu m$ 的粒子，计算的驱进速度应乘以坎宁汉修正系数 C_u。

5.2.4.2 捕集效率方程

回顾重力沉降室，颗粒受重力作用向下做沉降运动。混合流模式下，颗粒分级效率计算公式为：

$$\eta_{i,\text{mixed}} = 1 - \exp\left(-\frac{v_{st} L}{v_{avg} H}\right) \tag{5.24}$$

电除尘器一个工作单元如图 5-9 所示，包括一组放电极和两块集尘极。颗粒向集尘极运动受的作用力是电场力，终末运动为驱进速度 ω。颗粒在电除尘器内，穿越集尘极的时间为：

$$t = \frac{L}{v_{avg}} \tag{5.25}$$

式中，L 为气流流动方向集尘极的长度，m。

颗粒在电场力作用下，向集尘极运动的距离：

$$x = v_{st} t = v_{st} \frac{L}{v_{avg}} \tag{5.26}$$

针对放电极与集尘极间距为 H 的运动空间，混合流模式下的颗粒分级效率为：

$$\eta_{i,\text{mixed}} = 1 - \exp\left(-\frac{\omega L}{v_{avg} H}\right) \tag{5.27}$$

上式右边项括号内均乘以集尘极高度 h，得：

$$\eta_{i,\text{mixed}} = 1 - \exp\left(-\frac{\omega L h}{v_{avg} H h}\right) \tag{5.28}$$

工作单元的集尘极面积为 $2 \times h \times$

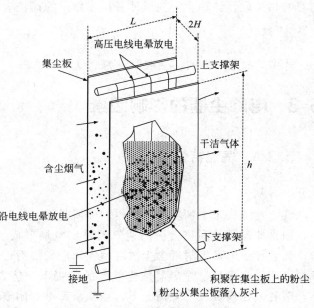

图 5-9　ESP 单元结构示意图

L，通过一个集尘单元的气流量为 $2 \times v_{avg} \times H \times h$。电除尘器由多个工作单元组成，因此，对于集尘极面积为 A、处理气流量为 Q 的电除尘器，混合流模式下的分级捕集效率为：

$$\eta_{i, \text{mixed}} = 1 - \exp\left(-\frac{\omega A}{Q}\right) \tag{5.29}$$

式（5.29）是多依奇（Deutsch）于1922年根据一些假设得出的电除尘器颗粒分级捕集效率方程。

对于层流模式，分级捕集效率为：

$$\eta_{i, \text{block}} = \frac{\omega A}{Q} \tag{5.30}$$

上述方程描述了捕集效率与集尘极面积、气流量及粒子驱进速度之间的关系，简洁明了地给出了提高捕集效率的途径，因此，广泛用于电除尘器的性能分析和设计。

例5.5 在 1×10^5 Pa 和 20℃下运行的管式电除尘器，集尘圆管直径 $D = 0.25$ m，长 $L = 2.5$ m，含尘气体流量 $Q = 0.085$ m³/s，若集尘极附近的平均场强 $E_p = 100$ kV/m，粒径为 1.0μm 的颗粒荷电量 $q = 0.3 \times 10^{-15}$ C，计算该颗粒的驱进速度和理论分级效率。在 1×10^5 Pa 和 20℃下，空气动力黏度 $\mu = 1.82 \times 10^{-5}$ kg/(m·s)。

解：理论驱进速度为：

$$\omega = \frac{qE_p}{3\pi\mu d_p} = \frac{0.3 \times 10^{-15} \times 100 \times 10^3}{3 \times 3.14 \times 1.82 \times 10^{-5} \times 1 \times 10^{-6}} = 0.175(\text{m/s})$$

$$A = 3.14 \times 0.25 \times 2.5 = 1.965(\text{m}^2)$$

$$\eta = 1 - \exp\left(-\frac{1.965}{0.085} \times 0.175\right) = 98.2\%$$

受各种因素的影响，实际捕集效率往往低于上述理论计算值。为此，人们依据测得的实际捕集效率，代入上述公式反算相应的驱进速度，并称之为有效驱进速度，以 ω_e 表示。有效驱动速度综合了集尘极总面积和气体处理量以外的各种影响捕集效率的因素，可用于电除尘器的相关设计计算。一些设计者提出修正的捕集效率计算公式进行电除尘器设计：

$$\eta_{i, \text{mixed}} = 1 - \exp\left(-\frac{\omega A}{Q}\right)^k \tag{5.31}$$

式中，k 为一指数，一般取值为0.5。

5.3 电除尘器的影响因素

5.3.1 气流特性

5.3.1.1 气流速度和分布

气流速度决定了颗粒在电场内的停留时间。气速过大，不仅气体在电场内的停留时间缩短，而且捕集到的颗粒会被高速气流带出电场形成二次扬尘；气速太小，不仅增大设备容量，而且导致电晕极附近含尘浓度偏大，电晕极附近形成空间电荷效应，同样降低了除尘效率。因此，在满足电除尘器除尘效率的前提下，选取较大的气速，设备规格或体积相应减小，节省基建投资。一般情况下，颗粒从荷电到附着在电极上仅需 0.5～2s，因此，工业电除尘器总停留时间取 6～12s，电除尘器内的气体流速一般为 0.5～2m/s。

电除尘器由许多组工作单元组成，因此，各工作单元的气流分布均匀性是非常重要的，分布越均匀越有利。若气体在电场内分布不均匀，一方面会导致局部流速过大；同时，引起电晕线产生不同晃动，致使供电电压波动，降低除尘效率，影响除尘器正常运行。

5.3.1.2　气体成分

气体成分影响气体离子在电场内的迁移速度，也影响电晕电流，如 H_2O、SO_2、尘浓度。如果处理气体含尘量少，则离子迁移速度大，导致电晕电流很高，工作电压过低，此时，必须采取加大供电机组容量、改变电晕极形状、合理调整电极配置和改变气体流动方式等措施，抑制电晕电流，提高工作电压，以获得满意的除尘效率。相对湿度增大，气体比电阻减小，有利于电除尘器收尘。

此外，高温气流在集尘板附近形成的温度场会产生二次流，进而影响电除尘器内颗粒物的运行和收尘效果。

5.3.2　颗粒物性质

5.3.2.1　粒径组成分布

粒径不同，粒子荷电的机制（电场荷电和扩散荷电）和荷电量也不同。带电粒子驱进速度与颗粒粒径成正比例关系。因此，对于粒径大于 $0.5\mu m$ 粒子，在不考虑被捕集颗粒二次飞扬的情况下，粒径越大，除尘效率越高。细小粒径的颗粒表面积大，在电晕放电区形成的空间电荷效应大，影响电晕电流的形成，除尘效率低。测量表明，最低捕集效率发生在 $0.15\sim0.5\mu m$。

5.3.2.2　颗粒浓度

进口气体颗粒浓度较低时，颗粒浓度增加，电除尘器效率会有所提高。当进口气体颗粒浓度过高时，电场的气体离子大量沉积到粒子上，荷电粒子移动速度远比气体离子运动速度小（气体离子平均迁移速度为 $60\sim100m/s$，颗粒平均迁移速度小于 $60cm/s$，两者相差百倍以上），电晕电流减弱。当含尘浓度高到一定程度时，气体离子都沉积到尘粒上，电晕电流几乎减弱到零，尘粒不能获得足够电荷，电除尘器失效，这件现象称为电晕阻塞。

为防止电晕阻塞，对高浓度含尘气体，可在电除尘器前面设置旋风除尘器或适当增加电场数，以达到预期的除尘效果。一般，电晕阻塞多发生在第一电场。在常规电除尘器中，进口含尘量小于 $50g/m^3$，可防止产生电晕阻塞。

5.3.2.3　颗粒比电阻 ρ

比电阻值是颗粒导电性能的标志，对电除尘器除尘影响极大。颗粒比电阻是指面积为 $1cm^2$、厚度为 $1cm$ 的颗粒层的电阻值。

颗粒比电阻对电除尘器捕集效率的影响可以从除尘器放电极和集尘极之间的电压分布作出解释，如图 5-10 所示。电除尘器运行的最佳比电阻范围一般为 $10^4\sim10^{10}\Omega\cdot cm$。颗粒是依靠尘粒之间、尘粒与集尘极之间的表面附着力和静电力，沉积在集尘极上。此区间荷电尘粒到达集尘极时，电荷中和得当，附着力适当，不会引起反电晕，除尘效率高。低比电阻颗粒（$\rho<10^4\Omega\cdot cm$），导电性好，集尘极表面颗粒层电压降梯度小，荷电尘粒到达集尘极后，立即失去电荷，电场力消失，尘粒在集尘极表面附着力小，颗粒容易再扬起重返气流，如用电除尘器处理各种金属颗粒和石墨粉尘、炭黑粉尘。一般地，可以在电除尘器后面串联旋风除尘器来解决二次返混现象。

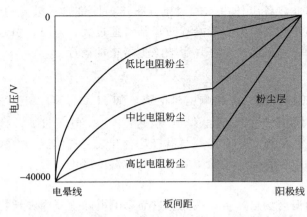

图 5-10　颗粒比电阻对电场强度的分布影响

反之，若粒子比电阻很高（$\rho > 10^{10} \Omega \cdot cm$），则到达集尘极的粒子释放电荷很慢，并残留着部分电荷，这不但会排斥随后而至的带有相同电荷的粒子，影响其沉降，而且随着极板上沉积颗粒层的不断增厚，在颗粒层和极板之间造成一个很大的电压降，以致引起颗粒层空隙中的气体电离，发生电晕放电。这种在集尘极上产生的电晕放电称为反电晕，同时也产生正离子和电子。正离子穿过极间区域向放电极运动，中和带负电荷粒子，结果使集尘场强减弱，粒子荷电量减少，削弱了粒子的沉降，捕集效率显著降低。在实际中，普遍认为 $5 \times 10^{10} \Omega \cdot cm$ 是出现反电晕现象的临界比电阻值。

解决比电阻过高颗粒的办法有：①调节气流温度，使除尘器在适宜的比电阻范围内运行；②较低温度运行时，在气流中添加比电阻调节剂，如水雾等；③设计比正常情况更大的电除尘器，以弥补比电阻过高对除尘效率的影响。此外，还可以开发新型电除尘器，如超高压宽间距电除尘器、双区脉冲电除尘器、湿式电除尘器等。湿式电除尘器可消除反电晕和颗粒再飞扬，解决过高、过低比电阻对除尘效率的影响，得到满意的除尘效果。

5.3.3　操作参数

5.3.3.1　供电参数

供电参数对电除尘性能影响很大。根据描述电压与电流关系的伏安特性曲线，从起始电晕到电场终结（击穿），随着电压的升高，电晕电流急剧增大，电晕功率也相应增大，颗粒的有效驱进速度 w_e 与电晕功率 P_c 的关系为：

$$\omega_e = K \frac{P_c}{A} \tag{5.32}$$

式中，K 为与气体、粒子性质及除尘器规格有关的参数。

将式（5.32）与捕集效率方程合并，可得：

$$\eta_{i,mixed} = 1 - \exp\left(-K \frac{P_c}{Q}\right) \tag{5.33}$$

可见，捕集效率随电晕功率增加而升高。工程上，电晕功率的下限和上限分别为 0.003 kW/m^2 和 0.033 kW/m^2。

当外加电压达到击穿电压时，电除尘器内产生火花放电。火花放电对电除尘器是有害的，发生火花的一瞬间，正、负极电压下降，火花放电的扰动使极板上产生二次扬尘。电除尘器通常在接近火花放电的条件下运行，并把起始火花电压与每分钟出现几百次火花时的电压差称为火花电压范围，其值大小与气体含尘浓度、颗粒比电阻和电压电流波形有关。一般地，管式电除尘器火花放电的起始电压与极间距基本成正比例关系，板式电除尘器应受相邻电晕极线干扰，火花放电的起始电压随电晕极线数目增多而增加。多数电除尘器火花放电次数是供电电压的函数，在每分钟火花放电 20～100 次的范围内存在着最佳除尘效率。

5.3.3.2　电极和绝缘件积灰

电晕极（放电极）周围有少量电荷尘粒，在所谓梯度压力作用下被吸引到电晕极线并黏附在电晕极线表面，且很快增厚，形成电晕极线积灰肥大现象。电晕极线肥大会导致电晕半径增大，电晕效果降低，电晕电流减小，严重时造成电晕阻塞，操作状况恶化。

实践表明，电晕极线积尘和肥大，与电晕极线的结构形式和颗粒性质有很大关系，颗粒黏结性越大，电晕极线肥大越严重。因此，必须设置电晕极振打装置或活动刷灰装置，以即时清除积尘。必要时，要求定期人工清扫或热风吹扫电晕极线及支撑绝缘件。

5.3.3.3　设备串气和漏气

气体从除尘器无效空间通过，会降低除尘效率。为防止气体旁通串气，在灰斗、顶板与有效除尘空间之间、两外层集尘极板与壳体内壁之间、气体分布板与壳体进出喇叭内壁之间，均应设置气体限流板，迫使气体均能通过有效除尘空间。

电除尘器漏气不仅增加风机负荷，而且对操作十分不利。灰斗和排尘装置漏气还会造成颗粒二次飞扬，降低除尘效率。风管伸缩节、阀门等处漏气，会使电除尘器内部局部温度下降而导致气体中水分和酸雾冷凝，不仅造成设备腐蚀、颗粒黏结在电极上振打不下来、电极积尘和电压击穿等不良后果，还会严重干扰电晕放电，从而影响或降低除尘性能。为减少设备的漏气，电除尘器一般是在微负压下操作。

5.4　电除尘器设计和选用

5.4.1　电除尘器的结构

电除尘器包括以下几个主要部分：电晕电极、集尘电极、电晕极与集尘极的清灰装置、气流均匀分布装置、灰斗壳体、保温箱、供电装置及输灰装置等。

5.4.1.1　电晕电极

电晕电极是电除尘器中使气体产生电晕放电的电极，由电晕线、电晕框架、电晕框悬吊架、悬吊杆和支持绝缘套管等组成。

对电晕线的基本要求是：①起晕电压低，放电强度高，电晕电流大；②机械强度高，不易断线，高温下不变形，耐腐蚀；③易固定，极距合适，易于清灰。

电晕线的形式很多，目前常用的有光圆线、星形线、螺旋线、RS 线及芒刺线等（图 5-11）。光圆线的放电强度随直径变化，直径越小，起晕电压越低，放电强度越高，考虑到振打力的作用和火花放电时可能受到的损伤，电晕线不能太细，一般采用镍铬不锈钢或碳钢制成直径为 1.5～3.8mm 的钢丝。星形线四面带有尖角，起晕电压低，放电强度高，断面积大（边长为 4mm×4mm），利于积灰振落，制作容易、耐用，应用广泛。螺旋线又称麻花线，对大型电除尘器较适用。芒刺线有锯齿线、鱼骨线等，以尖端放电代替沿极线全长放电，放电强度高，起晕电压低，电晕电流是星形线的 2 倍，而且芒刺尖端产生的电子和离子流特别集中，能有效防止颗粒浓度大时出现的电晕阻塞现象，特别适用于含尘浓度大的场合。

电晕线的固定方式有重锤悬吊式、管框绷线式和桅杆式三种（图 5-12）。相邻电晕线之间的间距对放电强度影响较大。间距太大会减弱放电强度，间距过小也会因屏蔽作用减弱放电强度。一般电晕线间距为通道宽度的 0.7～1 倍，RS 线的间距为通道宽度的 1.5～2 倍，具体要视集尘极板形式和尺寸等配置情况而定。

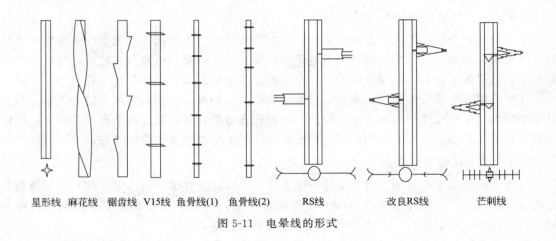

星形线　麻花线　锯齿线　V15线　鱼骨线(1)　鱼骨线(2)　　RS线　　　改良RS线　　　芒刺线

图 5-11　电晕线的形式

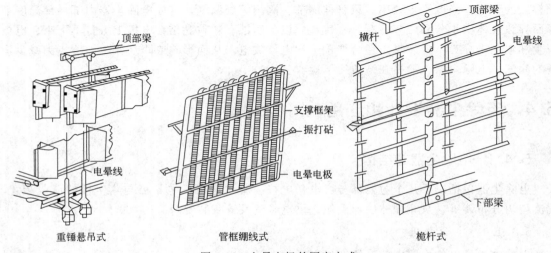

重锤悬吊式　　　　　　　管框绷线式　　　　　　　桅杆式

图 5-12　电晕电极的固定方式

5.4.1.2　集尘电极

集尘电极的结构影响除尘器除尘效率、造价。对集尘极的要求是：①有良好的电性能，集尘板上电场强度和电流分布均匀，火花电压高；②有利于颗粒在板面上沉积，又能顺利落入灰斗，二次扬尘少；③振打性能好，利于振动力均匀地传递到整个板面，清灰效果好；④形状简单，制作容易；⑤刚度好，不易变形。

集尘极的形式有板式和管式两大类，其中板式电极又分为：①传统板式电极，包括网状式、棒帏式、鱼鳞板式和袋式电极等；②型板式电极，是用 1.2～2.0mm 厚的钢板冷轧加工成一定形状的型板（图 5-13）。型板式电极在捕集效率、钢耗及振打性能等方面，皆优于传统板式电极。

极板之间的间距，对电除尘器的电场性能和除尘效率影响较大。间距太小（200mm 以下），安装困难，且相对精度差，会影响除尘效率。间距太大，电压的升高又受变压器、整流设备容许电压的限制。因此，常规 72～100kV 变压器情况下，板式极板间距一般为 250～350mm，管式电除尘器管径取 250～300mm。

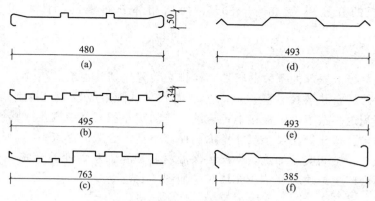

图 5-13　常见的几种集尘电极断面形式

5.4.1.3　电极清灰装置

有效地清除电极上的积灰，是保证电除尘器高效运行的重要环节之一。

① 湿式电除尘器的清灰。用水冲洗集尘极板，使极板表面经常保持一层水膜，当颗粒沉降到水膜上时，随水膜流下，达到清灰的目的。

湿式清灰的主要优点是无二次扬尘，水滴凝聚在尘粒上更有利于捕集，空间电荷增强，不会产生反电晕。此外，湿式电除尘器还可同时净化有害气体，如 SO_2、HF 等。湿式电除尘器的主要问题是腐蚀、结垢及污泥处理等。

② 干式电除尘器的清灰。目前应用最广的集尘极清灰方式是切向振打清灰。集尘极振打装置如图 5-14 所示，由传动轴、承打铁砧和振打杆等组成。随着轴的转动，锤头达到最高位置后靠自重落下，打在砧板上，振打力通过振打杆传到极板各点。一排极板安装一个振打锤，同一电场各排的振打锤安装在一根传动轴上，并依次错开一定角度，使各排极板的振打依次交替进行，保证了传动机械的负荷均匀，减少二次扬尘。振打清灰效果主要取决于振打强度和振打频率。实际上，振打强度也不宜过大，只要能使板面上残留极薄的一层颗粒即可，否则二次扬尘增加，结构损坏加重。

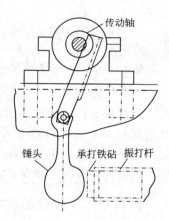

图 5-14　集尘极振打装置

此外，电晕电极沉积颗粒一般都比较少，但对电晕放电的影响很大。若颗粒清除不掉，可能会在电晕极上结疤，使除尘效率降低。因此，电晕电极也必须清灰，常用与集尘极振打装置基本相同的侧部机械振打装置。

5.4.1.4　气流均匀分布装置

电除尘器中气流分布的均匀性对除尘效率影响很大。当气流分布不均匀时，流速低增加的除尘效率远不足以弥补高流速降低的效率，因而总效率降低。

气流分布均匀程度决定于除尘器断面与其进口管道断面的比例和形状，以及扩散管内设置的气流分布板，如图 5-15 所示。当进气扩散管的扩散角较大或急剧转向时，可设置分隔板和导流板，均匀断面气流。气流分布板的开孔率、层数及分布板之间的间距应通过试验确定。一般气流分布板采用 3～5mm 钢板制作，开圆孔直径为 40～60mm；气流分布板一般为

1～3层，每层板的开孔率为 25%～50%，两层相邻分布板的间距与进口高度之比为0.2～0.5。

5.4.1.5 灰斗

灰斗是收集电极上振落的颗粒的容器，经排灰装置送到其他输送装置。

一般灰斗为四棱台状或棱柱状。电除尘器的积灰系统事故较多，特别是定时排灰的灰斗，由于灰斗沉积过多造成电晕极接地；连续排灰的灰斗积灰太少或斗壁密封不严会使空气泄漏引起二次扬尘。灰斗倾角过小或斗壁加热保温不良，会造成落灰不畅，甚至结块堵塞。

双层结构灰斗，中间夹层加热，外层用保温材料覆盖，从而使整个灰斗下部加热均匀，灰斗内部的灰不会产生结块，杜绝灰斗堵灰，如图 5-16 所示。

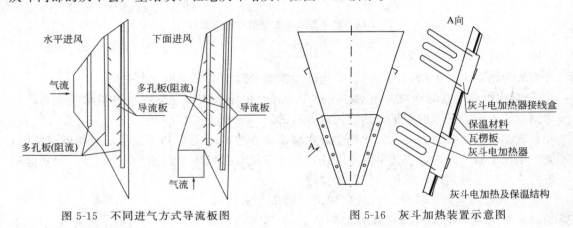

图 5-15　不同进气方式导流板图　　　　图 5-16　灰斗加热装置示意图

5.4.1.6　高压供电装置

高压供电装置是一个以电压、电流为控制对象的闭环控制系统，主要包括升压变压器、高压整流器、控制元件和控制系统的传感元件四部分。升压变压器的作用是将 380V 交流电升压到 60 kV 或更高的电压。整流器的作用是将高压交流电转变为高压直流电。控制系统的功能是根据电除尘器工况的变化，自动调节输出电压和电流，使除尘器保持在最佳运行工况；同时提供各种联锁保护，对闪络、拉弧和过流等信号能快速鉴别和作出反应。

5.4.2　电除尘器的类型

按照粒子荷电和带电粒子迁移是否在同一个区域，电除尘分为单区和双区。粒子荷电和带电粒子迁移、捕集在同一空间区域的称为单区（亦称一段式）电除尘器，而将荷电和沉降分离设在两个空间区域的称为双区（亦称两段式）电除尘器（图 5-17）。工业除尘以单区电除尘器应用最广，本章前面阐述的有关电除尘器理论，均指单区电除尘器。双区电除尘器一般用于空气调节方面，含尘量少、气量小的工业尘源处理也偶尔采用。

按集尘极的形式不同，电除尘器可分为管式和板式。管式电除尘器的集尘极一般为多根并列的金属圆管或六角形管，适用于气体量较小的情况。板式电除尘器采用各种断面形状的平行钢板作集尘极，极间均布电晕线。板式电除尘器的规格以其横断面积表示，大小从几平方米到几百平方米，处理气体量大。

按沉集粒子的清灰方式不同，可分为干式和湿式电除尘器。湿式电除尘器是利用喷雾或溢流水等方式使集尘极表面形成一层水膜，将沉集到其上的尘粒冲走。管式电除尘器常采用

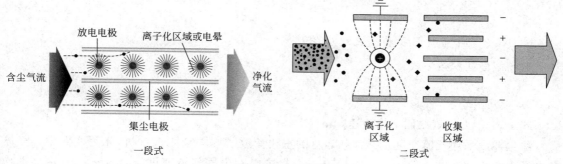

图 5-17　电除尘器示意图

湿式清灰，可避免二次扬尘，效率很高，但存在腐蚀、污水污泥处理等问题。板式电除尘器大多采用干式清灰，回收的干颗粒便于后续处置和利用，但振打清灰时存在二次扬尘等问题。

5.4.3　电除尘器设计

电除尘器设计主要是根据给定的运行条件和除尘效率，确定除尘器本体的主要结构和尺寸，包括有效断面积、集尘极板总面积、极板和极线的形式、极间距、吊挂及振打清灰方式、气流分布装置、灰斗卸灰和输灰装置、壳体结构和保温等。对于选型设计来说，在无特殊条件和要求的情况下，可以选取生产厂家的定型产品，为此，须确定所选电除尘器的有效横断面积、集尘极板总面积等基本参数（表 5-3）。

表 5-3　电除尘器参数取值

参　数		符　号	取值范围
板间距		Δb	$23 \sim 28 \mathrm{cm}$
驱进速度		ω	$3 \sim 18 \mathrm{cm/s}$
比集尘极表面积		A/Q	$300 \sim 2400 \mathrm{m}^2/(1000 \mathrm{m}^3/\mathrm{min})$
气流速度		v	$1 \sim 2 \mathrm{m/s}$
长高比		L/h	$0.5 \sim 1.5$
比电晕功率		P_c/Q	$1800 \sim 18000 \mathrm{W}/(1000 \mathrm{m}^3/\mathrm{min})$
电晕电流密度		I_c/A	$0.05 \sim 1.0 \mathrm{A/m}^2$
平均气流速度	烟煤锅炉	v	$1.1 \sim 1.6 \mathrm{m/s}$
	褐煤锅炉	v	$1.8 \sim 2.6 \mathrm{m/s}$

电除尘器的选择和设计主要采用经验公式和类比相结合的方法。

5.4.3.1　原始资料

电除尘器设计所需原始资料主要包括：

① 净化气体的流量、组成、温度、湿度、露点和压力；

② 颗粒的组成、粒径分布、密度、比电阻、安息角、黏性及回收价值等；

③ 颗粒初始浓度和排放浓度要求。

5.4.3.2　比集尘表面积的确定

根据运行和设计经验，确定有效驱进速度 ω_e，并按计算公式求得比集尘表面积 A/Q。

$$\frac{A}{Q} = \frac{1}{\omega_e} \ln\left(\frac{1}{1-\eta}\right) \tag{5.34}$$

5.4.3.3 电场截面积和气流速度的确定

电场截面面积按下式计算：

$$A_c = \frac{Q}{v_g} \tag{5.35}$$

式中，v_g 为气流截面平均流速，m/s。

除尘器内平均气流速度是设计和运行的重要参数，具体参见 5.3.1。工程实践中，气体在电场中的流动速度一般为 0.5～2.5m/s，板式电除尘器气流速度取 0.5～1.5m/s（平均 1.0m/s）。

5.4.3.4 集尘极与放电极的间距和排数

集尘极与放电极的间距对电除尘器的电气性能与除尘效率均有很大影响。间距太小，由于振打引起的位移、加工安装的误差等对工作电压影响大；间距太大，要求工作电压高，但会受到变压器、整流设备、绝缘材料的允许电压的限制。目前，一般集尘极间距为 250～350mm，放电极与集尘极之间的距离为 125～175mm。

放电极与放电极之间的距离对放电强度也有很大的影响。间距太大，会减弱放电强度；但电晕线太密，会因屏蔽作用而使其放电强度降低。考虑到与集尘极的间距相对应，放电极间距为 200～300mm。

集尘极和放电极的排数可以根据电场断面宽度和集尘极的间距确定：

$$n = \frac{b}{\Delta b} + 1 \tag{5.36}$$

式中，n 为集尘极排数；b 为电场断面宽度，m；Δb 为极板间距，m。

5.4.3.5 长高比的确定

集尘板有效长度与高度之比，直接影响振打清灰时的二次扬尘。当除尘效率>99%时，除尘器的长高比至少为 1.0～1.5。

根据净化要求、有效驱进速度和气体流量，计算集尘极的总面积，再根据集尘极排数和电场高度计算需要的电场长度。电场长度的计算公式为：

$$L = \frac{A}{2(n-1)h} \tag{5.37}$$

式中，h 为电场高度，m。

当有效驱进速度值的确定有困难时，也可按照含尘气体在电场内的停留时间来估算电场长度：

$$L = v_g t \tag{5.38}$$

式中，t 为气体在电场内的停留时间，可取 3～10s。

目前常用的单一电场长度是 2～4m，过长会使构造复杂。如果要求的电场长度超过 4m，可设计成若干串联电场。

5.4.3.6 工作电流

工作电流可按下式计算：

$$I = Aj \tag{5.39}$$

式中，j 为集尘极电流密度，可取 0.5mA/m^2；A 为集尘极面积，m^2。

5.4.3.7 电除尘器的辅助设计因素

① 电晕电极支撑方式和方法。

② 集尘极类型、尺寸、装配、机械性能和空气动力学性能。

③ 整流装置额定功率、自动控制系统、仪表和监测装置。

④ 电晕电极和集尘电极的振打机构类型、尺寸、频率范围和强度调整、数量和排列。

⑤ 灰斗几何形状、尺寸、容量和数量。

⑥ 输灰系统类型、能力、空气泄漏和颗粒反吹预防。

⑦ 其他因素。壳体和灰斗保温，电除尘器顶盖的防雨雪措施，便于电除尘器内部检查和维修的检修门，气体入口和出口管道排列，需要的建筑和地基，获得均匀的气流分布措施。

二维码5-1 燃煤机组电除尘器工程案例

二维码5-2 燃煤机组电除尘器+湿法脱硫工程案例

习题

5.1　管式电除尘器，压力 $p = 1.0 \times 10^5 \text{Pa}$，温度 $T = 300℃$，电晕线半径 $r_1 = 2\text{mm}$，集尘管半径 $r_2 = 200\text{mm}$，并假定 $m = 0.7$，试求起晕电压和起晕电场强度。

5.2　某电除尘器处理燃煤烟气的除尘效率为 97%，当处理气量不变、去除率降为 92% 时，估算驱进速度变化比值。

5.3　某电除尘器处理风量 $80\text{m}^3/\text{s}$，烟气入口含尘浓度为 15g/m^3，要求排放浓度小于 150mg/m^3，计算必需的集尘面积（设有效驱进速度 ω_e 为 0.1m/s）。如果按上面计算的集尘极面积和入口烟气含尘浓度不变，处理风量增加 1 倍，这时排气中含尘浓度将为多少？

5.4　某板式电除尘器平均电场强度为 3.4kV/cm，烟气温度为 423K，电场中离子浓度为 10^8 个/m^3，离子质量为 $5 \times 10^{-26}\text{kg}$，颗粒在电场中停留时间为 5s。试计算：① 粒径 $5\mu\text{m}$ 的颗粒饱和电荷值；② 粒径 $0.2\mu\text{m}$ 的颗粒的荷电量；③ 计算上述两种粒径颗粒的驱进速度。

假定：① 烟气性质近似于空气；② 颗粒的相对介电系数为 1.5；③ 离子迁移率 $k_i = 2.4 \times 10^{-4} \text{m}^2/(\text{s} \cdot \text{V})$。

5.5　一个燃煤火力发电厂使用一台电除尘器以去除 97% 的飞灰。为提高除尘效率，有人建议在原有基础上再并联一台同样的电除尘器，每个除尘器的处理风量为原气量的一半，试计算新除尘系统的总效率。

5.6　某厂卧式电除尘器实测结果：风量 $1.2 \times 10^5\text{m}^3/\text{h}$，入口粉尘浓度 13.325g/m^3，出口粉尘浓度 0.33g/m^3，集尘板总面积 $A = 1180\text{m}^2$，断面面积为 25m^2。① 试求该电除尘器的断面风速 v、比面积 A/Q 和有效驱进速度 ω_e；② 风量增加为 $2.0 \times 10^5\text{m}^3/\text{h}$，

入口粉尘浓度变为 $10g/m^3$，温度 $100℃$，粉尘比电阻 $10^4 \sim 10^6 \Omega \cdot cm$，允许排放浓度 $150mg/m^3$，气体相对湿度为 50%，计算所需集尘板面积，选用两台断面面积为 $25m^2$ 的卧式电除尘器并联能否满足要求（每台集尘板面积为 $1180m^2$）？

5.7　某三通道电除尘器，气流均匀分布时总效率为 99%。若其他条件不发生变化，气流在三个通道中的分配比例变为 $1:2:3$ 时，总效率为多少？

5.8　某电除尘器由 2 个电场串联组成，每个电场由 5 块集板组成四通道。任何两集板之间的电晕线单独控制，互不影响。电除尘器运行参数如下：处理气量 $16800m^3/h$，极板尺寸 $3.0m \times 3.0m$，驱进速度分别为 $5.8m/min$（电场 1）和 $5.0m/min$（电场 2）。试求：

①　正常运行条件下的除尘效率。

②　若在运行过程中，电场 1 内某两块集板间的电晕线出现故障，但其他集板间的电晕线仍正常工作，计算该条件下总除尘效率。处理气流离开电场 1 后又重新均匀分布后进入电场 2。

③　其他条件同②，唯一不同的是气流没有重新均匀分布，计算总除尘效率。

第6章 过滤式除尘器

6.1 概述

过滤式除尘器是使含尘气体通过过滤材料达到分离气体中尘粒的一种装置。过滤式除尘器主要有两类：一类是利用滤布、滤纸作为过滤介质的表面除尘器，另一类是采用松散的多孔滤料（如纤维块、砂砾、煤粒等）作为过滤介质的深层除尘器。

6.2 工作原理

6.2.1 过滤机理

过滤除尘中颗粒与气体的分离是一个很复杂的过程，过滤材料（滤料）不同，分离过程也不一样。

表面除尘包括两个步骤：滤料（纤维层）对尘粒的捕集和颗粒层对尘粒的捕集，后者更重要。尘粒通过筛滤、惯性碰撞、扩散和静电等机理作用，逐渐在过滤介质表面形成初始颗粒层（又称颗粒初层）；随后，形成的颗粒初层便成为除尘器的过滤层（尘滤尘），过滤介质（滤布）起着形成和支撑它的作用。如图 6-1 所示。

对于深层除尘，气体中的尘粒同样是受筛滤、惯性碰撞、扩散和静电力等机理作用，从气体中分离出来。与表面除尘不同的是，深层过滤在整个过滤介质内部完成，故又称内部过滤。

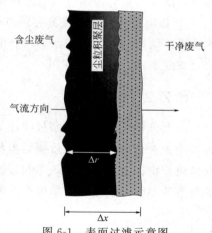

图 6-1 表面过滤示意图

过滤除尘颗粒物的分离机理与粒径密切相关。大颗粒因重力沉降、筛滤（颗粒比滤层通道尺寸大，不能通过）而分离，小颗粒与捕集物发生惯性碰撞、截留和扩散等动力学作用而被捕集。此外，在特定条件下还可能出现静电沉积等，如图 6-2 所示。

下面对过滤式除尘器主要的 5 种过滤机理作详细阐述。

① 惯性碰撞。含尘气体流动遇到捕集物（过滤介质），气体就会绕开捕集物流动，但颗粒因惯性作用，脱离气体流线，撞击到滤料表面而沉积下来。颗粒质量大，惯性力大，碰撞作用强。粒径大于 $0.5\mu m$ 的颗粒分离，主要是通过惯性碰撞分离。

② 截留。颗粒随气体流动，当气流中颗粒运动接触到捕集物表面时，在滤料和颗粒之间的范德华力作用下被滤料粘住，这就是拦截效应。当颗粒中心离捕集物表面的距离不超过颗粒半径时，颗粒会有效接触捕集物。

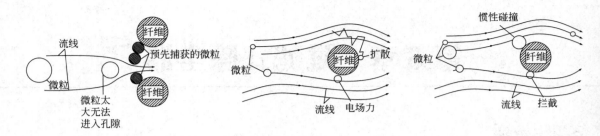

图 6-2　过滤除尘机理

③ 扩散。细小颗粒在气流中作类似分子的布朗运动，颗粒越小布朗运动越明显，常温下 $0.1\mu m$ 的微粒每秒钟扩散距离达到 $17\mu m$，这个距离比捕集物间距大几倍到十几倍，这就使微粒有机会与捕集物接触而沉积下来。颗粒物在滤料附近逗留的时间越长，接触机会越多，因此，降低气流速度有利于扩散沉积。粒子越小，扩散沉积作用越显著，粒径<$0.1\mu m$ 时，扩散沉积效率的理论值可超过 50%；$0.1\sim0.5\mu m$ 之间的颗粒，扩散和惯性效果都不明显，较难除去。

④ 重力效应。微粒通过纤维层时，在重力作用下微粒脱离流线而沉积下来。对 $0.5\mu m$ 以下的微粒，重力作用可以忽略不计。

⑤ 静电效应。静电主要有两方面作用：一是使颗粒改变流线轨迹而沉积下来；二是使颗粒更牢固地粘在滤料表面上，静电作用在不增加过滤器阻力的情况下能有效地改善过滤器的过滤效率。

6.2.2　过滤效率

由上分析，无论是表面过滤还是深层过滤，气体中的颗粒均通过惯性碰撞、截留和扩散等作用而被分离，过滤介质捕集尘粒后，过滤层结构参数会随捕集的尘粒而发生改变，除尘器呈现非稳态过滤，过滤效率和过滤阻力随过滤时间而变化，如图 6-3 所示。因此，过滤层的收集效率既是捕尘体收集效率的函数，也是过滤时间的函数。

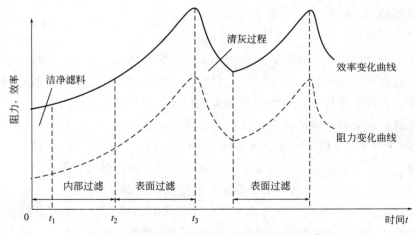

图 6-3　效率和阻力随时间变化的非稳态过程

以目前主要的纤维层过滤除尘为例，纤维层过滤包括内部过滤和表面过滤两种方式。含尘气体通过洁净滤料，纤维结构起内部过滤作用分离颗粒；滤料表面形成颗粒层后，颗粒层对含尘气流起表面过滤作用，形成"尘滤尘"现象。纤维过滤捕集细颗粒物的过程主要由惯性碰撞、扩散、拦截三种机理综合作用。

6.2.2.1 单体捕集效率

人们为了准确计算纤维过滤介质的捕集效率，首先对单纤维的过滤效率进行了研究。

单一纤维的捕集效率定义为：

$$\eta_{sf} = \frac{\text{沉积在纤维上的尘粒数}}{\text{气流通过纤维体的总尘粒数}} \tag{6.1}$$

针对不同粒径粒子，每种过滤机理在单纤维捕集效率中起到的作用是不一样的，按照式（6.1）可得出单根纤维各种捕集机理综合作用时的捕集效率。

① 惯性碰撞效率。惯性碰撞效率是关于 Stokes 数的函数。

$$\eta_I = f(St)，碰撞系数\ St = \frac{v_{rel} d_p^2 \rho_p}{18\mu D_f} \tag{6.2}$$

② 拦截效率。拦截效率是关于拦截系数 N_R 的函数。

$$\eta_R = f(N_R)，拦截系数\ N_R = \frac{d_p}{D_f} \tag{6.3}$$

③ 扩散效率。扩散效率是 Peclet 数 Pe 的函数。

$$\eta_D = f(Pe)，Peclet\ 数\ Pe = \frac{v_{rel} D_f}{D_{mp}} \tag{6.4}$$

式中，ρ 为颗粒密度，kg/m^3；d_p 为颗粒直径，m；C_u 为坎宁汉修正系数；v_{rel} 为颗粒与捕尘体之间的相对运动速度，m/s；μ 为气体黏度，$kg/(m \cdot s)$；D_f 为纤维直径，m；D_{mp} 为颗粒扩散系数，计算公式如下：

$$D_{mp} = \frac{1.38 \times 10^{-23} T C_u}{3\pi\mu d_p} \tag{6.5}$$

具体地，单根纤维各种捕集机理的计算公式见表 6-1。

表 6-1 单根纤维各种捕集机理的计算公式

机理	作者	计算公式	说明	备注
拦截	Ranz,Tan,Liang,1984 Lee,Liu,1982	$\eta_R = 1 + R_p - (1 + R_p)^{-1}$ $\eta_R = (1-\beta)R_p^2/Ku(1+R_p)$	$R_p = d_p/D_f$ $Ku = 3$	势流 $Re > 100$
扩散	Lee,Liu,1982 Loeffler,1971 Loeffler,1971	$\eta_D = 2.6\left[(1-\beta)/Ku\right]^{1/3} Pe^{-2/3}$ $\eta_D = La^{1/3} Pe^{-2/3}$ $\eta_D = KuPe^{1/2}$	$Ku \approx 3$ $La = 2 - \ln Re$ $Ku = 3$	$Re > 100$ 势流
惯性碰撞	Landahl,Hermanni,1966	$\eta_I = St^3/(St^3 + 0.77St^2 + 0.22)$	$St = \dfrac{\rho_p C_u d_p^2 v_0}{18\mu D_f}$	—

续表

机理	作者	计算公式	说明	备注
重力	Tan,Liang,1984 Tardos,Pfeffer,1980	$\eta_I = St/(St+1.5)$ $\eta_G = GaSt$	— $Ga = \dfrac{D_f}{2}gv_0$	$Re > 100$ 势流
静电	Kao,1987 Zhao,1991	$\eta_E = 3\pi(1-\beta)K_{ex}/400\beta$	$K_{ex} = w_p E_0/v_0$ $w_p = CQ_p/3\pi\mu d_p$	非独立流 任意排列纤维

注：$Re = \rho v_{rel} D_f/\mu$。

单根纤维的捕集效率是拦截、扩散、惯性碰撞、静电等机理作用下捕集效率的综合，计算公式为：

$$\eta_{sf} = 1-(1-\eta_I)(1-\eta_R)(1-\eta_D)(1-\eta_E) \tag{6.6}$$

研究表明，当颗粒直径 $d_p > 1\mu m$ 时，可忽略扩散效应；当颗粒直径 $d_p \leqslant 1\mu m$ 时，可忽略拦截和惯性碰撞效应。

实验得出，惯性碰撞、拦截和扩散 3 种机制综合作用下的单根捕尘体对颗粒的捕集效率表达式为：

$$\eta_{sf} = 0.16\left[N_R + (0.5+0.8N_R)\left(St+\frac{1}{Pe}\right) - 0.105N_R\left(St+\frac{1}{Pe}\right)^2\right] \tag{6.7}$$

例 6.1 比较惯性碰撞、拦截和扩散三种机理捕集粒径为 $0.001\sim20\mu m$ 的单位密度球形颗粒的相对重要性。捕尘体是直径 $100\mu m$ 的圆柱形纤维，气流温度 293K，气压 101325Pa，气流速度为 0.1m/s。

解： 查附录 2，空气流在 293K 和 101325Pa 时的密度为 $1.205kg/m^3$。因此，在给定条件下：

$$Re = \frac{D_f v\rho}{\mu} = \frac{100\times10^{-6}\times0.1\times1.205}{1.81\times10^{-5}} = 0.67$$

所以应采用黏性流条件下的颗粒沉降效率公式，计算结果列入表 6-2 中，其中各分级效率由式（6.2）～式（6.4）估算。

表 6-2 例 6.1 表

$d_p/\mu m$	St	$\eta_I/\%$	N_R	$\eta_R/\%$	Pe	$\eta_D/\%$
0.001	—	—	—	—	1.28	10.8
0.01	—	—	—	—	1.9×10^2	3.86
0.2	—	—	—	—	4.5×10^4	0.10
1	3.57×10^{-3}	0	0.01	0.004	3.6×10^5	0.025
10	0.308	10	0.1	0.4	—	—
20	1.23	50	0.2	1.7	—	—

由本例题可见，对于大颗粒的捕集，扩散的作用很小，主要依靠惯性碰撞作用；反之，对于很小的颗粒，惯性碰撞的作用微乎其微，主要是靠扩散沉积。

6.2.2.2 纤维滤层的过滤效率

纤维过滤层是以很多单根捕尘体的集合形式存在的。因此，过滤层的收集效率是捕尘体的群体贡献。如图 6-4 所示，过滤过程分三阶段：洁净滤料的稳态过滤、含尘滤料的非稳态过滤和滤料表面有颗粒层时的表面非稳态过滤。

学者们提出，洁净纤维层的过滤效率计算公式为：

$$\eta_f = 1 - \exp\left[-\frac{2\beta\eta_{sf}H}{(1-\beta)\pi a}\right] \tag{6.8}$$

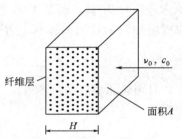

图 6-4　纤维层过滤单元图

式中，β 为滤料充填率，%；a 为纤维半径，m；H 为滤料层厚度，m；η_{sf} 为单根纤维各过滤效应的综合捕集效率。

由上式可知，滤层过滤效率与滤层厚度、滤层填充度和纤维直径有关。滤层厚、填充度大、纤维细，则过滤效率高。实际情况复杂，通常通过实验求得洁净滤层过滤效率。

6.2.2.3　深层过滤效率

颗粒层深层过滤与纤维过滤具有相同的过滤机理。过滤层由球形颗粒材料组成，过滤效率是孔隙率和单一球形颗粒捕集效率的函数。

如图 6-5 所示，引入单元床层，按照球形过滤介质收尘效率理论，过滤介质是由许多单元层组成的，每个单元层厚度 l：

$$l = \left[\frac{\pi}{6(1-\varepsilon)}\right]^{1/3} d_s \tag{6.9}$$

式中，ε 为颗粒过滤介质孔隙率，%；d_s 为球形过滤介质直径，m。

如果颗粒过滤层总厚度为 h，则单元层数 N 为：

$$N = \frac{h}{l} \tag{6.10}$$

依据质量平衡，颗粒层的单元层过滤效率与单一捕尘体效率之间的关系为：

$$\eta_l = \frac{1.209(1-\varepsilon)^{2/3}}{\varepsilon}\eta_{sf} \tag{6.11}$$

颗粒层是 N 个单元层串联组成的，因此，颗粒层效率与单元层效率的关系为：

$$\eta_p = 1 - (1-\eta_l)^N \tag{6.12}$$

6.2.2.4　表面非稳态过滤新模型的建立

如前所述，整个纤维滤料过滤层由纤维滤层和颗粒滤层构成。假定过滤过程中，颗粒层的孔隙率基本保持不变，随过滤时间增加，所拦截的颗粒致使颗粒层增厚，效率提高，而且纤维表面沉积的颗粒层均质。因此，"尘滤尘"现象类似颗粒层过滤过程，可引用经典的球形颗粒层过滤理论。

如图 6-6 所示，颗粒层厚为 h，颗粒层粒子孔隙率为 ε_p，尘粒如同球形颗粒。在时间

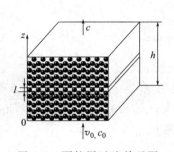

图 6-5　颗粒层过滤单元图

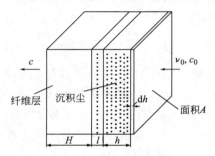

图 6-6　表面非稳态过滤模型

dt 内，厚度为 H、面积为 A 的纤维滤料迎风表面上沉积的颗粒层外侧，颗粒层增厚 dh。则所增加的颗粒层的体积，等于时间 dt 内收集的颗粒的体积（包括孔隙的体积）：

$$A\,dh = \frac{Av_0 c_0 \eta_p}{(1-\varepsilon_p)\rho_p}dt \tag{6.13}$$

对颗粒滤料层的过滤效率式（6.12）幂级数展开，考虑单元层效率 $\eta_l \ll 1$，得：

$$\eta_p = 1-(1-\eta_l)^N = 1-\left[1-N\eta_l+\frac{1}{2}N(N-1)\eta_l^2 K\right] \approx N\eta_l \tag{6.14}$$

式中，$N=\dfrac{h}{l}$。

将式（6.14）代入式（6.13），积分得：

$$\frac{h}{l} = \exp\frac{v_0 c_0 \eta_l t}{(1-\varepsilon_p)\rho_p l} \tag{6.15}$$

代入式（6.12）得，表面非稳态过滤效率计算式为：

$$\eta_p = 1-(1-\eta_l)^{\exp\left[\frac{v_0 c_0 \eta_l t}{\rho_p(1-\varepsilon_p)l}\right]} \tag{6.16}$$

式中，$l=\left[\dfrac{\pi}{6(1-\varepsilon_p)}\right]^{1/3}d_p$，其中 ε_p 为颗粒层孔隙率，%；d_p 为颗粒层粒径，m。

考虑纤维层的内部过滤作用，实际纤维滤料的过滤效率为：

$$\eta_f = 1-(1-\eta_f)(1-\eta_p) \tag{6.17}$$

上述公式适用于纤维表面过滤和颗粒层表面非稳态过滤。由式（6.16）看出，表面过滤效率随时间快速增加，这也意味着过滤阻力增加很快，其结果会使颗粒（未沉积的和已沉积的颗粒）在较大的压力和较高的过滤层内部风速的共同作用下穿过过滤层，导致效率下降。另外，如果清灰过度，破坏了纤维表面的颗粒层，会失去表面过滤作用，也会导致效率下降，因此，清灰管理在过滤净化过程中是非常重要的。

6.2.3　压力损失

6.2.3.1　清洁滤层的阻力

根据桑原（Kuwabara）理论，气体通过清洁滤层的阻力 ΔP_f（Pa）：

$$\Delta P_f = \frac{16\mu\beta h v_g}{Ku D_f^2} \tag{6.18}$$

式中，μ 为被过滤气体的动力黏度，kg/(m·s)；v_g 为滤层断面气速，m/s；Ku 为桑原流体动力系数，根据式（6.18）计算：

$$Ku = -\frac{1}{2}\ln\beta - \frac{3}{4} + \beta - \frac{\beta^2}{4} \tag{6.19}$$

例 6.2　由直径为 $100\mu m$ 的纤维填充成厚度为 0.05m、填充度为 0.4 的滤层，用以过滤温度 293K、气压 101.325kPa 的含尘气流。颗粒直径为 $1\mu m$（坎宁汉修正系数为 1.17、扩散系数为 $2.7\times10^{-11}\,m^2/s$）、密度为 2100kg/m³、气流动力黏度 1.79×10^{-5} kg/(m·s)、过滤气速为 0.03m/s。计算洁净滤层过滤效率和气体通过滤层的阻力。

解：由于 $Re=\dfrac{\rho_g v_g D_f}{\mu}=\dfrac{1.2\times0.03\times100\times10^{-6}}{1.79\times10^{-5}}=0.2$

符合式（6.2）的条件，所以可用其计算过滤效率。

首先，用式（6.2）～式（6.4）计算碰撞、截留和扩散系数（无量纲），其中颗粒与纤维的相对运动速度：

$$v_{rel} = \frac{v_g}{1-\beta} = \frac{0.03}{1-0.4} = 0.05 \ (m/s)$$

$$St = \frac{v_{rel}d_p^2\rho_p C_u}{18\mu D_f} = \frac{0.05 \times (1 \times 10^{-6})^2 \times 2100 \times 1.17}{18 \times 1.79 \times 10^{-5} \times 100 \times 10^{-6}} = 0.00381$$

$$N_R = \frac{d_p}{D_f} = \frac{1 \times 10^{-6}}{100 \times 10^{-6}} = 0.01$$

$$P_e = \frac{v_{rel}D_f}{D_{mp}} = \frac{0.05 \times 100 \times 10^{-6}}{2.7 \times 10^{-11}} = 1.85 \times 10^5$$

用式（6.7）计算纤维单体捕集效率：

$$\eta_{sf} = 0.16[N_R + (0.5 + 0.8N_R)(St + P_e^{-1}) - 0.105N_R(St + P_e^{-1})^2]$$

$$= 0.16 \times \left[0.01 + (0.5 + 0.8 \times 0.01) \times \left(0.00382 + \frac{1}{1.85 \times 10^5}\right)\right.$$

$$\left. - 0.105 \times 0.01 \times \left(0.00382 + \frac{1}{1.85 \times 10^5}\right)^2\right]$$

$$= 0.0019$$

$$\eta_f = 1 - \exp\left[-\frac{2\beta\eta_{sf}H}{(1-\beta)\pi a}\right]$$

$$= 1 - \exp\left[-\frac{2 \times 0.4 \times 0.0019 \times 0.05}{(1-0.4) \times 3.14 \times 50 \times 10^{-6}}\right] = 0.5537$$

用式（6.19）计算桑原流体动力系数：

$$Ku = -\frac{1}{2}\ln\beta - \frac{3}{4} + \beta - \frac{\beta^2}{4}$$

$$= -\frac{1}{2}\ln 0.4 - \frac{3}{4} + 0.4 - \frac{0.4^2}{4}$$

$$= 0.0681$$

用式（6.18）计算气体通过滤层的阻力：

$$\Delta P_f = \frac{16\mu\beta h v_g}{Ku D_f^2} = \frac{16 \times 1.79 \times 10^{-5} \times 0.4 \times 0.05 \times 0.03}{0.0681 \times (100 \times 10^{-6})^2} = 252 \ (Pa)$$

6.2.3.2　深层过滤阻力

气体通过颗粒滤层产生的阻力与滤层厚度、滤料粒径、过滤气速和气体性质等因素有关。Chilton 等提出，在填充度 $\beta = 0.5 \sim 0.65$ 条件下：

当 $Re < 40$ 时，$\Delta P_p = 172.72\mu h v_g / d_s^2$ (6.20)

当 $Re > 40$ 时，$\Delta P_p = 643.5\mu^{0.15}\rho_g^{0.35} h v_g^{1.35} / d_s^{1.18}$ (6.21)

6.2.3.3　袋式除尘器的压降

袋式除尘器的总阻力 ΔP 由除尘器的结构阻力 ΔP_c、清洁滤料阻力 ΔP_f 及滤料上颗粒

层阻力 ΔP_p 三部分组成，即

$$\Delta P = \Delta P_c + \Delta P_f + \Delta P_p \tag{6.22}$$

一般地，清洁滤料阻力 $\Delta P_f = 50 \sim 200\text{Pa}$，颗粒层阻力 $\Delta P_p = 500 \sim 2500\text{Pa}$。结构阻力 ΔP_c 包括气体通过进、出口和灰斗内挡板等部位所消耗的能量，在正常过滤风速下，ΔP_c 一般为 $200 \sim 500\text{Pa}$。

① 由于过滤气速很低，气体流动属黏性流，清洁滤料阻力 ΔP_f 与过滤气速 v_f 成正比，即

$$\Delta P_f = \zeta_f \mu v_f \tag{6.23}$$

式中，ζ_f 为清洁滤料的阻力系数，m^{-1}，各种滤料的 ζ_f 值由实验测定。

② 颗粒层阻力 ΔP_p 的大小与颗粒层的性质有关，可用下式计算：

$$\Delta P_p = \alpha \mu c_i v_f^2 t = \alpha m \mu v_f = \zeta_p \mu v_f \tag{6.24}$$

式中，ζ_p 为颗粒层的阻力系数，$\zeta_p = \alpha m$；c_i 为颗粒进口浓度，kg/m^3；t 为过滤时间，min；m 为滤布的颗粒负荷，$m = c_i v_f t$，kg/m^2；α 为颗粒层的平均比阻力，m/kg。可由 Kozeny Carman 公式计算：

$$\alpha = \frac{180(1 - \varepsilon_p)}{\rho_p d_p^2 \varepsilon_p^3} \tag{6.25}$$

由式（6.24）可知，颗粒层阻力 ΔP_p 与颗粒层阻力系数 ζ_p、过滤气速 v_f 和气体动力黏度 μ 成正比，与气体密度无关。颗粒层阻力系数 ζ_p 与颗粒层阻力 α 和滤布颗粒负荷 m 相关，颗粒负荷 m 值范围为 $0.02 \sim 1.0\text{kg/m}^2$，其中粗尘为 $0.3 \sim 1.0\text{kg/m}^2$，细尘为 $0.02 \sim 0.3\text{kg/m}^2$。由式（6.25）可知，$\alpha$ 值取决于颗粒负荷 m、粒径 d_p、孔隙率 ε_p 和滤料特性等，α 值范围为 $10^9 \sim 10^{12}\text{m/kg}$。

③ 当不考虑结构阻力 ΔP_c 时，总阻力 ΔP 为：

$$\Delta P = \Delta P_0 + \Delta P_d = (\zeta_f + \zeta_p)\mu v_f = (\zeta_f + \alpha m)\mu v_f \tag{6.26}$$

式（6.25）表明，颗粒愈细，孔隙率 ε_p 愈小，颗粒层的平均比阻力就愈大。当处理对象和滤料确定后，ζ_f、ρ_p、d_p、ε 和 μ 均为定值，ΔP 决定于过滤气速 v_f 和颗粒负荷 m。颗粒负荷 m 是关于气体含尘浓度 c_i、过滤时间 t、过滤气速 v_f 的函数。因此，为维持一定的压力降，当过滤气速低时，清灰时间间隔可适当延长；当过滤气速高时，清灰周期需相应缩短。

6.2.4　过滤除尘器的影响因素

6.2.4.1　滤布的积尘状态

过滤除尘器采用的滤料有织物、纤维填充物等。过滤初期，粒径大于滤料孔径的颗粒被筛滤阻留，在网孔间产生"架桥"现象；同时由于碰撞、拦截、扩散、静电吸引等作用，一批颗粒很快被捕集，在滤料表面上形成颗粒层，过滤效率开始快速上升。

随着颗粒层不断加厚，阻力愈来愈大，不仅处理风量将按所用风机的压力-风量特性曲线下降，而且颗粒层空隙率变小，气流通过速度增大，导致颗粒层薄弱部分发生"穿孔""漏气"现象，使除尘效率降低。因此，当阻力增大到一定值时，必须定期清除滤料上的颗粒。由于部分尘粒进入织物内部和纤维对颗粒的黏附及静电吸引等原因，滤料上始终残留部

分颗粒，清灰后的滤料阻力（一般为 $700 \sim 1000 \mathrm{Pa}$）大于新鲜滤料。

如图 6-7 所示的袋式除尘器，清洁滤料（新的或清洗后的）滤尘效率最低，积尘后效率最高，振打清灰后效率有所下降。为保证清灰后过滤效率不致过低，清灰时不应破坏颗粒初层。此外，在不同的积尘状态下，$0.2 \sim 0.4 \mu m$ 范围内颗粒的过滤效率相对较低，这是因为这一粒径范围内的尘粒正处于碰撞和拦截作用的下限、扩散捕集作用的上限。

6.2.4.2 滤料结构

滤料结构影响其滤尘效率。图 6-8 为不同滤料除尘效率 η 与颗粒负荷 m 的实验曲线。

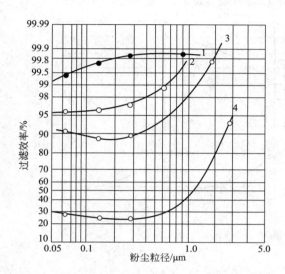

图 6-7 同一种滤料在不同滤尘过程中的分级效率
$1 - v_f = 0.026 \mathrm{m/s}$，$\Delta P = 892 \mathrm{Pa}$，积尘后；$2 - v_f = 0.029 \mathrm{m/s}$，
$\Delta P = 696 \mathrm{Pa}$，清灰 10 次（正常运行）；$3 - v_f = 0.031 \mathrm{m/s}$，$\Delta P =$
$598 \mathrm{Pa}$，积清灰 35 次；$4 - v_f = 0.036 \mathrm{m/s}$，$\Delta P = 186 \mathrm{Pa}$，新滤布

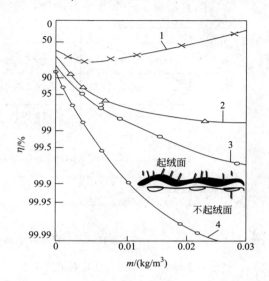

图 6-8 滤料种类、颗粒负荷与除尘效率的关系
1—不起绒的素布；2—轻微起绒滤布，含尘气体由轻微
起绒侧流入；3—单布绒布，含尘气体由起绒侧流入；
4—单面绒布，由不起绒侧流入

由图 6-8 可知，除尘效率随颗粒负荷 m 值增大而提高。不起绒的素布滤尘效率最低，且清灰后效率急剧下降。起绒滤料（如呢料、毛毡等）的容尘量大，能够形成强度高和较厚的多孔性颗粒层，且有一部分颗粒成为永久性容尘，因而滤尘效率高，清灰后效率降低不多。长绒滤料比短绒滤料的效率高。

6.2.4.3 过滤气速

过滤气速是指含尘气体通过滤料的平均速度。若以 Q（$\mathrm{m^3/min}$）表示通过滤料的含尘气体流量、A（$\mathrm{m^2}$）表示滤料截面积，则过滤气速 v_f（$\mathrm{m/min}$）为：

$$v_f = \frac{Q}{A} \tag{6.27}$$

工程上还使用比负荷 q_f 的概念，它是指每平方米滤料每小时所过滤的含尘气体量，单位为 $\mathrm{m^3/(m^2 \cdot h)}$。显然，比负荷 q_f 和过滤气速是同一个单位。

过滤气速或比负荷是表征过滤式除尘器处理气体能力的重要技术经济指标，它的选取决定除尘器的一次性投资和运行费用，也影响除尘器的过滤效率。如图 6-8 所示，过滤效率随颗粒负荷增加而降低。

过滤气速主要影响惯性碰撞和扩散作用。粒径<1μm 的细粒子（如烟雾或微尘），扩散起主导作用，此时足够的扩散时间是必需的，为增大捕集效率，须降低过滤气速，建议 v_f 为 0.6~1.0m/min；粒径>1μm 的颗粒，惯性碰撞占主导地位，为提高捕集效率，须增大过滤气速，建议 v_f 在 2.0m/min 左右。此外，过滤气速选取还与滤料性质、清灰方式、气流含尘浓度等因素有关。

6.2.5 袋式除尘器的运行状态分析

袋式除尘器也是一个非稳态过程，过滤效率和阻力随过滤时间而变化，如图 6-9 所示。

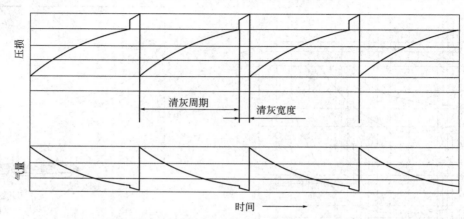

图 6-9 袋式除尘器压力损失与气体流量的变化

过滤压降与气体流量的关系式为：

$$\Delta p = (BV_g + C)Q \tag{6.28}$$

式中，Q 为气体流量，m^3/h；V_g 为 t 时间内通过除尘器的总气体量，m^3；B、C 为操作常数，单位与公式其他变量相关联。

实际运行时，过滤式除尘器有两种运行状态：定压降运行和定流量运行。

6.2.5.1 定压降运行

即除尘器在恒定的压降下运行，流量 Q 随时间 t 而变化：

$$Q(t) = dV_g/dt \tag{6.29}$$

将式（6.28）代入式（6.29），分离变量，再取时间 $t \rightarrow 0$、气体量 $V_g \rightarrow 0$ 进行积分，得：

$$t = \frac{BV_g^2}{2\Delta p} + \frac{CV_g}{\Delta p} \tag{6.30}$$

将式（6.30）两端同时除以 V_g 得：

$$\frac{t}{V_g} = \frac{BV_g}{2\Delta p} + \frac{C}{\Delta p} \tag{6.31}$$

若以 t/V_g 对 V_g 作图可得一直线，其斜率为 $B/(2\Delta p)$，截距为 $C/\Delta p$，因此，当已知 V_g 及 t 两个参数后，即可求得 B、C 值。

对式（6.31）解方程，得 V_g 对 t 的表达式：

$$V_g = \sqrt{\frac{2t\Delta p}{B} + \left(\frac{C}{B}\right)^2} - \frac{C}{B} \tag{6.32}$$

将上式对 t 取微分，并利用式（6.32）得到：

$$Q(t)=\frac{\mathrm{d}V_{\mathrm{g}}}{\mathrm{d}t}=\frac{\Delta p}{B\sqrt{\dfrac{2t\Delta p}{B}+\left(\dfrac{C}{B}\right)^2}} \tag{6.33}$$

由式（6.33）可见，在定压降操作条件下，气体流量 Q 随过滤时间 t 的增加而减少。

6.2.5.2　恒流量运行

即维持气体流量 Q 不变，压降发生变化的运行方式：

$$Q(t)=\mathrm{d}V_{\mathrm{g}}/\mathrm{d}t=常数 \tag{6.34}$$

$$V_{\mathrm{g}}=Qt \tag{6.35}$$

代入式（6.28）得：

$$\Delta p=BQ^2t+CQ \tag{6.36}$$

若以 Δp 对 t 作图可得一直线，斜率为 BQ^2，截距为 CQ。

实际运行的袋式除尘器介于恒压降和恒流量两种运行状态之间，其压降与流量随时间的变化关系如图 6-9 所示。

例 6.3　用于水泥窑的袋式除尘器，在恒定烟气流量下工作 30min，此时间内过滤的总气量为 $90\mathrm{m}^3$，除尘器的初压降为 130Pa，终压降为 1300Pa。在此终阻力下再运行 30min，计算此时间内过滤的气体量。

解：根据恒流量运行的方程式：$\Delta p=BQ^2t+CQ$。

当 $t=0$ 时，$Q=90/30\mathrm{m}^3/\mathrm{min}=3\mathrm{m}^3/\mathrm{min}$。

$$130\mathrm{Pa}=0+C\times3\mathrm{m}^3/\mathrm{min}$$

故 $C=43\mathrm{Pa}\cdot\mathrm{min}/\mathrm{m}^3$。

当 $t=30\mathrm{min}$ 时，

$$1300\mathrm{Pa}=B\times(3\mathrm{m}^3/\mathrm{min})^2\times30\mathrm{min}+(43\mathrm{Pa}\cdot\mathrm{min}/\mathrm{m}^3)\times(3\mathrm{m}^3/\mathrm{min})$$

解得 $B=4.3\mathrm{Pa}\cdot\mathrm{min}/\mathrm{m}^6$。

因此，恒流量模式下的压降方程式为：

$$\Delta p=4.3Q^2t+43Q$$

在恒定压降下运行的方程为：

$$t=\frac{BV_{\mathrm{g}}^2}{2\Delta p}+\frac{CV_{\mathrm{g}}}{\Delta p}$$

当 $V_{\mathrm{g}}=0$ 时，$\Delta p=1300\mathrm{Pa}$，得：

$$1300\mathrm{Pa}=0+C\times3\mathrm{m}^3/\mathrm{min}$$

解得 $C=433\mathrm{Pa}\cdot\mathrm{min}/\mathrm{m}^3$。

在定压下过滤 30min，所通过的空气量 V_{g} 由式（6.31）计算，即

$$30\mathrm{min}=\left(\frac{4.3\mathrm{Pa}\cdot\mathrm{min}/\mathrm{m}^6}{2\times1300\mathrm{Pa}}\right)V_{\mathrm{g}}^2+\left(\frac{433\mathrm{Pa}\cdot\mathrm{min}/\mathrm{m}^3}{1300\mathrm{Pa}}\right)V_{\mathrm{g}}$$

解得 $V_{\mathrm{g}}=68.2\mathrm{m}^3$。

总共过滤的烟气量为：$(90+68.2)\mathrm{m}^3=158.2\mathrm{m}^3$。

6.3 过滤除尘器类型和结构设计

6.3.1 过滤除尘器种类

过滤除尘器装置的种类很多，根据过滤材料的不同可分为织物过滤器、纸过滤器、纤维填充过滤器、多孔材料过滤器和颗粒材料过滤器等。

6.3.1.1 织物过滤器

以纤维织物作为滤料，为增大设备单位体积内的过滤面积，通常将滤层做成袋状，所以织物过滤装置常见的形式是袋式除尘器。这种过滤器过滤效率高，性能稳定，是一种常用的高效、可靠的除尘设备。

袋式除尘器按其滤袋形状、气流方向、清灰方式等可作进一步分类。按滤袋形状，分圆袋和扁袋，圆袋受力较好，支撑骨架及连接简单，易获得较好的清灰效果；扁袋布置紧凑，在箱体体积相同的条件下，可布置更多的过滤面积，一般能增加 20%～40%。按过滤方向，分外滤式和内滤式两类，外滤式是指气体由滤袋外侧穿过滤料流向滤袋的内侧，颗粒附着在滤袋的外表面，适用于圆袋和扁袋，袋内须设支撑骨架，脉冲喷吹类和高压反吹类多取外滤式；内滤式是指含尘气体由袋口进入滤袋的内侧，然后穿过滤袋流向外侧，颗粒附着在滤袋的内表面，多用于圆袋，机械振动、逆气流反吹等清灰方式多用内滤式。

6.3.1.2 纸过滤器

以纤维制成的纸作为滤料，是一种高效过滤器，主要用于空调和通风系统等要求比较高的场合的超级净化。目前，一些要求特别高的气溶胶废气也采用纸过滤器净化，如放射性气溶胶、微生物气溶胶、铅烟及其他剧毒烟雾。

纸过滤器基本构造如图 6-10 所示。将滤纸连续折叠成多层，层间衬以波纹隔片（纸、塑料或金属），装入外框内，并将与外框接触部分用胶封固，做成过滤单元，使用时根据需要组装成过滤装置。

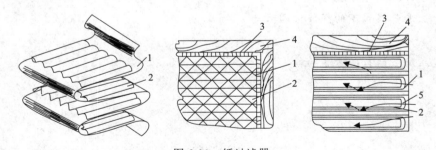

图 6-10 纸过滤器

1—滤纸；2—隔片；3—密封板；4—隔外框；5—滤纸护条

目前常用的滤纸有超细玻璃纤维和陶瓷纤维，厚度 $0.3～2mm$，过滤风速 $0.020～0.025m/s$，气体通过滤纸产生的压降 $70～100Pa$。滤纸过滤效率为 96%～99.999%，其中去除效率 96%～99.9% 的称为亚高效过滤纸，去除效率 99.97%～99.995% 的称为高效过滤纸，去除效率>99.9995% 的称为超高效过滤纸，主要用于过滤悬浮空气中≤1μm 的粒子。

纸过滤器作为控制空气污染的设备，仅用于净化要求特别高的场合。由于纸过滤器只能一次使用，其容尘量也有限，所以实际使用时要按处理气体的含尘浓度高低，加装低效、中效过滤器，以保护高效纸过滤器，延长其使用周期。

6.3.1.3　纤维填充过滤器

以松散的纤维状材料做成的过滤床层，具有阻力较小、容尘量较大的特点，常用于高效过滤器前端，作为预处理过滤器。纤维填充过滤器通常由两片金属网、四周金属边框构成单元体，中间填充纤维材料，使用时按需要组装（图 6-11）。

另一类过滤器用丝网或板网材料制成过滤床层，气体通过床层中众多狭小曲折通道，颗粒由于惯性碰撞而被捕集。这一类过滤器常用于净化细小液滴废气，如酸雾净化（图 6-12）。

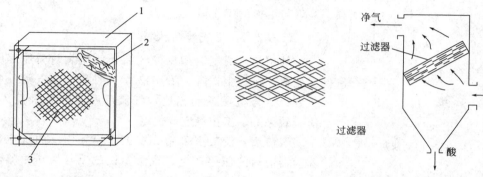

图 6-11　纤维填充过滤器

1—边框；2—纤维滤料；3—金属网

图 6-12　塑料板网滤层过滤器

6.3.1.4　多孔材料过滤器

用多孔材料作为滤料，由于材料的不同，过滤器的性能和用途各异。用聚氨酯泡沫塑料制成的过滤器（图 6-13）已广泛应用于超净净化的前级过滤。多孔陶瓷、多孔烧结金属过滤器，适用于高温含尘气体净化装置。

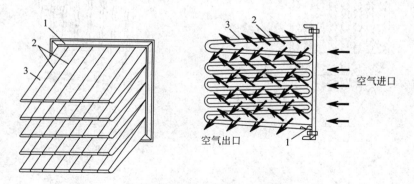

图 6-13　泡沫塑料过滤器

1—边框；2—铁丝支撑；3—泡沫塑料过滤层

6.3.1.5　颗粒材料过滤器

以颗粒状材料为滤料，构成过滤床层。这种过滤器的过滤效率高，且具有耐高温、耐腐蚀、耐磨损的优点，能在较恶劣的条件下工作，维修费用也较低。

6.3.2 除尘器清灰方式

清灰是过滤除尘装置运转过程的重要环节。清灰时必须停止过滤，清灰方式在很大程度上影响着除尘器的性能，一般可分为机械振动、逆气流反吹、脉冲喷吹等方式。

6.3.2.1 机械振动清灰

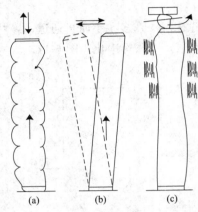

图 6-14 机械振动清灰方式

利用手动、电动或气动的机械装置使滤袋产生振动而清灰。振动可以是垂直、水平、扭转或组合等方式（图 6-14），振动频率有高、中、低之分，还可以辅以反向气流。机械振动清灰效果好，但滤袋损坏较快，滤袋检修与更换的工作量大。

6.3.2.2 逆气流反吹清灰

利用与过滤气流相反的气流，使滤袋瞬时胀缩、袋形变化，将积尘抖落。图 6-15 是一种典型的气流反吹清灰方式。与机械振动相比，气流反吹具有处理能力大、清灰效果好、工作稳定等优点。

气流反吹清灰多采用分室工作模式，反向气流可由除尘器前后的压差产生，或由专设的反吹风机供给。某些反吹清灰设有产生脉动作用装置，造成反向气流的脉冲作用，以增加清灰能力。

反吹气流在整个滤袋上的分布较为均匀，振动不剧烈，对滤袋的损伤较小，但清灰强度弱，适用于低过滤风速除尘器。

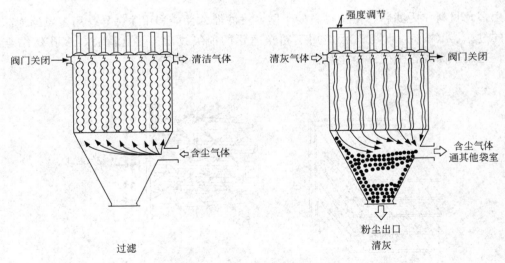

图 6-15 逆气流反吹清灰方式

6.3.2.3 脉冲喷吹清灰

将压缩空气在极短时间（≤0.2s）内高速吹入滤袋，同时诱导数倍于喷射气流的空气，造成袋内压力快速上升，使袋壁快速向外运动，从而振落颗粒。因脉冲喷吹时间短，每次仅少部分滤袋清灰，因此无须分室结构。脉冲喷吹是目前应用最广的一种清灰方式。喷吹气源为压缩空气，喷吹结构如图 6-16 所示。

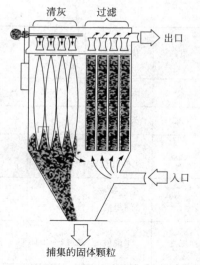

图 6-16　脉冲喷吹清灰方式

每排滤袋上方设 2 根喷吹管，喷吹管设有与每个滤袋口正对的喷嘴，喷吹管前端装脉冲阀。为防止脉冲喷吹清灰过度，应选择适当压力的压缩空气和适当的脉冲持续时间。喷吹气源压力为 $588 \sim 686 \mathrm{Pa}$，脉冲周期在 $60 \mathrm{s}$ 左右，脉冲宽度为 $0.1 \sim 0.2 \mathrm{s}$。脉冲喷吹的压缩空气耗量 V_a（$\mathrm{m^3/min}$）可按下式计算：

$$V_a = anV_0/t \tag{6.37}$$

式中，n 为滤袋总数；t 为脉冲周期，$\min$；V_0 为每条滤袋每次喷吹的压缩空气消耗量，一般为 $0.002 \sim 0.0025 \mathrm{m^3}$；$a$ 为安全系数，一般取 1.5。

各种清灰方式的比较见表 6-3。

表 6-3　清灰方式的比较

清灰方式	清灰均匀性	滤袋损耗	设备耐用性	典型滤料	过滤气速	设备费用	动力费用	颗粒负荷	清灰效果
逆气流反吹	好	低	好	织物	一般	一般	中-低	一般	较好
脉冲喷吹	好	低	好	毡、织物	高	高	中	高	好
高频振动	好	一般	低	织物	一般	一般	中-低	一般	好
声波振动	好	低	好	织物	一般	一般	中	一般	好
手工振动	一般	高	低	毡、织物	一般	低	低	低	较好

6.3.3　袋式除尘器设计

二维码6-1 钢铁行业塑烧板除尘器工程案例

6.3.3.1　滤料材质和结构

滤袋是袋式除尘器最重要的部件之一，袋式除尘器的性能在很大程度上取决于制作滤袋的滤料性能。滤料性能主要指过滤效率、透气性和强度等，这些都与滤料材质和结构有关。根据袋式除尘器的除尘原理和颗粒特性，滤料性能要求如下：

① 容尘量大，清灰后能保留一定的永久性容尘，以保持较高的过滤效率；

② 在均匀容尘状态下透气性好，压力损失小，清灰容易；

③ 机械强度高，抗拉、耐磨、抗皱折；

④ 耐温性好，抗化学腐蚀，抗水解；

⑤ 稳定性好，使用过程中变形小；

⑥ 成本低，使用寿命长。

袋式除尘器采用滤料的纤维种类很多，有天然纤维、无机纤维和合成纤维等。以往仅限于使用天然纤维滤料，如棉、羊毛等，近年来，研制出一些价廉、耐用的合成纤维产品。就纤维而言，有长纤维和短纤维，长纤维织物的表面绒毛少，颗粒层压损高，但容易清灰；短纤维织物表面有绒毛，滤尘性能好，压损低，但清灰稍为困难。各种纤维的理化性能简介如表 6-4 所示。

表 6-4　各种纤维的特性

品名	化学类别	密度 /(g/cm³)	直径 /μm	受拉强度 /(g/mm²)	伸长率 /%	耐酸、碱性能		抗虫及 细菌	耐温性能/℃		吸水率 /%
						酸	碱		经常	最高	
棉	天然纤维	1.47～1.6	10～20	35～76.6	1～10	差	良	未处理时差	75～85	95	8～9
麻	天然纤维		16～50	35	—	—	—	未处理时差	80		—
玻璃	矿物纤维(有机硅处理)	2.54	5～8	100～300	3～4	良	良	不受侵蚀	260	350	0
维尼纶	聚乙烯醇缩甲醛	1.39～1.44			12～25	良	良	优	40～50	65	0
尼龙	聚酰胺	1.13～1.15		51.3～84	25～45	冷:良热:差	良	优	75～85	95	4～4.5
耐热尼龙 (诺梅克斯)	间位聚酰胺	1.4				良	良	优	200	260	5
腈纶	均聚丙烯腈	—		30～65	15～30	良	弱质	优	125～135	150	2
涤纶	聚酯	1.38		40～55		良	良	优	140～160	170	0.4
特氟龙	聚四氟乙烯	2.3		33	10～25	优	优	不受侵蚀	200～250		0
P-84	聚酰亚胺					优	良	优	260		

　　按照纤维织物结构，滤料分为织布、针刺毡和表面过滤材料等。织布有平纹、斜纹、缎纹三种，在很长的时期里几乎是唯一的滤料结构，随着针刺毡的出现，逐渐退居次要地位。针刺毡通过针刺，将纤维与基布紧密地缠绕在一起，具有高透气量和高孔隙率，孔隙率可达 70%～80%，孔隙分布均匀，目前主要用于各种脉冲喷吹类和反吹清灰类袋式除尘器。表面过滤材料是一种复合滤料，将聚四氟乙烯薄膜复合在常规滤料（称为底布）上，聚四氟乙烯薄膜布孔径＜0.5μm，对于粒径 0.1μm 的颗粒，也能获得 99.9%以上的分级效率，因此，这种复合滤料不需要形成颗粒层，只依靠自身的捕尘功能就可有良好的捕尘效果。

　　复合滤料因薄膜的疏水特性，可有效防止除尘器在潮湿环境下因结露造成滤袋结垢后失效。复合滤料因薄膜孔径小，有效地控制颗粒进入滤料深处，防止滤料堵塞，减小滤料表面摩擦系数，提高清灰性能，降低过滤和清灰能耗。这种滤料本身阻力较前两种大，由于滤料颗粒剥离性好，当工况稳定后，滤料阻力不是连续上升，而是趋于平稳，因而有利于降低除尘器系统运行的能耗，提高滤料使用寿命并可显著减少除尘器的检修维护工作量，并具有耐热和耐化学腐蚀等性能。

6.3.3.2　除尘器设计

　　设计或选用袋式除尘器时，首先应根据含尘气体的物理和化学性质、技术经济指标等选择适当的滤料和清灰方式（参考表 6-5），然后根据滤料和清灰方式确定过滤气速，并计算过滤面积，最后确定滤袋的尺寸和数目。

表 6-5 袋式除尘器的设计参数

清灰方式和滤料		过滤气速/(10^{-2}m/s)	气流压降/Pa
手工振打		0.58~0.83	600
机械与逆气流联合	一般滤料玻璃纤维	1.66~3.33 0.83~1.66	800~1000
脉冲喷吹		4.98~6.64	1000~1200

过滤面积可按下式计算：

$$A_f = \frac{Q_g}{v_f} \tag{6.38}$$

式中，A_f 为过滤面积，m^2；Q_g 为处理气量，m^3/s；v_f 为过滤气速，m/s。

过滤气速是最重要的设计和操作指标之一。v_f 选择过大，虽然能减小总过滤面积，降低投资，却会使过滤压力损失迅速提高而需要增加清灰次数，缩短滤袋寿命，增加运行费用；若 v_f 过小，则会提高设备的投资费用。一般情况下，过滤气速可根据滤料种类和清灰方式参考表 6-5 的数值选取，气流压降也可参考该表。

袋式除尘器是一种过滤效率高、性能可靠、适用范围较广的除尘设备；但存在体积大、滤料耐受力有限、滤袋检漏和更换较困难等问题。

例 6.4 用脉冲喷吹袋式除尘器过滤含尘气体，气体流量为 $1.35m^3/s$，滤袋直径为 120mm，滤袋长度为 2000mm。计算所需滤袋数量和喷吹压缩空气用量。

解： 按表 6-5 选定过滤气速为 0.05m/s。用式（6.38）计算过滤面积：

$$A_f = \frac{Q_g}{v_f} = \frac{1.35}{0.05} = 27 \ (m^2)$$

则滤袋数：

$$n = \frac{A_f}{\pi D_b l} = \frac{27}{\pi \times 0.12 \times 2} = 36$$

取每条滤袋每次消耗的压缩空气量为 $0.0025m^3$，按式（6.37）计算压缩空气量：

$$V_a = anV_0/t = 1.5 \times 36 \times 0.0025/1 = 0.135 \ (m^3/min)$$

6.4 电袋除尘器

二维码6-2 电袋复合除尘器工程案例

电袋除尘器是一种新型的复合型除尘器，通过前级电场的预收尘、荷电作用和后级滤袋区过滤除尘实现高效除尘。它充分发挥电除尘器和袋式除尘器各自的除尘优势，具有效率高、运行稳定、滤袋使用寿命长、占地面积小等优点。

在电袋复合式除尘器中，含尘气体先通过电除尘区后再缓慢进入后级布袋除尘区，布袋除尘区颗粒负荷量仅为入口的 25% 左右，清灰周期得以大幅度延长；颗粒经过电除尘区荷电后可提高颗粒在滤袋上的过滤特性，一定程度上改善滤袋的透气性能和清灰性能。

电袋复合式除尘器的除尘效率不受颗粒物特性、气体特性等影响，可以长期高效、稳定、可靠地运行，保证排放浓度低于 $30mg/m^3$。与常规布袋除尘器相比较，其运行阻力较低，清灰周期时间是常规布袋除尘器的 4~10 倍，具有一定的节能功效。在部分应用条件下，需考虑电除尘放电臭氧对布袋寿命的影响。

习题

6.1 砂滤床深 2m，含尘气体表面流速 6cm/s，砂滤床孔隙率 0.3，砂粒直径 1.0mm，空气动力黏度为 1.82×10^{-5}Pa·s，估算砂滤床对空气动力直径 0.5μm 细粒子的捕集效率。欲获得 99.9% 以上的捕集效率，床的厚度至少应多厚？

6.2 利用清洁滤袋进行一次实验，以测定颗粒的渗透率（即颗粒层厚度与阻力系数之比），气流通过清洁滤袋的压力损失为 250Pa，300K 的气体以 1.8m/min 的流速通过滤袋，滤饼密度 1.2g/cm³，总压力损失与沉积颗粒质量的关系如表 6-6 所示。试确定颗粒的渗透率（以 m² 表示），假如滤袋面积为 100.0cm²。

表 6-6　习题 6.2 表格

Δp/Pa	612	666	774	900	990	1062	1152
m/kg	0.002	0.004	0.010	0.02	0.028	0.034	0.042

6.3 某工厂废气量为 5200m³/h（标准状态），含尘浓度为 10g/m³（工况），拟采用袋式除尘器回收废气中有价值的粉尘，用涤纶布做滤料。所用引风机的风压要求除尘器的阻力不超过 1500Pa，废气温度 120℃。假定清洁滤料的阻力与除尘器的结构阻力共 300Pa，粉尘层的平均比阻力 $\alpha=1\times10^{11}$m/kg，除尘效率 η 约为 100%，过滤风速取 2.0m/min，120℃ 下废气的动力黏度 $\mu=2.33\times10^{-5}$Pa·s，试计算：①最大清灰周期 t（min）；②清灰时的粉尘负荷 m（kg/m²）；③所需的过滤面积 A（m²）；④滤袋的直径、长度和滤袋条数。

6.4 图 6-17 表明滤料的颗粒负荷和表面过滤气速对过滤效率的影响。所有试验的入口浓度为 0.8g/m³，当颗粒负荷为 140g/m² 时，试求：

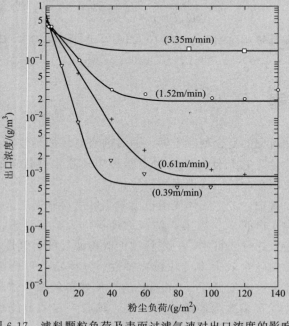

图 6-17　滤料颗粒负荷及表面过滤气速对出口浓度的影响

①　对于图中显示的四种过滤气速，分别求相应的过滤效率；

②　假定滤饼的孔隙率为 0.3，颗粒的真密度为 $2.0g/cm^3$，试求滤饼的厚度；

③　当烟气中含尘初始浓度为 $0.8g/m^3$ 时，对于图中最下部的曲线，至少应操作多长时间才能达到上述过滤效率？

6.5　某工厂有一布袋除尘器，共有 100 个布袋，每个布袋直径为 10.0cm，总压降为 $17.8cmH_2O$。系统运行的温度和压力分别为 21℃ 和 1atm。进口负荷为 9.16g/m^3，除尘效率为 99.5%。过滤面积为 $510m^2$，过滤气速为 2.0m/min。试回答下列问题：①如果其中 3 个袋子破裂，求除尘效率。②如果可接受的除尘效率最低为 91.5%，求允许破裂的袋子数量。

袋子破损后的除尘效率可表示为 $\eta_{new} = \eta_{old} - 15.48LD^2 (1.8T+492)^{1/2} (\Delta p)^{1/2}/Q$。式中，$\Delta p$ 为系统压降（cmH_2O）；Q 为处理气量（m^3/min）；L 为破损的袋子数；D 为袋子直径（m）；T 为温度（℃）。

6.6　安装一个滤袋室处理被污染的气体，试估算某些布袋破裂时颗粒的出口浓度。已知系统的操作条件：1atm，288K，进口处浓度 $9.15g/m^3$，布袋破裂前的出口浓度 $0.0458g/m^3$，每室处理的气体体积流量 $14158m^3/h$，布袋室数为 6，每室中的布袋数 100，布袋直径 15cm，系统的压降 1500Pa，破裂的布袋数为 2。

6.7　设计一振打式清灰袋式除尘器，用于处理饲料加工厂排放的含尘废气。处理气量 $24600m^3/h$，温度 105℃，气压 1atm，试确定滤料材质、过滤气速、滤袋面积、滤袋尺寸及数量。

第 7 章 湿式除尘器

7.1 概述

湿式除尘器使含尘气体与液体（通常为水）充分接触，其中颗粒物由气相转入液相，达到分离净化的目的，又称洗涤除尘器。湿式除尘器可以有效地将 $0.1 \sim 20\mu m$ 的液滴和固态粒子从气流中除去，同时也能脱除部分气态污染物。该除尘器结构简单，净化效率高，适合高温高湿气体除尘，但除尘后存在洗涤水处理和设备腐蚀等问题。

湿式除尘工艺流程如图 7-1 所示。湿式除尘工艺包括气液接触单元（洗涤塔）、气液分离单元、液固分离单元以及洗涤液循环系统。气液接触、气液分离是含尘气体湿式净化过程的关键单元，液固分离是为了实现洗涤液的循环使用。

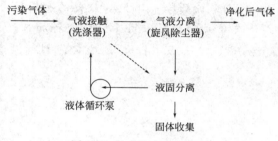

图 7-1 湿式除尘工艺流程

7.2 洗涤理论

湿式洗涤与前一章过滤除尘的工作介质截然不同，但是二者的主要作用机制基本相同。洗涤过程捕集颗粒物的机理主要有：

① 通过惯性碰撞、截留，尘粒与液滴或液膜发生接触；

② 微小尘粒通过扩散与液滴接触；

③ 加湿的尘粒相互凝聚；

④ 高温烟气降温时，以尘粒为凝结核凝结。

惯性碰撞主要取决于颗粒质量，拦截作用主要取决于粒径，只有粒径很小时，才考虑扩散作用的影响。对于粒径为 $1 \sim 5\mu m$ 的尘粒，惯性碰撞起主要作用；对于粒径小于 $1\mu m$ 的颗粒，拦截、扩散、凝聚起主要作用。

7.2.1 雨水捕集理论

在一个 Δx、Δy、Δz 单元空间，空间颗粒浓度为 $c(\mathrm{mg/m^3})$，一直径为 d_d 的球形雨滴

从上而下垂直穿过这个空间，此时，转移至雨滴的颗粒数量可以按下列步骤计算得到。

如图 7-2 所示，雨滴穿过单元的空间呈圆柱体，圆柱体体积为：

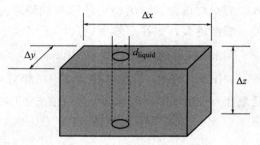

$$V = \frac{\pi}{4} d_{\text{liquid}}^2 \Delta z \qquad (7.1)$$

图 7-2 雨滴捕集颗粒示意图

圆柱体内的颗粒数量等于空间颗粒浓度与雨滴穿过的圆柱体体积乘积。设单个雨滴与颗粒的接触概率（单体捕集效率）为 η_t，则转移至雨滴的颗粒数量为：

$$单个雨滴捕集量 = 雨滴扫过空气体积 \times 空气颗粒浓度 \times 捕集效率 = \frac{\pi}{4} d_{\text{liquid}}^2 \Delta z c \eta_t$$
$$(7.2)$$

对于整个单元空间，颗粒浓度变化 dc 可以写成如下计算式：

$$dc \Delta x \Delta y \Delta z = -\left(\frac{\pi}{4} d_{\text{liquid}}^2 \Delta z c \eta_t \right) N_{\text{liquid}} dt \qquad (7.3)$$

式中，N_{liquid} 为单位时间、单元空间的雨滴数量。

对式 （7.3） 作一系列整理，得：

$$\frac{dc}{dt} = -\frac{(\pi/4)(d_{\text{liquid}}^2 \Delta z c \eta_t) N_{\text{liquid}}}{\Delta x \Delta y \Delta z} = -\frac{\pi}{4} d_{\text{liquid}}^2 c \eta_t \left(\frac{N_{\text{liquid}}}{\Delta x \Delta y} \right)$$

$$= -\frac{\pi}{4} d_{\text{liquid}}^2 c \eta_t \left[\frac{N_{\text{liquid}} \quad (\pi/6) \ d_{\text{liquid}}^3}{\Delta x \Delta y \ (\pi/6) \ d_{\text{liquid}}^3} \right]$$

$$= -\frac{1.5 c \eta_t}{d_{\text{liquid}}} \left[\frac{N_{\text{liquid}} \quad (\pi/6) \ d_{\text{liquid}}^3}{\Delta x \Delta y} \right] \qquad (7.4)$$

式 （7.4） 右边括号项表示的是单元截面单位时间内落的雨量。对于湿式除尘装置，洗涤液（通常是水）喷淋量为 Q_L（m^3/h 或 m^3/s），装置截面积为 A（m^2）。将洗涤液喷淋量和除尘装置截面积代入式 （7.4），可得：

$$\frac{dc}{dt} = -\frac{1.5 c \eta_t Q_L}{d_{\text{liquid}} A} \qquad (7.5)$$

式 （7.5） 整理后，得到：

$$\frac{dc}{c} = -\frac{1.5}{d_{\text{liquid}}} \eta_t \frac{Q_L}{A} dt \qquad (7.6)$$

对式 （7.6） 两边积分，得：

$$\ln \frac{c}{c_0} = -\frac{1.5}{d_{\text{liquid}}} \eta_t \frac{Q_L}{A} \Delta t \qquad (7.7)$$

则，湿式除尘效率一般计算式为：

$$\eta = 1 - \exp\left(-\frac{1.5}{d_{\text{liquid}}} \eta_t \frac{Q_L}{A} \Delta t \right) \qquad (7.8)$$

7.2.2 液滴捕集效率

由式 （7.8） 可知，液滴大小 d_{liquid} 和颗粒的接触概率（单体捕集效率）η_t 对湿式除尘效率的影响很大。液滴捕集效率与液滴本身的粒径、尘粒粒径以及尘粒的惯性运动密切相关，惯性越大，则捕集效率越高。

7.2.2.1 惯性碰撞数（Stokes 数）

如图 7-3 所示，含尘气体与液滴做相对运动，气体在液滴前方 x_d 处发生绕流，其中尘粒受惯性力作用继续向前运动。尘粒前进过程受气体阻力作用，速度逐渐降低，存在最大运动距离 x_s。当 $x_s \geqslant x_d$ 时，发生碰撞，x_s/x_d 越大，碰撞越强烈，因此可用 x_s/x_d 来反映碰撞效应。

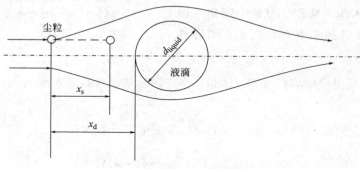

图 7-3　液滴前的尘粒运动

考虑细小颗粒运动过程可能存在滑动修正，尘粒做减速运动的最大运动距离 x_s 参照 3.4.2 式（3.66）计算：

$$x_s = \frac{v_0 d_p^2 \rho_p C_u}{18\mu} \tag{7.9}$$

式中，v_0 为尘粒与液滴相对运动的初速度，m/s。

因为 x_s 值大小与液滴直径 d_{liquid} 成正比，所以可用 x_s/d_{liquid} 组成的无量纲量 St（称为碰撞系数）来表征碰撞效应。

$$St = \frac{x_s}{d_{liquid}} = \frac{v_0 d_p^2 \rho_p C_u}{18\mu d_{liquid}} = N_s \tag{7.10}$$

由式（7.10）可知，当尘粒粒径和密度一定时，碰撞效应和相对运动初速度成正比，与液滴直径成反比。增大气液相对运动速度和减小液滴直径，有助于增加碰撞系数；但液滴过小，易发生随气体飘流现象，相对运动速度减小，导致碰撞捕集效率下降，如图 7-4 所示。大量试验表明，$d_{liquid} = 150 d_p$ 比较合适。目前，常见的各种湿式除尘器基本是围绕尘粒与

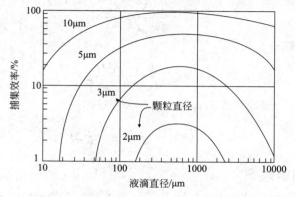

图 7-4　捕集效率与液滴粒径之间的关系（尘粒密度 2000kg/m³）

液滴相对运动的初速度和液滴直径这两个因素开发的。

7.2.2.2 捕集效率

根据第 6 章过滤除尘内容，碰撞捕集效率 η_t 是关于 Stokes 数的函数：

$$\eta_t = f(St)$$

关于碰撞捕集效率 η_t 的计算，有多种表示方式，代表性的有约翰斯顿、卡尔弗特和朗格缪尔三种。

① 约翰斯顿（Johnstone）等的研究结果是：

$$\eta_t = 1 - \exp(-KL\sqrt{St}) = 1 - e^{-KLd_p\sqrt{\frac{\rho_p v_{0,\text{liquid}}}{18\mu d_{\text{liquid}}}}} \tag{7.11}$$

式中，K 为关联系数，其值取决于设备几何结构和操作条件；L 为液气比，L/m^3。

② 卡尔弗特（Calvert）等基于碰撞系数 St，提出碰撞捕集效率与碰撞系数的关联式：

$$\eta_t = \left(\frac{St}{St+0.7}\right)^2 \tag{7.12}$$

③ 朗格缪尔（Langmuir）和布洛杰特（Blodgett）等基于粒子相对运动速度，提出另一种碰撞捕集效率计算式：

$$\eta_t = \frac{kv_{0,\text{liquid}}v_{\text{st,particle}}}{gd_{\text{liquid}}} \tag{7.13}$$

式中，k 为经验常数。

例 7.1 一场降雨，单位时间降雨量为 0.254cm/h，雨滴粒径 1mm。空气中颗粒粒径 3.0μm，密度 2000kg/m³，颗粒浓度 100μg/m³。计算 1h 降雨后，空气中颗粒浓度是多少？大气环境中雨滴降落末速度可采用 Altas 提出的经验公式 $v = 9.65 - 10.3e^{-0.6d}$ 计算，d 为雨滴粒径（mm），v 为速度（m/s）。

解：采用计算式（7.7）：

$$c = c_0 \exp\left(-\frac{1.5}{d_{\text{liquid}}}\eta_t\frac{Q_L}{A}\Delta t\right)$$

雨滴降落末速度：

$$v = 9.65 - 10.3e^{-0.6d_{\text{liquid}}} = 9.65 - 10.3e^{-0.6\times1} = 4.0 \ (\text{m/s})$$

碰撞系数：

$$St = \frac{\rho_p d_p^2 v C_u}{18\mu d_{\text{liquid}}} = \frac{2000\text{kg/m}^3 \times (3\times10^{-6}\text{m})^2 \times 4.2\text{m/s} \times 1.062}{18\times1.8\times10^{-5}\text{kg/(m}\cdot\text{s)}\times0.001\text{m}} = 0.24$$

由式（7.12）计算得：

$$\eta_t = \left(\frac{0.24}{0.24+0.7}\right)^2 = 0.065$$

代入式（7.7），得：

$$c = 100\frac{\mu\text{g}}{\text{m}^3}\exp\left(-\frac{1.5}{0.001\text{m}}\times0.065\times\frac{0.254\text{cm}}{\text{h}}\times\frac{1\text{m}}{100\text{cm}}\times1\text{h}\right) = 78.05\mu\text{g/m}^3$$

7.2.2.3 接触时间

从湿式除尘效率一般计算公式可知，除液滴捕集效率外，延长气液接触时间也能有效提高除尘效率。气液接触时间与气液接触方式有关。气液接触方式主要有错流、逆流和顺流三种，下面逐一进行分析。

① 气液错流。气液错流方式接触如图 7-5 所示。气液接触时间为气流通过 Δx、Δy、Δz 单元空间需要的时间。

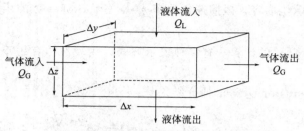

图 7-5　气液错流方式接触

$$\Delta t = \frac{\Delta x \Delta y \Delta z}{Q_G} \tag{7.14}$$

将式（7.14）代入（7.7），得：

$$\ln \frac{c}{c_0} = -\frac{1.5}{d_{\text{liquid}}} \eta_t \frac{Q_L}{\Delta x \Delta y} \frac{\Delta x \Delta y \Delta z}{Q_G} = -\frac{1.5}{d_{\text{liquid}}} \eta_t \frac{Q_L}{Q_G} \Delta z \tag{7.15}$$

式（7.15）表明，细小喷淋液滴、高液气比以及大洗涤塔空间高度，将有助于提高除尘效率。但喷淋液滴过于细小，液滴捕集效率下降（图 7-4）。

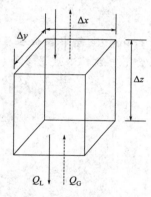

图 7-6　气液逆流方式接触

② 气液逆流。气液逆流方式接触如图 7-6 所示。液体从除尘装置顶部进入，通过雾化装置向下喷淋；气体从除尘装置底部进入，通过气流分布系统向上流动，气液相向运动，呈逆流接触。液滴向下运动速度 v_t，气流向上流速 v_g，则液滴相对于除尘装置内壁的运动速度为 $(v_t - v_g)$。

液滴在除尘装置 Δz 单元高度内的停留时间为：

$$\Delta t = \frac{\Delta z}{v_{\text{relative}}} = \frac{\Delta z}{v_t - v_g} \tag{7.16}$$

这个时间段内单元空间液滴数为：

$$N_d = \frac{\Delta z}{v_t - v_g} \times \frac{Q_L}{\pi d_{\text{liquid}}^3 / 6} \tag{7.17}$$

则，单位时间 Δz 单元空间液滴接触的空间体积为：

$V =$ 单位时间液滴数 × 液滴穿越时间 × 单位时间单个液滴扫过体积

$$= \left(\frac{Q_L}{\pi d_{\text{liquid}}^3 / 6} \times \frac{\Delta z}{v_t - v_g} \right) \left(\frac{\pi d_{\text{liquid}}^2}{4} \right) v_t = Q_L \times \frac{1.5}{d_{\text{liquid}}} \times \frac{v_t}{v_t - v_g} \Delta z \tag{7.18}$$

根据尘粒质量平衡，将式（7.18）代入式（7.3），得到：

$$-Q_G \Delta c = \left(Q_L \frac{1.5}{d_{\text{liquid}}} \frac{v_t}{v_t - v_g} \Delta z \right) c \eta_t \tag{7.19}$$

整理简化，积分后得：

$$\ln \frac{c}{c_0} = -\frac{1.5}{d_{\text{liquid}}} \eta_t \frac{Q_L}{Q_G} \frac{v_t}{v_t - v_g} \Delta z \tag{7.20}$$

与错流接触式（7.15）相比，式（7.20）右边多了一项 $\dfrac{v_t}{v_t - v_g}$。一般地，液滴向下运动速度 v_t 大于液滴相对于洗涤装置内壁的运动速度 $(v_t - v_g)$，因此，逆流接触方式优于错流方式。

理论上，当 $v_t - v_g = 0$，即 $v_t = v_g$ 时，洗涤器除尘效率达 100%。此时，液滴下降速度与气流上升速度大小相等，相对于洗涤装置内壁，液滴静止于洗涤器内，无液滴下降，出现"液泛"现象。

③ 气液同向流。含尘气流以一个很高的速度通过管道，洗涤液体从侧向进入高速流动的气流，被气流瞬间加速运动，随同气流从另一端流出。相对于高速流动的气流速度，侧向进入的液滴速度非常小，因此，气液相对速度很大，碰撞数大，捕集效率高。随着液滴被气流快速，气液相对速度迅速下降，直至为 0。如图 7-7 所示。

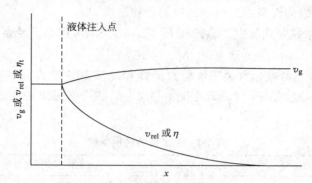

图 7-7　气液同向流方式接触

针对沿气流方向 Δx 距离单元空间内，液滴运动速度为 $v_g - v_{rel}$。液滴刚进入气流时，液滴运动速度为 0，此时相对运动速度为 v_g，达到最大；当液滴被加速到与气流一起运动，此时相对速度为 0，液滴速度为 v_g。因此，Δx 单元空间液滴的运动（停留）时间为：

$$\Delta t = \frac{\Delta x}{v} = \frac{\Delta x}{v_g - v_{rel}} \tag{7.21}$$

这个时间段内，单元空间液滴数为：

$$N_d = \frac{\Delta x}{v_g - v_{rel}} \times \frac{Q_L}{\pi d_{liquid}^3 / 6} \tag{7.22}$$

则，单位时间 Δx 单元空间液滴捕集的空间体积为：

$$V = 单元空间液滴数 \times 单个液滴扫过体积$$
$$= \left(\frac{Q_L}{\pi d_{liquid}^3 / 6} \times \frac{\Delta x}{v_g - v_{rel}} \right) \left(\frac{\pi d_{liquid}^2}{4} \right) v_{rel} = Q_L \frac{1.5}{d_{liquid}} \frac{v_{rel}}{v_g - v_{rel}} \Delta x \tag{7.23}$$

同样地，将式（7.23）代入式（7.3），得到：

$$-Q_G \Delta c = \left(Q_L \frac{1.5}{d_{liquid}} \frac{v_{rel}}{v_r - v_{rel}} \Delta x \right) c \eta_t \tag{7.24}$$

整理简化后，得到气液同向流接触模式下的洗涤除尘效率计算式为：

$$\frac{dc}{c} = -\frac{1.5}{d_{liquid}} \eta_t \frac{Q_L}{Q_G} \frac{v_{rel}}{v_g - v_{rel}} dx \tag{7.25}$$

注意，式（7.25）中液滴相对运动速度 v_{rel} 沿 x 气流运动方向下降，值域为 $0 \sim v_g$，当液滴速度为 v_g 时，液滴与气流具有相同的流速，相对速度为 0。因此，同向流接触模式下，气液碰撞数最大或较大值发生在气液接触初期的短暂时间内，之后含尘液滴与气流同向甚至同速运动。对于同向流湿式除尘装置，除了气液接触单元外，还需要一个气液分离单元，实现含尘液滴与气流分离。文丘里除尘器就是典型的同向流湿式除尘装置，除尘效率很高，7.4 节会专门介绍。

7.2.3 接触功率

湿式除尘器的总净化效率是气液两相之间接触概率的函数，可用气相总传质单元数 N_{OG} 表示：

$$N_{OG} = -\int_{c_i}^{c_o} \frac{dc}{c} = -\ln\frac{c_o}{c_i} \tag{7.26}$$

式中，c_i、c_o 分别为洗涤器进口和出口的颗粒浓度。

传质单元数 N_{OG} 和湿式除尘器总能耗 E_t 之间的关系可用如下经验方程式表示：

$$N_{OG} = \alpha E_t^{\beta} \tag{7.27}$$

式中，α、β 为特性参数，取决于颗粒的特性和洗涤器的形式，一些典型值如表 7-1 所示。填充塔和泡沫塔除尘 $\beta = 2$；离心洗涤器 $\beta = 0.67$；文丘里洗涤器（当惯性碰撞数为 1~10）$\beta \approx 2$。

表 7-1　洗涤器的特性参数

序号	颗粒或尘源的类型	α	β	序号	尘源类型或洗涤液	α	β
1	L-D 转炉烟尘	4.450	0.4663	12	硫酸铜气溶胶	1.350	1.0679
2	滑石粉	3.626	0.3506	13	肥皂生产排出的雾	1.169	1.4146
3	磷酸雾	2.324	0.6312	14	吹氧平炉升华的烟尘	0.880	1.6190
4	化铁炉烟尘	2.255	0.6210	15	不吹氧的平炉烟尘	0.795	1.5940
5	炼钢平炉烟尘	2.000	0.5688	16	冷水	2.880	0.6694
6	滑石粉	2.000	0.6566	17	45%黑液和60%黑液蒸汽处理	1.900	0.6494
7	硅钢炉升华的烟尘	1.266	0.4500	18	45%黑液	1.640	0.7757
8	鼓风炉烟尘	0.955	0.8910	19	热水	1.519	0.8590
9	石灰窑烟尘	3.567	1.0529	20	45%黑液和60%黑液	1.500	0.8040
10	黄铜熔炉排出的氧化锌	2.180	0.5317	21	两级喷射,热黑液	1.058	0.8628
11	石灰窑排出的碱	2.200	1.2295	22	60%黑液	0.840	1.248

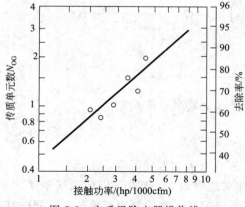

图 7-8　文丘里除尘器操作线

（1hp=735W；1cfm=0.028m³/min）

对于文丘里除尘器，传质单元数 N_{OG} 和洗涤器总能耗 E_t 的值在双对数坐标中呈线性关系，如图 7-8 所示。

因此，洗涤器的总净化效率可表示为：

$$\eta = 1 - \frac{c_o}{c_i} = 1 - \exp(-N_{OG})$$

$$= 1 - \exp(-\alpha E_t^{\beta}) \tag{7.28}$$

根据能量消耗计算湿式除尘器的效率，如图 7-9 所示（编号对应表 7-1）。洗涤器的总能耗 E_t 等于气体的能耗 E_G 和液体的能耗 E_L 之和，即

$$E_t = E_G + E_L = \frac{1}{3600}\left(\Delta p_G + \Delta p_L \frac{Q_L}{Q_G}\right) \tag{7.29}$$

式中，Δp_G 为气体通过洗涤器的压力损失，Pa；Δp_L 为加入液体的压力损失，Pa；Q_L、Q_G 分别为液体和气体的体积流量，m^3/s。

因此，湿式除尘器根据能耗可以分为低、中、高 3 类。低能耗湿式除尘器，如喷雾塔和旋风洗涤器等，压力损失为 0.25kPa～1.5kPa，对 $10\mu m$ 以上尘粒的净化效率达 90% 左右；中能耗湿式除尘器，如冲击水浴除尘器、机械诱导喷雾洗涤器等，压力损失为 1.5kPa～2.5kPa；高能耗湿式除尘器，如文丘里洗涤器、喷射洗涤器等，除尘效率可达 99.5% 以上，压力损失为 2.5kPa～9.0kPa，排烟中的尘粒粒径可低于 $0.25\mu m$。

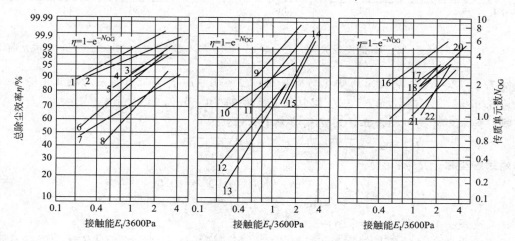

图 7-9　洗涤器的总除尘效率与总能耗的关系

（图中数字编号与表 7-1 中数字编号对应）

7.2.4　分割粒径

预测除尘器除尘性能的另一种方法是分割粒径。这种方法是基于分割粒径能全面表示从气流中分离粒子的难易程度和洗涤器的性能。

对于多分散气溶胶体系，净化装置的总除尘效率取决于粒径分布和对应的分级效率。任何湿式除尘器对给定颗粒的全透过率可以表示为：

$$p = \int_0^{d_p(\max)} p_i \varphi_i \, \mathrm{d}(d_p) \tag{7.30}$$

式中，p_i 为粒径 i 粒子的分级通过率；φ_i 为入口颗粒径的频度分布；$\mathrm{d}(d_p)$ 为粒径间距。

对于惯性碰撞起主要作用的除尘过程，分级通过率 p_i 可用下式表示：

$$p_i = \exp(-A d_a^B) \tag{7.31}$$

式中，d_a 为颗粒空气动力直径；A、B 为常数。填料塔和筛板塔，$B=2.0$；离心式洗涤器，$B=0.67$；文丘里洗涤器（惯性碰撞系数 N_s 为 0.5～5 时），$B\approx2.0$。

对粒径分布符合对数正态分布规律的颗粒，式（7.30）的求解结果可绘成图 7-10 和图 7-11。图 7-10 显示了以 $B\ln\sigma_g$ 为参数，总通过率 p 与 $(d_{ac}/d_{am})^B$ 的曲线关系。其中 d_{ac} 为空气动力分割粒径，d_{am} 为颗粒空气动力中位径，σ_g 为颗粒粒径分布的几何标准差。图 7-11 为 $B=2$ 时以 σ_g 为参数的结果，d_g 为颗粒的几何平均粒径。

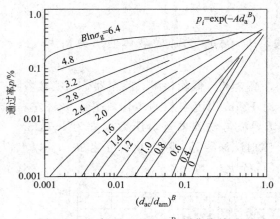

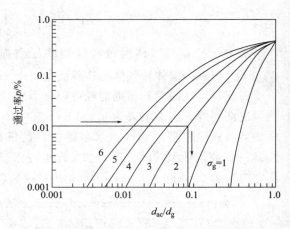

图 7-10 p 与 $(d_{ac}/d_{am})^B$ 的曲线关系   图 7-11 $B=2$ 时 p 与 (d_{ac}/d_g) 的关系曲线

例 7.2 已知泡沫除尘器的空气动力分割粒径为 $1.0\mu m$，颗粒粒径呈对数正态分布，中位径为 $6.9\mu m$，几何标准差为 2.72，尘粒密度为 $2100kg/m^3$，求透过率。

解： 如果不考虑滑动修正，则空气动力中位径：

$$d_{am} = d_m \sqrt{\rho_p/1000} = 6.9 \times \sqrt{2100/1000} = 10.0 \ (\mu m)$$

泡沫除尘器，$B=2.0$。则

$$(d_{ac}/d_{am})^B = (1.0/10.0)^{2.0} = 0.01$$
$$B\ln\sigma_g = 2 \times \ln 2.72 = 2$$

据此查图 7-10，得透过率：$p=0.016$。

湿式除尘器的总效率与气液两相接触方式、形成捕尘体类型、捕尘体流体力学状态及颗粒粒径分布等多种因素有关，各种因素对效率的影响较为复杂。迄今为止，湿式除尘器的除尘性能多采用实验或经验公式进行计算。

例 7.3 设颗粒的几何平均粒径 $d_g = d_{am} = 10\mu m$（d_{am} 为空气动力中位径），$\rho_p = 3000kg/m^3$，几何标准差 $\sigma_g = 3$，要求总通过率 $p=2\%$。如果使用 $B=2$ 的填料塔、筛板塔或文丘里洗涤器之类的湿式除尘器，在 $293K$ 和 $1.013 \times 10^5 Pa$ 状态下，求其分割粒径 d_c。

解： 由图 7-11 查得 $p=2\%$ 时的 $d_{ac}/d_g = 0.09$，则
$d_{ac} = 0.09d_g = 0.09 \times 10 = 0.9 \ (\mu m)$

先不考虑坎宁汉修正系数，根据空气动力直径与 Stokes 直径的关系式：

$$d_{ac} = d_c \sqrt{\rho_p/1000}$$

计算得 $d_c = 0.52\mu m$。

考虑坎宁汉修正系数以后，分割粒径小于 $0.52\mu m$，代入计算得 $C_u = 1.414$，则修正后

$$d_c = \frac{d_{ac}}{(\rho_p C_u)^{1/2}} = \frac{0.9}{(3 \times 1.414)^{1/2}} = 0.44 \ (\mu m)$$

7.3 湿式除尘器结构类型

7.3.1 湿式除尘器类型

根据气液分布、接触方式，湿式除尘器可分为以下三种类型，如图 7-12 所示。

① 液滴洗涤类。主要有重力喷雾洗涤器、离心喷洒洗涤器、自激喷雾洗涤器、文丘里除尘器和机械诱导喷雾洗涤器等。这类洗涤器主要以液滴为捕集体。

② 液膜洗涤类。如旋风水膜除尘器、填料层洗涤器等，尘粒主要靠惯性、离心等作用撞击到水膜上而被捕集。

③ 液层洗涤器。如泡沫除尘器，含尘气体分散成气泡与水接触，主要作用因素有惯性、重力和扩散等。

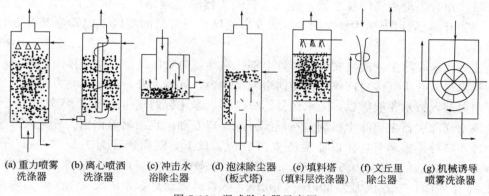

(a) 重力喷雾　　(b) 离心喷洒　　(c) 冲击水　　(d) 泡沫除尘器　(e) 填料塔　　(f) 文丘里　　(g) 机械诱导
洗涤器　　　　洗涤器　　　浴除尘器　　（板式塔）　（填料层洗涤器）　除尘器　　　喷雾洗涤器

图 7-12　湿式除尘器示意图

湿式除尘器的主要性能、操作指标见表 7-2。本书着重讨论应用广泛的四类湿式除尘器，即自激式洗涤器、旋风水膜除尘器、泡沫除尘器和文丘里除尘器。

表 7-2　主要湿式除尘器的性能和操作指标

装置名称	气流速度/(m/s)	液气比/(L/m³)	压力损失/kPa	分割粒径/μm
重力喷雾洗涤器	0.1~2.0	2.0~3.0	0.1~0.5	3.0
泡沫除尘器	1.7~3.5	0.15~0.35	0.7~1.0	—
旋风式除尘器	15.0~30.0	0.5~2.0	1.0~1.5	10
自激式洗涤器	10.0~20.0	—	0.5~2.0	0.2
文丘里除尘器	60.0~90.0	0.3~1.5	2.5~9.0	0.1

7.3.2　自激式洗涤器

自激式洗涤器利用气流动能，与液面高速接触，激起大量水滴和水花，使尘粒从气流中分离。其捕集机理主要是颗粒借助惯性力和离心力的作用，脱离气体流线，与液体表面和雾化液滴发生惯性碰撞接触，被液滴捕集。液体的流动由气体诱导，液滴大小和液气比取决于洗涤器的结构和气流流速，液滴直径变化范围 0.1μm 到几微米。自激式洗涤器适合处理高含尘气流，耗水量低于 0.3L/m³，压力损失为 500~2000Pa。

依据气流与液面接触的方式，自激式洗涤器分冲击水浴式和冲激式两种。含尘气流以 10~20m/s 的速度经喷头高速喷出，冲入液体，激起大量泡沫和水滴。粗尘粒直接在液层内沉降，细尘粒在上部空间和水滴碰撞凝聚后捕集。一般情况下，随着喷射速度、淹没深度、周长与气流量比值的增大，除尘效率提高，压力损失也增大。喷头的埋水深度 20~

50mm，除尘效率一般为 80％～95％，除尘器耗水量约为 0.04L/m³。通常，自激式洗涤器需要性能良好的雾沫分离装置。

7.3.3 旋风水膜除尘器

旋风水膜除尘器采用喷雾等方式，使旋风除尘器内壁形成一薄层水膜，防止颗粒二次扬尘，提高除尘效率。该类除尘器适于净化 5μm 及以上颗粒；净化亚微米颗粒时，置于文丘里管之后，作为凝聚水滴的脱水器。旋风水膜除尘器除尘效率可达 90％以上，压力损失为 1000～15000Pa，适用于气体量大和含尘浓度高的场合。常见的旋风水膜除尘器有立式、麻石等类型。

立式旋风水膜除尘器的喷嘴设在筒体上部，水雾切向喷向器壁，使筒体内壁覆盖一层向下流动的水膜。含尘气体由筒体下部切向引入筒体内，旋转上升，通过离心力作用而分离颗粒，甩向器壁，被水膜层吸收，随水经排污口排出，净化后的气体由筒体上部排出。

旋风水膜除尘器主要除尘机制包括液滴碰撞、离心和水膜黏附等作用。气流入口流速和压损通过入口导流板调节，入口速度通常在 15m/s 以上，断面速度为 1.2～2.4m/s，压损在 1.2kPa 左右，耗水量为 0.5～1.3L/m³，除尘效率可达 95％以上。按除尘器规格不同，设有 3～6 个喷嘴，喷水压力为 30kPa～50kPa，入口最大允许含尘浓度为 2g/m³，浓度大时应在其前增设一级预除尘器，为防止除尘器在运行过程中带水，可在其上部设挡水圈。

在处理含有腐蚀性成分的含尘气体时，钢制湿式除尘器会被腐蚀，此时可采用厚度为 200～250mm 的麻石砌成的水膜除尘器。该除尘器具有良好的耐腐蚀性和耐磨性，能有效解决腐蚀问题，适用于净化煤尘和燃煤烟气，在锅炉烟气净化中应用较广。该除尘器缺陷是环形喷嘴易被烟尘堵塞，液气比大，不适宜处理温度波动大的含尘气体。

7.3.4 泡沫除尘器

含尘气体由泡沫除尘器下部进入，穿过筛板，使筛板上的液层强烈搅动，形成泡沫，气液充分接触，尘粒进入水中。净化后的气体通过上部挡水板后排出，污水从底部经水封排至沉淀池。筛孔板小孔直径 5～7mm，孔中心间距 11～13mm，菱形排列。

泡沫除尘器效率主要取决于泡沫层高度和发泡程度。泡沫层高度增加，除尘效率提高，但气体压降也增大。当层高超过 100mm 时，效率增加不明显，因此，泡沫层高度一般取 80～100mm。泡沫层的发泡程度主要与筛板断面气流速度有关，一般取 1.7～3.5m/s，当气流速度≥4m/s 时，会产生剧烈的泡沫飞溅现象，对除尘不利。此外，增加筛板数量也可以提高除尘效率，但一般不超过 3 块，否则除尘器压力损失会很大。

7.4 文丘里除尘器设计

7.4.1 结构和原理

湿式除尘器要想得到较高的除尘效率，必须实现较高的气液相对运动速度和非常细小的液滴，文丘里除尘器就是基于这个原理而发展起来的。

7.4.1.1 工作原理

文丘里除尘器的除尘过程包括雾化、凝聚和脱水 3 个过程，前两个过程在文氏管内进行，后一过程在脱水器内完成。含尘气体进入收缩管后，气速快速增大，在喉管处达到最大值（50～180m/s）。喉管处喷嘴喷射出水滴，此时液滴和气流的相对速度最大，在高速气流冲击下被高度雾化成更细的雾滴；气体完全被雾滴饱和，气流中颗粒被雾滴润湿，颗粒与雾滴或颗粒之间发生碰撞、凝聚。进入扩散管后，气速减小，以颗粒为凝结核的过饱和水汽凝聚作用加快，凝聚成较大直径的含尘水滴，易于被后续的脱水器捕集，使气体得到净化。

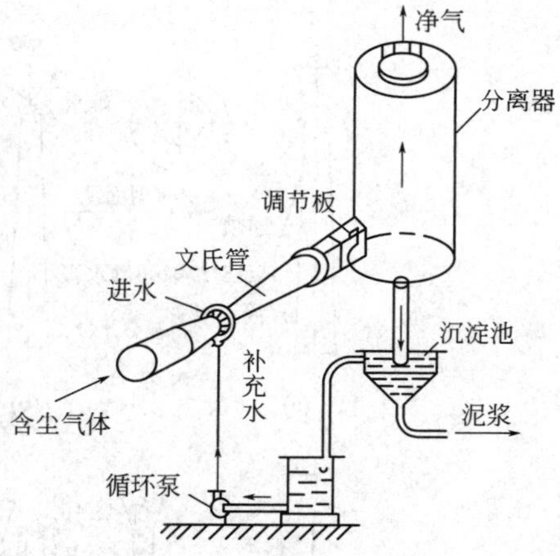

文丘里除尘器是一种高效湿式除尘器，对 0.5～5μm 的尘粒细颗粒的除尘效率可达 99% 以上，但阻力较大，运行费用较高。

7.4.1.2 文丘里除尘器结构

文丘里除尘器包括文丘里管（又称文氏管）和脱水器（分离器）两部分，如图 7-13 所示。文氏管由进气管、收缩管、喷嘴、喉管、扩散管和连接管组成，如图 7-14 所示（图中字母含义见 7.4.2～7.4.4 节）。

图 7-13 文丘里除尘器简图

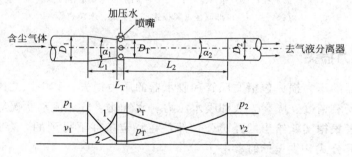

图 7-14 文丘里除尘器的主要结构及形状
1—气流速度沿长度方向变化曲线；2—气体静压沿长度方向变化曲线

根据形状、组合方式、供水形式等不同，文氏管有多种结构（图 7-15），按断面形状分，有圆形和矩形两类；按组合方式分，有单管与多管组合式；按喉管构造分，有喉口无调节装置的定径文氏管及喉口装有调节装置的调径文氏管，后者可根据气流量变化调节喉径以保持喉管气速不变；按水的雾化方式分，有预雾化（用喷嘴预先喷成水滴）和无预雾化（借助高速气流使水雾化）两类方式；按供水方式分，有径向内喷、径向外喷、轴向喷雾和溢流供水四类，均以利于水的雾化并使水滴布满整个喉管断面为原则。

文氏管几何尺寸的设计包括收缩管、喉管和扩散管的直径和长度及收缩管和扩散管的张角等，以保证净化效率和减少流体阻力为基本原则。文氏管进口管径，一般按与之相联的管道直径确定；文氏管的出口管径，一般按其后相连的脱水器要求的气速确定。喉管直径按喉管内气流速度确定，烟气除尘器一般取 40～120m/s，净化较粗颗粒时可取 60～90m/s，净化亚微米颗粒时可取 90～120m/s。一般地，收缩管的收缩角取 23°～25°，扩散管的扩散角取 6°～8°。

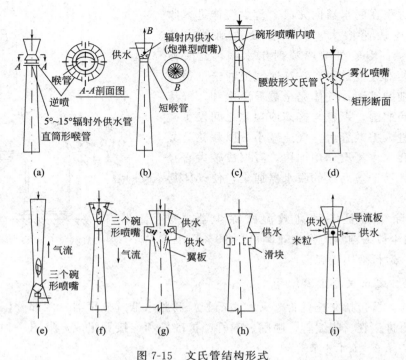

图 7-15 文氏管结构形式

（a）～（c）圆形定径；（d）矩形定径；（e）～（f）重砣式定径（倒装和正装）；
（g）～（i）矩形调径（翼板式、滑块式、米粒式）

7.4.2 压力损失

文丘里除尘器的压力损失包括文氏管和脱水器的压力损失。其中，文氏管压力损失与喉管尺寸、加工和安装精度、喷雾方式和喷水压力、水气比、气体流动状况等因素有关，难以精准计算，研究者根据实验给出的经验公式都是在特定条件下得到的，存在一定的局限性。这里给出三种计算公式，供设计时参考。

① 卡尔弗特等假定气流的全部能量损失仅用于喉管处液滴加速到气流速度，并由此导出文氏管压力损失 Δp（cm H$_2$O）的近似表达式：

$$\Delta p = 1.03 \times 10^{-6} v_T^2 L \tag{7.32}$$

式中，v_T 为喉管气速，cm/s；L 为液气体积比，L/m^3。

② 海斯凯茨（Hesketh）提出如下计算压力损失 Δp（Pa）的经验方程式：

$$\Delta p = 0.863 \rho_G \times A_T^{0.133} v_T^2 (L/1000)^{0.78} \tag{7.33}$$

式中，A_T 为喉管横断面积，m^2；ρ_G 为含尘气体密度，kg/m^3。

③ 木村典夫给出径向喷雾时压力损失 Δp（Pa）计算公式为：

$$\Delta p = (0.42 + 0.79L + 0.36L^2)\frac{\rho_G v_T^2}{2} \tag{7.34}$$

$$\text{或 } \Delta p = \left(\frac{0.033}{\sqrt{R_{HT}}} + 3.0 R_{HT}^{0.30} L\right)\frac{\rho_G v_T^2}{2} \tag{7.35}$$

式中，R_{HT} 为喉管水力半径，m，$R_{HT} = D_T/4$；D_T 为喉管直径，m。

在处理高温气体（700～800℃）时，按上式计算的压损应乘以温度修正系数 K，即

$$K = 3\Delta t^{-0.28} \tag{7.36}$$

式中，Δt 为文氏管进、出口气体的温度差，℃。

脱水器的压力损失参照有关计算公式进行计算。

7.4.3　除尘效率

文丘里除尘器的除尘效率取决于文氏管的凝聚效率和脱水器的脱水效率。文氏管扩散管后面通常设 1～2m 的直管段，起到气流凝聚和压力恢复的作用，再接脱水器。

凝聚效率是指颗粒因惯性碰撞、拦截和凝聚等作用被水滴捕获的百分率。计算文氏管凝聚效率的公式有多种，这里介绍卡尔弗特的计算方法。

卡尔弗特等认为文氏管捕集尘粒的主要机制是惯性碰撞，提出如下凝聚效率计算公式：

$$\eta_1 = 1 - \exp\left[\frac{2Q_L v_T \rho_L D_L}{55 Q_G \mu_G} F(St, f)\right] \tag{7.37}$$

式中，v_T 为喉管气速，m/s；ρ_L 为液体（水）密度，kg/m³；D_L 为平均液滴直径，m；St 为按喉管内气流速度 v_T 确定的惯性碰撞数，由式（7.10）计算。

被高速气流雾化的液滴直径，平均液滴直径采用式（7.38）计算：

$$D_L = \frac{5000}{v_T} + 29\left(\frac{1000 Q_L}{Q_G}\right)^{1.5} \tag{7.38}$$

$$F(St, f) = \frac{1}{2St}\left[-0.7 - 2Stf + 1.4\ln\left(\frac{2Stf + 0.7}{0.7}\right) + \frac{0.49}{0.7 + 2Stf}\right] \tag{7.39}$$

式中，f 为经验系数。

f 综合了式中未包含的其他参数影响。对疏水性颗粒，$f = 0.25$；对亲水性颗粒，如可溶性化合物、含 SO_2 飞灰等，$f = 0.4 \sim 0.5$。液气比低于 0.2L/m^3 时，f 值逐渐增大，大型洗涤器 $f = 0.5$。

经过一系列简化后，卡尔弗特等提出的文丘里除尘器效率计算公式为：

$$\eta_1 = 1 - \exp\left(\frac{-6.1 \times 10^{-9} \rho_p \rho_L d_p^2 f^2 \Delta p C_u}{\mu_G^2}\right) \tag{7.40}$$

式中，ρ_p 为颗粒粒子的密度，g/cm³；ρ_L 为液体密度，g/cm³；d_p 为颗粒粒子的粒径，μm；μ_G 为含尘气体动力黏度，10^{-1}Pa·s；Δp 为文丘里除尘器的压力损失，cm H₂O；C_u 为坎宁汉修正系数。

对于 5μm 以下颗粒粒子的除尘效率，可按海斯凯茨公式简化计算：

$$\eta = (1 - 4525.3\Delta p^{-1.3}) \times 100\% \tag{7.41}$$

式中，Δp 为文丘里除尘器的压力损失，Pa。

文氏管的凝聚效率与喉管内气流速度 v_T、颗粒粒径 d_p、液滴直径 d_L 及液气比 L 等因素有关。v_T 愈高，液滴被雾化得愈细，颗粒惯性力愈大，则颗粒与液滴碰撞、拦截的概率也愈大，凝聚效率也愈高，如图 7-16 所示。因此，要达到同样的凝聚效率 η_1，粒径和密度都较大的颗粒，v_T 可取小些；反之则要取较大 v_T 值。气流量波动较大时，采用调径文氏管，以保持喉管内气速 v_T 不变，得到稳定的除尘效率。

液气比 L 必须随喉管内气流速度的增大而增大，若 v_T 很小而 L 很大时，会导致液滴增大，反而对凝结不利。L 取值范围一般是 $0.3 \sim 1.5\text{L/m}^3$，优选 $0.7 \sim 1.0\text{L/m}^3$。在一定压损下，已知最佳水气比时的最高总除尘效率如图 7-17 斯泰尔曼关系曲线所示。

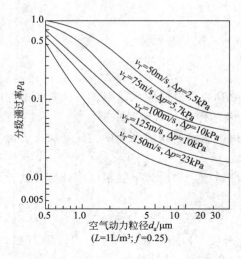

图 7-16 推算文丘里除尘器的分级通过率

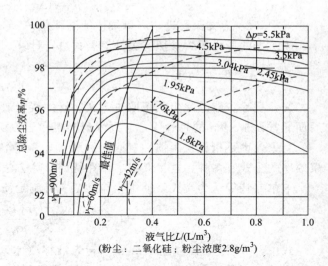

图 7-17 文丘里除尘器的最佳操作条件
（斯泰尔曼关系曲线）

7.4.4 设计计算

文丘里除尘器的设计主要是计算文丘里管尺寸，包括收缩管、喉管和扩散管的直径和长度，以及收缩管和扩散管的张角等。

7.4.4.1 文氏管直径或高宽度计算

圆形进、出口管和喉管的直径（m）均可按下式计算：

$$D = 0.0188\sqrt{Q/v} \tag{7.42}$$

式中，Q 为气体通过计算段的实际流量，m^3/h；v 为气体通过计算段的流速，m/s。

矩形截面进、出口管和喉管的高度和宽度可按下式计算：

$$h = \sqrt{(1.5 \div 2.0)A} = (0.0204 \div 0.0235)\sqrt{Q/v} \tag{7.43}$$

$$b = \sqrt{A/(1.5 \div 2.0)} = (0.0136 \div 0.0118)\sqrt{Q/v} \tag{7.44}$$

式中，A 为进、出口管或喉管的截面面积，m^2；h、b 分别为进、出口管或喉管的高度和宽度，m；$1.5 \div 2.0$ 为高宽比的经验数值。

对于处理气体量大的卧式矩形文丘里除尘器，喉管宽度 $b_T \leqslant 600mm$，而喉管的高度 h_T 不受限制。

7.4.4.2 收缩管和扩张管长度

① 圆形文氏管。收缩管和扩张管的长度按下式计算

$$L_1 = \frac{D_1 - D_T}{2}\cot\frac{\alpha_1}{2} \tag{7.45}$$

$$L_2 = \frac{D_2 - D_T}{2}\cot\frac{\alpha_2}{2} \tag{7.46}$$

式中，L_1、L_2 分别为圆形收缩管和扩张管的长度，m。

收缩管的收缩角 α_1 越小，文氏管除尘器的气流阻力越小，通常取 $\alpha_1 = 23° \sim 30°$。当文丘里除尘器用于气体降温时，取 $\alpha_1 = 23° \sim 28°$，最大可达 $30°$。扩张管的扩张角 α_2 取值一般与 v_2 有关。v_2 越大，α_2 越小；反之，v_2 越小，α_2 越大。一般取 $\alpha_2 = 6° \sim 7°$。

② 矩形文氏管。矩形收缩管长度 L_1 可以按式 (7.47) 和式 (7.48) 计算，取较大值作为收缩管的长度。

$$L_{1h} = \frac{h_1 - h_T}{2} \cot \frac{\alpha_1}{2} \tag{7.47}$$

$$L_{1b} = \frac{b_1 - b_T}{2} \cot \frac{\alpha_1}{2} \tag{7.48}$$

式中，L_{1h} 为用收缩管进气端高度 h_1 和喉管高度 h_T 计算的收缩管长度，m；L_{1b} 为用收缩管进气端宽度 b_1 和喉管宽度 b_T 计算的收缩管长度，m。

同理，矩形扩张管长度 L_2 取式 (7.49) 和式 (7.50) 的较大值。

$$L_{2h} = \frac{h_2 - h_T}{2} \cot \frac{\alpha_2}{2} \tag{7.49}$$

$$L_{2b} = \frac{b_2 - b_T}{2} \cot \frac{\alpha_2}{2} \tag{7.50}$$

式中，L_{2h} 为用扩张管出口端高度 h_2 和喉管高度 h_T 计算的收缩管长度，m；L_{2b} 为用扩张管出口端宽度 b_2 和喉管宽度 b_T 计算的收缩管长度，m。

7.4.4.3　喉管长度

喉管长度取 $L_T = (0.8 \sim 1.5) d_{0T}$（$d_{0T}$ 为喉管的当量直径）。喉管截面为矩形时，喉管的当量直径按下式计算：

$$d_{0T} = 4A_T / q \tag{7.51}$$

式中，A_T 为喉管的截面积，m^2；q 为喉管的周长，m。

通常喉管长度为 $200 \sim 350mm$，最长不超过 $500mm$。

例 7.4　某文丘里除尘器的喉部气流速度为 $122m/s$，水气比为 $1.0L/m^3$，气体动力黏度为 $2.08 \times 10^{-5} kg/(m \cdot s)$，实验系数 f 取 0.25，尘粒密度为 $1.50g/cm^3$，求洗涤器的压力损失 Δp 和 $d_p = 1.0\mu m$ 尘粒的除尘效率 η_1。

解： 由式 (7.32) 得：

$$\Delta p = 1.03 \times 10^{-6} v_T^2 L = 1.03 \times 10^{-6} \times 12200^2 \times 1.0 = 153.3 \ (cmH_2O)$$

当空气温度 $t = 20℃$，大气压力 $p = 101.325kPa$ 时：

$$C_u = 1 + 0.172/d_p = 1 + 0.172/1.0 = 1.172$$

将相关参数代入式 (7.40)，得：

$$\eta_1 = 1 - \exp\left(\frac{-6.1 \times 10^{-9} \rho_p \rho_L d_p^2 f^2 \Delta p C_u}{\mu_G^2}\right)$$

$$= 1 - \exp\left[\frac{-6.1 \times 10^{-9} \times 1.5 \times 1.0 \times 1.0^2 \times 0.25^2 \times 153.3 \times 1.172}{(2.08 \times 10^{-4})^2}\right]$$

$$= 90.7\%$$

习题

7.1 某次降雨强度为 2.5mm/h，雨滴平均直径为 2mm，其捕集空气中悬浮颗粒的效率为 0.1，若要去除空气中 90% 的悬浮颗粒，这场雨至少要持续多长时间？

7.2 已知泡沫除尘器的空气动力分割粒径为 1.0μm，粉尘粒径呈对数正态分布，中位径为 6.9μm，几何标准偏差为 2.72，尘粒密度为 2100g/m³，求透过率。

7.3 气液逆流喷淋塔，气液接触区长度 2.0m，气液比 1.0L/m³，液滴平均直径 0.2mm，操作温度 25℃，气速 0.4m/s，进口负荷 3.43g/m³，粉尘粒径分布如表 7-3 所示。假设喷淋液有效利用率为 20%，试估算总除尘效率。

表 7-3　习题 7.3 表格

粒径/μm	<4	4~8	8~16	16~30	30~50	>50
质量/mg	25	125	100	80	20	10

7.4 文丘里除尘器净化含尘气体，操作条件为：$L = 1.36L/m^3$，喉管气速为 83m/s，颗粒密度为 0.7g/cm³，烟气动力黏度为 $2.23 \times 10^{-5}Pa \cdot s$，取校正系数 0.2，忽略 C_u，计算除尘器效率。烟气中颗粒的粒度分布如表 7-4 所示。

表 7-4　习题 7.4 表格

粒径/μm	质量分数/%	粒径/μm	质量分数/%
<0.1	0.01	5.0~10.0	16.0
0.1~0.5	0.21	10.0~15.0	12.0
0.5~1.0	0.78	15.0~20.0	8.0
1.0~5.0	13.0	>20.0	50.0

7.5 文丘里除尘器液气比为 1.2L/m³，喉管气速为 116m/s，气体动力黏度为 $1.845 \times 10^{-5}Pa \cdot s$，颗粒密度为 1.789g/cm³，平均粒径为 1.2μm，f 取 0.22。求该除尘器的压力损失和穿透率。

7.6 设计一个带有旋风分离脱水器的文丘里除尘器，用来处理锅炉在 1atm 和 510.8K 条件下排出的气流，气流量为 7.1m³/s，要求压降为 152.4cmH₂O。估算除尘器的尺寸。设气液比 1L/m³，颗粒粒径 1.2μm，颗粒密度 1.8g/cm³，f 取 0.25，烟气黏度 $2.99 \times 10^{-5}Pa \cdot s$。

7.7 已知某含尘气体含有非纤维性颗粒，尘粒径分布如表 7-5 所示。

表 7-5　习题 7.7 表格

粒径/μm	2	5	10	20
质量分布/%	15	25	35	25

气体排放量为 12000m³/h，气体含尘浓度为 35g/m³，要求设计一个除尘系统，使净化后的气体含尘浓度不超过 0.02 g/m³。

　　① 请说明，评价除尘器的指标有哪些，一般在除尘器选择时应依次考虑哪些因素。

　　② 可能的工艺流程方案有哪几种？其适用性和特点各怎样？

　　③ 若净化任务要求选用干式除尘工艺，试根据常用除尘器的特性，选择和确定一个适宜的二级除尘系统，并说明理由及所选择的流程的特点。

第8章 气态化合物控制技术基础

8.1 气态化合物的基本特性

8.1.1 气体和蒸气

气体和蒸气是大气污染控制工程常见的两个术语，它们之间有共性也有区别。相同的特性在于，气体和蒸气都是由广泛分散的、自由运动的分子组成，大小为 0.2～1.5nm，填充于各种形状、大小的容器内，并对四周产生压力。

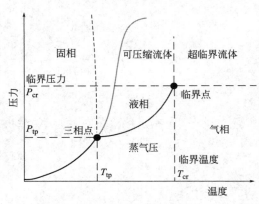

图 8-1　物质存在形态

气体和蒸气主要区别在于分子的内能，如图 8-1 所示。气体是气态物质，远离液体状态，温度高于其可以凝聚的最高温度（临界点）；相反，蒸气是一种离液态不远的气态物质，其温度接近露点（常压下纯蒸气凝结的温度），因此，蒸气通常可以相对容易地被吸收到介质表面或凝聚到液体中。

例如，在大气中，O_2、N_2、Ar 和 CO_2 是气体，而水的汽化状态称为水蒸气；SO_2、NO、NO_2 和 CO 是气体，而挥发性有机化合物（VOCs）是蒸气（甲烷、乙烷、乙烯和其他沸点低的挥发性有机化合物除外）。

8.1.2 蒸气压力

8.1.2.1 蒸气压

当液体蒸发（固体升华）速率与凝结（凝华）速率相等时，气相和液相（固相）达到平衡，此时，气相蒸气所具有的压力称为该温度下的饱和蒸气压，简称蒸气压，用符号 P_v 表示。蒸气压是液体（固体）逸出倾向或挥发性的度量，是判断物质是否属于易挥发性物质的主要依据。无论是固体或液体，蒸气压大的称为易挥发性物质，蒸气压小的称为难挥发性物质。

蒸气压大小与物质本性和温度有关。不同的物质蒸气压不同，如在 293K 时，水的蒸气压为 2.34kPa，而乙醚的蒸气压为 57.6kPa；同一种物质，温度不同，蒸气压也不同，一般随温度升高而增大。在热力学中，通常采用克劳修斯-克拉佩龙（Clausius-Clapeyron's）方程，计算气液平衡体系的蒸气压：

$$\lg P_{vi} = A_i - \frac{B_i}{T} \tag{8.1}$$

式中，P_{vi} 为与液相平衡的蒸气压强，mmHg；T 为系统温度，K；A_i、B_i 为由实验确定的经验常数。实验数据可用安托万（Antoine）方程更好地表示：

$$\lg P_{vi} = A_i - \frac{B_i}{C_i + t} \tag{8.2}$$

式中，t 为温度，℃；A_i、B_i、C_i 为经验常数，由实验确定。常见的 23 种物质经验常数值见表 8-1。

表 8-1　安托万方程参数

名称	分子式	温度范围/℃	A_i	B_i	C_i
乙醛	C_2H_4O	$-40\sim70$	6.81089	992.0	230
乙酸	$C_2H_4O_2$	$0\sim36$	7.80307	1651.1	225
		$36\sim170$	7.18807	1416.7	211
丙酮	$C_3H_6O_2$	—	7.02447	1161.0	224
氨	NH_3	$-83\sim60$	7.55466	1002.7	247.9
苯	C_6H_6	—	6.90565	1211.0	220.8
四氯化碳	CCl_4	—	6.93390	1242.4	230.0
氯苯	C_6H_5Cl	$0\sim42$	7.10690	1500.0	224.0
		$42\sim230$	6.94504	1413.1	216.0
氯仿	$CHCl_3$	$-30\sim150$	6.90328	1163.0	227.4
环己烷	C_6H_{12}	$-50\sim200$	6.84498	1203.5	222.9
乙酸乙酯	$C_4H_8O_2$	$-20\sim150$	7.09808	1238.7	217.0
乙醇	C_2H_6O	—	8.04494	1554.3	222.7
乙基苯	C_8H_{10}	—	6.95719	1424.3	213.2
正庚烷	C_7H_{16}	—	6.90240	1268.1	216.9
正己烷	C_6H_{14}	—	6.87776	1171.5	224.4
铅	Pb	$525\sim1325$	7.827	9845.4	273.1
汞	Hg	—	7.97576	3255.6	282.0
甲醇	CH_4O	$-20\sim140$	7.87863	1471.1	230.0
丁酮	C_4H_8O	—	6.97421	1209.6	216
正戊烷	C_5H_{12}	—	6.85221	1064.6	232.0
异戊烷	C_5H_{12}	—	6.78967	1021.0	233.2
苯乙烯	C_8H_8	—	6.92409	1420.0	206
甲苯	C_7H_8	—	6.95334	1343.9	219.4
水	H_2O	$0\sim60$	8.10765	1750.3	235.0
		$60\sim150$	7.96681	1668.2	228.0

例 8.1　估算在 1 个大气压和 20℃时苯和甲苯的饱和蒸气压。

解：利用安托万方程计算，查表 8-1 得：苯的 $A = 6.905$，$B = 1211.0$，$C = 220.8$；甲苯的 $A = 6.953$，$B = 1343.9$，$C = 219.4$。根据式（8.2），得：

$$\lg P_{v苯} = 6.905 - \frac{1211.0}{220.8 + 20} = 1.876$$

$$P_{v苯} = 75.162 \text{mmHg} = 0.0989 \text{atm}$$

$$\lg P_{v甲苯} = 6.953 - \frac{1343.9}{219.4 + 20} = 1.339$$

$$P_{v甲苯} = 21.827 \text{mmHg} = 0.0287 \text{atm}$$

8.1.2.2 气体分压

气体分压是指一定温度下的气体混合物中，某种组分占据气体混合物相同体积时所形成的压力。根据热力学计算定义，任意混合气体（包括理想气体和实际气体）中任一组分 i 的分压 p_i 等于总压 P 乘以它的摩尔分数 y_i：

$$p_i = y_i P \tag{8.3}$$

气体分压与蒸气压不同。根据拉乌尔定律（Raoult's law），某一温度下的任意稀薄溶液，组分 i 的蒸气分压 $p_{v,i}$ 等于该纯组分的饱和蒸气压 $P_{v,i}$ 乘以组分的摩尔分数 x_i：

$$p_{v,i} = x_i P_{v,i} \tag{8.4}$$

由式（8.4）可知，当一纯液体（$x_A = 1.0$）被放置在一个与空气接触的封闭空间，蒸气和液体处于平衡状态时，蒸气分压 $p_{v,i}$ 等于液体的饱和蒸气压 $P_{v,i}$。

根据亨利定律（Henry's law），某一定温度下的稀溶液，其挥发性组分 i 在气相中的平衡分压 $p_{v,i}^*$ 与该组分在平衡液相中的摩尔分数 x_i 成正比：

$$p_{v,i}^* = H_i x_i \tag{8.5}$$

式中，H_i 为亨利常数，与温度、压力、溶液组分性质相关；x_i 为溶液组分的摩尔分数，也可以用质量浓度 c_i、物质的量浓度 m_i 表示。

8.1.2.3 混合组分蒸气压

一般来说，对于任何稀薄多组分混合物的液体和蒸气，蒸气和液体处于平衡状态时，由式（8.3）和式（8.4）可得：

$$y_i = x_i \frac{P_{v,i}}{P} \tag{8.6}$$

对于实际多组分混合物的液体和蒸气，需要考虑组分的活度系数。J. M. 史密斯和 H. C. 范内斯（1975 年）引入活度系数，提出下列方程表述平衡状态下的气相组成与液相组成：

$$\phi_i y_i P = \gamma_i x_i P_{v,i} \tag{8.7}$$

式中，ϕ_i 为组分 i 的气相活度系数；γ_i 为组分 i 的液相活度系数。

理想状态下（稀薄组分），气体或液体的活动系数等于 1.0。实际情况是，许多挥发性有机物的混合物不是理想状态，γ_i 变化范围可以从 1～10 或更高。

例 8.2 估算在 1 个大气压和 20℃时，放置一定量苯和甲苯混合溶液的密闭容器上部空间苯、甲苯、空气的浓度。混合溶液中甲苯和苯的摩尔分数均为 0.5。

解： 由例 8.1 可知，20℃时，苯和甲苯的饱和蒸气压分别为 0.0989atm、0.0287atm。根据式（8.6），得密闭空间上部空间苯、甲苯和空气的摩尔分数为：

$$y_{苯} = x_{苯} \frac{P_{v,苯}}{P} = 0.5 \times \frac{0.0989\text{atm}}{1.0\text{atm}} = 0.0494$$

$$y_{甲苯} = x_{甲苯} \frac{P_{v,甲苯}}{P} = 0.5 \times \frac{0.0287\text{atm}}{1.0\text{atm}} = 0.0144$$

$$y_{空气} = 1 - 0.0494 - 0.0144 = 0.936$$

8.1.3 扩散系数

气体的质量传递过程是借助于气体扩散过程来实现的，包括分子扩散和湍流扩散两种形式。扩散的结果是，使气体从浓度较高的区域传递到浓度较低的区域。

根据菲克第一定律（Fick's first law），在单位时间内通过垂直于扩散方向的单位截面积的扩散物质流量（称为扩散通量，用 J 表示）与该截面处的浓度梯度成正比，表达式为：

$$J_A = -D_{AB} \frac{dc_A}{dz} \tag{8.8}$$

式中，D_{AB} 为组分 A 在组分 B 中的扩散系数，包括分子扩散和湍流扩散，m^2/s；c_A 为扩散物质 A 的物质的量浓度或质量浓度，mol/m^3 或 kg/m^3；$\frac{dc_A}{dz}$ 为扩散物质 A 在 z 方向的浓度梯度，mol/m^4 或 kg/m^4。

扩散通量 J 的单位是 $mol/(m^2 \cdot s)$ 或 $kg/(m^2 \cdot s)$，"—" 号表示扩散方向为浓度梯度的反方向，即扩散物质由高浓度区向低浓度区扩散。

扩散系数 D 代表单位浓度梯度下的扩散通量，表达某个组分在介质中扩散的快慢。气体中 A 分子的扩散与分子的运动速度、分子量、分子体积以及气压相关，吉利兰（Gilliland）提出的半经验公式为：

$$D_{AB} = 4.36 \times 10^{-5} \frac{T^{3/2}}{P(V_A^{1/3} + V_B^{1/3})^2} \left(\frac{1}{M_A} + \frac{1}{M_B}\right)^{1/2} \tag{8.9}$$

式中，M_A、M_B 分别为组分 A、B 的摩尔质量，g/mol；V_A、V_B 分别为组分 A、B 的摩尔体积，cm^3/mol。

气体扩散系数数量级为 $10^{-5} \sim 10^{-4}$ m^2/s。相对于气体中分子扩散，液体中分子比较密集，其扩散系数要比气体中的扩散系数小得多，数量级一般在 $10^{-9} \sim 10^{-10}$ m^2/s。对于稀薄溶液体系，扩散系数半经验计算式为：

$$D_{AB} = 7.4 \times 10^{-12} \frac{(\beta M_B)^{0.5} T}{\mu_B V_A^{0.6}} \tag{8.10}$$

式中，β 为溶剂的缔合系数。对某些溶剂，其值为：水为 2.6，甲醇为 1.9，乙醇为 1.5，苯、乙醚等不缔合的溶剂为 1.0。

8.1.4 气液固平衡

8.1.4.1 溶解

气体与液体接触时，会发生气相可溶组分向液体转移的溶解过程。随着溶解过程逐步推进，溶解速率开始下降，溶液中已溶解的溶质出现从液相向气相逃逸的解吸过程。直至溶解速率与解吸速率相等，气液两相间传质达到平衡状态，简称相平衡或平衡。

正如前面所述，亨利定律是描述达到平衡的气、液两相间组成关系的，在等温等压下，某种挥发性溶质（一般为气体）在溶液中的溶解度与液面上该溶质的平衡分压成正比。由于相组成有多种表达方式，因此，亨利定律的表达式也有多个，除式（8.5）外，还有：

$$c_A^* = E p_A \tag{8.11}$$

$$y_A^* = m x_A \tag{8.12}$$

式中，E 为溶解度系数，$kmol/(m^3 \cdot kPa)$；m 为相平衡常数（或分配系数）。

需要注意的是，亨利定律是关于理想状态的气液平衡关系的描述，因此有其适应范围：
① 稀溶液，即通过坐标原点的溶解度曲线在低浓度端呈直线的部分。溶液越稀，亨利

定律越准确。

② 溶质在气相和溶液中分子状态相同。若溶质分子在溶液中有离解、缔合等，则上式中的 x_A（或 c_A）应是与气相中分子状态相同的那一部分的含量。

③ 在总压力不大时，若多种气体同时溶于同一个液体中，亨利定律可分别适用于其中的任一种气体。

例 8.3 ①含 CO 气体与 20℃的水接触，水相 CO 的摩尔分数为 1×10^{-6}，计算空气中 CO 的平衡分压。②H_2S 气体与 20℃的水接触，空气中 H_2S 分压为 0.05atm 下，计算此时水中 H_2S 摩尔分数。

解： ① 从附录 3 算得，$H_{CO} = 5.36 \times 10^4$ atm，所以 $p_{CO}^* = 0.0536$atm。

② 从附录 3 算得，$H_{H_2S} = 4.83 \times 10^2$ atm，所以

$$x_{H_2S} = \frac{0.05\text{atm}}{483\text{atm}} = 1.04 \times 10^{-4}$$

8.1.4.2 吸附

当气体或液体与多孔固体接触时，气体或液体中某一组分或多个组分（吸附质）在固体（吸附剂）表面处产生积蓄，此现象称为吸附。当液体或气体混合物与吸附剂长时间充分接触后，"积蓄"达到平衡，出现类似 8.1.4.1 所述的溶解平衡现象。

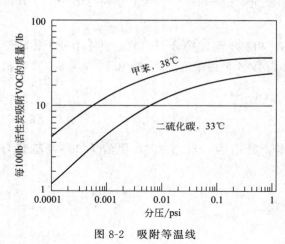

图 8-2 吸附等温线

单位吸附剂在达到吸附平衡时所吸附的吸附质的量称为吸附质的平衡吸附量，其值首先取决于吸附剂的化学组成和物理结构，同时与系统的温度、压力以及组分的浓度或分压有关。如图 8-2 所示。

吸附现象分物理吸附和化学吸附，它们是两个截然不同的吸附过程。物理吸附（也称为范德华力吸附）涉及气体分子与固体的弱键键合过程，键能是类似液体分子间的吸引力，吸附过程放热，吸附热接近于吸附质的液化热；通过施加热量或降低压力，容易克服将气体分子固定在固体上的力，实现吸附剂再生（清洁）。化学吸附是键的断裂和重新形成，是不可逆吸附，化学吸附热大体等同于反应热，如活性炭吸附 SO_2 后部分被氧化为 SO_3，因此，化学吸附设计时须考虑吸附材料的不可回收性。

8.2 化学反应

8.2.1 反应动力学

动力学的目的是研究化学反应速率。化学反应速率可以表示为反应物的"消失"或产物"出现"的速度，用符号 r_i 表示组分 i 的反应速率或生成速率，单位是摩尔/（体积·时间）。产物生成的反应速率是正的，反应物消耗的反应速率是负的。通常反应速率总是用正值表示，因此，

$$反应速率 = r_P = -r_R \tag{8.13}$$

式中，r_P 为产物 P 的产生速率，mol/(L·s)；r_R 为反应物 R 的消耗速率，mol/(L·s)。

反应速率与反应物浓度（碰撞频率）及温度（碰撞能量）成正比。对于反应：R+S ⟶ P+Q，反应速率可以表示为：

$$r_P = k c_R^x c_S^y \tag{8.14}$$

式中，c_R、c_S 为反应物物质的量浓度，mol/L；x、y 为指数，由实验决定；k 为反应速率常数。速率常数 k 可采用阿伦尼乌斯方程（Arrhenius equation）表示：

$$k = A e^{-E/RT} \tag{8.15}$$

式中，A 为频率因子；E 为活化能；R 为通用气体常数；T 为热力学温度。

需要说明的是，E、R 和 T 单位必须一致，E/RT 量纲为 1。如，E 的单位为 J/mol，R 的单位为 J/(mol·K)，T 的单位为 K。

例 8.4　一阶反应 R ⟶ P，在 $T = 700K$ 和 670K 下，常数 k 分别为 $10s^{-1}$ 和 $5s^{-1}$。估计 A 和 E 值。

解：通用气体常数 $R = 1.987 cal/(mol·K)$。根据式（8.15），当 $T_1 = 700K$ 和 $T_2 = 670K$ 时，

$$\frac{k_1}{k_2} = \frac{e^{-E/RT_1}}{e^{-E/RT_2}} = \exp\left[-\frac{E}{R}\left(\frac{1}{T_1} - \frac{1}{T_2} \right) \right]$$

$$2.0 = \exp\left[-\frac{E}{1.987}\left(\frac{1}{700} - \frac{1}{670} \right) \right]$$

$$\ln 2 = 3.22 \times 10^{-5} E$$

$$E = 21526 cal/mol$$

其中，

$$A = \frac{k}{e^{-E/RT}} = \frac{10}{e^{-21526/(1.987 \times 700)}} = 5.26 \times 10^7 \, (s^{-1})$$

化学反应中，典型的反应器模型有连续搅拌釜式反应器（CSTR）模型和柱塞流反应器（PFR）模型，如图 8-3 所示。

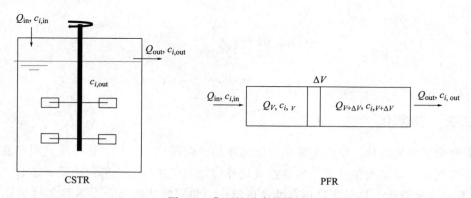

图 8-3　典型的反应器模型

① 连续搅拌釜式反应器（CSTR）模型。它描述了一个连续流经槽中的组分快速混合的过程。所有物料浓度在反应器中是均匀的，等于出口流体浓度。稳态（积累率＝0）时，组分 i 在 CSTR 反应器中物料平衡（恒体积 V）式可表示为：

$$0 = Q_{in}c_{i.\,in} - Q_{out}c_{i,out} + r_i V \tag{8.16}$$

式中，Q 为体积流率，L/s；V 为反应器体积，L。

② 柱塞流反应器（PFR）模型。也称推流式反应器，流体匀速通过一管式（或沟渠式）反应器，反应器径向位置 r 处微体积元 ΔV 内组分 i 的稳态物料平衡方程表示为：

$$0 = Q_V c_{i,V} - Q_{V+\Delta V} c_{i,V+\Delta V} + r_i \Delta V \tag{8.17}$$

如果流量 Q_V 是恒定的，则式（8.17）整理为：

$$\frac{dc_i}{r_i} = \frac{1}{Q_V} dV \tag{8.18}$$

式（8.18）的前提条件是反应系统等温和恒摩尔流。对于许多实际的气相反应，式（8.18）简洁地表达了以摩尔分数为浓度单位的反应速率 r_i。

例 8.5 若例 8.4 的等温反应温度 $T = 640K$，分别计算发生在以下两种反应器（①CSTR；②PFR）内所需的体积，体积流量为 100 L/s，反应转化率为 99%。

解： 反应温度 $T = 640$ K 时，反应速率常数 k：

$$k = 5.28 \times 10^7 e^{-21526/(1.987 \times 640)} = 2.35 \ (s^{-1})$$

① CSTR。式（8.16）可以重新整理为：

$$V = \frac{-Q_V(c_{R,in} - c_{R,out})}{r_R} = \frac{Q_V c_{R,in}(1 - c_{R,out}/c_{R,in})}{kc_{R,out}}$$

$$= \frac{100 C_{R,in}(1 - 0.01)}{k \times 0.01 c_{R,in}} = \frac{9900}{k}$$

代入 k 值，得：

$$V = 4213L \ (CSTR)$$

② PFR。式（8.18）中，因为 Q_V 是常数，所以

$$\int_{c_{R,in}}^{c_{R,out}} \frac{dc_R}{-kc_R} = \frac{1}{Q_V}\int_0^V dV$$

$$\frac{-1}{k}\ln\frac{c_{R,out}}{c_{R,in}} = \frac{V}{Q_V}$$

$$\frac{-1}{k}\ln 0.01 = \frac{V}{100}$$

$$V = \frac{100}{2.35} \times \ln 100 = 196L \ (PFR)$$

8.2.2 热氧化

根据阿伦尼乌斯方程，反应平衡常数随温度的升高而增加。热氧化就是利用热能使气态化合物与氧气在一定温度条件下发生快速氧化反应，彻底矿化为无害的物质（CO_2、水蒸气和热），并安全地排放。热氧化包括直燃式热氧化、热回收式热氧化、蓄热式热氧化和无焰热氧化（称催化氧化），广泛应用于各类污染的排放控制。

热氧化反应机制是非常复杂的。下面以碳氢化合物在空气中完全燃烧为例，剖析热氧化反应过程。对于任意的碳氢化合物（无其他杂原子，可用 C_xH_y 表示），完全热氧化反应为：

$$C_x H_y + \left(x + \frac{y}{4}\right) O_2 \longrightarrow x CO_2 + \left(\frac{y}{2}\right) H_2O \tag{8.19}$$

这个反应过程包含两步反应：

$$C_x H_y + \left(\frac{x}{2} + \frac{y}{4}\right) O_2 \longrightarrow x CO + \left(\frac{y}{2}\right) H_2O \tag{8.20}$$

$$x CO + \left(\frac{x}{2}\right) O_2 \longrightarrow x CO_2 \tag{8.21}$$

将一级反应速率方程用于这两步反应的动力学模型，则有：

$$r_{HC} = -k_1 [HC] [O_2] \tag{8.22}$$
$$r_{CO} = x k_1 [HC] [O_2] - k_2 [CO] [O_2] \tag{8.23}$$
$$r_{CO_2} = k_2 [CO] [O_2] \tag{8.24}$$

式中，r_i 为组分 i 的形成速率，$mol/(L \cdot s)$；$[i]$ 为组分 i 物质的量浓度，mol/L；HC 为任何碳氢化合物的通用符号；k 为速率常数，s^{-1} 或者 $L/(mol \cdot s)$（视情况而定）。

典型的热氧化室中，O_2 的摩尔分数是 0.15，碳氢化合物的摩尔分数是 0.001。在过量氧存在条件下，上述反应速率方程简化为：

$$r_{HC} = -k_1 [HC] \tag{8.25}$$
$$r_{CO} = x k_1 [HC] - k_2 [CO] \tag{8.26}$$
$$r_{CO_2} = k_2 [CO] \tag{8.27}$$

对于 $HC \rightarrow CO \rightarrow CO_2$ 转化系统：

$$[HC] \xrightarrow{k_1} CO \xrightarrow{k_2} CO_2 \tag{8.28}$$

由式（8.26）可知，中间产物的浓度取决于 k_2/k_1 的比值，如图 8-4 所示，当 $k_2/k_1 = 0$ 时，中间产物浓度随反应时间持续上升，直至达到最大值；当 $k_2/k_1 = 10$ 时，第一步反应生成的中间产物快速进入第二步反应，不易发生累积。Hemsath 和 Susey 在 1974 年研究了 HC 化合物热氧化中 CO 形成的体积分数随停留时间的变化，如图 8-5 所示。这些数据表明，热氧化时间是设计中非常重要的一个参数。

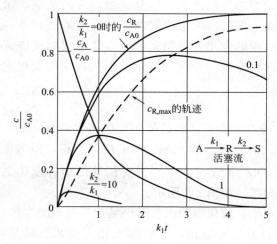

图 8-4 柱塞流反应器等摩尔反应浓度
与停留时间的曲线

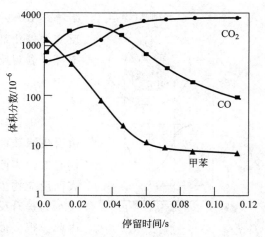

图 8-5 830℃柱塞流反应器中甲苯、
CO 和 CO_2 体积分数随停留时间曲线

热氧化时间、氧化温度和物料湍流简称"3T"，是热氧化过程非常重要的工艺参数。湍流过程作用是确保氧气和反应物料充分的混合，HC破坏率对温度很敏感，反应速率常数随温度呈指数增加。因此，热氧化室的作用是在设定的温度下提供足够的时间，使反应达到所需的完全程度。热氧化时间包括混合时间和反应时间，由以下计算式给出：

混合时间：
$$\tau_m = L^2 / D_e \qquad (8.29)$$

反应时间：
$$\tau_c = 1/k \qquad (8.30)$$

式中，L 为反应区长度，m；D_e 为有效（湍流）扩散系数，m^2/s。

气态污染物在热氧化室的停留时间估算式为：
$$\tau_r = V/Q_V = L/u \qquad (8.31)$$

式中，V 为反应区体积，m^3；Q_V 为体积流量（在热氧化室的温度下），m^3/s；u 为在热氧化室的气流速度，m/s。

热氧化室污染物完成氧化的基本条件是，停留时间大于热氧化时间（混合时间＋反应时间）。在多数热氧化装置中，只要保持合理流速，混合不会成为限制因素，但局部混合不均，还是会影响整体热氧化速率。温度变化对反应时间敏感，随着温度升高，反应时间迅速减少。

8.2.3 催化氧化

根据 8.2.1 所述，反应速度是随活化能的降低而呈指数增长的，因此，催化剂通过降低反应所需活化能加快反应速度。对可逆反应而言，催化剂可缩短达到反应平衡时间，但不能使反应平衡移动，也不能使热力学上不能发生的反应发生。

催化剂性能评价主要是指其活性、选择性和稳定性。催化剂的活性是指单位量的催化剂在一定条件（温度、压力、空速和反应物浓度等）下单位时间内所得的产物量或反应物削减量，其值大小受活性组分、结构、工艺参数等因素影响。催化剂的稳定性是指保持活性的能力，包括热稳定性、机械稳定性和化学稳定性三个方面，三者共同决定催化剂的使用寿命。

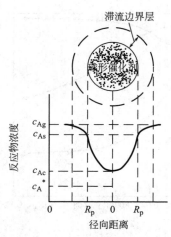

图 8-6 球形催化剂中组分 A 浓度分布

催化反应过程类似气固平衡，包括扩散、吸附反应、脱附等环节。一般地，催化反应速率取决于反应物浓度和参与反应的催化剂表面积的大小。等温条件下，催化剂的反应速率等于表观反应速率常数与反应物浓度、催化剂反应面积的乘积：

$$r_A = k_s S_e f(c_{As}) \qquad (8.32)$$

式中，k_s 为按单位面积计算的催化反应速率常数，单位由反应级数而定；S_e 为单位体积催化剂的反应面积，即催化剂有效比表面积，m^2/m^3；$f(c_{As})$ 为受扩散作用的催化剂表面反应物浓度分布，如图 8-6 所示。

为提升反应速率，催化剂的比表面积是至关重要的参数。因此，很多催化剂为多孔结构，以此增大比表面积。但是，受反应物扩散的局限性影响，部分"孔隙"因无反应物扩散进去而成为无效孔隙，相应的表面积也未能成为反应面积，致使催化剂表面积存在一个"有效利用率"概念。催化剂有效系数等于催化剂的实际反应速率与理论反应速率（最大）之比：

$$\eta = \frac{\int_0^{S_i} k_s f(c_A) \mathrm{d}S}{k_s f(c_{As}) S_i} \tag{8.33}$$

式中，S_i 为单位体积催化剂的理论表面积，m^2/m^3；$f(c_A)$ 为催化剂内部反应物实际浓度分布。

有效系数 η 值可以通过实验测定。首先，测得催化剂的实际反应速率，然后将催化剂逐级压碎，使得催化剂内部孔隙表面转为外部表面，在相同条件下测定反应速率，直至反应速率不变，此时的反应速率即为消除"孔隙效应"的最大反应速率，两者比值即为催化剂有效系数 η。

8.3　气体吸收

吸收是利用废气污染组分在一定溶液中溶解而被分离的过程，广泛应用于 SO_2、NO_x、HCl、HF、H_2S、NH_3 等废气净化，是控制气态污染物排放的重要技术之一。

吸收过程分物理吸收和化学吸收两大类。物理吸收主要是溶解，污染组分在溶液中呈游离态或弱结合态，过程可逆，可解吸。化学吸收存在化学反应，吸收速率和吸收容量大于物理吸收，如果反应不可逆，则不能解吸。

8.3.1　传质理论

8.3.1.1　吸收速率

8.1 节简单讨论了分子扩散和气液平衡问题。这里着重讨论溶质 A 从气相主体到液相主体的吸收传质过程。

气液两相的物质传递理论主要有双膜理论、溶质渗透理论、表面更新理论等，具体内容可参考相关书籍。其中以 Lewis 和 Whiteman 提出的双膜理论应用最为广泛。

双膜理论的模型如图 8-7 所示。气体和液体在气液相界面处于平衡状态。

气相组分 A 在气膜侧的传质速率为：

$N_A = k_G(p_A - p_{Ai})$，推动力用压差表示　(8.34)

$N_A = k_Y(y_A - y_{Ai})$，推动力用摩尔组分表示

(8.35)

组分 A 在液膜侧的传质速率为：

$N_A = k_L(c_{Ai} - c_A)$，推动力用浓度差表示　(8.36)

$N_A = k_X(x_{Ai} - x_A)$，推动力用摩尔组分表示

(8.37)

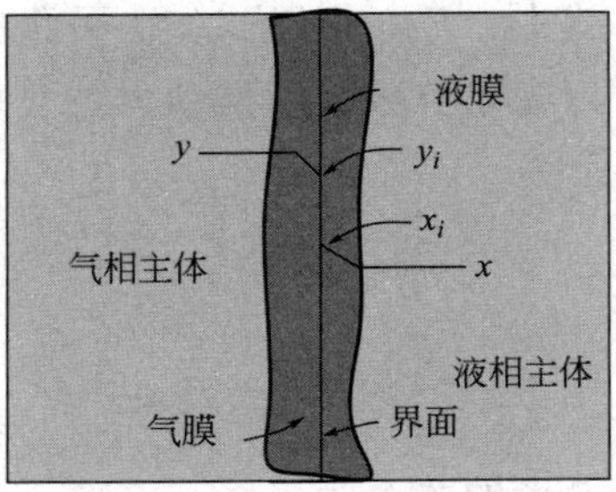

图 8-7　组分 i 跨膜示意图

y 或 x：气相或液相中组分 i 的摩尔分数

式中，k_G、k_Y 为组分 A 在气膜的吸收系数，$kmol/(m^2 \cdot s \cdot kPa)$、$kmol/(m^2 \cdot s)$；$p_A$、$p_{Ai}$ 为组分 A 在气相主体、相界面的分压，kPa；y_A、y_{Ai} 为组分 A 在气相主体、相界面的摩尔分数；k_L、k_X 为组分 A 在液膜的吸收系数，m/s、$kmol/(m^2 \cdot s)$；c_A、c_{Ai} 为

组分 A 在液相主体、相界面的物质的量浓度，kmol/m^3；x_A、x_{Ai} 为组分 A 在液相主体、相界面的摩尔分数。

上述四个方程式涉及相界面的组分浓度，这个值难以确定。为此，提出用两相的主体浓度差来表示推动力，得到总吸收速率方程式和总吸收系数。

以分压、浓度表示推动力，气相和液相总吸收速率方程式分别为：

气相 $$N_A = K_G(p_A - p_A^*) \tag{8.38}$$

液相 $$N_A = K_L(c_A^* - c_A) \tag{8.39}$$

式中，K_G 为组分 A 在气膜中的总吸收系数，kmol/(m^2·s·kPa)；K_L 为组分 A 在液膜中的总吸收系数，m/s。

以摩尔分数表示推动力，气相和液相总吸收速率方程式分别为：

气相 $$N_A = K_Y(y_A - y_A^*) \tag{8.40}$$

液相 $$N_A = K_X(x_A^* - x) \tag{8.41}$$

式中，K_Y 为组分 A 在气膜中的总吸收系数，kmol/(m^2·s)；K_X 为组分 A 在液膜中的总吸收系数，kmol/(m^2·s)。

由于吸收推动力表示方法不同，吸收速率方程式呈现多种不同的形式，对应地出现了多种形式的吸收系数。应用时，应注意吸收系数和传质推动力的对应关系以及单位的一致性。

联立上述吸收速率方程式和气液界面平衡关系，可以得到总吸收系数和气相、液相分系数的关系式。

以压差、浓度差表示推动力，气相和液相总传质系数的倒数（又称传质阻力）关系式为：

$$\frac{1}{K_G} = \frac{1}{E_A k_L} + \frac{1}{k_G} \tag{8.42}$$

$$\frac{1}{K_L} = \frac{E_A}{k_G} + \frac{1}{k_L} \tag{8.43}$$

两者的关系为： $$K_G = E_A K_L \tag{8.44}$$

式中，E_A 为组分 A 在平衡液相的溶解度系数，单位为 kmol/(m^3·kPa)。

以摩尔分数表示推动力，气相和液相总传质阻力关系式为：

$$\frac{1}{K_Y} = \frac{m_A}{k_L} + \frac{1}{k_G} \tag{8.45}$$

$$\frac{1}{K_X} = \frac{1}{k_L} + \frac{1}{m_A k_G} \tag{8.46}$$

两者的关系为： $$K_Y = \frac{K_X}{m_A} \tag{8.47}$$

式中，m_A 为组分 A 在气液相的平衡常数（或分配系数）。

8.3.1.2 伴有化学反应的吸收

存在化学反应时，整个吸收过程由传质和反应两过程组成，吸收速率不仅取决于传质速率，还与化学反应速率有关。一般地，为提高分离或净化效率，气态污染物控制系统往往选用的是快速不可逆的化学吸收过程，下面着重讨论该过程的情况。

化学吸收的化学反应发生在液相，气相主体到液相界面的传质机理和吸收系数并未受到影响，与物理吸收仍相同。液相中的反应对传质速率的影响可以分为以下两方面。

① 组分 A 为反应所消耗，故液相主体的浓度 c_A 减少，使得传质推动力（$c_{Ai}-c_A$）或（$x_{Ai}-x_A$）增大，当反应不可逆且很快时，液相 c_A 或 x_A 可视作零。

② 组分 A 在液膜内即为反应消耗，使其扩散距离或扩散阻力减小，因而总吸收系数增大。引入增强因子 E，表示有、无反应时液相扩散阻力的变化：

$$E = \frac{k'_L}{k_L} \tag{8.48}$$

式中，k'_L 为组分 A 在液膜的化学反应吸收系数。

根据增强因子 E 的定义，化学吸收时的液相传质速率方程式可表达为：

$$N'_A = E k_L (c_{Ai} - c_A) \tag{8.49}$$

如前所述，只要反应不很慢，反应时间不很短，$c_A \approx 0$。式（8.49）可简化为：

$$N'_A = E k_L c_{Ai} \tag{8.50}$$

当亨利定律对液相中游离溶质适用时，联立上式与气相传质速率方程，消去界面组成，即可得总传质速率方程。增强因子 E 大小取决于反应动力学和物性，详细内容可参考有关文献。

分析总传质阻力关系式，当吸收为液膜控制时，液相反应可显著降低液膜阻力而增大总传质系数，化学反应优势明显；当吸收为气膜控制时，应用化学吸收对改善总传质系数益处就不大。

使用化学反应增强吸收的典型例子有：① 碱性溶液吸收酸性气体（石灰法脱烟气 SO_2），②氧化溶液吸收恶臭气体，③硫酸溶液吸收氨气体。

8.3.2　吸收塔计算

吸收塔计算首先需要确定初始条件：

① 待分离混合气中污染物组分的组成及处理量。

② 吸收剂的种类及操作温度、压强以及此条件下的吸收平衡关系。

③ 吸收剂中污染物组分的初始组成。

④ 分离要求及吸收效率 η。

二维码8-1 例题

吸收塔计算的基本内容包括：①吸收剂用量或液气比；②吸收塔直径；③传质单元数和高度。吸收塔的其他设计内容，如塔高、流体分布、部件设计等，可查阅有关工程手册。

8.3.2.1　物料衡算

图 8-8 为一逆流连续接触式废气净化吸收示意图。以下标"1"代表塔顶界面，下标"2"代表塔底界面，G、L 分别表示废气流量和吸收液流量，Y、X 分别为气流和吸收液中污染组分 A 与惰性组分的物质的量比，η_A 为吸收效率。

对于稳态过程，单位时间进出吸收塔的气态污染物量可通过全塔物料衡算确定，即

$$G(Y_{A1} - Y_{A2}) = L(X_{A1} - X_{A2}) \tag{8.51}$$

$$Y_{A1} = Y_{A2}(1 - \eta_A) \tag{8.52}$$

8.3.2.2　操作线方程与操作线

在逆流操作的吸收塔内，塔内任一截面的物料衡算为：

$$G(Y_{A1} - Y_A) = L(X_{A1} - X_A) \text{ 或 } G(Y_A - Y_{A2}) = L(X_A - X_{A2}) \tag{8.53}$$

由上式可得逆流吸收塔的操作线方程式为：

$$Y_A = Y_{A1} - \frac{L}{G}(X_{A1} - X_A) \quad \text{或} \quad Y_A = Y_{A2} + \frac{L}{G}(X_A - X_{A2}) \tag{8.54}$$

可见，在稳定状态下，塔内任一截面上 Y 和 X 之间呈直线关系，直线斜率 L/G 为液气比，直线端点分别为塔顶和塔底的气、液相组分（摩尔分数）。任一截面上，气、液两相的传质推动力为该截面上一相的组成（摩尔分数）和另一相的平衡组成（摩尔分数）之差，即 $(Y_A - Y_A^*)$ 或 $(X_A - X_A^*)$，它们在图 8-9 中显示为操作线和平衡线的垂直距离或水平距离，两线相距越远，传质推动力就越大。

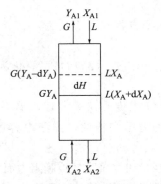

图 8-8　气体物理吸收传质过程示意图　　　　图 8-9　气体吸收过程平衡线与操作线

对于实际吸收过程，操作线方程式中 G、Y_{A1}、Y_{A2}、X_{A1} 是设计条件中的已知量，当操作线斜率（液气比）逐渐变小，X_{A2}（塔底吸收液 A 组成）会慢慢增大，吸收推动力随之减小，直至 X_{A2} 趋近 X_A^*，此时液气比最小 $(L/G)_{min}$，即吸收剂用量最小。

$$(L/G)_{min} = \frac{Y_{A1} - Y_{A2}}{X_A^* - X_{A1}} \tag{8.55}$$

根据经验，吸收剂用量为最小吸收剂用量的 1.1～2.0 倍，即

$$L/G = (1.1 \sim 2.0)(L/G)_{min} \tag{8.56}$$

8.3.2.3　传质面积及填料层高度计算

对于塔内任一微单元段，其传质面积 $\mathrm{d}f$ 为：

$$\mathrm{d}f = aA\mathrm{d}H \tag{8.57}$$

式中，a 为塔内填料的比表面积，m^2/m^3；A 为吸收塔截面积，m^2；$\mathrm{d}H$ 为微单元高度，m。

则微单元的物料衡算式为：

$$G\mathrm{d}Y_A = K_Y(Y_A - Y_A^*)aA\mathrm{d}H \tag{8.58}$$

在连续稳定情况下，K_Y 可视为定值，低浓度废气吸收过程 G 变化也可以忽略，则上式积分整理得填料层高度计算式为：

$$H = \frac{G}{K_Y aA}\int_{Y_{A2}}^{Y_{A1}} \frac{\mathrm{d}Y_A}{Y_A - Y_A^*} = H_{OG}N_{OG} \tag{8.59}$$

式中，气相总传质单元高度 $H_{OG} = \dfrac{G}{K_Y aA}$，m；气相总传质单元数 $N_{OG} = \displaystyle\int_{Y_{A2}}^{Y_{A1}} \frac{\mathrm{d}Y_A}{Y_A - Y_A^*}$。

同理可得液相总传质单元高度和总传质单元数：

$$H_{OL} = \frac{L}{K_X aA}, N_{OL} = \int_{X_{A2}}^{X_{A1}} \frac{dX_A}{X_A - X_A^*}, H = H_{OL} N_{OL} \tag{8.60}$$

采用不同的吸收速率方程，可得到形式类似但不同的填料层高度计算公式。传质单元数综合反映了完成该吸收过程的难易程度，其大小取决于分离要求和推动力，与设备结构、气液流体流动状况等无关。吸收过程所需要的传质单元数多，表明吸收剂的吸收性能差或用量太少，或分离要求高。传质单元高度表示完成一个传质单元分离效果所需要的塔高，与设备结构、填料比表面积、气液流动状态有关。常用填料的传质单元高度大致在 0.5～1.5m 范围内。

8.3.2.4 传质单元数的计算

传质单元数的表达式中 Y^*（或 X^*）是气相（或液相）的平衡组成（摩尔分数），需要用相平衡关系确定。

当相平衡线为直线时，气相、液相传质单元数：

$$N_{OG} = \frac{Y_{A2} - Y_{A1}}{\Delta Y_m}, N_{OL} = \frac{X_{A2} - X_{A1}}{\Delta X_m} \tag{8.61}$$

式中，ΔY_m、ΔX_m 分别为气相、液相平均平衡推动力：

$$\Delta Y_m = \frac{(Y_{A2} - Y_{A2}^*) - (Y_{A1} - Y_{A1}^*)}{\ln[(Y_{A2} - Y_{A2}^*)/(Y_{A1} - Y_{A1}^*)]}, \Delta X_m = \frac{(X_{A2} - X_{A2}^*) - (X_{A1} - X_{A1}^*)}{\ln[(X_{A2} - X_{A2}^*)/(X_{A1} - X_{A1}^*)]} \tag{8.62}$$

当平衡线为曲线时，通常采用图解积分法求传质单元数。步骤如下。

① 根据操作条件，在 Y-X 图上作出平衡线和操作线，如图 8-10 所示；

② 在 Y_1 和 Y_2 范围内做适当的分段，作 Y-$[1/(Y-Y^*)]$ 的曲线，如图 8-10 所示；

③ 进一步地，计算 Y-$[1/(Y-Y^*)]$ 曲线和横坐标所包围的面积，即为传质单元数。

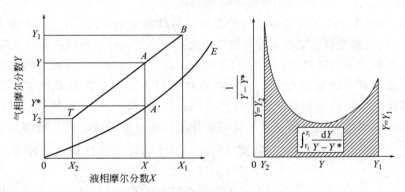

图 8-10 图解积分法求 N_{OG}

8.3.2.5 传质单元高度和传质系数

传质单元高度和传质系数是反映吸收过程物料体系及设备传质动力学特性的参数，一般通过实验获得。根据传质单元高度的表达式，传质单元高度的计算关键是传质系数。

对常用的环形填料（瓷环、钢环）和易水溶性气体，气相传质分系数的关联式为：

$$Re < 300, k_G = 0.035 \frac{D_G P}{RT d_e P_B} Re^{0.75} Sc^{0.5} \tag{8.63}$$

$$Re \geqslant 300, k_G = 0.015 \frac{D_G P}{RT d_e P_B} Re^{0.9} Sc^{0.5} \tag{8.64}$$

式中，Sc 为施密特数，$Sc = \frac{\mu_G}{\rho_G D_G}$，$\mu_G$ 为动力黏度，D_G 为吸收质在气相的扩散系数，m^2/s，d_e 为填料单体的当量直径，m，$d_e = \frac{4\varepsilon}{a}$，其中 ε 为填料空隙率，a 为填料有效比表面积；Re 为雷诺数，$Re = \frac{D_G u_G \rho_G}{\mu_G \varepsilon}$；$P$ 为气相总压，Pa；P_B 为气相中惰性气体对数平均分压，Pa。

液相传质分系数的关联式为：

$$k_L = 0.00595 \frac{c_M}{c + c_s} \frac{D_L}{d_e} Re^{0.67} Sc^{0.33} Ga^{0.33} \tag{8.65}$$

式中，D_L 为吸收质在液相的扩散系数，m^2/s；c_M 为界面液相吸收剂物质的量浓度，$kmol/m^3$；$(c + c_s)$ 为液相总物质的量浓度，c 为吸收质物质的量浓度，c_s 为吸收剂物质的量浓度，$kmol/m^3$；Ga 为伽利略数，$Ga = \frac{g d_e^3 \rho_L^2}{\mu_L^2}$，其中 d_e 为填料的当量直径，m。

伴有化学反应时，填料层高度计算与物理吸收计算式相似，不同的只是化学吸收的速率比物理吸收多了一个增强因子。只要将不同反应类型的化学吸收速率 N_A 代入，就可以计算相应的填料层高度 H。

对于板式吸收塔，相关计算内容可查阅有关设计手册。

8.3.2.6 塔径计算

塔径计算类似流体输送过程中管径的计算公式为：

$$D = \sqrt{\frac{4G_V}{\pi u_G}} \tag{8.66}$$

式中，G_V 为操作条件下流过吸收塔的混合气体体积流量，m^3/s；u_G 为混合气体的空塔气速，m/s。空塔气速是以空塔截面计算的气体流速，小于流过填料层孔隙的实际气流速度。

从传质单元高度表达式可知，一定的截面积保证了气体和液体有足够的接触界面。但是截面积过小，意味着气流速度很大，会影响吸收液向下流动，甚至出现"滞留"现象；而且，高气流速度会增加设备运行压损和操作费用；截面积过大，不仅导致塔体直径很大、设备占地和制造成本增加，还会因过低气流速度导致传质系数降低，进而增加需要的传质单元高度。因此，对于给定的废气流量，存在一个合适的塔径和气流流速。

下面讨论气速与压降的关系。将不同喷淋量下取得的单位填料层压降 $\Delta P/Z$ 与空塔气速 u_G 的实测数据标绘在对数坐标图上，可得如图 8-11 所示的线簇。各种填料的图线都很类似，干填料层（液体喷淋量 $L = 0$）的 $\Delta P/Z$ 约与空塔气速 u_G 的 1.8~2.0 次方成比例，在对数坐标中为一直线。当填料上有液体喷淋时（图中曲线 1、2、3 所对应的液体喷淋量依次增大），$(\Delta P/Z)$-u_G 的关系变为折线，存在两个折点，下折点称为"载点"（拦液点），上折点称

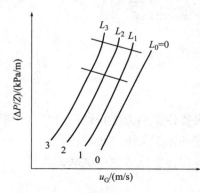

图 8-11 填料的 $(\Delta P/Z)$-u_G 关系

为"泛点"。这两个折点将 $(\Delta P/Z)\text{-}u_G$ 的关系线分为三个区段，即恒持液量区、载液区和液泛区。当靠近泛点操作时，气体流速的小幅波动将引起压降的急剧变化，操作控制难度大，所以一般填料塔应设计在泛点以下操作。

空塔气速确定后，即可按公式计算塔径。为了便于设备设计、加工，算出塔径后应加以圆整，使其符合我国压力容器公称直径标准。

8.4　气体吸附

吸附技术主要用于低浓度气态吸附质回收、异味控制和工艺气流干燥。典型固定床碳吸附回收系统流程如 2.1.3 中图 2-3 所示，含气态污染物的气流经风机进入一个冷却器（如果需要），低温有利于吸附；之后，这些冷却气流通过吸附床，气态污染物在此处被吸附去除，净化后气体排放或者回用至原工艺。当出口气流中物质浓度超过设定允许排放上限值时，判断吸附床饱和度，气流切换到已经再生和冷却的吸附床，饱和吸附床采用通入低压蒸汽或热空气直接接触加热，脱除吸附质而得到再生。脱附出来的吸附质通过间接冷凝器，冷凝为液体，经沉析器初步分离后回收利用。

8.4.1　吸附理论

8.4.1.1　吸附等温线

吸附等温线是指在一定温度下溶质分子在两相界面上进行吸附过程达到平衡时，吸附量与溶液浓度或气体压力的关系曲线。对于给定的气体-固体体系，在温度一定时，可以认为吸附作用势不变，这时吸附量是压力的函数。经过多年研究，目前已观测到 6 种类型的吸附等温线，如图 8-12 所示。

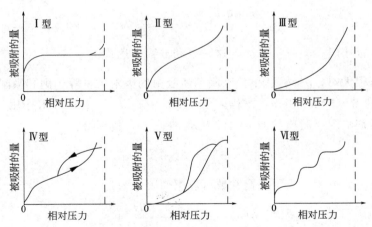

图 8-12　6 种类型吸附等温线

Ⅰ型—80K 下 N_2 在活性炭上的吸附；Ⅱ型—78K 下 N_2 在硅胶上的吸附；Ⅲ型—351K 下溴在硅胶上的吸附；
Ⅳ型—323K 下苯在 FeO 上的吸附；Ⅴ型—373K 下水蒸气在活性炭上的吸附；Ⅵ型—惰性气体分子分阶段多层吸附

吸附等温线以定量的形式提供了物质分子的吸附量和吸附强度，为多相反应动力学表达、固体表面与孔研究提供了基本数据。目前，常用的吸附等温方程式有亨利方程、朗格缪尔方程、弗伦德利希方程、BET 方程等，其中朗格缪尔方程应用范围较广。

① 朗格缪尔方程。朗格缪尔（Langmuir）于1916年根据分子运动理论和一些假定，导出单分子层吸附理论及其吸附等温式。朗格缪尔认为固体表面的原子或分子存在向外的剩余价力，它可以捕捉气体分子，这种剩余价力的作用范围与分子直径相当，因此吸附剂表面只能发生单分子层吸附。朗格缪尔提出的假定条件为：a. 吸附剂表面性质均一，每一个具有剩余价力的表面分子或原子吸附一个气体分子；b. 气体分子在固体表面为单层吸附；c. 吸附是动态的，被吸附分子受热运动影响可以重新回到气相；d. 吸附过程类似于气体的凝结过程，脱附过程类似于液体的蒸发过程，达到吸附平衡时，吸附速度等于脱附速度；e. 气体分子在固体表面的凝结速度正比于该组分的气相分压；f. 吸附在固体表面的气体分子之间无作用力。

根据上述假设，可以得到吸附剂对吸附质的吸附速率表达式为：

$$r_a = k_a p_i (1 - \theta_i) \tag{8.67}$$

式中，r_a 为吸附的速率；k_a 为吸附速率常数；θ_i 为吸附质组分 i 在吸附剂表面的覆盖率，%；p_i 为吸附质的蒸气分压。

同时，吸附质在吸附剂表面的脱附速率与覆盖率成正比：

$$r_d = k_d \theta_i \tag{8.68}$$

式中，r_d 为脱附速率；k_d 为脱附速率常数。

当吸附与脱附达到平衡时，$r_a = r_d$，则

$$\theta_i = \frac{k_a p_i}{k_d + k_a p_i} \tag{8.69}$$

式（8.69）就是朗格缪尔吸附等温方程。

以 q_a 表示单位吸附剂对吸附质的饱和吸附量，则单位吸附剂所吸附的吸附质量 q 可表示为：

$$q = q_a \theta_i = q_a \frac{k_a p_i}{k_d + k_a p_i} \tag{8.70}$$

当气相分压很小时，$q = q_a \frac{k_a}{k_d} p_i$。这是亨利方程表达式。

当气相分压很大时，$q = q_a$。单位吸附剂所吸附的吸附质量等于饱和吸附量。

② 弗伦德利希（Freundlich）方程。令 $b(q) = k_a / k_d$，表示吸附作用的平衡常数，其值大小反映吸附剂吸附吸附质的能力，代入式（8.69），整理得：

$$\frac{\theta}{1 - \theta} = b(q) p_i \tag{8.71}$$

根据阿伦尼乌斯方程，吸附平衡常数可以类似表示为：

$$b(q) = A_0 \exp\left(-\frac{\Delta H_a}{RT}\right) \tag{8.72}$$

式中，ΔH_a 为摩尔吸附焓，反映吸附剂活性点与气体之间结合力的强弱，kJ/mol。

式（8.72）代入式（8.71），得：

$$\frac{\theta}{1 - \theta} = A_0 p_i \exp\left(-\frac{\Delta H_a}{RT}\right) \tag{8.73}$$

对于单分子层吸附，摩尔吸附焓 ΔH_a 和吸附剂覆盖率 θ 之间的关系式为：$\Delta H_a = -\Delta H_m \ln\theta$，式中，$\Delta H_m$ 为吸附剂覆盖率 $\theta = 0$ 时的摩尔吸附焓。对式（8.73）两边取自然

对数，得：

$$\ln\frac{\theta}{1-\theta}=\ln(A_0 p_i)+\frac{\Delta H_m}{RT}\ln\theta \tag{8.74}$$

当吸附剂覆盖率 $\theta\to 0.5$ 时，

$$\theta=(A_0 p_i)^{-TR/\Delta H_m} \tag{8.75}$$

此时，单位吸附剂所吸附的吸附质量 q 为：

$$q=q_a\theta=q_a A_0^{-RT/\Delta H_m} p_i^{-TR/\Delta H_m} \tag{8.76}$$

令 $k=q_a A_0^{-RT/\Delta H_m}$，$n=-\Delta H_m/RT$，代入式（8.76）整理得：

$$q=kp_i^{1/n} \tag{8.77}$$

这就是弗伦德利希（Freundlich）吸附等温方程。这个方程适用于吸附等温线的中压部分。

③ BET 方程。1938 年，勃劳纳尔（Brunauer）、爱米麦特（Emmett）、特勒（Teller）三人提出多分子层吸附理论，即被吸附的分子也具有吸附能力，各吸附层间存在动态吸附平衡。推出的吸附等温方程式为：

$$q=\frac{q_a C p_i}{(P_v-p_i)[1+(C-1)p_i/P_v]}\ 或\ V=\frac{V_a C p_i}{(P_v-p_i)[1+(C-1)p_i/P_v]} \tag{8.78}$$

式中，V 为吸附气体在分压为 p_i 时的标态体积；V_a 为吸附剂饱和吸附时被吸附气体的标态体积；q 为吸附量；q_a 为吸附剂对吸附质的饱和吸附量；P_v 为实际温度下被吸附气体的饱和蒸气压；C 为与吸附热有关的一个常数。

对式（8.78）整理，得到：

$$\frac{p_i}{q(P_v-p_i)}=\frac{1}{q_a c}+\frac{(C-1)p_i}{q_a C P_v}\ 或\ \frac{p_i}{V(P_v-p_i)}=\frac{1}{V_a c}+\frac{(C-1)p_i}{V_a C P_v} \tag{8.79}$$

这就是 BET 吸附等温方程，方程在 $p_i/P_v=0.05\sim 0.35$ 时较准确。BET 方程的重要用途是测定和计算吸附剂的比表面积：

$$S_b=\frac{V_a\times 6.023\times 10^{23}}{22400}\times\frac{A}{m}(m^2/g) \tag{8.80}$$

式中，A 为单个吸附质分子的面积，m^2；m 为吸附剂质量，g。

8.4.1.2　吸附速率

吸附平衡仅表明吸附过程进行的极限。实际的吸附操作过程中，吸附相与流动相处于相对运动状态，接触时间是有限的，因此，吸附量与吸附快慢直接相关。

吸附过程依次经历了外扩散、内扩散、吸附三个环节。具体地，气相组分从气相主体通过气膜扩散到吸附剂外表面，称为外扩散；之后，气体组分从外表面扩散进入吸附剂微孔，扩散到达微孔表面，称为内扩散；到达微孔表面的吸附质分子被吸附在内表面活性点，逐渐达到吸附与脱附的动态平衡。对于固体表面进行化学反应的化学吸附过程来说，吸附之后还有一个化学反应过程。脱附的气体则经历内扩散、外扩散到达气相主体。

因此，吸附速率取决于外扩散速率、内扩散速率及吸附本身速率。对物理吸附过程，吸附剂内表面上进行的吸附与脱附速率一般较快，而内扩散和外扩散过程则慢得多。因此，物理吸附速率的控制步骤为内扩散和外扩散。对于化学吸附过程，其吸附速率可能是化学动力学控制，也可能是扩散控制。吸附扩散控制较常见的情况是内扩散控制，而外扩散控制较少见。

对于稳态的物理吸附，吸附质 A 的扩散速率为：

外扩散，$N_A = K_Y a_s (Y_A - Y_A^*)$ (8.81)

内扩散，$N_A = K_X a_s (X_A^* - X_A)$ (8.82)

式中，Y_A、X_A 分别为组分 A 在气相和吸附相内表面的含量（吸附质/惰性气体、吸附质/净吸附剂），kg/kg、kg/kg；Y_A^*、X_A^* 分别为吸附达到平衡时，组分 A 在气相和吸附相内表面的含量；a_s 为单位体积吸附床层固体颗粒外表面面积，m^2/m^3；K_Y、K_X 分别为气相和吸附相传质总系数，类似气液传质过程，总系数与分系数的关系表达式为：

$$\frac{1}{K_Y} = \frac{1}{k_Y} + \frac{m}{k_X}$$ (8.83)

$$\frac{1}{K_X} = \frac{1}{mk_Y} + \frac{1}{k_X}$$ (8.84)

当 $k_Y \gg \dfrac{k_X}{m}$ 时，外扩散阻力可忽略，吸附过程受内扩散控制。当 $k_Y \ll \dfrac{k_X}{m}$ 时，内扩散阻力可忽略，吸附过程受外扩散控制。

气相传质系数与吸附质分子扩散系数、流体特性（密度、黏度、温度等）和流动状态、吸附剂粒径及床层孔隙等因素有关，通常通过实验得到经验公式或具体数值。对于一般粒度的活性炭吸附蒸气的吸附过程，气相总传质系数可由下式表达：

$$K_Y a_s = \frac{1.6 D_Y}{d_s^{1.46}} \left(\frac{u_G}{\nu}\right)^{0.54}$$ (8.85)

式中，D_Y 为吸附质在气相中的扩散系数，m^2/s；u_G 为气体混合物流速，m/s；d_s 为吸附剂颗粒粒径，m；ν 为气体的运动黏滞系数，m^2/s。

固相传质系数 K_s 受微孔扩散等的影响。球形颗粒吸附剂在拟稳态下：

$$K_s a_s = \frac{60 D_e}{d_s^2}$$ (8.86)

式中，D_e 为吸附剂内的有效扩散系数，m^2/s，包括外表面扩散和微孔扩散，同时受吸附床层孔隙率、吸附剂曲折因子等影响。D_e 的计算式为：

$$\frac{1}{D_e} = \frac{h'}{\varepsilon} \left(\frac{1}{D_{AB}} + \frac{1}{D_{KA}}\right)$$ (8.87)

式中，ε 为吸附床层孔隙率，%；h' 为吸附剂曲折因子，对 0.5nm 分子筛可取 $3 \sim 5$；D_{AB} 为吸附质气相扩散系数，m^2/s；D_{KA} 为吸附质微孔扩散系数，m^2/s。

对于反应动力学过程控制时，吸附速率方程为：

$$N_A = K \left[Y_A (q_{As} - q_a) - \frac{q_A}{m}\right]$$ (8.88)

式中，K 为化学平衡常数；q_{As} 为最终吸附容量，kg/m^3。

一般地，吸附过程开始速率大，之后逐渐减小。由于吸附的复杂性，工业上吸附设计所需的吸附速率数据多凭经验获得或在模拟情况下由实验测定。

8.4.1.3　吸附势

吸附势是指吸附质在气固界面进行物理吸附时，每 1mol 吸附质的自由能变化。1928年，Glodman 和 Polanyi 提出吸附势的定义为每 1mol 吸附质从气相平衡分压压缩到吸附温度的饱和蒸气压时所需要的功：

$$\Delta G_{ads} = RT\ln\left(\frac{P_v}{\overline{P}}\right) \tag{8.89}$$

式中，ΔG_{ads} 为吸附自由能的变化值，cal/mol；T 为吸附温度，K；P_v 为在温度为 T 时刻的饱和蒸气压；$\overline{P}$ 为气相平衡分压。

Dubinin（1947）发展了 Polanyi 吸附势理论，提出两种不同物质在吸附空间容积相同时，它们的吸附势之比值是恒定的，并以亲和系数 β 表示：

$$\beta = \frac{\Delta G_{ads,i}}{\Delta G_{ads,j}} = \frac{V'_i}{V'_j} \tag{8.90}$$

式中，V'_i、V'_j 为不同物质的比摩尔体积，$m^3/gmol$；$V'_i = \dfrac{摩尔质量}{纯液体密度} = \dfrac{M_i(g/mol)}{\rho_i(g/cm^3)}$。

Grant 和 Manes（1966）依据 Lewis 等（1950 年）修正了的 Dubinin 公式，绘制了烃类化合物和还原态硫化物的吸附势与活性炭体系吸附容量的关系曲线，如图 8-13 所示。注意，吸附势计算公式用逸度（f）代替压力。在低分压时，直接用压力代替逸度（f），更便于 Grant 图的使用。

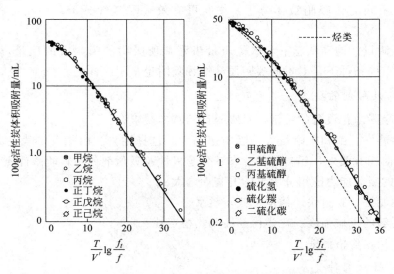

图 8-13　烃类化合物和还原态硫化物的吸附势与活性炭体系
吸附容量（纯液体体积）（以 100g 活性炭为单位计）的关系曲线

8.4.2　吸附剂

吸附剂是具有丰富微孔的物质，内表面积大，如图 8-14 所示。吸附剂的主要特性参数都与多孔结构有关。

图 8-14 吸附剂表面结构示意图

8.4.2.1 吸附特性

① 比表面积。单位质量吸附剂所具有的总表面积，单位 m^2/kg 或 m^2/g，表达式为：

$$a_s = \frac{a_T}{m_s} \tag{8.91}$$

式中，a_T 为吸附剂的总表面积，m^2；m_s 为吸附剂的质量，g 或 kg。

② 孔隙率。吸附剂内部微孔的容积与吸附剂个体体积之比，表达式为：

$$\varepsilon_s = \frac{V_h}{V_s} \tag{8.92}$$

式中，V_h 为吸附剂内部微孔的总容积，m^3；V_s 为吸附剂个体的体积，m^3。

孔隙率与空隙率的意义是不一样的。空隙率是指吸附剂个体之间的容积所占的比例。

③ 孔半径。通常用孔半径表示微孔大小。根据孔半径，IUPAC（国际纯粹与应用化学联合会）将微孔分为大孔（$r = 0.05 \sim 1.0\mu m$）、中孔（$r = 0.002 \sim 0.05\mu m$）和小孔（$r < 0.002\mu m$）。大孔可有效吸附液体分子，中孔可有效吸附蒸气分子，小孔可有效吸附气体分子。

④ 饱和吸附量。饱和状态下，单位质量吸附剂所吸附的吸附质的质量，又称静活性。不同吸附剂在不同条件下，对不同吸附质的饱和吸附量是不一样的。

8.4.2.2 吸附剂的要求

吸附剂是吸附净化设备的关键，对吸附剂的基本要求有：

① 吸附性能好，饱和吸附量大，吸附速率大，选择性强。由相关的表达式可知，吸附容量除与内表面积有关外，还与孔径分布、分子极性及吸附剂分子官能团性质等有关。吸附剂对吸附组分的吸附能力随组分沸点的升高而增大。

② 脱附性能好，脱附快，残留量低，耐水。

③ 具有足够的机械强度、化学稳定性及热稳定性。

④ 来源广泛，价格低廉。

8.4.2.3 吸附剂种类

工业常用的吸附剂主要有活性炭、活性碳纤维、活性氧化铝、沸石分子筛和吸附树脂等，其中活性炭是最常用的吸附剂。

① 活性炭。木炭、果壳、煤等含碳原料经炭化、活化后制得，按形状分粉末、颗粒和蜂窝活性炭。活性炭具有巨大的比表面积和丰富的孔隙结构，比表面积可达 $500 \sim 1700m^2/g$，其中小孔容积一般为 $0.15 \sim 0.9mL/g$，表面积占总比表面积的 95% 以上，过渡孔容积一般为 $0.02 \sim 0.1mL/g$，表面积占总比表面积的 5% 左右，而大孔容积一般为 $0.2 \sim$

0.5mL/g，比表面积很小，只有 $0.5\sim 2m^2/g$。活性炭表面有—OH 等，具有一定的极性。活性炭的优点是性能稳定，耐腐蚀；缺点是可燃。

② 活性碳纤维。含碳纤维经过高温活化，使其表面产生纳米级的孔径，增加比表面积，改变其物化特性，是继活性炭之后的新一代吸附材料。活性碳纤维的纤维直径为 $5\sim 20\mu m$，比表面积 $1000\sim 1500m^2/g$，孔径 $1.0\sim 4.0nm$，微孔均匀分布于纤维表面，吸附质到达吸附位的扩散路径短，对小分子物质吸附速率快，解吸容易。空气中活性碳纤维对有机气体吸附能力比颗粒活性炭高几倍至几十倍。

③ 活性氧化铝。铝的水合物加热脱水制得，根据晶格不同分为 α 型和 γ 型，能起吸附作用的是 γ 型。晶格类型形成主要取决于焙烧温度，$773\sim 1073K$ 温度下焙烧，形成的基本是 γ 型；温度上升到 1173K，开始转化为 α 型。氧化铝的毛细孔通道表面具有较高的活性，故又称活性氧化铝，平均密度范围 $720\sim 880kg/m^3$，比表面积是 $300m^2/g$。它对水有较强的亲和力，是一种对微量水深度干燥用的吸附剂，主要用于气流干燥，有时也用于溶剂回收。

④ 沸石分子筛。一种人工合成的泡沸石，具有丰富均匀的微孔结构，孔径大小均匀，能把比其直径小的分子吸附到孔腔内部，并对极性分子和不饱和分子具有优先吸附能力，是离子型吸附剂，具有较强的吸附选择性，能把极性程度不同、饱和程度不同、分子大小不同及沸点不同的分子分离开来。分子筛有硅铝类、磷铝类和骨架杂原子分子筛，按孔道尺寸划分小孔（<2nm）、中孔（$2\sim 50nm$）和大孔（>50nm）分子筛，按其晶体结构主要分为 A 型、X 型、Y 型等。分子筛比表面积 $300\sim 1000m^2/g$，内晶表面高度极化，广泛用于气体吸附分离、气体和液体干燥。

⑤ 硅胶。一种高活性吸附材料，其化学分子式为 $mSiO_2 \cdot nH_2O$，不溶于水和任何溶剂，无毒无味，吸附性能高，热和化学性质稳定，有较高的机械强度。硅胶根据其孔径分大孔、粗孔、B 型、细孔。大孔硅胶有球形和块状，孔容大（$1.0\sim 3.0mL/g$）、堆积密度小（$180\sim 400g/L$），孔径 $12\sim 50nm$，比表面积 $200\sim 400m^2/g$，广泛用于产品提纯、催化剂载体和空气吸附材料；粗孔硅胶有块状、球状和微球形三类，孔径 $8.0\sim 12.0nm$，比表面积 $300\sim 550m^2/g$，在相对湿度高的情况下有较高吸附量，主要用于气体净化剂、干燥剂等；细孔硅胶孔径 $2.0\sim 3.0nm$，比表面积 $650\sim 800m^2/g$，低相对湿度时吸附量大于粗孔硅胶；B 型硅胶有球状和块状，孔结构介于粗孔硅胶和细孔硅胶之间，孔径 $4.5\sim 7.0nm$，比表面积 $450\sim 650m^2/g$。

⑥ 吸附树脂。一种新型的高分子吸附剂，主要为网状结构，呈多孔海绵状，比表面积 $800m^2/g$，化学稳定性好，不溶于一般溶剂及酸、碱。吸附树脂分非极性、中极性和极性三类。吸附树脂依靠与吸附质之间的范德华引力或氢键作用结果，形成吸附性，同时借助其本身多孔性结构，具有分子筛选择性功能。树脂吸附能力与其化学结构、物理性能以及吸附质性质有关。吸附树脂颗粒大小对性能影响很大，粒径越小、越均匀，其吸附性能越好，但是粒径太小，使用时对流体的阻力太大，过滤困难，并且容易流失。

8.4.3　吸附床计算

8.4.3.1　固定床吸附曲线

如图 8-15 所示，初始浓度为 c_0 的气流通过吸附床层，床内吸附剂开始吸附气流中的吸

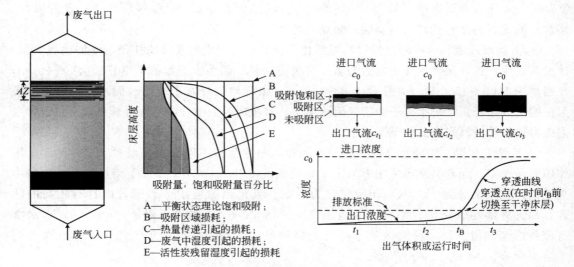

图 8-15　吸收曲线和穿透曲线

附质，吸附质含量沿床层高度变化，这种关系称为吸附负荷曲线。由于吸附剂中吸附质含量不易测定，人们常用床层气相（或流出气体）吸附质浓度变化来表示。这种以流出时间为横坐标、流出气流浓度为纵坐标得到的吸附质浓度变化曲线称为吸附透过曲线。

无论是负荷曲线还是透过曲线，均随操作时间而移动变化。伴随吸附区逐渐被消耗，吸附负荷曲线向吸附床末端推移，当吸附负荷曲线移出床层，流出气体出现吸附质"漏出"，之后气流中吸附质浓度开始上升。当气流吸附质浓度达到设计（预先设定）的值时，应停止进气，进入吸附剂再生（或更换）环节，这个时间点称为"穿透点"或破点，到达这个点的时间称为"穿透时间"。此时，单位床层吸附剂所吸附的吸附质的量为床层的动活性。

实际上，吸附透过曲线在吸附质"漏出"之前，基本是一条水平直线，之后才开始形成"S"形曲线，形状与吸附负荷曲线相似，但方向相反。当传质阻力小、传质速率较大时，曲线比较陡，传质区比较短。

影响吸附曲线的因素很多，如进料浓度、吸附剂及形状、吸附剂使用周期等。反过来，吸附曲线又反映了床层性能和操作条件。实际操作控制中需要综合考虑多方面因素，特别是吸附剂的老化，要定期从吸附床取样检查。

8.4.3.2　吸附区传质

吸附操作过程中，吸附床分吸附饱和区、吸附传质区和空白区。传质区是从气相最高浓度（气流入口浓度值）的吸附饱和区断面到浓度为 0 的空白区断面。

当整个吸附操作在等温、等压下进行，气流入口吸附质含量低时，传质区将以"恒定模式（速度、形状）"通过整个吸附床层。其移动速度可通过微元固定床层作物料衡算得到：

$$u_G A c_0 \varepsilon_s d\tau = A\left[(1-\varepsilon_s)q_m + \varepsilon_s c_0\right]dZ \tag{8.93}$$

$$U_c = \frac{dZ}{d\tau} = \frac{u_G c_0 \varepsilon_s}{(1-\varepsilon_s)q_m + \varepsilon_s c_0} \tag{8.94}$$

式中，A 为吸附床层截面积，m^2；u_G 为入口气体流速，m^3/h；c_0 为进入吸附器的气流入口（初始）浓度，kg/m^3；ε_s 为吸附剂的孔隙率，%；q_m 为与 c_0 呈平衡的吸附剂的吸附量，kg/kg。

在污染物浓度 c_0 很低时，上式可简化为：

$$U_c = \frac{dZ}{d\tau} = \frac{u_G c_0 \varepsilon_s}{(1 - \varepsilon_s) q_m} \quad (8.95)$$

以流体相浓度为推动力，用总传质系数表示的吸附传质速率方程为：

$$N_A = K_F a_V (c - c^*) \quad (8.96)$$

式中，K_F 为以流体相浓度差为基准的总传质系数，m/h；a_V 为单位体积吸附剂的传质外表面积，m^2/m^3；c、c^* 分别为气流和吸附平衡时气相中的吸附质浓度，kg/m^3。

以单位吸附剂的吸附量表示传质速率，则

$$N_A = \rho_B \frac{dq}{d\tau} = K_F a_V (c - c^*) \quad (8.97)$$

式中，ρ_B 为吸附剂的堆积密度，kg/m^3。

根据吸附量定义，对于"恒定模式"，有

$$q = \frac{c}{c_0} q_m \quad (8.98)$$

此式也称为吸附操作线。代入传质速率方程，整理得：

$$\frac{\rho_B q_m}{c_0 K_F a_V} \times \frac{dc}{c - c^*} = d\tau \quad (8.99)$$

对上式进行积分。以穿透点时间 τ_b 和完全饱和点时间 τ_e 为时间项的上下限，相对应的浓度 c_b 和 c_e 为浓度项上下限。得：

$$\tau_e - \tau_b = \frac{\rho_B q_m}{c_0 K_F a_V} \int_{c_b}^{c_e} \frac{dc}{c - c^*} \quad (8.100)$$

则传质区高度为：

$$Z_a = U_c (\tau_e - \tau_b)$$
$$= \frac{u_G \varepsilon_s \rho_B}{(1 - \varepsilon_s) K_F a_V} \int_{c_b}^{c_e} \frac{dc}{c - c^*} = H_t N_t \quad (8.101)$$

传质单元高度 $H_t = \dfrac{u_G \varepsilon_s \rho_B}{(1 - \varepsilon_s) K_F a_V}$，传质单元数 $N_t = \displaystyle\int_{c_b}^{c_e} \frac{dc}{c - c^*}$，用图解积分法求得。

穿透点时间 τ_b：

$$\tau_b = \frac{Z - f Z_a}{U_c} \quad (8.102)$$

式中，f 为传质吸附区剩余饱和吸附能力分率，一般取值为 $0.4 \sim 0.5$；Z 为吸附床层高度，m。

全床层吸附饱和度，是指床层中饱和吸附区与传质区的吸附质量和全床层吸附剂完全饱和时吸附的吸附质量之比，表达式为：

$$S = \frac{Z - f Z_a}{Z} \quad (8.103)$$

8.4.3.3　固定床吸附器设计

类似前面介绍的吸收塔，固定床吸附器计算也是依据混合气处理量及组成、吸附剂性能、分离要求等信息，确定吸附剂用量、空塔气速、吸附床层高度等。

根据吸附床层物料平衡，在穿透点时间 τ_b 内，气流进入床层的吸附质量等于该时间内

床层所吸附的吸附质量，即

$$u_G A(c_0 - c_b)\tau_b = ZA\rho_B S q_m \tag{8.104}$$

如图 8-16 所示，受传质速率限制，在穿透点 τ_b 时，吸附床层不可能完全饱和，存在不饱和度 B，因此 $S = 1 - B$，代入上式整理得：

$$u_G(c_0 - c_b)\tau_b = Z\rho_B(1 - B)q_m \tag{8.105}$$

$$\tau_b = \frac{Z\rho_B q_m}{u_G(c_0 - c_b)} - \frac{Z\rho_B q_m B}{u_G(c_0 - c_b)} \tag{8.106}$$

令 $\tau_0 = \dfrac{Z\rho_B q_m B}{u_G(c_0 - c_b)}$，$K = \dfrac{\rho_B q_m}{u_G(c_0 - c_b)}$，则

$$\tau_b = KZ - \tau_0 \tag{8.107}$$

或

$$\tau_b = K(Z - Z_0) \tag{8.108}$$

这就是著名的希洛夫（Wurof）方程式。式中，τ_0 为吸附床层因传质等因素引起的未起作用部分的时间损失，也是为了保证吸附器出口气流中污染物浓度满足控制要求，因此，τ_0 又称为保护作用时间，等于 KZ_0。Z_0 即吸附层中未被利用部分的长度，如图 8-17 所示。K 的物理意思是吸附曲线在吸附床移动单位长度所需要的时间，其倒数 $1/K$ 为曲线移动的线速度（图 8-16），受吸附量、气流速度、气流浓度等因素影响，K 越大吸附床层吸附周期内工作时间越长，反之则工作时间短。τ_0 和 Z_0 均可以由实验确定。

关于移动床吸附装置的设计可参阅相关设计手册，这里不再讲述。

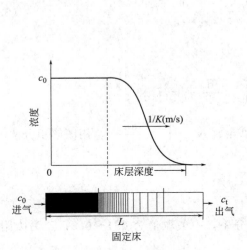

图 8-16　固定吸附床吸附质浓度分布

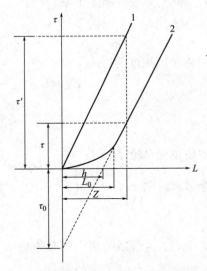

图 8-17　τ-Z 实际曲线与理想曲线的比较

 习题

8.1　计算乙醇在 10℃ 水中的摩尔分数，此时乙醇在空气中的平衡体积分数为 10000μL/L。总压 506.625kPa。

8.2　估算苯和甲苯的混合液体在 40℃ 密闭容器中同空气达到平衡时，顶空气体

中苯和甲苯的摩尔分数。已知混合液中苯和甲苯的摩尔分数分别为 0.30 和 0.70。

8.3　一条天然气输送管道在河床底部泄漏，引起当地居民对甲烷泄漏污染河道的担心。大部分泄漏的甲烷从水中冒出，分散到大气中。假设甲烷在河道上部空气中的分压为 3039.75Pa，估计甲烷在水中的浓度（摩尔分数）。

8.4　饮用水地下水源 H_2S 的质量浓度为 4mg/L。如果水样品在 20℃ 和 101.325kPa 封闭容器中，一些 H_2S 从水中逸出进入上部空气，与空气达到一个平衡。测得封闭容器内空气中 H_2S 的最终体积分数为 75μL/L，计算水中 H_2S 的最终平衡浓度是多少？用 mol/L 和 mg/L 表示。

8.5　有相同频率因子的两个反应（Ⅰ和Ⅱ），其活化能分别为 209.2kJ/mol 和 125.52kJ/mol。计算：500℃ 和 800℃ 的速率常数 $K_Ⅰ$ 与 $K_Ⅱ$ 的比值。

8.6　导出一个方程式，求解 CSTR 反应器体积 V，等温操作的二级反应 $2R \longrightarrow P$，其中，$r_R = -kc_R^2$。$k = 6.0L/(mol \cdot s)$，$c_{R,in} = 0.005$ mol/L，$c_{R,out} = 0.0005$ mol/L，$Q = 100L/s$。如果反应器为 PFR，计算该反应器体积 V。

8.7　一级反应的速率常数 k 值由实验确定，在 1000K 下为 $20s^{-1}$，在 950K 下为 $10s^{-1}$。估计 A 和 E 的反应值。

8.8　把处理量为 250mol/min 的某一污染物引入催化反应器，要求达到 74% 的转化率。假设采用长 6.1m、直径 3.8cm 的管式反应器，求所需要催化剂的质量和所需要的反应管数目。催化剂堆积密度为 $580kg/m^3$。

假定反应速度可表示为：$R_A = -0.15(1-x_A)$ mol/(kg·min)，x_A 为转化率。

8.9　使用 Lee 等的方法，预测等温塞流焚烧炉中所需的温度，使废气中的二甲苯水平从 1000μL/L 减少到 10μL/L。假设停留时间为 0.7s。使用 Cooper 等的方法，结果如何？

8.10　在吸收塔内用清水吸收混合气中的 SO_2，气体流量为 $5000m^3/h$，其中 SO_2 占 5%，要求 SO_2 的回收率为 95%，气、液逆流接触，在塔的操作条件下，SO_2 在两相间的平衡关系近似为 $Y^* = 26.7X$，试求：

① 若用水量为最小用水量的 1.5 倍，用水量应为多少？

② 在上述条件下，用图解法求所需的传质单元数。

8.11　有一吸收塔用油吸收煤气中的苯蒸气。已知煤气流量为 $2240m^3/h$（标况）。入塔气体中苯含量为 4%，出塔气体中苯含量（均为体积分数）为 0.8%。假设进塔油中不含苯，取液体用量 $L = 1.4L/min$。气液平衡关系为 $Y^* = 0.136X$。求：①吸收率；②L_{min} 及 L；③出塔液体中 X_1；④吸收的对数平均推动力。

8.12　某活性炭填充固定吸附床层的活性炭颗粒直径为 3mm，把浓度为 $0.15kg/m^3$ 的 CCl_4 蒸气通入床层，气体速度为 5m/min，在气流通过 220min 后，吸附质达到床层 0.1m 处；505min 后达到 0.2m 处。设床层高 1m，计算吸附床最长能够操作多少分钟，而 CCl_4 蒸气不会逸出。

8.13　某气流中含有一种价值高的碳氢化合物（分子量为 44），可以被非挥发性油（分子量为 300，相对密度为 0.90）吸收，吸收塔装填 25.4mm 拉西环。气体碳氢化合物摩尔分数为 0.20，其余为惰性气体（分子量为 29）。进入吸收塔的气流量为 7.0kg/(m² · s)，吸收剂油的流量为 14.0kg/(m² · s)，吸收塔直径为 1.2m。碳氢化合物回收率为 95%。

$k_{Ya}=0.05G_X^{0.75}$，$k_{Xa}=0.025G_Y^{0.6}G_X^{0.2}$。气液平衡时碳氢化合物在气相和液相中的摩尔分数如表 8-2 所示。估算所需填料层高度。

表 8-2 习题 8.13 表格

x_e	0.1	0.2	0.25	0.3	0.4	0.45	0.5
y_e	0.01	0.027	0.041	0.06	0.122	0.163	0.2

8.14 设计一种吸收塔从废气回收 99.5% 的 NH_3。废气温度为 22℃，NH_3 的分压为 1333.224Pa。废气流空气量为 954kg/h。吸收塔运行状态是 101.325kPa，吸收液水的温度为 22℃，流量为最低水量的 1.5 倍。H_{OG} 为 48mm。

① 确定水的最低流量；

② 当 $\phi=1.0$ 时，确定所需填料层高度。

第9章 VOCs污染控制技术

9.1 概述

9.1.1 VOCs及来源

9.1.1.1 定义

挥发性有机化合物（VOCs）是指在常温常压下沸点小于260℃的有机化合物。

从环境监测角度来讲，指以氢火焰离子检测器（FID）检出的非甲烷烃类检出物的总称，主要包括烷烃类、烯烃类、芳烃类、卤烃类、酯类、醛类、酮类和其他有机化合物。

世界卫生组织（WHO，1989）对总挥发性有机物（TVOC）的定义是：熔点低于室温，沸点范围在50～260℃之间的挥发性有机化合物的总称。

9.1.1.2 来源

VOCs按其化学结构和组成，可以进一步分为：烷烃类、烯烃类、芳烃类、卤代烃类、有机酮、胺、醇、醚、酯、酸等，详见表9-1。

表 9-1 工业生产中排放的 VOCs 种类

分类	VOCs
烷烃类	乙烷、丙烷、丁烷、戊烷、己烷、环己烷、氯代烷烃
烯烃类	乙烯、丙烯、丁烯、丁二烯、异戊二烯、环戊烯、氯代烯烃
芳烃类	苯、甲苯、二甲苯、乙苯、苯乙烯、苯酚、氯代芳香烃
醛和酮	甲醛、乙醛、丙酮、丁酮、甲基丙酮、乙基丙酮
脂肪烃	丙烯酸甲酯、邻苯二甲酸二丁酯、醋酸乙烯
醇和醚	甲醇、甲硫醇、异戊二醇、甲硫醚、丁醇、戊醇
酸和酸酐	乙酸、丙酸、丁酸、乙二酸、邻苯二甲酸酐
胺和酰胺	三甲胺、苯胺、二甲基甲酰胺

VOCs污染源分为固定源和移动源，涉及行业众多，包括石油开采与加工、天然气开采与利用、炼油与石化、化学化工、装备制造业涂装、包装印刷、油品和溶剂储运、半导体及电子产品制造、纺织业、合成纤维、合成橡胶、木材加工等生产行业，以及污水处理、沼气池、垃圾处理、服装干洗、建筑装饰、交通运输、办公用品等市政和社会服务业。

VOCs 污染源排放的强度与行业类别、生产方式、装备水平、排放环节等密切相关，甚至受环境温度、气流速度等影响。

例 9.1 汽油是 $C_5 \sim C_{12}$ 烃类化合物的混合物，分子式为 $C_5H_{12} \sim C_{12}H_{26}$（通式 C_8H_{17}），分子量 72～170（平均分子量 113），汽油密度为 $700 \sim 790kg/m^3$（平均 $753kg/m^3$）。20℃时，汽油饱和蒸气压 37.49025kPa。估算加油站为每辆汽车加油过程汽油散发到空气中的量。

解： 油箱每加 1L 汽油，相应地，就有 1L 气体从油箱排出。散发到空气中的汽油量＝油箱排出的气体体积×气体中汽油浓度。油箱上部空间汽油浓度：

$$c_{汽油} = \frac{y_i \times M_i}{V_{摩尔体积}} = \frac{x_i p_i M_i}{RT} = \frac{1.0 \times 37.49025kPa \times 113g/mol}{8.30865kPa \cdot L/(mol \cdot K) \times 293K} = 1.74g/L$$

加油过程汽油损失的比例为：

$$\frac{单位体积油气浓度}{单位体积汽油密度} = \frac{1.74kg/m^3}{753kg/m^3} = 0.231\%$$

9.1.2　净化方法及选择

VOCs 污染控制措施有两类：第一类，以改进工艺和装备、防止泄漏为主的预防性措施，如溶剂替换、清洁工艺等，从排放源头削减 VOCs；第二类，以末端治理为主的控制性措施，即 VOCs 废气净化。本章主要讨论 VOCs 废气净化。

VOCs 废气组分复杂，浓度范围大。依据目的不同，VOCs 废气净化分回收和销毁两大类，包括膜分离、冷凝、吸收、吸附、催化燃烧、热力燃烧、生物氧化等方法，或者上述方法的组合，如冷凝-吸附、吸收-精馏-冷凝、吸附浓缩-催化燃烧、冷凝-生物氧化等。各种净化方法都有其使用范围，要针对具体情况，因地制宜选择合适的净化方法。

9.1.2.1　污染物浓度和性质

对于高浓度废气，需要优先考虑物质和能量回收。处理方法包括膜分离、冷凝、燃烧。如果组分相对单一，可选择膜分离、冷凝技术，实现物质回收；如果组分复杂，则可选择燃烧，将 VOCs 分解释放热量，以能量方式回收。当然，利用有机物易溶于有机溶剂的特点，以及与其他组分在溶解度上的差异，可采用物理吸收或化学吸收的方法来达到净化的目的，辅助精馏等技术可以实现有机物质回收。

对于低浓度废气，选择的方法包括吸附、生物降解、等离子体等技术。吸附的本质是污染物的浓缩，吸附之后的吸附剂需要脱附再生处理。脱附后的气体浓度会是原来气体的几倍甚至几十倍，高的时候可达上百倍，可以采用冷凝、燃烧等方法对脱附气进行处理。对于水分含量大的废气，不宜采用吸附法，因为多数吸附剂对水分敏感，吸附容量受水分影响很大。此时，建议采用生物降解、等离子体氧化等技术。

9.1.2.2　生产方式及净化要求

生产方式包括连续作业和间隙生产、流水线作业和作坊式生产、敞开式和密闭式等。这些生产方式决定了废气源排放的稳定性，这对后续处理方法的选择和操作参数的设计是非常关键的。如，间歇性生产废气排放为非连续的，不适用于需要废气源相对稳定的燃烧技术。

另外，净化要求也是废气净化技术选择的依据之一。如，普通车间废气经抽排风后，采用炭吸附或等离子体氧化等，即可满足排放净化要求；但对于电子产品生产车间循环换气净化系统，要求净化后的气体满足洁净车间空气质量标准后，返回车间，此时，燃烧、吸收、生物净化、等离子体等技术均不适合，分子筛吸附能满足净化要求。

9.1.2.3　经济性

经济性是废气治理工程非常最重要的一个内容，它包括设备投资和运转费两个方面。好的方案应当在满足净化要求的前提下，尽量减少设备费和运转费。方案中，尽可能回收有价值的物质或热量，这样可以减少运转费，有时还可获得经济效益。

9.2　高浓度 VOCs 处理技术

9.2.1　冷凝法

9.2.1.1　冷凝原理

冷凝法基本原理是气态污染物在不同温度和不同压力下具有不同的饱和蒸气压，当降低温度或加大压力时，某些组分会凝结析出，从而达到净化和回收 VOCs 的目的，甚至可以借助于不同的冷凝温度，对不同组分进行分离。

废气中空气或其他不凝性组分所占比重大，污染物组分占比小，当气体混合物中污染物组分的蒸气分压等于它在该温度下的饱和蒸气压时，废气中的污染物组分开始凝结析出。选用克劳修斯-克拉佩龙（Clausius-Clapyron）方程计算不同温度下的气液平衡体系蒸气压，详见 8.1 节。

$$\lg P_{vi} = A_i - \frac{B_i}{C_i + t} \tag{9.1}$$

式中，A_i、B_i、C_i 为经验常数，由实验确定，参见 8.1.2 表 8-1。

冷凝所能达到的分离效率与废气总压强、污染物初始浓度和冷却后污染物的饱和蒸气压相关。含污染物的废气从状态 $1(T_1，p_1)$ 经冷凝过程，变为状态 $2(T_2，p_2)$，则该冷凝过程的分离效率为：

$$\eta = 1 - \frac{m_2}{m_1} \tag{9.2}$$

式中，m_1、m_2 分别为污染物在冷凝器入口和出口（状态 1 和状态 2）的质量流速。

冷凝过程中，被冷却物质放热，冷却介质吸热。多种组分废气冷凝过程的热平衡关系为：

$$Q_G = m_G \left[C_G(t_{G1} - t_{G2}) + \sum_{i=1}^{n} \gamma_i (y_{i1} - y_{i2}) \right] \tag{9.3}$$

$$Q_L = m_L \left[C_L(t_{L2} - t_{L1}) + \varepsilon \gamma_L \right] \tag{9.4}$$

式中，m_G、m_L 分别为废气和冷却剂的质量流量，kg/s 或 kg/h；C_G、C_L 分别为废气和冷却剂的比热容；t_{G1}、t_{G2} 分别为废气冷却前、后的温度，K；t_{L1}、t_{L2} 分别为冷却剂进口、出口的温度，K；γ_i、γ_L 分别为废气中组分 i 和冷却剂的汽化热；ε 为冷却剂蒸发比例系数。

根据系统热平衡关系，放热等于吸热，即

$$Q_G = Q_L \tag{9.5}$$

例9.2 一甲苯气流在1个大气压和71℃时，甲苯体积分数为40000μL/L。请问，气流须冷却到什么温度才能除去2/3的甲苯蒸气？已知 $A=6.95464$，$B=1341.8$，$C=218.908$。

解: 甲苯体积分数为40000μL/L对应的摩尔分数为0.040。在1atm时，其分压为0.04atm（0.04×1.0）。随着温度降低至蒸气压等于分压时，甲苯蒸气开始冷凝。当甲苯的蒸气压等于初始分压的1/3时，2/3甲苯蒸气被冷凝，故

$$P_{vi}=\frac{1}{3}\overline{P}_i=0.0133(\text{atm})$$

根据安托万方程，此时气体温度 T 为:

$$T=\frac{B_i}{A_i-\lg P_{vi}}-C_i=6.56(℃)$$

热交换器采用冷冻水或制冷剂进行充分冷却，从空气中除去足够的蒸气以达到污染控制目标。需要注意的是，即使冷却到6.56℃，出口气流仍含有13333μL/L的甲苯。

9.2.1.2 冷凝工艺及设备

冷凝系统工艺流程如图9-1所示。冷却方式分直接冷却和间接冷却。

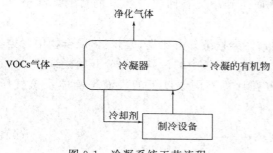

图9-1 冷凝系统工艺流程

直接冷却是冷凝介质与废气直接接触进行热交换，冷却效果高，设备简单，但物质组分难以回收。冷却剂与废气逆流接触，冷凝下来的污染物、水以及冷却液由冷凝器下端以废液的形式排出。未凝结的污染组分、水汽以及大量的空气从设备顶部排出。

间接冷却是废气与冷凝介质不直接接触，通过一个换热器进行热量交换，冷却介质和废气组分不会相互影响，物质组分可以方便回收。这种工艺要求废气不含颗粒物或黏性物质，否则影响换热器正常工作。间接冷却常用的冷凝介质有空气、冷却水、冷冻盐水、乙二醇等。换热器有列管式和板式两大类，可参考相关设计手册选型。

采用冷凝法净化VOCs，要获得高的效率，系统就需要较高的压力和较低的温度，故常将冷凝系统与压缩系统结合使用。在工程实际中，经常采用多级冷凝串联。为了回收较纯的VOCs，通常第一级的冷凝温度设为0℃以上，以去除从气相中冷凝的水。

9.2.1.3 VOCs冷凝计算

冷凝法的一个重要特征是离开冷凝器的净化气流中污染物处于饱和状态，否则冷凝器的作用就只是冷却而不是冷凝。设气体混合物中含有多种组分，离开冷凝器后的组成为 y_1，y_2，…，y_i，…，y_n，则有 $\sum\limits_1^n y_i=1$。

与此气体混合物相平衡的液滴组成 x_i，则有 $\sum\limits_1^n x_i=1$。

在压力为 P、温度为 t 时，在图9-1所示的系统中进行冷凝，已知进料中 i 组分的摩尔分率为 z_i，计算液化率 f 以及冷凝后冷凝液的组成 x_i，和未凝气体的组成 y_i。

液化率 f 指冷凝后冷凝液的量占进料VOCs量的摩尔分数，则有

$$f = \frac{B}{F} \qquad (9.6)$$

如图 9-2 所示，冷凝器中物料衡算方程为：

$$F = B + D \qquad (9.7)$$

式中，F 为进料 VOCs 物质的量流率，kmol/h；B 为冷凝液排出物质的量流率，kmol/h；D 为未凝气中 VOCs 物质的量流率，kmol/h。

将式（9.6）代入式（9.7），得：

$$F = fF + (1-f)F \qquad (9.8)$$

对组分 i 作物料平衡：

$$Fz_i = fFx_i + (1-f)Fy_i \qquad (9.9)$$

整理得：

$$z_i = fx_i + (1-f) \cdot y_i \qquad (9.10)$$

根据气液平衡关系，$y_i = m_i x_i$，式（9.10）转化为：

$$y_i = \frac{z_i m_i}{m_i(1-f)+f} \qquad (9.11)$$

$$x_i = \frac{z_i}{m_i + (1-m_i)f} \qquad (9.12)$$

根据式（9.11）、式（9.12）和 $\sum_1^n y_i = 1$、$\sum_1^n x_i = 1$，可求得 f、x_i、y_i。

从式（9.11）、式（9.12）可知，式中只有 z_i 为已知数。因此，需要根据指定的工艺条件（P，t），计算出相应条件下的 m_i，再假设一个 f 值，利用式（9.11）或式（9.12）求出 y_i 或 x_i，通过 $\sum_1^n y_i = 1$ 或 $\sum_1^n x_i = 1$ 判断假设 f 值有效。否则，需要重新试差计算。

另外，由泡点温度和露点温度的定义可知，$f = 1$ 时的温度为泡点温度，$f = 0$ 时的温度为露点温度，冷凝温度介于两者之间。因此，对于给定 f 时，可以先求出泡点和露点温度，再假设冷凝温度 t，并求出 m，代入式（9.11）或式（9.12）求出 x_i 或 y_i，以 $\sum_1^n y_i = 1$ 或 $\sum_1^n x_i = 1$ 检验假设温度。

冷凝时，所移出的热量 Q_c 可由热量衡算得到：

$$Q_c = F\sum_1^n H_i z_i - D\sum_1^n H_i y_i - B\sum_1^n h_i x_i \qquad (9.13)$$

式中，H_i 为组分 i 的气相焓；h_i 为组分 i 的液相焓。

有了 Q_c，就可利用热交换方程求得冷凝器的换热面积、所需冷却介质的流量。

9.2.2　膜分离法

9.2.2.1　气体膜分离机理

膜分离法是利用固体膜或液体膜作为渗透介质，废气中各组分由于分子量大小、荷电、化学性质等不同，透过膜的能力也不同，而得以分离出来，从而达到脱除有害物质或回收有

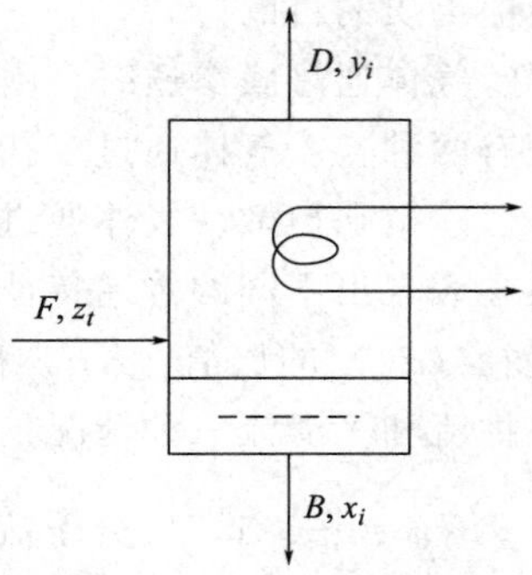

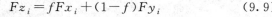

图 9-2　冷凝器物料衡算

价值物质的目的。

气体通过膜渗透时，由于膜的结构与化学性质不同，迁移的机理也不同。目前常见的机理有两种：①气体通过多孔膜的微孔扩散机理；②气体通过非多孔膜的溶解扩散机理。

①微孔扩散。气体通过分子扩散、黏性流动、努森扩散及表面扩散等作用，在多孔膜介质中表现出不同的传递特征，从而实现分离。根据气体分子的平均自由程（λ）与介质微孔直径（d_p）的比值 [Kn，称为努森数（Knudsen 数）]，可以将气-膜体系分为自由分子流、黏性流和平滑流三种情况：

$Kn = \dfrac{\lambda}{d_p} > 1$，属分子流（有分离可能）；

$Kn = \dfrac{\lambda}{d_p} < 1$，属黏性流（无分离可能）；

$Kn = \dfrac{\lambda}{d_p} \approx 1$，属平滑流。

气-膜体系的 λ/d_p 值不同，分子流与黏性流占的比例也不相同。在一个大气压下，气体分子的平均自由程一般在 100nm，故要使分子流占优势，得到良好的分离效果，膜的孔径必须在 100nm 以下。

当 $Kn = \dfrac{\lambda}{d_p} > 1$ 时，单位时间单位膜面积的膜渗透量 Q_K（称为渗透速率）为：

$$Q_K = \frac{K}{\sqrt{MT}}(P_1 - P_2) \tag{9.14}$$

式中，P_1、P_2 分别为膜两侧的气体压力，Pa；M 为分子量；T 为热力学温度，K；K 为膜渗透系数，表征膜对气体的渗透能力，与膜结构、膜厚等参数相关。

由上式可知，气体经多孔膜的渗透速度与该气体的分子量的平方根成反比。因此，采用多孔膜进行气体分离，常利用被分离气体组分分子量的差别，这种差别的比值称为混合气体分离系数 α：

$$\alpha_{AB} = \frac{Q_{KA}}{Q_{KB}} \propto \sqrt{\frac{M_B}{M_A}} \tag{9.15}$$

混合气体通过多孔膜的分离过程主要以分子流为主，除膜孔径外，混合气体的温度应足够高，压力应尽可能低。高温、低压都可提高气体分子的平均自由程，同时还可避免表面流动和吸附等现象发生。表 9-2 说明了在不同的操作条件下气体透过多孔膜的情况。

② 溶解扩散。气体通过非多孔膜时，首先在膜侧表面吸附溶解，之后在膜两侧表面浓度差的推动下，扩散透到膜的另一侧，脱溶出来。一般地，气体在膜表面的吸着和解吸过程

表 9-2　不同的操作条件下气体透过多孔膜的情况

操作条件	气体透过膜的流动情况
低压、高温(200～500℃)	气体的流动服从分子扩散，不产生吸附现象
低压、中温(30～100℃)	吸附起作用，分子扩散加上吸附流动
常压、中温(30～100℃)	增大了吸附作用，而分子扩散仍存在
常压、低温(0～20℃)	吸附效应为主，可能有滑动流动
高压(4MPa 以上)、低温(-30～30℃)	吸附效应控制，可产生层流

能较快地达到平衡，而气体在膜内的扩散过程可用菲克定律来描述。稳态时，单位时间单位膜面积气体的膜渗透率为：

$$Q_K = \frac{K}{L}(P_1 - P_2) \tag{9.16}$$

膜渗透系数 K 与膜组分、结构和形态性质等相关，表示式为：

$$K = D \times S \tag{9.17}$$

式中，L 为膜厚度；D 为扩散系数；S 为气体在膜中的溶解度系数。溶解度系数 S 与温度 T 的关系通常写成：

$$S = S_0 \exp[-\Delta H/(RT)] \tag{9.18}$$

式中，S_0 为 T_0 时的溶解度系数；ΔH 为溶解热，其值大致在 $\pm 8.4 kJ/mol$ 范围内。

③ 溶解-渗透扩散。多孔膜渗透量大，但分离系数小；非多孔膜渗透量小，但分离系数大。为此，人们开发了非对称膜，将表皮致密层（厚度 $0.1 \sim 0.5 \mu m$）涂覆在多孔膜支撑层（厚度 $5 \sim 10 \mu m$）上形成复合膜。一般认为，气体通过非对称膜时，气体首先在致密层溶解并扩散，之后渗透进入并穿过多孔层，实现组分分离。稳态时，单位时间单位膜面积气体的膜渗透率为：

$$Q_K = \left(\frac{1-\varepsilon}{L_1/K_1 + L_2/K_2} + \varepsilon \frac{K_1}{L_1}\right)(P_1 - P_2) \tag{9.19}$$

式中，L_1、L_2 分别为致密涂层和多孔支撑层厚度；K_1、K_2 分别为致密涂层和多孔支撑层的渗透系数；ε 为不对称气体分离膜表面孔隙率，一般约在 10^{-6} 以下。

9.2.2.2 气体分离膜材料

按材料的性质区分，气体分离膜材料主要有高分子材料、无机材料和复合材料三大类。

①高分子材料。气体分离高分子膜材料有聚酰亚胺（PI）、乙酸纤维素（CA）、聚二甲基硅氧烷（PDMS）、聚砜（PS）、聚碳酸酯（PC）等。理想的气体分离膜材料具有高透气性和透气选择性、高机械强度、热和化学稳定性以及成膜加工性能。透气性指在 $1.333 kPa$ 标准压差下，$1s$ 内能透过 $1 cm$ 膜厚的气体体积（cm^3）。表 9-3 列了代表性高分子膜材料的透气性。研究表明，含氮芳香杂环聚合物兼具高透气性和透气选择性，其中尤以聚酰亚胺的综合性能最佳，这类材料机械强度高，耐化学介质，可制成高通量的自支撑型不对称中空纤维膜。另外，有机硅分离膜具有优良的实用性。

表 9-3 一些高分子膜材料的透气性

单位：$7.52 \times 10^{-18} m^3 \cdot m/(m^2 \cdot s \cdot Pa)$

聚合物	$T/℃$	$Q_K(He)$	$Q_K(H_2)$	$Q_K(CO_2)$	$Q_K(O_2)$	$Q_K(N_2)$
聚二甲基硅氧烷	25	230		3240	605	300
聚 4-甲基-1-戊烯	25	100		93	32	
天然橡胶	25	23.7	90.8	99.6	17.7	6.12
乙基纤维素	25	53.4		113	15	4.43
聚 2,6-二甲基-1,4-苯醚	25			75	15	3.0
聚四氟乙烯	25			12.7	4.9	
聚乙烯(相对密度 0.922)	25	4.93		12.6	2.89	0.97
聚苯乙烯	20	16.7		10.0	2.01	0.32
聚碳酸酯	25	19		8.0	1.4	0.30

续表

聚合物	$T/℃$	$Q_K(He)$	$Q_K(H_2)$	$Q_K(CO_2)$	$Q_K(O_2)$	$Q_K(N_2)$
丁基橡胶	25	8.24		5.2	1.3	0.33
醋酸纤维素	22	13.6			0.43	0.14
聚丙烯	27			1.8	0.77	0.18
聚乙烯(相对密度 0.964)	25	1.14		3.62	0.41	0.143
聚氯乙烯(30% DOP)	25	14	13	3.7	0.60	0.20
尼龙-6	30	0.53		0.16	0.38	
聚对二苯甲酸乙二醇酯	25	1.1	0.6	0.15	0.03	0.006
聚偏二氯乙烯	25		0.08	0.029	0.005	0.001
聚丙烯腈	25	0.55		0.0018	0.0003	
聚乙烯醇	20	0.0033		0.0005	0.00052	0.00045

② 无机及金属材料。无机膜是通过加工无机材料制备得到的一种固态膜，按表层结构形态分为致密膜和多孔膜。致密膜主要有各类金属及其合金膜（如 Pd 及 Pd 合金膜）等，多孔膜有多孔金属膜、陶瓷膜、玻璃膜、沸石膜等。与高分子膜材料相比，无机膜具有耐热性好、机械强度高、化学性质稳定、抗微生物污染性好、使用寿命长等优点，但选择性较差，加工难度大，制造成本高。

③ 有机-无机复合材料。将纳米级无机材料添加到高分子膜材料中，制备兼具有机、无机气体分离膜优点的高性能复合膜。该复合膜材料由于无机纳米粒子的添加，对高分子聚合膜材料进行了改性，增强了复合膜的韧性，提高了膜的强度和模量，改变了膜的性能。

9.2.2.3 气体分离膜设备

相对于膜材料的研究而言，膜组件的研究开发已比较成熟。1979 年，某公司研制了"Prism"气体分离装置，通过在聚砜中空纤维外表面涂敷致密的硅橡胶表层，制得高渗透率、高选择性的复合膜，成功地将之应用在合成氨弛放气中氢回收，成为气体分离膜发展中的里程碑。我国于 20 世纪 80 年代开始研究气体分离膜及其应用，1985 年中国科学院大连化学物理研究所首次成功研制中空纤维 N_2/H_2 分离器，并投入批量生产。

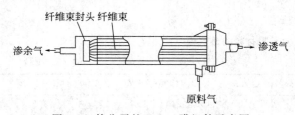

图 9-3　某公司的 Prism 膜组件示意图

气体分离膜组件常见的有平板式、中空纤维式和卷式三种。平板膜组件制造方便，其渗透选择层厚度仅为中空纤维膜的 $1/2\sim1/3$，缺点是膜装填密度低。中空纤维膜组件膜装填密度高，如图 9-3 所示为某公司 Prism 膜组件，膜装填密度是平板式的 10 倍以上，缺点是气体通过中空纤维的压力损失很大。卷式组件的膜装填密度介于平板和中孔纤维组件之间。目前气体膜分离中使用的大多数是中空纤维式或卷式膜组件。

膜分离技术净化有机气体的工艺流程如图 9-4 所示。经过除尘、除油等预处理后的有机气体经空压机加压到表压 0.31MPa～1.33MPa 后进入冷凝器冷凝分离，然后通过膜分离器进行气相分离。稀相为净化后的气体，可进一步处理或直接排放，浓相则回到加压设备的进气口与入口气流一起进一步处理。

二维码9-1　罐区VOC
排放控制工程案例

图 9-4　有机气体膜分离净化工艺流程

膜分离法通常需较高的操作压力，能耗较高，主要用于一些小气量、高浓度的处理场合，如表 9-4 所示。当气流有机物浓度达 $10000\mu L/L$ 时，膜分离法的经济性可与活性炭吸附相当。膜分离净化效率可达 90%～99.9%，可应用于浓度波动较大的场合，还可用于一些不适合活性炭吸附处理的场合，如一些低分子量的化合物和易于在活性炭表面聚合的化合物。

表 9-4　VOCs 控制中膜分离设备可应用的场合

汽油装卸过程的蒸气回收	工业冷却剂纯化蒸汽
医院采用的杀菌剂排气	胶片干燥
药厂排气	储槽的呼吸气
聚合物生产	天然气中较长链烃的去除

9.2.3　热氧化

9.2.3.1　VOCs 热氧化工艺

对于有毒、有害、无须回收的 VOCs，热氧化是一种较彻底的处理方法。根据燃烧温度不同，热氧化法可分为三种：热力燃烧、蓄热燃烧和催化氧化。

① 热力燃烧。热力燃烧（TO）一般指的是气体焚烧炉，它由助燃剂、混合区和燃烧室组成。助燃剂（天然气、石油等）作为辅助燃料，燃烧产生的热量在混合区对 VOCs 废气进行预热，燃烧室为预热后的废气提供足够大的空间和足够长的时间以完成最终的氧化反应。该氧化器的一个最大缺点是辅助燃料价格太高，致使装置的操作费用很高。

燃烧温度一般大于 1000℃，为实现热能回收，在燃烧炉后端或出口加装间接热交换器，把从燃烧室排出的高温气体所带的热量传递给氧化装置进口处的低温气体或其他热载体。热回收率最高可达 85%，能有效降低辅助燃料的消耗。

② 蓄热燃烧。蓄热燃烧（RTO）是在热氧化装置中加入蓄热体，预热 VOCs 废气，再进行氧化反应。热氧化温度一般在 700～900℃，蓄热式热交换器占用空间小，热回收率可达 95% 以上，辅助燃料消耗少（甚至不用辅助燃料）。RTO 不能处理含有颗粒或黏性物质的 VOCs 废气。

RTO 装置可分为阀门切换式和旋转式。阀门切换式 RTO 有 2 个或多个陶瓷填充床，通过阀门切换改变气流的方向，从而达到预热 VOCs 废气的目的。图 9-5 是典型的两床式 RTO 示意图，其主体结构由燃烧室、两个陶瓷蓄热床和两个切换阀组成。当 VOCs 废气由引风机送入蓄热床层 1，被该床层加热后，在燃烧室氧化燃烧，燃烧后的高温烟气通过蓄热床层 2，降温后的烟气通过切换阀排放；当蓄热床层 2 温度升高后，VOCs 废气经切换阀从蓄热床层 2 进入，被该床层加热后，在燃烧室氧化燃烧，燃烧后的高温烟气通过蓄热床层

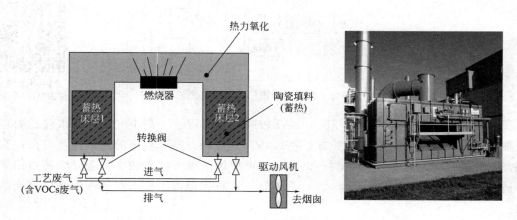

图 9-5 蓄热式热氧化器（RTO）及工程装置图

1，降温后的烟气通过切换阀排放。如此周期性切换，实现 VOCs 废气连续处理。

近年来，学者们又研发了旋转式 RTO。该装置由一个燃烧室、一个分成几瓣独立区域的圆柱形陶瓷蓄热床和一个旋转式转向器组成。通过旋转式转向器的旋转，就可改变陶瓷蓄热床不同区域的气流方向，从而连续地预热、氧化燃烧 VOCs 废气。相对于阀门切换式 RTO，旋转式 RTO 只有旋转式转向器一个活动部件，运行更可靠，维护费用更低，缺点是旋转式转向器不易密封，泄漏量大，影响 VOCs 的净化效率。

③ 催化氧化。催化氧化（CO）是用催化剂使废气中可燃物质在较低温度下氧化分解的净化方法，又称催化燃烧。大多数碳氢化合物在催化剂作用下完全氧化温度为 300～450℃。与热力燃烧相比，催化氧化所需辅助燃料少，能量消耗低，设备体积小。但是，催化剂中毒、催化床层更换和清洁等问题，影响了这种方法在实际过程中的推广。

催化氧化装置主要由热交换器、燃烧室、催化反应器、热回收系统和净化烟气的排气筒等部分组成。其净化过程是：含 VOCs 废气在进入燃烧室以前，先经过热交换器被预热后送至燃烧室，在燃烧室内达到所要求的反应温度，氧化反应在催化反应器中进行，净化后烟气经热交换器释放出部分热量，再由排气筒排入大气。

催化燃烧装置设计时应考虑的问题有：a. 气流和温度均匀分布；b. 便于清洗和更换；c. 辅助燃料和助燃；d. 催化剂活性和使用寿命，包括热稳定性和结构强度。

9.2.3.2 热氧化温度

① 自燃温度法。以前，热氧化炉设计或运行由于缺乏详细的数据，其温度控制是很粗糙的。罗斯（1977）建议，设计温度可取"高于 VOCs 自燃温度几百度"。自燃温度是在无火花或火焰的空气中 VOCs 自行燃烧的温度。一些 VOCs 自燃温度如表 9-5 所示。过高的温度会导致热氧化炉高投资费和运行费用，因此，预测温度高于实际需要的温度，可能会影响热氧化炉的选用。

② 统计模型法。Lee 等（1979；1982）对一些 VOCs 进行实验，提出了一种更精确的统计模型来预测动力学数据和设计温度。模型依赖于大量 VOCs 的性质，其中最重要的是自燃温度、停留时间、氢原子与碳原子在分子中的比率。这个方法有更高的相关系数，预测温度的标准偏差约 20°F。主要两个方程为：

表 9-5　空气中 VOCs 的自燃温度

物质	自燃温度/℃	物质	自燃温度/℃
丙酮	538	二氯乙烯	413
丙烯酮	234	正己烷	438
丙烯腈	481	氰化氢	538
苯	579	甲基氯	632
正丁烷	480	异丁烷	510
1-丁烯	384	甲烷	537
正丁醇	367	甲醇	470
氯苯	674	甲基乙基酮	516
环己烷	268	苯酚	715
乙烷	530	丙烷	466
乙醇	426	丙烯	455
乙酸乙酯	486	苯乙烯	491
乙苯	466	甲苯	552
氯乙烯	518	氯乙烯	472
乙烯	450	二甲苯	496

$$T_{99.9} = 594 - 12.2W_1 + 117.0W_2 + 71.6W_3 + 80.2W_4 + 0.592W_5 -$$
$$20.2W_6 - 420.3W_7 + 87.1W_8 - 66.8W_9 + 62.8W_{10} - 75.3W_{11} \tag{9.20}$$

$$T_{99} = 577 - 10.0W_1 + 110.2W_2 + 67.1W_3 + 72.6W_4 + 0.586W_5 -$$
$$23.4W_6 - 430.9W_7 + 85.2W_8 - 82.2W_9 + 65.5W_{10} - 76.1W_{11} \tag{9.21}$$

式中，$T_{99.9}$ 为 99.9%破坏效率的温度，℉；T_{99} 为 99%破坏效率的温度，℉；W_1 为碳原子数目；W_2 为芳香族化合物（0：不是，1：是）；W_3 为芳香族化合物以外的 C＝C，（0：不是，1：是）；W_4 为氮原子数目；W_5 为自燃温度，℉；W_6 为氧原子数目；W_7 为硫原子数目；W_8 为氢碳比；W_9 为烯丙基（如 2-丙烯基）化合物的标识（0：不是，1：是）；W_{10} 为碳双键-氯的相互作用（0：不是，1：是）；W_{11} 为停留时间（s）的自然对数。

③ 反应速率常数法。Cooper、Alley 和 Overcamp 在 1982 年结合碰撞理论与经验数据，根据分子量和 HC 的类型，提出了碳氢化合物在 940～1140 K 范围内热氧化的一个"有效"一级速率常数 k 的预测方法。

根据 8.2.1 式（8.15），速率常数 k 与反应温度之间关系的阿伦尼乌斯计算式为：

$$k = A\mathrm{e}^{-E/RT} \tag{9.22}$$

指前数因子 A 由下式给出：

$$A = \frac{ZSy_{O_2}P}{R} \tag{9.23}$$

式中，Z 为碰撞速率系数；S 为空间因素；y_{O_2} 为热氧化室的氧摩尔分数；P 为绝对压力，atm；R 为通用气体常数，0.08206 L·atm/(mol·K)。

式（9.23）中，空间因素 S（分子的几何构型导致某些碰撞不产生有效的反应）由式（9.24）计算得：

$$S = \frac{16}{MW} \tag{9.24}$$

式中，MW 为 HC 的分子量。

碰撞速率系数 Z 可以从图 9-6 的三类化合物估算出，结合热氧化室的氧摩尔分数，指前因子 A 即可估算。活化能 E（kcal/mol）是活化分子的平均能量与反应物分子的平均能量之差，与分子量的关系如图 9-7 所示，计算式是：

$$E = -0.00966MW + 46.1 \tag{9.25}$$

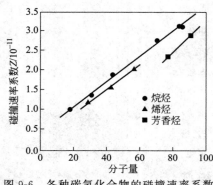

图 9-6　各种碳氢化合物的碰撞速率系数

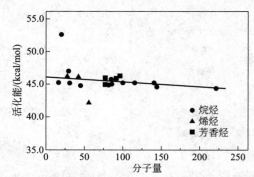

图 9-7　碳氢化合物作为功能分子量焚烧的活化能

一旦 A 和 E 被估算，理论上可以由阿伦尼乌斯方程计算出不同反应速率所需的温度 T。对于等温柱塞流反应器（PFR），HC 的破坏效率 η、速率常数 k 和停留时间 τ_r 之间的关系为：

$$\eta = 1 - \frac{[HC]_{out}}{[HC]_{in}} = 1 - e^{-k\tau_r} \tag{9.26}$$

式（9.26）除了被用于理想情况下等温柱塞流反应器，也可以用在非等温的热氧化室设计，是实际情况中比较有代表性的。

一些研究者发现，VOCs 热氧化中间产物是 CO。当 VOCs 的分解速率大于 CO 氧化速率时，CO 氧化成为"限速"环节。1973 年，霍华德（Howard）等提出了 CO 氧化表达式（9.27），适用温度范围为 840～2360K。

$$CO \text{ 的氧化率} = 1.3 \times 10^{14} e^{-30000/RT} [O_2][H_2O]^{1/2}[CO] \tag{9.27}$$

式中，$[i]$ 为组分 i 的物质的量浓度，mol/cm³。

因此，当 CO 氧化比 VOCs 分解慢很多时，需要更高的燃烧温度，防止排放烟气中 CO 浓度过高。

例 9.3　使用本节中讨论的三种方法估算等温柱塞流焚烧炉停留时间为 0.5s 时 99.5% 甲苯被破坏所需的温度。

解： ① 自燃温度法。查表 9-5，甲苯自燃温度为 552℃。

按照设计燃烧温度"高于自燃温度几百摄氏度"原则，这里取 150℃。则所需破坏温度为：

自燃温度 + 150℃ = 552℃ + 150℃ = 702℃。

② 统计模型法。由式（9.20）和式（9.21）得：

$T_{99.9} = 594 - 12.2 \times 7 + 117 + 0 + 0 + 0.592 \times 1026 - 0 - 0 + 87.1 \times 1.14 - 0 - 0 - 75.3 \times$
$\qquad \ln 0.5 = 1384$ （°F） = 751 （℃）

$T_{99} = 577 - 10.0 \times 7 + 110.2 + 0 + 0 + 0.586 \times 1026 - 0 - 0 + 85.2 \times 1.14 - 0 + 0 - 76.1 \times$

$$\ln 0.5 = 1368 \ (°F) = 742 \ (℃)$$

$T_{99.5}$ 将在 T_{99} 和 $T_{99.9}$ 之间。采用线性平均，得：

$$T_{99.5} = 747℃$$

③ 反应速率常数法。首先，我们重新整理式 (9.26) 并计算所需的 k 值。

$$k = \frac{-\ln(1-0.995)}{0.5} = 10.6(s^{-1})$$

由式 (9.25)，计算 E 得：

$$E = -0.00966 \times 92 + 46.1 = 45.2(kcal/mol)$$

从式 (9.24) 计算 S，并从图 9-6 中估算 Z，所以

$$S = 16/92 = 0.174$$
$$Z = 2.85 \times 10^{11}$$

假设废气中氧摩尔分数为 0.15，大气压为 1 atm，由式 (9.23) 计算 A：

$$A = \frac{2.85 \times 10^{11} \times 0.174 \times 0.15 \times 1.0}{0.08205} = 9.07 \times 10^{10}(s^{-1})$$

最后，计算反应温度 T 为：

$$T = \frac{-E}{R} \frac{1}{\ln(k/A)} = \frac{-45200}{1.987} \times \frac{1}{\ln[10.6/(9.07 \times 10^{10})]} = 995(K) = 722(℃)$$

9.2.3.3　热氧化炉设计

① 物质和能量平衡。通过对 VOCs 热氧化过程物料和能量平衡，可以计算在给定物料下完成氧化燃烧所需要的燃气流量。

稳态下，图 9-8 热氧化炉的物料平衡式为：

$$0 = M_G + M_{PA} + M_{BA} - M_E \tag{9.28}$$

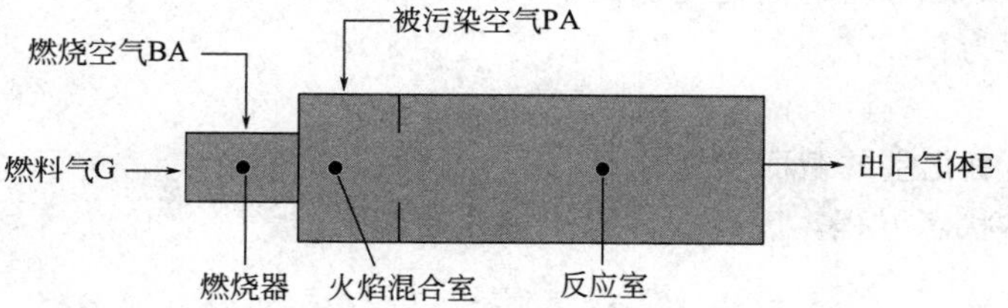

图 9-8　VOCs 燃烧炉示意图

式中，M 为质量流量，kg/min，下标参照图 9-8 中标注。

稳态下，上述过程热量平衡计算式为：

$$0 = M_{PA}h_{PA} + M_{BA}h_{BA} + M_G h_G - M_E h_E + M_G(\Delta H_C)_G + \sum M_{VOC_i}(\Delta H_C)_{VOC_i} X_i - q_L \tag{9.29}$$

式中，h 为比焓，kJ/kg；ΔH_c 为燃烧净热（低热值），kJ/kg；X_i 为 VOC_i 的转换分数；q_L 为燃烧炉的热损失率，kJ/min。

一般地，废气流的比焓近似于纯空气的比焓。因此，式 (9.29) 简化为：

$$0 = M_{PA}h_{T_{PA}} + M_{BA}h_{T_{BA}} + M_G h_{T_G} - M_E h_{T_E} + M_G(\Delta H_C)_G(1-f_L) +$$
$$\sum M_{VOC_i}(\Delta H_C)_{VOC_i} X_i (1-f_L) \tag{9.30}$$

式中，f_L 为热损失分数；h_{T_i} 为温度 T_i 时空气的比焓，kJ/kg。

将式 (9.28) 代入到式 (9.30)，求解燃料气体的质量流量：

$$M_G = \frac{M_{PA}(h_{T_E} - h_{T_{PA}}) + M_{BA}(h_{T_E} - h_{T_{BA}}) - \sum M_{VOC_i}(\Delta H_C)_{VOC_i} X_i (1 - f_L)}{(\Delta H_C)_G (1 - f_L) - (h_{T_E} - h_{T_G})}$$

(9.31)

通常，燃烧器制造商会设定一个燃气比（$R_B = M_{BA}/M_G$）。假定 $T_{BA} = T_G$，式（9.31）可以转化为：

$$M_G = \frac{M_{PA}(h_{T_E} - h_{T_{PA}}) - \sum M_{VOC_i}(\Delta H_C)_{VOC_i} X_i (1 - f_L)}{(\Delta H_C)_G (1 - f_L) - (R_B + 1)(h_{T_E} - h_{T_{BA}})}$$

(9.32)

下面通过一个例子问题来说明热氧化炉设计过程。

例9.4 计算在热氧化室处理 $4190 \text{m}^3/\text{h}$ 有机废气所需的甲烷质量流量。废气进入热氧化室温度 $93\,^\circ\text{C}$，排气温度为 $732\,^\circ\text{C}$。燃烧器助燃空气 $340 \text{m}^3/\text{h}$，室温 $26\,^\circ\text{C}$。甲烷的低热值（LHV）是 50338kJ/kg。假设总热损失为 10%，此外，忽略由污染物氧化获得的任何热量。

解：入口处，废气和助燃空气的密度分别是 0.959kg/m^3 和 1.181kg/m^3。因此，

$$M_{PA} = 4190 \text{m}^3/\text{h} \times 0.959 \text{kg/m}^3 = 4018 \text{kg/h}$$

$$M_{BA} = 340 \text{m}^3/\text{h} \times 1.181 \text{kg/m}^3 = 402 \text{kg/h}$$

查资料得，$26\,^\circ\text{C}$、$93\,^\circ\text{C}$、$732\,^\circ\text{C}$ 空气比焓值为：

$$h_{T_E} = 765 \text{kJ/kg}, \quad h_{T_{BA}} = 11.21 \text{kJ/kg}, \quad h_{T_{PA}} = 78.45 \text{kJ/kg}, \quad h_{T_G} = 11.21 \text{kJ/kg}$$

将这些数据代入式（9.31），解 M_G，得：

$$M_G = \frac{4018 \times (765 - 78.45) + 402 \times (765 - 11.21)}{50338 \times (1 - 0.1) - (765 - 11.21)} = 68.72 (\text{kg/h})$$

甲烷的密度为 0.665kg/m^3，则甲烷体积流量为 $103.34 \text{m}^3/\text{h}$。

② 设备尺寸。热氧化室需要通过湍流确保足够的混合和推流状态。一般地，建议燃烧室进口流速为 $6.0 \sim 12 \text{m/s}$，整个装置主体的平均流速为 $3 \sim 6 \text{m/s}$。停留时间与反应温度等相关，通常 $0.4 \sim 0.9 \text{s}$ 停留时间是足够的。

反应室的长度为：

$$L = u\tau_r$$

(9.33)

式中，u 为热氧化室的截面气速。

根据理想气体状态方程，废气的体积流量计算式为：

$$Q_E = \frac{M_E R T_E}{P(\text{MW})_E}$$

(9.34)

反应室的直径为：

$$D = \sqrt{\frac{4Q_E}{\pi u}}$$

(9.35)

例9.5 计算例9.4的热氧化室长度和直径，热氧化室的截面气速为 4.5m/s，所需的停留时间是 1s。

解：
$$L = 4.5 \times 1.0 = 4.5 (\text{m})$$

$$M_E = 4018 + 402 + 68.72 = 4488.72 (\text{kg/h})$$

假定排气气体的分子量为 28，我们可以用式（9.34）得到 Q_E，从式（9.35）得到 D：

$$Q_E = \frac{4488.72 \times 0.082 \times 1005}{1.0 \times 28.0} = 13211 (\text{m}^3/\text{h})$$

$$D = \sqrt{\frac{4 \times 13211}{\pi \times 4.5 \times 3600}} = 1.02 (\text{m})$$

9.2.3.4　热氧化催化剂

压力降是催化氧化炉设计的一个关键。一般地，催化剂是将贵金属（如钯或铂），也有铬、锰、铜、钴和镍等，沉积在氧化铝载体上，以形成最小的压力降。蜂窝结构催化剂（图9-9）压力降为 $0.05 \sim 0.5 \mathrm{m H_2 O/m}$（以催化床层高计），是颗粒结构催化床层的 1/20。除了高活性和低压降外，催化剂必须能够抵抗磨损（破碎、破损或其他机械磨损），经受高温冲击，并且具有较长的使用寿命。

催化氧化总速率取决于传质速率（VOCs 在催化剂表面的扩散）和催化剂作用下化学反应速率。低温（$<260℃$）时，化学反应速率是控制因子；在较高的温度下，传质速率是控制因子。温度对催化剂转化率的影响如图 9-10 所示。

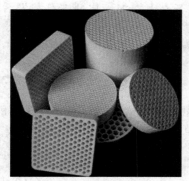

图 9-9　蜂窝结构催化剂

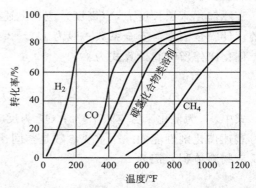

图 9-10　气体在铂催化剂上的转化率随温度变化曲线

商业催化剂破坏 90%VOCs 所需入口空气温度如表 9-6 所示。

表 9-6　常见气态污染物催化氧化温度

化合物	报道催化温度[①]/℃	化合物	报道催化温度[①]/℃
苯	230,260,300	甲烷	490
一氧化碳	300,260,320	丁酮	280,300,350
乙基丙酮	420	乙醇	320
乙烯	290	甲基异丁基酮	280,300,350
丙烯	260	正戊烷	310
正庚烷	250,300,310	甲苯	240,250,300
		二甲苯	300

①报道的温度是气体破坏率 90% 的反应温度。

一般地，催化氧化的总速率是受传质限制。因此，催化单元的设计主要是确定催化床层的长度（高度），以确保需要的足够停留时间，满足 VOCs 完全矿化的要求。Retallick（1981）提出的基本方程是：

$$\frac{[\mathrm{VOC}]_L}{[\mathrm{VOC}]_0} = e^{-L/L_{\mathrm{m}}} \tag{9.36}$$

式中，$[\mathrm{VOC}]_L$ 为 VOCs（反应物）在催化床长度 L 上的浓度；$[\mathrm{VOC}]_0$ 为热氧化器 VOCs 的进口浓度；L 为催化床的长度；L_{m} 为传质单元的长度。

Retallick 给出在湍流和层流条件下 L_{m} 计算方程。蜂窝结构催化床层单个通道体积小，

即使气流速度达到 12m/s，其雷诺数基本小于 1000，所以被认为是层流。因此

$$L_m = \frac{ud^2}{17.6D} \tag{9.37}$$

式中，u 为催化床层蜂窝通道中的线速度，m/s；d 为通道的有效直径，m；D 为扩散系数，m^2/s。

当流速达到湍流时，湍流扩散效应是显著的，此时：

$$L_m = \frac{2}{fa}(Sc)^{2/3} \tag{9.38}$$

式中，f 为范宁摩擦系数，无量纲；Sc 为施密特数（$\mu/\rho D$），无量纲；a 为床层单位体积的表面积，m^2/m^3。

实际催化床层长度 L_A（高度）应在上述的理论计算值基础上增加催化剂中毒和失活导致的设计安全因素，安全系数一般为 1.2～2.0。

催化床停留时间计算式为：

$$t = \varepsilon \frac{V_c}{Q_G} = \varepsilon \frac{L_A}{u} \tag{9.39}$$

式中，ε 为催化床层空隙率，%；Q_G 为反应气体体积流量，m^3/h；V_c 为实际催化床体积。

表述催化剂性能的一个重要参数是空间速度。它是指单位时间内通过单位体积催化床层的反应物料体积，记为 w_{sp}：

$$w_{sp} = \frac{Q_{NG}}{V_c} \tag{9.40}$$

式中，Q_{NG} 为标准状态下的反应气体体积流量，m^3/h。

空间速度的单位是时间的倒数。Kohl 和 Nielsen（1997）报告，VOCs 氧化过程贵金属催化剂的设计空间速度一般为 10000～60000h^{-1}，普通金属催化剂为 5000～15000h^{-1}。注意，空间速度的倒数是空间时间，与停留时间相似。典型的催化氧化时空间时间为 0.03～0.1s，典型的非催化热氧化空间时间为 0.3～1s，显然，催化体系缩短了热氧化时间。

催化燃烧炉所处理的气体流必须不含颗粒或黏性物质。此外，气流不应该含有相当浓度的使催化剂中毒的化合物，如硫、氯、铅等元素。除中毒和堵塞外，催化剂机械磨损、热老化、热烧结和炭黑掩蔽（PM 与气体或重烃氧化后表面形成的烟尘颗粒）等也是操作过程经常遇到的问题。因此，所有催化剂使用一定时间后必须更换（通常是 3～5 年）。

9.2.3.5 热回收

热回收是 VOCs 热氧化工艺设计另一个需要重点考虑的内容。

回收热能的一种非常普遍的方法是安装热交换器。如前面所述的间壁式燃烧处理器，换热器是用来预热进口废气，如图 9-11（a）所示。能量回收率可以通过一个简单的公式近似计算：

$$E = \frac{\Delta T_{回收}}{\Delta T_{获得}} \times 100 = \frac{T_2 - T_1}{T_3 - T_1} \times 100 \tag{9.41}$$

式中，E 为热回收百分比；T_1 为气流中 VOCs 的温度；T_2 为预热后焚烧前的气流温度；T_3 为热氧化室排气温度。

除了预热燃烧前废气外，VOCs 热氧化产生的热能还可以加热水制得蒸汽 [图 9-11

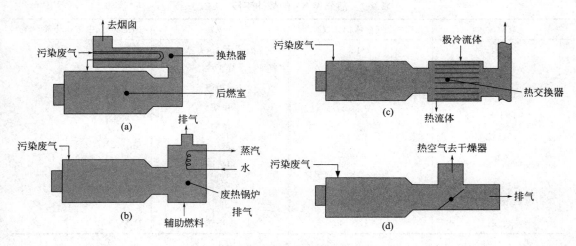

图 9-11　热氧化室热回收的各种处理方案

(b)]，用于预热液体流 ［图 9-11（c）］ 或与新鲜空气混合以提供热风干燥流 ［图 9-11 (d)］。前面提到的蓄热式热氧化器（RTO）也是一种典型的热能回收。

例 9.6　计算 $500\mathrm{m^3/min}$ 的空气在 1atm，从 700℃ 冷却到 200℃ 的焓变。如果气体燃料（甲烷）成本是 45.5 元/GJ，电力成本 0.70 元/(kW・h)。计算通过空气降温至 200℃，该气流每日的热回收量。换热器的总投资为 70.0 万元，热交换器增加的压降是 1270Pa。现有风机可以满足这个压降，但效率为 60％。折旧系数 0.18。设系统年运行 250 天。若换一个换热器总投资为 35.0 万元，降温是 240℃，压降 2030Pa，哪一个方案更好？

解：查资料得，$h_{700}=754\mathrm{kJ/kg}$，$h_{200}=220\mathrm{kJ/kg}$，所以 $\Delta h=534\mathrm{kJ/kg}$。

700℃ 的空气密度为：

$$\rho=\frac{P(\mathrm{MW})}{RT}=\frac{1.0\times29}{0.08205\times973}=0.363(\mathrm{kg/m^3})$$

燃料节省资金：$500\mathrm{m^3/min}\times0.363\mathrm{kg/m^3}\times534\mathrm{kJ/kg}\times45.5\times10^{-6}$ 元$/\mathrm{kJ}\times1440\mathrm{min/d}$ $=6350$ 元$/\mathrm{d}\times250\mathrm{d/a}=158.75$ 万元$/\mathrm{a}$。

风机功率：$N_\mathrm{e}=\dfrac{Q_0\Delta p_0 K}{1000\eta_1\eta_2}=\dfrac{500\times1270\times1.3}{1000\times60\times0.6\times1.0}=22.9$（kW）。

风机运行成本：$22.9\mathrm{kW}\times250\mathrm{d/a}\times24\mathrm{h/d}\times0.70$ 元$/$（kW・h）$=9.62$ 万元$/\mathrm{a}$。

年总成本：$70.0\times0.18+9.62=22.22$（万元）。

对于第一个换热器，年成本为 22.22 万元，年节省资金为 158.75 万元，净收益 136.53 万元。同样可计算，第二换热器，燃料节省资金为 146.56 万元，风机功率 36.64kW，运行成本 21.69 万元，净收益 124.87 万元。第一方案更合适。

9.2.3.6　安全问题

浓度、氧含量、操作模式（连续或间歇）等是热氧化工艺非常关键的因素。为使成本最小化，通常将 VOCs 废气控制较高的浓度。然而，VOCs 存在爆炸极限。为保险起见，设计进氧化室的 VOCs 最大浓度为 25％ 的 VOCs 爆炸下限（LEL）。实际工程中，废气中 VOCs 浓度仅为 LEL 浓度的 5％ 或更低。如果能从 5％ 聚集到 25％ 的 LEL，被焚烧的总量将下降 80％。一些 VOCs 的 LEL 值列于表 9-7。

表 9-7　部分 VOCs 的爆炸下限（LEL）

有机物	LEL(空气中体积分数)/%	有机物	LEL(空气中体积分数)/%
丙酮	2.15	己烷	1.3
苯	1.4	异丁烷	1.8
正丁烷	1.9	异丙醇	2.5
正丁醇	1.7	甲烷	5.0
环己烷	1.3	甲醇	6.0
乙烷	3.2	乙酸甲酯	4.1
乙醇	3.3	甲乙酮	1.8
乙酸乙酯	2.2	丙烷	2.4
庚烷	1.0	甲苯	1.3
		二甲苯	1.0

9.3　低浓度 VOCs 净化技术

二维码9-2 沸石转轮
吸附浓缩+RTO工程
典型案例

9.3.1　吸附法

9.3.1.1　吸附工艺

VOCs 吸附技术是指含 VOCs 的气态混合物与多孔性固体接触，利用固体表面存在的未平衡的分子吸引力或化学键力，把混合气体中 VOCs 组分吸附在固体表面，从而气流得到净化。按吸附剂的移动方式和操作方式，VOCs 吸附工艺可分为固定床和移动床（转轮）。

典型活性炭固定床吸附系统的组成如图 9-12 所示。系统有三个活性炭床，含 VOCs 气流经控制阀进入吸附床 1#，VOCs 组分被炭吸附剂吸附，净化后气体排放。一段时间后，当排放口监测器发现气流 VOCs 浓度超过设定要求，吸附床 1# 进气阀门关闭，VOCs 气流切换到吸附床 2#，继续进行吸附净化操作。与此同时，一股热气流（蒸汽或热空气）经上部阀门进入吸附床 1#，与吸附剂接触，开始对吸附床 1# 吸附剂进行脱附再生，冷却后进入下一个吸附周期操作。含蒸汽和 VOCs 的热混合脱附气流进入热氧化装置，VOCs 被氧化燃烧，回收热能。如果混合脱附气流 VOCs 有回收价值，则进入冷凝器，按 2.1.3 图 2-3 流程

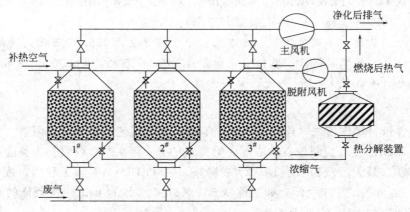

图 9-12　活性炭固定床吸附系统

进行有机相回收。

　　转轮吸附源于美国 Bryant 1950 年发明的转轮除湿技术，1990 年被日本西部技研公司用于 VOCs 净化，现已在日本、欧美各国、中国等得到普遍应用。图 9-13 为转轮吸附装置，转轮主体为一个装满吸附剂的旋转轮，依据工作状态划分为吸附、脱附和冷却 3 个区域。含 VOCs 的废气经鼓风机引入吸附区，其中的 VOCs 组分被吸附，随后吸附了 VOCs 的吸附剂转至再生区，与高温媒介（如热空气、蒸汽）接触过后，VOCs 被脱附并随再生气流流出，吸附剂获得再生；再生后的吸附剂进入冷却区降温，为再次吸附 VOCs 作准备，完成一个吸附循环。随着转轮的转动，吸附剂周期性地进行吸附、脱附和冷却，实现对有机废气的净化。活性炭和沸石分子筛是转轮装置使用的两种主要吸附材料。

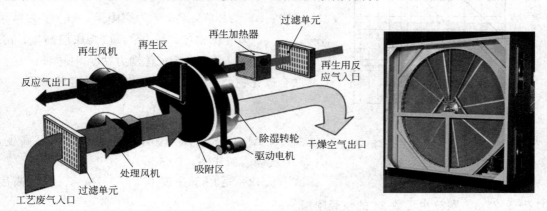

图 9-13　转轮吸附装置

9.3.1.2　影响吸附的因素

　　① 吸附剂性质。吸附量随吸附剂表面积的增大而增大。吸附剂的比表面积与它的孔隙率、孔径、颗粒度等因素有关。影响吸附剂吸附能力的另外一个参数是微孔尺寸。在多孔吸附剂中，起主要吸附作用的是直径与被吸附分子大小相当的微孔，分子不能渗入比它的临界直径还小的微孔。孔径分布宽的吸附剂选择性较差，能够吸附多种不同大小的分子；孔径单一的吸附剂只能吸附临界直径比它的微孔还小的分子。

　　此外吸附剂的极性也是影响吸附的一个重要因素。通常极性分子（或离子）型的吸附剂容易吸附极性分子（或离子）型的吸附质；非极性分子型的吸附剂容易吸附非极性的吸附质。

　　② 吸附质性质。吸附质分子大小、极性、浓度、沸点、饱和性等都会影响吸附量。从等温吸附式可知，吸附质在气相中浓度越大，吸附量越大。针对同一种吸附剂，结构类似的有机物其分子量越大、沸点越高、不饱和性越大，越容易被吸附，被吸附的量也越多。

　　③ 操作条件。操作条件首先要考虑温度，其次要考虑操作压力的影响，最后还要考虑吸附操作中的气流流速。

　　此外，吸附设备还要有足够的气体流通面积和接触时间，保证气流分布均匀，充分利用所有的过气断面。如果气流当中含有颗粒、水蒸气等杂质时，要设预处理装置除去杂质，以免污染吸附剂。

9.3.1.3　固定床压降

　　压降引起的风机能耗是固定床系统整体运行成本的重要组成部分。图 9-14 是不同尺寸

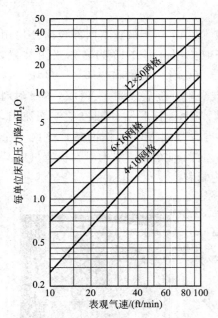

图 9-14 颗粒吸附床的压降
与表面气流速度的关系

颗粒吸附床的压降与表面气流速度的关系曲线。空床气速和床层高度均对压降构成影响，固定床正常气流速度为 0.25~0.5m/s，床层高度为 0.3~0.8m。

在无实测压力损失数据时，床层压降可以用土耳其化学工程师 Sabri Ergun 于 1952 年提出的 Ergun 方程计算：

$$\frac{\Delta P}{L} = \frac{1-\varepsilon}{\varepsilon^3} \times \frac{\rho_g (u_g)^2}{d_p} \left[\frac{150(1-\varepsilon)\mu}{\rho_g u_G d_p} + 1.75 \right] \tag{9.42}$$

式中，ΔP 为压降，Pa；ε 为空隙率，%；d_p 为颗粒直径，m；ρ_g 为气体密度，kg/m³；L 为床层高度，m；u_G 为空床气速，m/s；μ 为气体动力黏度，kg/(m·s)。

联合碳化物公司给出了一个更简单的经验方程：

$$\Delta P = 0.37L \left(\frac{v}{100} \right)^{1.56} \tag{9.43}$$

式中，ΔP 为床的压降，mH$_2$O；L 为床层高度，m；v 为气体表面速率，ft/min。

式（9.43）适用于速度 0.3~0.7m/s、床层高度 0.12~1.25m、颗粒炭目数 24 的炭吸附层。

例 9.7 用于苯回收的活性炭床系统尺寸为 3.6m×1.8m×0.6m。该系统预运行 1 小时，操作运行时间 1 小时。活性炭床工作环境为 1atm 和 38℃，气流量为 12600m³/h，苯体积分数为 5000μL/L。活性炭对苯的饱和吸附量为 10kg/100kg（以活性炭计）。活性炭体积密度为 486kg/m³，空隙率为 0.35，颗粒尺寸为 4×10 网格（3.3mm）。通过①式（9.42），②式（9.43）和③图 9-14 计算床层压降。

解：① 使用式（9.42）。

吸附床层炭量：3.6m×1.8m×0.6m×486kg/m³=1890kg。

苯的吸附量：1890kg×10kg/100kg=189kg。

空床气速：$\dfrac{12600m^3/h}{3.6m \times 1.8m} \times \dfrac{1h}{3600s} = 0.54m/s = 106ft/min$。

废气的性质近似空气，分子量按 29 计算，则：

$$\rho_g = \frac{P(MW)}{RT} = \frac{1 \times 29}{0.082 \times (273+38)} = 1.137(kg/m^3)$$

38℃ 时的空气动力黏度：1.765×10⁻⁵kg/(m·s)。

代入到式（9.42）得到：

$$\frac{\Delta P}{L} = \frac{1-0.35}{0.35^3} \times \frac{1.137 \times 0.54^2}{3.3 \times 10^{-3}} \left[\frac{150 \times (1-0.35) \times 1.765 \times 10^{-5}}{1.137 \times 0.54 \times 3.3 \times 10^{-3}} + 1.75 \right]$$

$$= 3960(Pa)$$

② 根据式（9.43）计算。

空床气速 0.54m/s，属于 0.3~0.7m/s 范围，可以使用式（9.43）：

$$\Delta P = 0.37 \times 0.6 \times \left(\frac{106}{100}\right)^{1.56} = 0.24(\text{mH}_2\text{O}) = 2344(\text{Pa})$$

③ 从图 (9-14) 得：

$$\Delta P = 7.8 \frac{\text{inH}_2\text{O}}{\text{ft}} \times 2 \text{ ft} = 15.6 \text{ inH}_2\text{O} = 3870\text{Pa}$$

9.3.1.4 吸附剂再生

吸附剂吸附一定量的污染物后，净化效果开始下降，甚至失效，需要进行脱附再生。吸附剂脱附方法主要有加热脱附和减压脱附。

① 加热脱附。恒压条件下，吸附剂的吸附容量随温度增加而减小。低温下进行吸附，高温气流吹扫脱附，这种高低温交替进行的操作过程称为变温吸附。整个过程的操作温度是周期变化的。

微波脱附是升温脱附的一种改进技术，目前应用于气体分离、干燥和空气净化及废水处理等方面，是一种常用的脱附方法。

② 减压脱附。恒温条件下，吸附剂的吸附量是随压力升高而升高的。较高压力下进行吸附，降低压力或者抽真空使吸附剂再生，这种方法称为变压吸附。变压吸附包括吸附、均压、降压、冲洗、冲压、再吸附等阶段。减压脱附无须加热，再生时间短，但设备存在死空间，因而脱附再生率低。

热惰性气体脱附与低压蒸汽脱附相比，机理是一样的。然而，对于大多数吸附剂而言，蒸汽再生比惰性气体再生效率更高。

例 9.8 设计炭吸附系统（包括风机），以净化来自塑料生产活动过程的局部排气。气流温度是 35℃，含有 $1880\mu\text{L/L}$ 正戊烷。气流中无其他气态成分，含少量工厂车间地面扬尘，气流连续，气量为 $9360\text{m}^3/\text{h}$。风机排气压力为 $114.3\text{mmH}_2\text{O}$。

解： ① 估算所需吸附剂量。正戊烷的分压 $\overline{P}$：

$$\overline{P} = y_{戊烷} \times 1.0\text{atm}$$

$$= 1880 \times 10^{-6} \times 1.0 = 0.00188\text{atm}$$

1 小时内，正戊烷被吸附的质量流量为：

$$\dot{M} = \frac{0.00188\text{atm} \times 9360\text{m}^3/\text{h} \times 72\text{g/mol}}{0.082 [\text{atm} \cdot \text{L}/(\text{mol} \cdot \text{K})] \times 308\text{K}} \times \frac{1\text{kg}}{1000\text{g}} \times \frac{1000\text{L}}{1\text{m}^3} = 50.2\text{kg/h}$$

查资料得，温度为 35℃ 时，P_v 约为 1.089atm。根据液态正戊烷的密度计算其摩尔体积：

$$V' = \frac{72\text{g/mol}}{0.64\text{g/cm}^3} = 112\text{cm}^3/\text{mol}$$

根据压强计算出图 8-15 的横坐标值：

$$\frac{T}{V'}\lg\frac{P_v}{\overline{P}} = \frac{308\text{K}}{112\text{cm}^3/\text{mol}}\lg\frac{1.089}{0.00188} = 7.6$$

从图 8-15 可知，吸附量为 $18\text{cm}^3/100\text{g}$。因此，理论平衡吸附容量为：

$$\frac{18\text{cm}^3}{100\text{g}(炭)} \times \frac{1\text{mol}}{112\text{cm}^3} \times \frac{72\text{g}}{\text{mol}} = \frac{11.6\text{g}(正戊烷)}{100\text{g}(炭)}$$

操作或动态容量是等温线值的 25%～50%，且正戊烷相当不稳定，故选择 0.3 的容量系数。

$$设计炭容量 = 0.3 \times 11.6 = \frac{3.5\text{g(正戊烷)}}{100\text{g(碳)}}$$

采用 1 个小时再生和冷却。因此，假设吸附效率 100%，每个床吸附 50kg 的正戊烷，则双床系统需要足够的最小炭量：

$$\frac{50\text{kg(正戊烷)}}{\text{h}} \times 1\text{h} \times \frac{100\text{g(炭)}}{3.5\text{g(正戊烷)}} = \frac{1428.6\text{kg}}{\text{床}}$$

炭密度按 481kg/m³ 计，则床体积为：

$$床体积 = \frac{1428.6\text{kg}}{481\text{kg/m}^3} = 2.97\text{m}^3$$

正戊烷易挥发，设计床高度取 0.60m。则

$$吸附床的面积 = \frac{2.97}{0.60} = 4.95 \ (\text{m}^2)$$

假设吸附床为矩形床，且 $L = 2W$，则

$W = 1.57\text{m}$，$L = 3.15\text{m}$。

设计取值为：1.6m × 3.2m。

吸附床空床流速为：

$$u_G = \frac{9360\text{m}^3/\text{h}}{1.6\text{m} \times 3.2\text{m}} \times \frac{1\text{h}}{60\text{min}} = 30.5\text{m/min}$$

每个吸附床的炭量 = 3.2m × 1.6m × 0.6m × 481kg/m³ = 1477.6kg/床。

需要购买的总炭量（两个床）1477.6kg × 2 = 2955.2kg。

每床 1477.6kg 炭再生之前预期运行时间为：

$$\frac{3.5\text{g(正戊烷)}}{100\text{g(炭)}} \times \frac{1\text{h}}{50\text{kg(正戊烷)}} \times 1477.6\text{kg(炭)} = 1.03\text{h}(62.1\text{min})$$

② 蒸汽需用量。

按再生 1kg 正戊烷需要蒸汽 3kg 计，所需蒸汽量为：

$$所需的蒸汽 = \frac{3\text{kg(蒸汽)}}{\text{kg(正戊烷)}} \times \frac{50\text{kg(正戊烷)}}{\text{h}} \times 1.03\text{h} = 154.5\text{kg}$$

按再生 1kg 炭吸附剂所需蒸汽 0.3kg 计，所需蒸汽量为：

$$所需的蒸汽 = \frac{0.3\text{kg(蒸汽)}}{\text{kg(炭)}} \times 1477.6\text{kg(炭)} = 443.3\text{kg}$$

假设正戊烷再生过程需要 45 分钟，剩余的时间用于床的冷却；所需的蒸汽流量为 443.3kg/0.75h，或 591.1kg/h。取两次计算蒸汽速率的最大值，即 591.1kg/h。

③ 床压降。

假设使用一个 4×10 或 6×16 网状炭。从图 9-14 得到：

$$\Delta P_{4 \times 10} = \frac{190.5\text{mmH}_2\text{O}}{0.3\text{m}} \times 0.6\text{m} = 381\text{mmH}_2\text{O}$$

或

$$\Delta P_{6 \times 10} = \frac{381\text{mmH}_2\text{O}}{0.3\text{m}} \times 0.6\text{m} = 762\text{mmH}_2\text{O}$$

④ 风机功率。

局部排气系统收集车间扬尘，炭吸附系统之前应安装一个袋式除尘器或防尘板槽。假设用于初筛的除尘器 ΔP 为 76.2mmH₂O，进气和排气管道允许的压力降为 50.8mmH₂O。因

此，风机需要提供总的 ΔP 为：

$$\Delta P = 76.2 + 50.8 + 381.0 - (-114.3) = 622.3 (\text{mmH}_2\text{O})$$

假设鼓风机的效率为 60%，则

$$\text{鼓风机功率} = \frac{0.169\text{W}/(\text{mmH}_2\text{O} \cdot \text{m}^3/\text{min}) \times 156\text{m}^3/\text{min} \times 622.3\text{mmH}_2\text{O}}{0.60}$$

$$= 27343\text{W}$$

二维码9-3　有机废气生物净化工程案例

9.3.2　生物法

9.3.2.1　概述

生物法净化 VOCs 本质是利用微生物代谢活动，将废气中的有机组分降解或转化为简单的无机物（CO_2、H_2O）及细胞质等物质，实现 VOCs 组分的彻底净化。20 世纪 80 年代初，该技术开始在欧洲各国、美国推广应用。

废气生物净化工艺有生物过滤、生物滴滤和生物洗涤三种，如表 9-8 所示。生物过滤和生物滴滤是废气通过由填料介质构成的固定床层，被附着生长于填料表面的微生物吸附吸收，进而被生物降解，两者的区别是生物滴滤工艺采用连续喷淋的方式给填料层提供所需的营养和水分。生物洗涤是废气被水溶液吸收剂吸收，其中气相污染物转移到液相，经含有营养物质和微生物的好氧生物系统处理，污染物被生物降解。

表 9-8　废气生物净化系统类型

类型	生物相	水相
生物过滤	固定	固定
生物滴滤	固定	流动
生物洗涤	流动（悬浮）	流动

生物法适用于处理含可溶性低浓度有机物废气（如醇、醛和酮）以及各种恶臭气体（如 H_2S 和 NH_3）。生物降解污染物遵循溶解度由高到低的顺序：醇→酯→酮→芳烃→烷烃。

9.3.2.2　理论描述

生物净化的理论基础涉及气态污染物从气相到水相的传质，以及微生物吸收和代谢降解的过程。Jennings 等于 20 世纪 70 年代初，在 Monod 方程的基础上提出了表征废气生物净化中单组分、非吸附性、可生化的气态有机物去除数学模型。随后，荷兰科学家 Ottengraf 等依据双膜吸收理论，在 Jennings 的数学模型基础上进一步提出了目前世界上影响较大的生物膜理论（图 9-15）。

该理论认为，废气生物净化一般要经历以下几个步骤：

① 废气中的污染物首先同水接触并溶解于水中（即由气膜扩散进入液膜）；

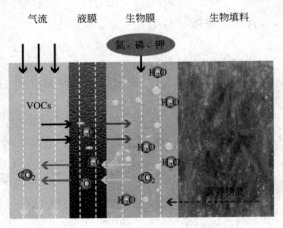

图 9-15　Ottengraf 提出的"双膜理论"

② 溶解于液膜中的污染物在浓度差的推动下进一步扩散到生物膜，进而被其中的微生物捕获；

③ 微生物将污染物代谢转化为一些无害的物质（如 CO_2、H_2O、N_2、S 和 SO_4^{2-} 等）；

④ CO_2、N_2 等气态反应产物扩散进入气相，S 和 SO_4^{2-} 等非气态物质随营养液排出。

气相污染物在液膜中的吸收程度取决于其溶解度，传质速率取决于传质面积、传质推动力、传质系数。多数情况下，废气生物净化系统的传质速率受液膜控制。

此时，描述其溶解度的亨利系数可以采用气相和液相的质量浓度比值表示，计算式为：

$$c_{i,G} = H_{i,D} \times c_{i,L} \tag{9.44}$$

式中，$c_{i,G}$ 为污染物 i 在空气中的浓度，g/m^3；$c_{i,L}$ 为污染物 i 在水中的浓度，g/m^3；$H_{i,D}$ 为物种 i 的亨利常数，无量纲，空气中污染物浓度/水中污染物浓度。

例 9.9 ①将 H_2S 在 101.325kPa 和 30℃ 时的亨利系数转化成方便生物净化计算的单位；②如果废气中 H_2S 浓度在 101.325kPa 和 30℃ 下为 150μL/L，请计算水中 H_2S 平衡浓度。

解： 根据亨利定律表达式：

$$H_i = \frac{p_i^*}{x_i} \tag{9.45}$$

等式两侧除以总压力，则气相分压转化为摩尔分数：

$$\frac{H_i}{P} = \frac{y_i}{x_i} \tag{9.46}$$

对上式右边分子和分母乘以污染物分子量，将摩尔分数转换为单位摩尔的质量浓度：

$$\frac{H_i}{P} = \frac{mass_i/M_{空气}}{mass_i/M_{水}} \tag{9.47}$$

运用理想气体状态方程，将摩尔空气转换为空气体积，并将摩尔水转换成水的体积（1 摩尔水的体积为 0.0180L）。

$$\frac{H_i}{P} = \frac{mass_i/M_{空气} \times 0.08206(T)/P}{mass_i/M_{水} \times 0.0180} \tag{9.48}$$

将上式上下部分中的体积单位 L 转换为 m^3，并表示成 $c_{i,G}$ 和 $c_{i,L}$：

$$\frac{H_i}{P} = \frac{1000c_{i,G} \times 0.08206(T)/P}{1000c_{i,L} \times 0.0180} \tag{9.49}$$

简化、整理，得到：

$$H_i = \frac{c_{i,G}}{c_{i,L}} \times 4.559T \tag{9.50}$$

将 $H_{i,D} = c_{i,G}/c_{i,L}$ 代入，重新排列得到 $H_{i,D}$ 计算式：

$$H_{i,D} = \frac{H_i}{4.559T} = \frac{0.2194H_i}{T} \tag{9.51}$$

这是关于 $H_{i,D}$ 和 H_i 的关系式。将相关的数据代入式（9.51）得：

$$H_{i,D} = \frac{0.2194 \times 0.0609 \times 10^4}{273 + 30} = 0.441$$

将 30℃ 时 H_2S 的空气体积分数（150μL/L）转换成质量浓度：

$$c_{i,G} = \frac{150 \times 34}{24.86} = 205.1(μg/m^3) \quad 或 \quad 205.1(mg/m^3)$$

代入得到水相中 H_2S 的质量浓度：

$$c_{i,L} = 0.2051/0.441$$

$$= 0.465(g/m^3) \quad 或 \quad 0.465(mg/L)$$

一般地，液膜扩散是废气生物净化的限速步骤，污染物一旦转移至介质或生物体表面，就会被吸附和降解。Freundlich 和 Langmuir 两种吸附模型常用于该过程的动态平衡描述：

Freundlich 方程：

$$c_{ads} = kc_L^{1/n} \tag{9.52}$$

式中，c_{ads} 为固相中的污染物浓度，mg/g；c_L 为液相中污染物浓度，mg/m^3；k, n 为经验常数。

Langmuir 方程：

$$c_{ads} = \frac{c_{max}c_L}{K_L + c_L} \tag{9.53}$$

式中，c_{max} 为固体中可达到的最大浓度，mg/g；K_L 为经验常数。

污染物在生物膜中的代谢反应通常用 Monod 方程来描述：

$$r_i = \frac{R_i c_{i,L}}{c_{i,L} + K_i} \tag{9.54}$$

式中，r_i 为污染物 i 的消耗率，$g/(min \cdot m^3)$；R_i 为物质 i 的最大降解率，$g/(min \cdot m^3)$；K_i 为物质 i 的 Monod 常数，g/m^3。

当废气生物净化系统处于稳态时，生物净化微单元模块的物质平衡微分方程表达式为：

$$D_i \frac{d^2 c_{i,L}}{dx^2} - r_i = 0 \tag{9.55}$$

式中，D_i 为污染物 i 在水中的扩散系数，m^2/min。

关于理论去除效率，Heinsohn 和 Kabel（1999）提出了一个数学表达式：

$$\eta = 1 - \exp[-ZK/(H_{i,D}v_g)] \tag{9.56}$$

式中，Z 为生物床高度，m；$H_{i,D}$ 为亨利常数 [来自式（9.44）]；v_g 为表观气体速度（面速度），m/min；K 为反应单元，min^{-1}。反应单元 K 由下式给出：

$$K = (a/\delta)D_i \phi \tanh\phi \tag{9.57}$$

式中，a 为填料比表面积，m^2/m^3；δ 为液膜厚度，m；ϕ 为一阶动力学的 Thiele 数，定义如下：

$$\phi = \delta(k_i/D_i)^{0.5} \tag{9.58}$$

式中，k_i 为伪一阶速率常数，min^{-1}。k_i 通过式（9.54）获得。当 $c_{i,L}$ 低时，k_i 可以通过实验获得。

上述理论计算涉及很多参数。有一种近似的简化方法，认为 K 和 $H_{i,D}$ 比值在生物净化系统内基本保持不变，即 $K/H_{i,D} = K_0$，则式（9.56）可简化为：

$$\eta = 1 - \exp(-K_0 Z/v_g) \tag{9.59}$$

上述表达式，如果测得不同填料层高度 Z 在不同进气速度 v_g 下的 η，则可依据式（9.59）计算 K_0 值，进而进行全尺寸生物净化系统的设计。

例 9.10 建立一个净化苯乙烯的中试生物过滤器，以获得如下数据：在 0.5m/min、1.0m/min 和 1.5m/min 的表观气体速度下，分别观察到 63%、39% 和 28% 的去除效率，

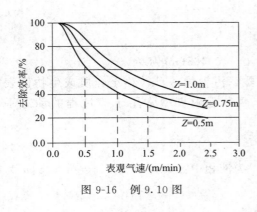

图 9-16　例 9.10 图

床层高为 0.5m。开发一组图表，显示如何通过改变生物净化系统的床层高度和气体速度来获得不同的效率。

解：对于 K_0，求解方程（9.59）得：

$$K_0 = \frac{\ln(1-\eta)}{-Z/v_g} \tag{9.60}$$

将三组不同气速的数据代入，获得三个 K_0，平均后 K_0 值为 $0.99\mathrm{min}^{-1}$。假定该值基本保持不变，则三个不同床层高度和多种气体速度下的效率计算结果如图 9-16 所示。

9.3.2.3　设计与运行中的重要考虑因素

VOCs 生物处理与废水生物处理技术的最大区别在于，有机物首先必须由气相扩散进入液相，然后才能被微生物吸附降解（图 9-17）。整个过程影响因素较多而且比较复杂，这些因素包括生物载体、微生物、温度、pH 值、营养物质、废气成分等。

① 生物载体。又称生物填料，用于微生物体在表面的附着，是一类多孔材料，包括天然类的泥炭、堆肥、碎木块、活性炭、火山岩等，以及人工合成类的拉西环、鲍尔环、多面球、聚氨酯泡沫等。

高效生物载体一般特性如下：接触比表面积大，有一定的孔隙率，微生物代谢产物容易清除，能为微生物提供最佳的营养、温度、pH 等生长因素，耐腐

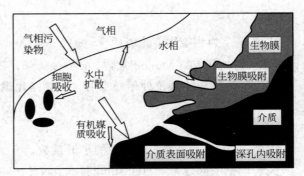

图 9-17　污染物传质过程示意图

蚀和不易分解腐烂，有足够的物理强度和较低的填充密度等。当然，还要价廉易得。对于生物过滤系统，填料本身应具有高含量的无机营养物质。

当处理大气量时，生物净化系统的压降是一个重要的经济考虑因素。多孔介质的压降取决于表面气体速度（表面负荷）、空隙率和床层高度。Nicolai 和 Janni（2005）发现表面负荷与压降和孔隙百分比具有良好的相关性：

$$SL = e^{[0.135\varepsilon + 0.961(\ln\Delta P) - 8.78]} \tag{9.61}$$

式中，SL 为表面负荷，m/min；ε 为空隙百分比，%；ΔP 为床层压降，Pa/m。

上述方程可以转换为：

$$\Delta P = e^{(1.04\ln SL - 0.14\varepsilon + 9.11)} \tag{9.62}$$

② 微生物。废气生物处理装置在启动期需对生物载体接种高活性微生物。用于接种的微生物菌种可以是活性污泥，也可以是专门驯化培养的纯种微生物或人为构建的复合微生物菌群。针对较难生物降解的物质，选育优异菌种并优化其生存条件是目前该技术的主要研究方向之一。此外，基于菌种的代谢特征，人为构建生态结构合理的复合微生物菌群，对缩短反应器的启动周期、提高接种微生物的竞争性和保持反应器持续高效性具有重要意义。

在生物反应器的运行过程中，微生物体逐渐聚集并黏附在填料层表面形成生物膜。生物膜内微生物的大量生长和非均匀性分布是导致反应体系填料层堵塞、发生短流和沟流、压降

增加和运行性能恶化等的主要原因。因此，生物反应器运行过程，需要对生物量实行有效控制。目前，生物量控制技术有物理法、化学法以及生物法（微型动物捕食）等。

③ 温度。温度是影响微生物生长的重要环境因素。在适宜温度范围内随着温度的升高，微生物的生长速率和代谢速率均可相应提高。用于 VOCs 降解的微生物，其较适温度范围为 25～35℃。

温度除了改变微生物的代谢速度外，还能影响气态污染物的物理状态，进而影响废气生物净化效果。提高温度会降低部分 VOCs 在水中溶解以及在填料上吸附，同时会使反应器内填料表面趋于干燥，影响气液传质和部分微生物活性。

④ 湿度。微生物代谢 VOCs 过程需要一定量的水分。反应器内湿含量较少，可能会引起床层干裂，导致微生物代谢活性下降；湿含量过多时，可能会抑制溶解氧和疏水性 VOCs 向生物膜的传质过程，引起部分区域出现厌氧，进而影响微生物代谢活性；此外，水分过多还会产生恶臭气味、气流分布不均等。

反应器内最佳湿含量取决于填料、污染物及微生物特性。如真菌比细菌更耐干燥的环境，因此在以真菌为优势微生物的滤塔中，湿度通常可以控制在 40% 左右，并能获得较好的净化性能。

⑤ pH 值。每种微生物都有不同的 pH 要求，大多数细菌、藻类和原生动物对 pH 的适应范围为 4～10，最佳 pH 为 6.5～7.5。pH 过高或过低对微生物的生长都不利，主要表现为：a. 引起微生物体表面电荷改变，进而影响微生物对营养元素的吸收；b. 影响培养基中有机化合物的离子化作用，从而影响这些物质进入细胞；c. 降低酶活性，影响微生物细胞内的生物化学过程；d. 降低微生物对高温的抵抗能力。

在废气生物净化过程中，一些 VOCs 降解会产生酸性物质，如 SO_4^{2-}、NO_3^-、Cl^-、甲酸、乙酸等，这些过程均会使生物反应器内 pH 环境发生变化，进而影响生物反应器的净化性能。

⑥ 营养物质、废气成分及浓度。微生物降解有机物一般利用有机物作为碳源和能源，但同时需要其他的营养物质，如氮源、无机盐和水。一般来说，为了达到完全降解的效果，适当地添加营养物质常常比接种特定微生物更为重要。添加营养物质前，必须确定营养盐的形式、合适的浓度及适当的比例，一般 BOD：N：P 的比例为 100：5：1。

此外，一些微量元素也需要考虑，特别是一些含氯、含硫等 VOCs 的生物降解，需要特殊元素作为电子供体或电子受体参与微生物代谢过程。例如，生物降解含氯有机物的研究发现，作为亲核剂的维生素 B_{12} 可催化脱氯反应，分子脱氯率达 40%；相比之下，缺乏维生素 B_{12} 的脱氯率小于 10%。

废气中氧气含量也是影响废气净化效果的一个重要因素。生物滤塔要避免厌氧环境，因为厌氧状态下产生的臭味物质以及氧气的限制会降低反应器的运行性能。另外，VOCs 组分的水溶性及可生物降解性是影响生物净化工艺性能的主要因素。

例 9.11　初步设计一个生物过滤器，处理气量为 566.3m^3/min（30℃和 1 atm），该废气含 80μL/L BTEX。试计算生物滤床体积和该生物过滤器的空床停留时间（EBRT）。中试试验数据如下：SL=1.25m/min，EBRT=0.6min，去除率 95% 时，污染负荷 18.5g/(m^3·h)；去除率 65% 时，污染负荷 30g/(m^3·h)。为了达到当地的监管限制，BTEX 化合物的排气速率不能超过 18.1kg/d。

解：首先利用理想气体状态方程，将入口流量和浓度转换为 BTEX 的质量流量。

$$\dot{M}=\frac{PQMW}{RT}=\frac{1\ \text{atm}\times(80\times10^{-6}\times566.3\text{m}^3/\text{min})\times92\text{g/mol}}{8.20\times10^{-5}\text{atm}\cdot\text{m}^3/(\text{mol}\cdot\text{K})\times303\text{K}}$$

$\dot{M}=167.8\text{g/min}$ 或 241.6kg/d。

所需要的去除效率为：

$$\frac{241.6-18.1}{241.6}=0.925\ \text{或}\ 92.5\%$$

根据试验数据，设计污染负荷取 $18.5\text{g/(m}^3\cdot\text{h)}$。从以下关系式中求得 V_f：

$$\text{ML}_v=c_i\times\frac{Q}{V_f}=\frac{c_i}{\text{EBRT}}=18.5\text{g/(m}^3\cdot\text{h)}$$

已知进口废气浓度为：

$$c_i=\frac{241.6\text{kg/d}}{566.3\text{m}^3/\text{min}\times1440\text{min/d}}=2.96\times10^{-4}\text{kg/m}^3$$

所以

$$V_f=\frac{c_i\times Q}{\text{ML}_v}$$

$$V_f=\frac{2.96\times10^{-4}\text{kg/m}^3\times566.3\text{m}^3/\text{min}\times60\text{min/h}}{18.5\text{g/(m}^3\cdot\text{h)}}=543.6\text{m}^3$$

此时，设计的 EBRT 值为：

$$\text{EBRT}=\frac{543.6\text{m}^3}{566.3\text{m}^3/\text{min}}=0.960\text{min}$$

设计 EBRT 值大于试验参数 $\text{EBRT}=0.6\text{min}$，说明是够的。使用与试验相同的 SL（$\text{SL}=1.25\text{m/min}$），求生物床的表面面积：

$$A=Q/\text{SL}=\frac{566.3\text{m}^3/\text{min}}{1.25\text{m/min}}=453.04\text{m}^2$$

设定长为 30.0m、宽度为 15.2m 的生物床，则表面积为 456m^2。此外，床层高度为 1.20m 时，最终的 EBRT 为：

$$\text{EBRT}=V_f/Q=(456\times1.2)\text{m}^3/[566.3\text{m}^3/\text{min}]=0.97\text{min}$$

根据最终的尺寸选择，计算出最后的污染负荷（ML_v）和去除负荷（EC）：

$$\text{ML}_v=\frac{c_i}{\text{EBRT}}\times60=[(3\times10^{-4}\text{kg/m}^3)/0.97\text{min}]\times60\text{min/h}=0.019\text{kg/(m}^3\cdot\text{h)}$$

$$\text{EC}=0.95\times\text{ML}_v=0.0181\text{kg/(m}^3\cdot\text{h)}$$

9.3.3 高能粒子氧化

9.3.3.1 等离子体氧化

等离子体被称为物质的第 4 种形态，由电子、离子、自由基和中性粒子组成，是导电性流体，总体上保持电中性。按粒子温度不同，等离子体可分为热平衡等离子体和非热平衡等离子体，后者又称为低温等离子体。

等离子体中的电子、离子、活性基和激发态分子等有高化学活性，使很多高活化能的反应能够发生。等离子净化技术就是利用高能电子射线激活、电离、裂解工业废气中各组分，从而发生氧化等一系列化学反应，将有害物转化为无害物或有用的副产物加以回收，如利用等离子技术销毁化学武器和一些有毒有害化学品。20 世纪 70 年代，等离子体开始用于气态污染物氧化分解。获得等离子体的方法主要有电子束（辐照）和放电两类。通过放电形成低温等离子体的方式主要有辉光放电、电晕放电、介质阻挡放电、射频放电和微波放电。放电形成等离子体，其能量传递过程如图 9-18 所示。

目前 VOCs 氧化等离子体采用的主要是介质阻挡放电，特别是双介质阻挡放电（DD-BD）。如图 9-19 所示，在高压电极内侧和接地电极内侧各加绝缘介质，就形成了双介质屏蔽放电。在两极间加高频交变电压，当电压大到一定值时，极间气体就会因放电而形成等离子体。介质屏蔽的主要作用是高压下放电均匀、稳定，防止火花放电产生。与电晕放电不同之处在于，电极之间增加了绝缘介质屏蔽层，供电电源采用高频（MHz 级）交变电源。

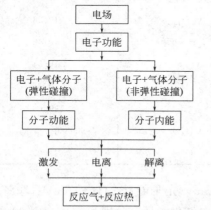

图 9-18   放电等离子体能量传递示意图

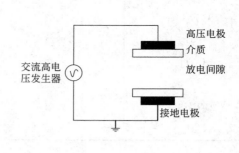

图 9-19   双介质阻挡放电示意图

介质阻挡放电低温等离子体氧化 VOCs 的主要机理：在外加电场的作用下，电极空间里的电子获得能量（7～11eV，平均能量＞8eV），加速运动过程中和气体分子发生碰撞，使得气体分子电离、激发或吸附电子成负离子，形成了具有高活性的粒子，这些活性粒子与 VOCs 分子发生氧化、分解反应，从而最终将污染物转化为 CO_2、H_2O 等物质。同时，气流中 H_2O、O_2 也能在高能电子作用下形成"活性氧"和 $\cdot OH$，参与废气中污染物氧化反应，有效地分解 VOCs。

等离子体氧化 VOCs 的关键参数是电极电压和输入频率。电极电压和输入频率影响介质放电及电子携能，以及后续的一系列反应。表 9-9 列出低温等离子体分解不同 VOCs 所需的相应能量。当有机物分解所需能量大于 O_2 电离的反应能，分解就很难进行，因为这种有机物的电离能和键解能非常大。

此外，等离子体氧化 VOCs 还受气体浓度、气流量、温度、湿度、氧气含量等影响。为提高能量利用效率，学者们开发了催化协同作用的等离子体氧化技术，关于这部分内容，请查阅相关文献资料。

9.3.3.2   UV 光解

UV 光解技术主要是高能紫外光束轰击废气分子，直接分解或产生活性物质（$\cdot OH$、O_3 等）间接分解污染物质，将其转化成低分子化合物、H_2O 和 CO_2，达到净化废气的目的。该原理的理论基础是高能紫外线产生的光子所具有的能量大于污染物的分子键能，将气体分子分解，并与同时分解产生的活性物质进行氧化反应，生成 CO_2 和 H_2O。

表 9-9 低温等离子体分解不同 VOCs 所需的相应能量

有机物	IE/eV	有机物	IE/eV
$C_{14}H_{10}$	7.89	C_6H_{12}	9.88
C_8H_{19}	8.07	$C_6H_{12}O_2$	9.92
$C_{10}H_8$	8.14	C_7H_{16}	9.93
C_9H_{12}	8.27	C_8H_{10}	9.46
$C_{10}H_{16}$	8.30	C_6H_{14}	10.13
C_8H_{10}	8.44	CH_3CHO	10.23
C_7H_8	8.83	$C_3H_6O_2$	10.25
C_6H_{10}	8.95	C_5H_{12}	10.28
C_6H_5Cl	9.07	C_2H_5OH	10.48
C_6H_6	9.24	C_2H_4	10.51
C_8H_8	8.46	C_4H_{10}	10.53
C_2Cl_4	9.33	C_2F_6	13.60
$C_2H_2Cl_2$	9.64	CH_2O	10.88
C_8H_{18}	9.80	O_2	12.07

UV 光解波长主要有 184.9nm、253.7nm 和 365nm，光子能量 3.4～6.7eV，摩尔光子能量 328～647kJ，高于 O_3 和 ·OH 的氧化能力和摩尔氧化能量（分别为 1.24eV、119kJ 和 2.8eV、270kJ）。理论上讲，光强越大，提供的光子越多，光氧化分解有机物的能力越强。

为拓宽长波长的光分解效应和提高 UV 光能的利用率，人们开发了光化学与催化剂结合的光催化技术。光催化现象最早是东京大学 Fujishima 于 1967 年发现的，其原理是适当波长光线照射催化剂，在催化剂表面产生光生电子（e^-）和光生空穴（h^+），这种"电子-空穴"对是一种高能粒子，和周围的水、氧气发生作用可生产·OH，能将空气中醛类、烃类等污染物直接分解成无害无味的物质，还可以破坏细菌的细胞壁，杀灭细菌并分解其丝网菌体，从而达到消除空气污染的目的。其原理如图 9-20 所示。

光催化剂属半导体材料，包括 TiO_2、ZnO、Fe_2O_3、CdS 和 WO_3 等，其中 TiO_2 具有良好的抗光腐蚀性和催化活性，是目前公认的最佳光催化剂。半导体粒子含有能带是不连续的能级结构，即物质价电子轨道通过交叠形成不同的带隙，由低到高依次是充满电子的价带、禁带和空的导带。TiO_2 禁带宽度为 3.2eV，对应的光吸收波长阈值为 387.5nm。当受

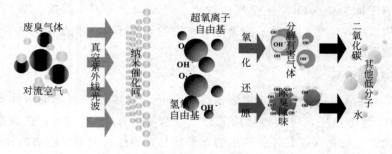

图 9-20 光催化分解气态污染物的原理示意图

到波长≤387.5nm 光照射时，价带上的电子会被激发，越过禁带进入导带，同时在价带上产生相应的空穴。光致空穴的标准氢电极电位为 3.5～10eV，具有很强的得电子能力，可夺取粒子表面的有机物或体系中的电子，使原本不吸收光的物质被活化而氧化；而光致电子的标准氢电极电位为 -1.5～+0.5eV，具有强还原性，可使半导体表面的电子受体被还原。因此，光致电子和空穴一旦分离，迁移到粒子表面的不同位置，就有可能参与氧化还原反应，氧化或还原吸附在粒子表面的物质，但光致电子与空穴的复合会降低光催化反应的效率。

实际光催化反应过程中，光强度、催化剂材料及粒度、气流速度、氧浓度、污染物性质等是影响光催化反应的重要因素。在光催化反应中，O_2 不仅是氧化剂，同时也是电子的俘获体，抑制光催化剂上光致电子和空穴的复合，因此 O_2 对于光催化氧化的进行起着至关重要的作用。H_2O 抑制或促进效应归因于水蒸气与反应物之间在光催化剂表面的竞争吸附，当有机物与水蒸气共存于气相时，有机物本身更易作为光致空穴的俘获剂，因而有机物的预先吸附是气相高效光催化氧化的必要条件。

光催化氧化可以使大多数烷烃、芳香烃、卤代烃、醇、醛和酮等有机物降解，还可以使有机酸发生脱碳反应。Alberici 等研究了 17 种 VOCs 的光催化降解规律，结果如表 9-10 所示，甲苯、异丙基苯、四氯化碳、甲基氯仿和吡啶等化合物降解活性较差。

表 9-10　17 种挥发性有机物的光催化降解效率[①]

化合物	初始质量浓度/(mg/m³)	转化率[②]/%	化合物	初始质量浓度/(mg/m³)	转化率/%
三氯乙烯	480	100.0	甲苯	506	87.2[③]
异辛烷	400	98.9	异丙醇	560	79.7
丙酮	467	98.5	三氯甲烷	572	69.5
甲醇	572	97.9	四氯乙烯	607	66.6
甲基乙基酮	497	97.1	异丙苯	613	30.3
叔丁基甲醚	587	96.1	甲基氯仿	423	20.5
二甲氧基甲烷	595	93.9	吡啶	620	15.8
二氯甲烷	574	90.4	四氯化碳	600	0
甲基异丙基酮	410	89.5			

① 实验条件：黑灯 30W，气体流量 200mL/min，相对湿度 23%，O_2 浓度 21%，温度（50±2）℃。
② 转化率是指稳定后达到的值。
③ 该值为经过 60min 照射后的转化率。

VOCs 的光催化降解产物主要是 CO_2 和 H_2O，适用于低体积分数（小于 100μL/L）有机废气处理，潜在的应用领域包括半导体元器件生产、文字印刷设备的释放气体、溶剂清洗过程排气、喷漆室排气、室内 VOCs 的控制等。越来越多的研究发现，光催化降解会生成大量的副产物，最终产物形式取决于反应时间、反应条件等因素。

 习题

9.1　一股含庚烷气流，流量为 50m³/min，温度 150℃，气压为 1atm，庚烷浓度为 50000μL/L。需要冷却到多少温度，才能去除 40% 庚烷？若溶剂庚烷相对密度为 0.75，市场价为 7.0 元/L，估算每天冷凝回收下来的庚烷价值金额。

9.2　计算甲烷在空气中完全燃烧的理论空气燃料质量比。如果使用 2 倍空燃比的理论空气量，此时排气中氧的摩尔分数是多少？

9.3　废气流量为 500m³/min，温度 77℃，进入焚烧炉反应室的火焰混合区温度为 750℃。燃料气体（甲烷）温度 20℃，燃烧器吸入补充空气温度 25℃，质量流量比（单位质量燃料气体中空气的含量）为 14kg/kg。污染物燃烧产生的热量和焚烧炉热量损失忽略，计算所需甲烷流量，用 kg/min 和 m³/min 表示。如果废气出口温度为750℃，热损失 12%，1000μL/L 甲苯燃烧去除率为 96%，计算甲烷用量又为多少。

9.4　例 9.3 中，如果采用热能捕集器将烟气中热量回收用于废气预热，排烟温度从 750℃ 降低到 340℃，估算可以节省多少燃料。计算进入热氧化室的废气预热温度。如果排气温度降低到 200℃，结果又如何？

9.5　采用催化氧化炉替代例 9.4 中的焚烧炉。由于较低的温度，所需的燃料气流量降为 0.65kg/min。天然气价格为 4.00 元/m³。假设这两个燃烧炉成本相同，唯一额外成本是催化剂本身，计算该催化体系的最大合理成本。催化剂更换周期为 5年，焚烧炉每天运行时间 24h，一年运行 300 天。

9.6　蜡烛在一个有少量空气的完全隔热箱体内燃烧。蜡烛燃烧的热值为 3.48×10⁷J/kg，蜡烛燃烧速度为 0.0454kg/h。每千克蜡烛消耗的空气量为 50kg，空气初始温度15℃。

① 绘制一个标记图，并使用自己的符号描述蜡烛在箱体内燃烧的质量和能量平衡。

② 计算排出箱体气体的温度。

③ 比较试验测得的温度数据，阐述计算值与实验值有差值的原因。

9.7　利用活性炭吸附处理脱脂生产中排放的废气，排气条件为 294K、1.38×10⁵Pa，废气量 25400m³/h。废气中含有体积分数为 0.02 的三氯乙烯，要求三氯乙烯回收率 99.5%。已知采用的活性炭的吸附容量为 28kg/100kg，活性炭的密度为577kg/m³，其操作周期为 4h，加热和解析 2h，备用 1h，试确定活性炭的用量和吸附塔尺寸。

9.8　采用泥炭为滤料的生物过滤床处理苯乙烯废气，最大去除负荷在 60~75 g/(m³·h) 之间。最近的研究表明当负荷为 40 g/(m³·h)，苯乙烯的去除率可以达到97%。为了满足某地区的臭气排放标准，利用生物过滤床处理造船厂排放出的苯乙烯废气。已知废气气量为 10000m³/h（30℃，101.325kPa），苯乙烯体积分数为 50μL/L，要求处理效率至少 90% 以上。假设设计的床层深度至少 1m，表面负荷不超过 1.5m/min，则该过滤床的长、宽、高分别为多少？

9.9　焚烧是处理含有低浓度有毒和恶臭化合物废气的有效方法。废气量 560m³/min，焚烧炉热能回收率为 50%。工程师希望通过增加炭吸附系统，将污染物浓度增加一倍（相当于进入焚烧炉的废气量减少 50%），以节省运行成本。请估算由于处理废气量减少和污染物浓度升高而节省的燃料费用。天然气价格为 4.00 元/m³。假如炭吸附系统的投资为 280 万元，这个方法好吗？

9.10 在 32℃和 101.325kPa 下，废气量 200000m³/h，乙苯（C_8H_{10}）体积分数为 500μL/L。已知采用的活性炭的吸附容量为 11kg/100kg，活性炭的密度为 577kg/m³。吸附周期为 2 小时，计算一个吸附周期内吸附床所需最少量活性炭量（kg）。如果床层高度为 0.6m，则该吸附床的表观气速为多少（m/s）？对这种表观气速作评价，如果不合适，请详细说明修正过程，并给出重新设计的床层尺寸。

第 10 章 含硫气态污染物控制

10.1 含硫化合物

　　硫在自然界中以游离态和化合态的形式存在，游离态硫主要存在于火山口附近或地壳的岩层里，化合态硫主要以硫化物和硫酸盐形式存在，生命体内某些蛋白质也含有硫元素。

　　含硫气态污染物有 H_2S、SO_2、SO_3 和有机硫化物。其中 SO_2 和 SO_3 称硫酸酐，是主要硫氧化物，另外还有 S_2O_3、SO、S_2O_7 和 SO_4，以 SO_x 表示。大气中 SO_x 主要来自化石燃料燃烧（占 80%）和工业废气排放（占 20%）。SO_x 是全球硫循环中的重要化学物质，扩散到空气中的 SO_x 最终又以硫酸或盐的形式回到水体、土壤或者海洋，如不进行净化处理或回收利用，不但浪费硫资源，而且造成严重的大气酸化和污染，危害人类健康和生产活动。

　　H_2S 是无色、臭鸡蛋味气体，密度 $1.39kg/m^3$，是一种急性剧毒物质，吸入少量高浓度 H_2S 可在短时间内致命。H_2S 产生于含硫有机质和硫酸盐的化学分解、还原作用，存在于原油、天然气、温泉和火山气体中，以及生物分解有机物的过程。H_2S 在室温下不与空气中氧发生反应，但点火时能在空气中燃烧。H_2S 微溶于水，形成弱酸（称氢硫酸），包含氢硫根 HS^-（18℃、浓度为 $0.01\sim0.1mol/L$ 的溶液里，$pK_a = 6.9$）和离子硫 S^{2-}（$pK_a = 11.96$），氢硫酸和水中氧起缓慢反应，产生不溶于水的单质硫，使水变浑浊。

　　大气中含硫化合物的来源与去向如图 10-1 所示。硫在燃料中的化学形态和含量因燃料而异，煤中硫以可燃态（有机硫、黄铁矿硫和元素硫）和固定态（硫酸盐硫）形式存在，天

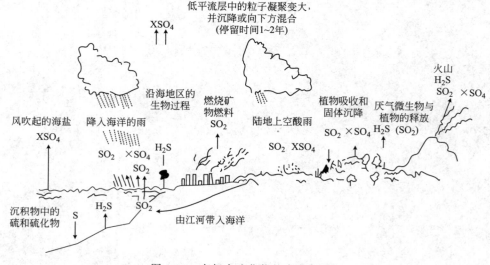

图 10-1　大气中硫化物的来源与去向

然气中硫主要以 H_2S 形式存在；在石油燃料以及油岩中，硫与碳氢化合物化学键结合，以有机硫形式存在。大多数煤的硫含量为 $0.5\% \sim 3\%$，木材的硫含量约为 0.1% 或更低，石油的硫含量在木材和煤之间。当燃料燃烧和矿物冶炼时，原料中的硫大部分转化为 SO_2。

含硫气态污染物控制包括原料除硫、工艺过程固硫和排放气体脱硫三个方面，本章着重对高浓度 SO_2 资源化、低浓度 SO_2 排放控制和 H_2S 处理进行讨论。

10.2　高浓度 SO_2 资源化

高浓度 SO_2 主要来自冶炼厂、硫酸厂和造纸厂等工业排放，SO_2 浓度通常在 $2\% \sim 40\%$ 之间。常用的控制方法是以 V_2O_5 为催化剂，将 SO_2 氧化为 SO_3，生产硫酸，其反应式为：

$$SO_2 + \frac{1}{2}O_2 \Longleftrightarrow SO_3 + 99kJ/mol \tag{10.1}$$

$$SO_3 + H_2O \longrightarrow H_2SO_4 + 101kJ/mol \tag{10.2}$$

上述第一个反应的平衡常数表达式为：

$$K_p = \frac{p_{SO_3}}{p_{SO_2}(p_{O_2})^{1/2}} \tag{10.3}$$

Heinsohn 和 Kabel 在 1999 年提出平衡常数 K_p 计算方程为：

$$K_p = 1.53 \times 10^{-5} \exp(11750/T) \tag{10.4}$$

不同反应温度下的平衡常数 K_p 值见表 10-1。由表可知，SO_2 转化平衡常数随温度升高而下降，低温时 SO_2 的平衡转化率高，而在高温时其平衡转化率低。因此，为提高 SO_2 转化率，工业上设计多段式催化剂床层（3～4 段），段间采用换热冷却方法控制反应温度、提高转化率。

表 10-1　SO_2 氧化为 SO_3 反应的平衡反应常数

温度/K	K_p	温度/K	K_p
298	2.0×10^{12}	1000	1.9
500	2.5×10^5	1250	0.19
750	97	1500	0.039

多层催化反应的温度和转化率关系见图 10-2。经预热后，温度为 420℃ 的尾气进入第一层催化剂床。随着反应进行，床层内气体温度开始升高，气体在前三段离开每一床层进入下一段时，段间进行换热冷却，离开最后一段催化床层的气体温度约为 425℃。前三段的床层通常较薄，停留时间短，反应尚未达到平衡，反应速度快。通过这种工艺，约 98% SO_2 转化为硫酸。

20℃ 时，SO_3 在水中的亨利系数大约为 1.01325×10^{-23} kPa，因此吸收过程较快。工业上通常采用二级催化转化＋吸收工艺将 SO_2 转化吸收制备硫酸，如图 10-3 所示。二级制酸工艺可以将 SO_2 的转化率提高至 99.7%，从而进一步减少 SO_2 排放。

实践表明，尾气 SO_2 浓度大于 4% 时，工艺过程的热量可以自给，即反应本身的放热可以提供制酸工艺用热。当尾气 SO_2 浓度低于 4% 时，反应放热不足以提供工艺用热，需要额外的燃料。因此，当尾气 SO_2 浓度较低时，利用 SO_2 生产硫酸可能不经济。

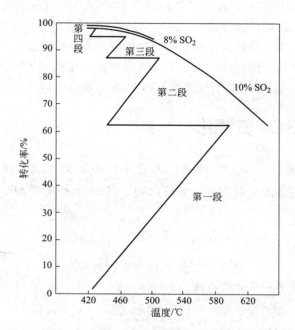

图 10-2　硫酸厂 4 层床 SO_2 催化转化器的温度与转化率关系

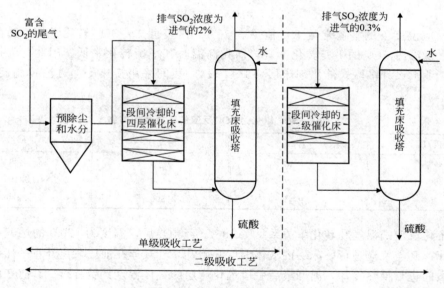

图 10-3　二级吸收工艺流程

10.3　低浓度 SO_2 排放控制

燃料燃烧排放的烟气通常含有较低浓度的 SO_2。烟气脱硫（FGD）技术主要分为三类：湿法烟气脱硫、半干法烟气脱硫和干法烟气脱硫。其中石灰石-石膏湿法烟气脱硫在烟气脱硫行业占据主要份额，其次是半干法和干法。

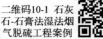

二维码10-1 石灰石-石膏法湿法烟气脱硫工程案例

10.3.1　湿式钙法烟气脱硫技术

10.3.1.1　化学反应原理

湿式钙法烟气脱硫（石灰石/石灰湿法烟气脱硫）是采用石灰石或石灰浆液脱除烟气中的 SO_2，主要反应式为：

石灰石：
$$CaCO_3 + SO_2 + 0.5H_2O \longrightarrow CaSO_3 \cdot 0.5H_2O \downarrow + CO_2 \uparrow \tag{10.5}$$

石灰：
$$CaO + SO_2 + 0.5H_2O \longrightarrow CaSO_3 \cdot 0.5H_2O \downarrow \tag{10.6}$$

然后，亚硫酸钙再被氧化为硫酸钙。

表 10-2 分别给出了石灰石和石灰湿法烟气脱硫的反应机理。这两种机理说明了相应方法所必须经历的化学反应过程，其中最关键反应是钙离子的形成，因为 SO_2 正是通过钙离子与 HSO_3^- 化合而得以除去。

表 10-2　石灰石和石灰湿法烟气脱硫的反应机理

脱硫剂	石灰石	石灰
溶解反应	$SO_2(气) + H_2O \longrightarrow SO_2(液) + H_2O$ $SO_2(液) + H_2O \longrightarrow H_2SO_3$ $H_2SO_3 \longrightarrow H^+ + HSO_3^- \longrightarrow 2H^+ + SO_3^{2-}$	$SO_2(气) + H_2O \longrightarrow SO_2(液) + H_2O$ $SO_2(液) + H_2O \longrightarrow H_2SO_3$ $H_2SO_3 \longrightarrow H^+ + HSO_3^- \longrightarrow 2H^+ + SO_3^{2-}$
解离反应	$H^+ + CaCO_3 \longrightarrow Ca^{2+} + HCO_3^-$	$CaO + H_2O \longrightarrow Ca(OH)_2$ $Ca^{2+} + HSO_3^- + 2H_2O \longrightarrow CaSO_3 \cdot 2H_2O + H^+$
吸收反应	$Ca^{2+} + SO_3^{2-} + 0.5H_2O \longrightarrow CaSO_3 \cdot 0.5H_2O$ $Ca^{2+} + HSO_3^- + 2H_2O \longrightarrow CaSO_3 \cdot 2H_2O + H^+$	$Ca^{2+} + SO_3^{2-} + 0.5H_2O \longrightarrow CaSO_3 \cdot 0.5H_2O$ $Ca^{2+} + HSO_3^- + 2H_2O \longrightarrow CaSO_3 \cdot 2H_2O + H^+$
中和反应	$H^+ + HCO_3^- \longrightarrow H_2CO_3$ $H_2CO_3 \longrightarrow CO_2 + H_2O$	$H^+ + OH^- \longrightarrow H_2O$
总反应	$CaCO_3 + SO_2 + 0.5H_2O \longrightarrow CaSO_3 \cdot 0.5H_2O + CO_2 \uparrow$	$CaO + SO_2 + 0.5H_2O \longrightarrow CaSO_3 \cdot 0.5H_2O$

首先，气相中 SO_2 溶解于水，并在水中发生溶解反应。

其次，石灰或石灰石解离形成 Ca^{2+}。对于石灰石系统，由于 $CaCO_3$ 溶解度很低，要使 $CaCO_3$ 解离出 Ca^{2+} 必须有 H^+ 存在。因此，石灰石系统 pH 值维持在 $5.8 \sim 6.2$。石灰系统，CaO 首先进行水合反应生成 $Ca(OH)_2$，然后 $Ca(OH)_2$ 再开始解离，石灰系统 pH 值约为 8。

再者，解离反应产生的 Ca^{2+} 与溶液中的 HSO_3^- 结合生成 $CaSO_3$。

最后，通入空气，将脱硫塔底部浆液循环池的亚硫酸钙氧化为硫酸钙：

$$2CaSO_3 \cdot 0.5H_2O + O_2 + 3H_2O \longrightarrow 2CaSO_4 \cdot 2H_2O \tag{10.7}$$

10.3.1.2　工艺流程及主要参数

传统的石灰石/石灰湿法烟气脱硫工艺如图 10-4 所示。锅炉烟气经除尘、冷却后送入吸收塔，吸收塔内用配制好的石灰石或石灰浆液洗涤含 SO_2 的烟气。洗涤净化的烟气经除雾和再热后排放。吸收塔内排出的吸收液流入循环槽，加入新鲜的石灰石或者石灰浆液进行再生。

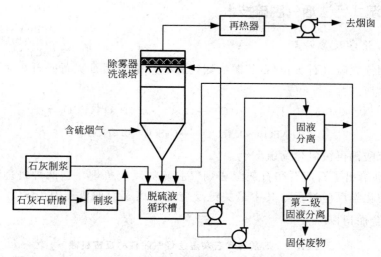

图 10-4　石灰石/石灰湿法烟气脱硫工艺流程

吸收塔是烟气脱硫系统的核心装置，要求持液量大、气液相间的相对速度高、气液接触面积大、内部构件少、压力降小等。目前较常用的吸收塔主要有喷淋塔、填料塔、喷射鼓泡塔和旋流板塔四类。

影响石灰石/石灰湿法烟气脱硫的主要工艺参数有 pH、液气比、钙硫比、气体流速、浆液固体质量分数、气体中 SO_2 体积分数，以及吸收塔结构等。这些工艺参数的值见表 10-3。

表 10-3　石灰石/石灰湿法烟气脱硫的典型操作条件

各项指标	石灰	石灰石
气体中 SO_2 体积分数/10^{-6}	4000	4000
浆液固体质量分数/%	10~15	10~15
浆液 pH	7.5	5.6
钙硫比	1.05~1.1	1.1~1.3
液气比/(L/m³)	4.7	>8.8
气流速度/(m/s)	3	3

10.3.1.3　存在的主要问题

① 设备腐蚀。化石燃料燃烧的排烟中含有多种微量的化学成分，如氯化物。在酸性环境中，它们对金属（包括不锈钢）的腐蚀性相当强。目前广泛应用的吸收塔材料是合金 C-276（55%Ni、17%Mo、16%Cr、6%Fe、4%W），其价格是常规不锈钢的 15 倍。为延长设备的使用寿命，溶液中氯离子浓度不能太高。为保证氯离子不发生浓缩，有效的方法是在脱硫系统中根据物料平衡排出适量的废水，并以清水补充。

② 结垢和堵塞。湿式钙法脱硫结垢主要有三种形式：湿干结垢、沉积结垢和结晶结垢。溶液或料浆中 $Ca(OH)_2$、$CaCO_3$、$CaSO_3$、$CaSO_4$ 易出现蒸发沉积或局部饱和结晶析出，在吸收设备、管道等部位结垢，影响正常操作。亚硫酸盐通过鼓氧或空气等方式，在脱硫液循环池中完成氧化，形成硫酸钙沉淀。循环池返回吸收塔的脱硫液因为含有足量的硫酸钙晶

体，易起到晶种作用，为此，在吸收塔中要控制亚硫酸盐的氧化率小于 20％，以防止固体直接沉积在吸收塔设备表面。

③ 除雾器堵塞。在吸收塔中，小雾滴会被气流所夹带，需要去除。早期的金属网除雾器易受雾滴中的固体颗粒沉积而堵塞，目前使用折流板型等除雾器，通过采用高速喷淋清水方式进行冲洗，可以保持除雾器清洁。

④ 脱硫产物及综合利用。半水亚硫酸钙通常是较细的片状晶体，这种固体产物难以分离，也不符合填埋要求；而二水硫酸钙是大圆形晶体，易于析出和过滤。因此，从分离的角度看，在循环池中鼓氧或空气将亚硫酸盐氧化为硫酸盐是十分必要的，通常要保证 95％ 的脱硫产物转化为硫酸钙。

石灰石/石灰湿法烟气脱硫产生湿固废，含水率约 60％，固废组成和产生量与脱硫剂有关。表 10-4 给出了典型的石灰石/石灰湿法烟气脱硫系统固废组成。对于 500 MW 的电站，若燃煤含硫量为 2％，石灰脱硫系统排出的固废量约 48t/h，石灰石脱硫系统排出量则达 59t/h。

表 10-4　石灰石/石灰湿法烟气脱硫产物干基组成 （质量分数/％）

成分	石灰石法	石灰法
$CaCO_3$	15	2
$CaSO_3 \cdot 0.5H_2O$	4	5
$CaSO_4 \cdot H_2O$	81	85
$Ca(OH)_2$	—	8

此外，煤中所含的汞在燃烧过程中以气态汞或者颗粒汞形式进入烟气，大部分可以通过烟气湿法脱硫系统被浆液捕集，进入脱硫石膏中。研究表明，煤中 20％～30％ 汞可进入脱硫石膏中。由于汞的存在，可能会影响脱硫石膏的综合利用。

10.3.1.4 改进的石灰石/石灰湿法烟气脱硫

① 添加己二酸。己二酸是含有六个碳的二羧基有机酸 $[HOO(CH_2)_4COOOH]$，强度介于碳酸和亚硫酸之间，其钙盐比较容易溶解，在洗涤浆液中能起到缓冲 pH 的作用。该方法原理是，己二酸在洗涤液储罐内与石灰或石灰石反应，形成己二酸钙；己二酸钙在吸收器内与已溶解的 SO_2 反应生成 $CaSO_3$，再生出己二酸，返回洗涤液储罐，重新与石灰或石灰石反应。当循环液中己二酸钙浓度为 10mmol/L 时，SO_2 吸收的总反应速率就不再受石灰石或亚硫酸钙的溶解速率控制。添加己二酸可以降低钙硫比，提高了石灰利用率，减少了固体废物量，而且己二酸来源丰富、价格低廉。

② 投加硫酸镁。添加硫酸镁使 SO_2 以可溶性盐的形式被吸收，而不是生成亚硫酸钙或硫酸钙。加入 $MgSO_4$ 增加了 SO_2 的吸收容量，消除了洗涤塔内的结垢，降低系统能量消耗。其中主要化学反应如下。

吸收塔内：

$$SO_2 + H_2O \longrightarrow H_2SO_3 \tag{10.8}$$

$$MgSO_4 \longrightarrow Mg^{2+} + SO_4^{2-} \tag{10.9}$$

$$Mg^{2+} + SO_3^{2-} \Longrightarrow MgSO_3 \tag{10.10}$$

$$MgSO_3 + H_2SO_3 \Longrightarrow Mg^{2+} + 2HSO_3^- \qquad (10.11)$$

在储槽内，$MgSO_3$ 得以再生：

$$Mg^{2+} + 2HSO_3^- + H_2O + CaCO_3 \longrightarrow MgSO_3 + CaSO_3 \cdot 2H_2O \downarrow + CO_2 \qquad (10.12)$$

③ 双碱法。双碱法即采用碱金属盐类（Na^+、K^+ 等）或碱类的水溶液吸收 SO_2，然后用石灰或石灰石再生吸收 SO_2 后的吸收液，将 SO_2 以亚硫酸钙或硫酸钙形式沉淀析出，得到较高纯度的石膏，再生后的溶液返回吸收循环系统循环使用。主要反应式为：

$$2OH^- + SO_2 \longrightarrow SO_3^{2-} + H_2O \qquad (10.13)$$

$$OH^- + SO_2 \longrightarrow HSO_3^- \qquad (10.14)$$

以 Na_2CO_3 形式加入钠盐：

$$CO_3^{2-} + 2SO_2 + H_2O \longrightarrow 2HSO_3^- + CO_2 \uparrow \qquad (10.15)$$

$$HCO_3^- + SO_2 \longrightarrow HSO_3^- + CO_2 \uparrow \qquad (10.16)$$

再生反应取决于所用再生剂的种类，当用熟石灰再生时：

$$Ca(OH)_2 + 2HSO_3^- \longrightarrow SO_3^{2-} + CaSO_3 \cdot 2H_2O \downarrow \qquad (10.17)$$

$$Ca(OH)_2 + SO_3^{2-} + 2H_2O \longrightarrow 2OH^- + CaSO_3 \cdot 2H_2O \downarrow \qquad (10.18)$$

$$Ca(OH)_2 + SO_4^{2-} + 2H_2O \longrightarrow CaSO_4 \cdot 2H_2O \downarrow + 2OH^- \qquad (10.19)$$

当用石灰石作为再生剂时：

$$CaCO_3 + 2HSO_3^- + H_2O \longrightarrow SO_3^{2-} + CaSO_3 \cdot 2H_2O \downarrow + CO_2 \uparrow \qquad (10.20)$$

例 10.1 某煤炭燃烧烟气含有 SO_2 和 HCl，排放速率分别为 17200kg/h、196kg/h，用石灰石中和，估算石灰石投加速率。商品石灰石含 94% $CaCO_3$、1.5% $MgCO_3$ 和 4.5% 其他物质。工程上，吸收 SO_2 和 HCl 的碱液量是其化学计量的 1.1 倍。

解： SO_2 和 HCl 的化学计量碱度为：

$$SO_2 \quad \frac{17200kg}{1h} \times \frac{1mol}{64.08g} \times \frac{1mol(碱度)}{1mol(SO_2)} = 268.41kmol/h$$

$$HCl \quad \frac{196kg}{1h} \times \frac{1mol}{36.5g} \times \frac{0.5mol(碱度)}{1mol(HCl)} = 2.68kmol/h$$

则总化学计量需要碱度为 268.41+2.68=271.09（kmol/h）。

实际工程需碱度为 1.1×271.09=298.20（kmol/h）。

100kg 商品石灰石含 94kg $CaCO_3$、1.5kg $MgCO_3$ 及 4.5kg 其他物质，则 100kg 商品石灰石有效组分 $CaCO_3$ 和 $MgCO_3$ 的物质的量为 0.939kmol、0.0178kmol。

$$石灰石碱度中，CaCO_3 碱度摩尔分数为 \frac{0.939kmol}{0.939kmol + 0.0178kmol} = 0.9814$$

$$MgCO_3 碱度摩尔分数为 \frac{0.0178kmol}{0.939kmol + 0.0178kmol} = 0.0186$$

用石灰石中和吸收上述 SO_2 和 HCl，需要的量为：

$$CaCO_3 \quad \frac{298.20kmol}{1h} \times 0.9814 \times \frac{100.09kg}{1kmol(CaCO_3)} = 29292kg/h$$

$$MgCO_3 \quad \frac{298.20kmol}{1h} \times 0.0186 \times \frac{84.33kg}{1kmol(MgCO_3)} = 468kg/h$$

$CaCO_3$ 和 $MgCO_3$ 的总量为 29292+468=29760kg/h。商品石灰石中 $CaCO_3$ 和 $MgCO_3$ 的含量为 95.5%，则工程上，商品石灰石投加速率为：

$$29760/0.955 = 31162(kg/h)$$

10.3.2 喷雾干燥法烟气脱硫技术

喷雾干燥法是 20 世纪 80 年代发展起来的一种半干法脱硫工艺,目前市场份额仅次于湿式钙法烟气脱硫技术,其设备和操作简单,可使用碳钢作为结构材料,无废水产生。目前,喷雾干燥法主要用于低硫煤烟气脱硫。

10.3.2.1 烟气脱硫原理

含 SO_2 烟气进入喷雾干燥塔后,立即与雾化的浆液混合,气相中 SO_2 迅速溶解,并与吸收剂发生化学反应。大致反应机理如下。

气相 SO_2 溶解:
$$SO_2 + H_2O \Longleftrightarrow H_2SO_3 \tag{10.21}$$

碱性介质中解离反应:
$$H_2SO_3 \Longleftrightarrow HSO_3^- + H^+ \tag{10.22}$$
$$HSO_3^- \Longleftrightarrow SO_3^{2-} + H^+ \tag{10.23}$$
$$SO_2 + H_2O + SO_3^{2-} \Longleftrightarrow 2HSO_3^- \tag{10.24}$$

石灰颗粒溶解:
$$Ca(OH)_2 \Longleftrightarrow Ca^{2+} + 2OH^- \tag{10.25}$$

亚硫酸盐化及氧化反应:
$$Ca^{2+} + SO_3^{2-} + 0.5H_2O \Longleftrightarrow CaSO_3 \cdot 0.5H_2O(s) \tag{10.26}$$
$$CaSO_3 \cdot 0.5H_2O + 0.5O_2 + 1.5H_2O \Longleftrightarrow CaSO_4 \cdot 2H_2O(s) \tag{10.27}$$

碱中和反应:
$$HSO_3^- + OH^- \Longleftrightarrow SO_3^{2-} + H_2O \tag{10.28}$$
$$SO_2 + 2OH^- \Longleftrightarrow SO_3^{2-} + H_2O \tag{10.29}$$

经过上述反应,气相中 SO_2 不断溶解,与吸收剂反应生产石膏,从而达到脱硫目的。此过程中,碱性物质不断消耗,由吸收剂石灰溶解补充。

SO_2 吸收总反应为:
$$Ca(OH)_2(s) + SO_2(g) + H_2O(l) \Longrightarrow CaSO_3 \cdot 2H_2O(s) \tag{10.30}$$
$$CaSO_3 \cdot 2H_2O(s) + 0.5O_2(g) \Longrightarrow CaSO_4 \cdot 2H_2O(s) \tag{10.31}$$

在石灰喷雾干燥吸收中,烟气中 CO_2 会被吸收并与浆液反应生成碳酸钙,从而减少了钙离子的可用性:
$$CO_2 + H_2O \Longleftrightarrow H_2CO_3 \tag{10.32}$$
$$H_2CO_3 \Longleftrightarrow HCO_3^- + H^+ \Longleftrightarrow 2H^+ + CO_3^{2-} \tag{10.33}$$
$$Ca^{2+} + CO_3^{2-} \Longleftrightarrow CaCO_3 \tag{10.34}$$

10.3.2.2 工艺流程及设备

喷雾干燥法脱硫工艺流程如图 10-5 所示,主要包括吸收剂制备、吸收和干燥、粉末捕集以及粉末处置四个主要过程。

① 吸收剂制备。吸收剂溶液或浆液在现场制备。石灰、石灰石是常见的两种吸收剂。

② 吸收和干燥。锅炉烟气(120~160℃)从喷雾干燥塔顶部送入,与顶部旋转喷嘴喷射出的石灰乳雾滴(粒径小于 $100\mu m$)接触,烟气脱硫接触时间为 10~12s,烟气中 SO_2 与石灰乳发生反应,烟气热量与石灰乳雾滴进行热交换,水分蒸发,形成含亚硫酸钙、硫酸钙、飞灰和未反应氧化钙的粉末混合物。

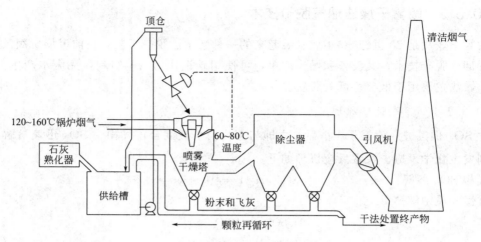

图 10-5　喷雾干燥法脱硫工艺流程

③ 粉末捕集。粉末混合物成分为：飞灰 64%～79%，$CaSO_3 \cdot 2H_2O$ 14%～24%，$CaSO_4 \cdot 2H_2O$ 2.1%～4%，$Ca(OH)_2$ 1.2%～5%。粉末混合物捕集方式有袋式过滤和静电除尘。研究表明，袋式除尘器不仅可捕集颗粒，而且滤袋表面沉积的颗粒中未反应碱类物质与烟气中 SO_2 继续反应，其去除 SO_2 比例可占到 SO_2 总去除率的 10%。电除尘器的优点是对水分不敏感，可以接近露点温度下操作，高效去除 SO_2。

④ 粉末处置。喷雾干燥吸收的粉末是一种潜在的工业和建材原材料。对于石灰处理系统，粉末中未反应吸收剂量小于 5% 时，是无害的。如果采用钠盐作吸收剂，应采取谨慎措施，减小粉末的浸出率。

喷雾干燥法的出口烟气温度控制在较低、但又在露点温度以上的安全温度，因此无须烟气再加热系统；收集的粉末堆置处理方便，系统能耗仅为湿式工艺所需能耗的 1/3～1/2。

10.3.2.3　主要工艺操作参数

影响 SO_2 去除率的工艺参数有吸收塔烟气出口温度、吸收剂钙硫比以及 SO_2 入口浓度。

① 吸收塔烟气出口温度。烟气出口温度由浆液中的水含量和浆液供应速率决定。吸收塔烟气出口温度越低，说明浆液的含水量越大，SO_2 吸收反应越容易进行，因而脱硫率越高。但是，烟气出口温度不能低于露点温度，否则除尘器将无法工作。一般吸收塔出口烟气温度以与绝热饱和温度的差值 ΔT 来控制，SO_2 吸收率和吸收剂利用率随 ΔT 的减小而提高，大部分喷雾干燥塔在绝热饱和温度之上 11～28K 操作。

② 吸收剂钙硫比。吸收剂化学当量比（即钙硫比）直接影响 SO_2 去除。较高的钙硫比有利于 SO_2 去除，但当钙硫比>1 时，脱硫率增加缓慢，吸收剂利用率下降，增加了吸收剂成本和间接废物处置费用。另外，吸收剂溶解性或吸收剂固体在浆料中的质量分数又限制了可能采用的钙硫比上限。喷雾干燥的钙硫比一般控制在 1.4～1.8。

③ SO_2 入口浓度。钙硫比等操作条件一定的情况下，烟气中 SO_2 浓度越高，需要投加石灰越多，同时生成的 $CaSO_3$ 量也随之增大，雾滴中石灰含量增加、水分相应减少，限制了 SO_2 的吸收传质过程，造成脱硫率下降。因此，喷雾干燥法不适合高硫煤烟气脱硫。

10.3.3　干法烟气脱硫技术

10.3.3.1　干法喷钙脱硫

干法喷钙脱硫工艺于 20 世纪 70 年代提出，具有设备简单、投资低、脱硫费用小、占地面积少、脱硫产物呈干态、易于处理等特点，近年来受到人们的关注。

干法喷钙脱硫以芬兰某公司开发的 LIFAC 工艺为代表，其流程见图 10-6。工艺的核心是锅炉炉膛内喷石灰石粉部件和炉后的活化反应器。

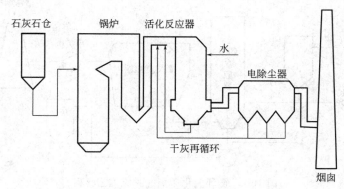

图 10-6　LIFAC 脱硫工艺流程

首先，作为固硫剂的石灰石粉料喷入锅炉炉膛，$CaCO_3$ 受热分解成 CaO 和 CO_2，热解后生成的 CaO 随烟气流动，与其中 SO_2 反应，脱除部分 SO_2。

$$CaO + SO_2 + 0.5O_2 \longrightarrow CaSO_4 \tag{10.35}$$

$$CaO + SO_3 \longrightarrow CaSO_4 \tag{10.36}$$

然后，生成的 $CaSO_4$ 与未反应的 CaO 以及飞灰一起，随烟气进入锅炉后部的活化反应器。在活化器中通过喷水雾增湿，一部分尚未反应的 CaO 转变成具有较高反应活性的 $Ca(OH)_2$，继续与烟气中的 SO_2 反应，从而完成脱硫的全过程：

$$CaO + H_2O \longrightarrow Ca(OH)_2 \tag{10.37}$$

$$Ca(OH)_2 + SO_2 + 0.5O_2 \longrightarrow CaSO_4 + H_2O \tag{10.38}$$

影响系统脱硫性能的主要因素有：炉膛喷射石灰石的位置和粒度、活化器内喷水量和钙硫比。通常，在锅炉炉膛上方温度为 950～1150℃ 区域内喷入石灰石粉，石灰石粉要求：纯度＞90%，80% 以上粒度＜40μm，此时锅炉内的脱硫率为 20%～30%。活化器内喷水雾决定了反应温度和湿度，脱硫反应要求烟气温度越接近绝热饱和温度越好，但不应引起活化器壁、除尘器和引风机结垢。因此，通常要求控制烟气温度高于绝热饱和温度 10～25K。当 Ca/S＝2 时，活化器的脱硫率可达到 60%，系统总效率（锅炉＋活化器）可达到 80%。

炉内喷钙会影响锅炉效率和传热特性，增加喷钙后除尘器入口尘负荷，改变飞灰成分和比电阻。活化器喷水雾增加烟气湿度，降低飞灰比电阻。目前，干法喷钙类脱硫工艺通常应用于低硫煤电厂的脱硫，特别适用于老电厂的脱硫改造，较少用于新建电厂的烟气脱硫。

10.3.3.2　循环流化床烟气脱硫

循环流化床烟气脱硫（CFB-FGD）技术是 20 世纪 80 年代后期由德国 Lurgi 公司研究开发的。整个循环流化床脱硫系统由石灰制备系统、脱硫反应系统和收尘引风系统三个部分组成，其工艺流程见图 10-7。

循环流化床烟气脱硫的主要化学反应如下：

$$CaO + SO_2 + 2H_2O \longrightarrow CaSO_3 \cdot 2H_2O \qquad (10.39)$$

$$CaSO_3 \cdot 2H_2O + 0.5O_2 \longrightarrow CaSO_4 \cdot 2H_2O \qquad (10.40)$$

同时也可脱除烟气中的 HCl 和 HF 等酸性气体，反应为：

$$CaO + 2HCl + H_2O \longrightarrow CaCl_2 + 2H_2O \qquad (10.41)$$

$$CaO + 2HF + H_2O \longrightarrow CaF_2 + 2H_2O \qquad (10.42)$$

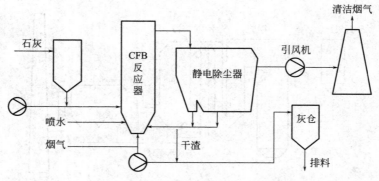

图 10-7 循环流化床烟气脱硫工艺流程

循环流化床烟气脱硫的主要优点是脱硫剂反应停留时间长，对锅炉负荷变化的适应性强。由于床料有 98% 参与循环，新鲜石灰在反应器内停留时间累计可达 30min 以上，提高了石灰利用率。反应器内烟气流速范围 1.83～6.1m/s，可以满足锅炉负荷变化范围 30%～100%。

10.3.4 其他烟气脱硫技术

10.3.4.1 氧化镁法

氧化镁法原理是用氧化镁浆液 [Mg(OH)$_2$] 吸收烟气中 SO$_2$，得到含结晶水的亚硫酸镁和硫酸镁，经脱水、干燥和煅烧还原，再生氧化镁循环使用。同时，副产高浓度 SO$_2$ 气体，制备硫酸（图 10-8）。

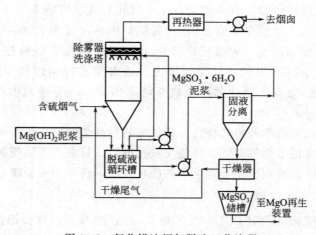

图 10-8 氧化镁法烟气脱硫工艺流程

其吸收过程发生的化学反应为：

$$MgO + H_2O \longrightarrow Mg(OH)_2 \tag{10.43}$$

$$Mg(OH)_2 + SO_2 + 5H_2O \longrightarrow MgSO_3 \cdot 6H_2O \downarrow \tag{10.44}$$

$$MgSO_3 + SO_2 + H_2O \longrightarrow Mg(HSO_3)_2 \downarrow \tag{10.45}$$

$$Mg(HSO_3)_2 + Mg(OH)_2 + 10H_2O \longrightarrow 2MgSO_3 \cdot 6H_2O \downarrow \tag{10.46}$$

为保证上述 4 个反应顺利进行，MgO 需过量 5%。另外，也会产生部分 $MgSO_4$：

$$2Mg(HSO_3)_2 + O_2 + 12H_2O \longrightarrow 2MgSO_4 \cdot 7H_2O \downarrow + 2SO_2 \uparrow \tag{10.47}$$

$$2MgSO_3 + O_2 + 14H_2O \longrightarrow 2MgSO_4 \cdot 7H_2O \downarrow \tag{10.48}$$

干燥脱水：

$$MgSO_3 \cdot 6H_2O \longrightarrow MgSO_3 + 6H_2O \downarrow \tag{10.49}$$

$$MgSO_4 \cdot 7H_2O \longrightarrow MgSO_4 + 7H_2O \tag{10.50}$$

煅烧分解和还原：

$$MgSO_3 \longrightarrow MgO + SO_2 \tag{10.51}$$

$$MgSO_4 + 1/2C \longrightarrow MgO + SO_2 + 1/2CO_2 \tag{10.52}$$

煅烧温度 800~900℃。氧化镁技术具有脱硫效率高（可达 90% 以上）、可回收硫、可避免产生废物等特点，在镁矿资源丰富地区，是一种具有竞争性的脱硫技术。

10.3.4.2　海水烟气脱硫技术

海水烟气脱硫技术是利用海水的天然碱度进行脱硫。该技术成熟，工艺简单，效率高，投资和运行费用低，适合近海地区电厂和冶炼厂烟气脱硫使用。

海水的天然碱度是指海水中能接收 H^+ 物质的量，其代表性物质是碳酸盐和碳酸氢盐。海水的 pH 值为 7.5~8.3，天然碱度 2~2.9mg/L，使海水具有天然的酸碱缓冲能力和吸收 SO_2 的能力。

吸收塔中，烟气中 SO_2 与海水接触发生以下反应。

吸收反应：

$$SO_2 + H_2O \longrightarrow H_2SO_3 \tag{10.53}$$

$$H_2SO_3 \longrightarrow H^+ + HSO_3^- \tag{10.54}$$

$$HSO_3^- \longrightarrow H^+ + SO_3^{2-} \tag{10.55}$$

中和反应：

$$CO_3^{2-} + H^+ \longrightarrow HCO_3^- \tag{10.56}$$

$$HCO_3^- + H^+ \longrightarrow H_2CO_3 \longrightarrow H_2O + CO_2 \uparrow \tag{10.57}$$

氧化反应：

$$SO_3^{2-} + 0.5O_2 \longrightarrow SO_4^{2-} \tag{10.58}$$

海水烟气脱硫工艺有用纯海水作为吸收剂的挪威某公司的 flakt-hydro 海水烟气脱硫工艺和添加一定量石灰以调节海水碱度的美国某公司的海水烟气脱硫工艺。

10.3.4.3　湿式氨法烟气脱硫技术

湿式氨法烟气脱硫工艺采用一定浓度的氨水做吸收剂，最终的脱硫副产物是可做农用肥的硫酸铵，脱硫率 90%~99%。相对于低廉的石灰石吸收剂，氨价格高，因此，高运行成本及复杂工艺流程影响了氨法脱硫工艺的推广应用，但在有氨稳定来源、副产品有市场的某些地区，氨法仍具有一定的吸引力。

湿式氨法烟气脱硫主要包括 SO_2 吸收和吸收后溶液的处理两大部分。

以氨溶液吸收 SO_2 时，其化学反应迅速，质量传递主要受气相阻力控制。吸收塔内发生的主要反应为：

$$2NH_3 + SO_2 + H_2O \longrightarrow (NH_4)_2SO_3 \tag{10.59}$$

$$(NH_4)_2SO_3 + SO_2 + H_2O \longrightarrow 2NH_4HSO_3 \tag{10.60}$$

$(NH_4)_2SO_3$ 对 SO_2 有很强的吸收能力，它是氨法中的主要吸收剂。随着 SO_2 的吸收，NH_4HSO_3 的比例增大，吸收能力降低，这时需要补充氨水将 NH_4HSO_3 转化为 $(NH_4)_2SO_3$。

$$NH_4HSO_3 + NH_3 \longrightarrow (NH_4)_2SO_3 \tag{10.61}$$

由于尾气中含有 O_2 和 CO_2，在吸收过程中还会发生下列副反应：

$$2(NH_4)_2SO_3 + O_2 \longrightarrow 2(NH_4)_2SO_4 \tag{10.62}$$

$$2NH_4HSO_3 + O_2 \longrightarrow 2NH_4HSO_4 \tag{10.63}$$

$$2NH_3 + CO_2 + H_2O \longrightarrow (NH_4)_2CO_3 \tag{10.64}$$

高含量 NH_4HSO_3 溶液，可以从吸收系统中分离出，通过热解、氧化和酸化等方法再生得到 SO_2 或其他产品。

用氨吸收 SO_2 与其他碱类的不同之处在于阳离子和阴离子都是挥发性的，因此设计洗涤吸收器时必须考虑两者的回收。

10.3.5 烟气脱硫工艺综合比较

主要烟气脱硫方法信息汇总见表 10-5。

表 10-5 主要烟气脱硫方法的综合比较

方法	脱硫剂活性成分	操作过程	主要产物
湿法流程			
石灰石/石灰法	$CaCO_3/CaO$	$Ca(OH)_2$ 浆液	$CaSO_4$、$CaSO_3$
双碱法	NaOH 或 Na_2CO_3、$CaCO_3$ 或 CaO	NaOH 溶液脱硫，由 $CaCO_3$ 或 CaO 再生	$CaSO_4$、$CaSO_3$
加镁石灰石/石灰法	$MaSO_4$ 或 MgO	$MgSO_3$ 溶液脱硫，由 $CaCO_3$ 或 CaO 再生	$CaSO_4$、$CaSO_3$
氧化镁法	MgO	$Mg(OH)_2$ 浆液	15% SO_2
海水法	海水	海水碱性物质	镁盐、钙盐
氨法	NH_4OH	氨水	硫酸铵
干法流程			
喷雾干燥法	Na_2CO_3 或 $Ca(OH)_2$	Na_2CO_3 溶液或 $Ca(OH)_2$ 浆液	Na_2SO_3、Na_2SO_4 或 $CaCO_3$、$CaSO_4$
炉内喷钙炉后增湿活化法	CaO 或 $Ca(OH)_2$	石灰或熟石灰粉	$CaSO_3$、$CaSO_4$
循环流化床法	CaO 或 $Ca(OH)_2$	石灰或熟石灰粉	$CaSO_3$、$CaSO_4$

下面从几个主要因素对烟气脱硫工艺性能作综合比较。

10.3.5.1 脱硫效率

脱硫效率是由很多因素决定的，除了工艺本身脱硫性能外，还与烟气状况有关，如 SO_2 浓度、烟气量、烟温、烟气含水量等。湿法工艺效率可达 95% 以上，干法（含半干法）

工艺效率 60%～85%。

10.3.5.2　钙硫比（Ca/S）和脱硫剂利用率

湿法工艺 Ca/S 为 1.0～1.2，半干法为 1.5～1.6，干法为 2.0～2.5。干法和半干法脱硫反应为气固反应，反应速率较液相慢，钙硫比高于湿法。

脱硫剂利用率指与 SO_2 反应消耗掉的脱硫剂与加入系统的脱硫剂总量之比。脱硫剂利用率与 Ca/S 密切相关，湿法工业脱硫剂利用率最高，可达 90% 以上；半干法约为 50%，干法低于 30%。

10.3.5.3　脱硫剂的来源

烟气脱硫工艺的脱硫剂主要为钙基化合物，其原因是钙基物如石灰石储量丰富，价格低廉且生成的脱硫产物稳定，不会对环境造成二次污染。少数采用钠基化合物、氨水、海水作为吸收剂。

10.3.5.4　脱硫剂副产品的处理处置

脱硫副产品是硫或硫化合物，如硫黄、硫酸、硫酸钙、亚硫酸钙、硫酸镁和硫酸钠等。石灰石/石灰法的脱硫副产品是石膏，干法和半干法的脱硫副产品是 $CaSO_4$ 和 $CaSO_3$ 的混合脱硫粉末。选用的脱硫工艺应尽可能考虑到脱硫副产品综合利用、化学性质稳定等因素。

10.3.5.5　对锅炉原有系统的影响

喷钙干法脱硫增加灰量，并改变灰成分，使锅炉运行状况发生变化，影响锅炉受热面结渣、积灰、腐蚀和磨损特性。

湿法脱硫工艺安装在除尘器后面，对锅炉燃烧和除尘系统基本没有影响。但脱硫后烟气温度约 45℃，低于露点温度，若不再加热而直接排入烟囱，则容易形成酸雾腐蚀烟囱，也不利于烟气扩散。

干法和半干法脱硫系统安装在锅炉除尘器之前，脱硫系统对除尘器的运行有较大影响：①降低烟气温度，增加烟气含湿量；②除尘器入口烟尘浓度增加；③进入除尘器的颗粒成分、粒径分布和比电阻特性发生变化。

10.3.5.6　占地面积

在各种脱硫工艺中，湿法工艺占地面积最大，半干法次之，干法工艺最小。以容量为 300MW 的电厂机组为例，石灰石/石灰法占地为 3000～5000m²，半干法为 2000～3500m²，干法为 1500～2000m²，氨法为 1000～1500m²。

10.3.5.7　流程的复杂程度及抗冲击负荷的影响

工艺流程的复杂程度影响着系统投入运行后的操作性、稳定性以及维护费用。典型的石灰石/石灰法脱硫工艺流程最为复杂，喷雾干燥法的流程为中等复杂工艺，干法流程较简单，几乎没有液体罐槽，仅有风机。

另外，脱硫装置必须能耐受负荷波动冲击，有良好的负荷跟踪特性，脱硫系统停运后维护工作量要小。

10.3.5.8　动力消耗

动力消耗包括脱硫系统的电耗、水耗和蒸汽耗量。以 300MW 机组为例，配套各种烟气脱硫工艺的动力消耗见表 10-6。

表 10-6　烟气脱硫工艺的动力消耗

工艺	水耗/(t/h)	电耗/(kW·h)	占电厂用量/%
石灰石-石膏	45	5000	1.6
喷雾干燥	40	3000	1.0
炉内喷钙炉后增湿活化	40	1500	0.5
循环流化床	40	1200	0.4

例 10.2　某 500MW 燃煤热电厂，燃煤含硫量 1.5%，热值 25829kJ/kg，小时用煤量 210t。燃烧过程，硫转化 SO_2 的比例为 90%。烟气经电除尘器除尘后温度为 142℃，烟气量 $2.7465×10^6 m^3/h$，水分质量浓度为 48.51g/m^3，烟尘质量浓度为 22.81mg/m^3，CO_2 质量浓度为 155.80g/m^3，氮气质量浓度为 619.22g/m^3，氧气质量浓度为 53.56g/m^3，氯化氢质量浓度为 71.41mg/m^3。烟气采用湿式洗涤塔脱硫后达标排放，湿式脱硫塔设计脱硫效率 90%，HCl 全部吸收，烟气出口温度为 60℃。估算烟气经湿式脱硫后的体积流量、组成，以及带出的水量。

解：烟气经湿式脱硫后，烟气中化学物质组成为：

氮气排放速率 $2.7465×10^6 m^3/h×619.22g/m^3=1700687kg/h$（60739kmol/h）。

氧气排放速率 $2.7465×10^6 m^3/h×53.56g/m^3=147103kg/h$（4597kmol/h）。

CO_2 排放速率 $2.7465×10^6 m^3/h×155.80g/m^3=427905kg/h$（9725kmol/h）。

SO_2 排放速率 $0.015×0.9×210t/h×2×0.1×1000=567kg/h$（8.86kmol/h）。

干烟气总质量排放速率为 2276262kg/h，物质的量速率为 75069.86kmol/h，干烟气摩尔质量为 30.32g/mol。

查资料得，60℃时，1kg 干空气饱和时水分质量为 152.45g，则烟气饱和湿度时水分质量分数为（以每千克干烟气计）：

$$152.45×28.97/30.32=145.66g/kg$$

排出烟气中水分的质量流量：$2276262kg/h×145.66g/1kg=331560kg/h$（18420kmol/h）。

洗涤塔水的蒸发速率：$331560kg/h-2.7465×10^6 m^3/h×48.51g/m^3=198327kg/h$。

烟气离开洗涤塔的体积流量（60℃）：

$$Q=\frac{nRT}{P}=\frac{(75069.86+18420)kmol}{1h}×\frac{0.082atm·L}{mol·K}×\frac{(273+60)K}{1atm}=2.5529×10^6 m^3/h$$

10.4　硫化氢排放与控制

H_2S 废气的处理方法很多，本质是依据其弱酸性和强还原性进行脱硫，归纳起来主要有干法和湿法两类，具体方法选择应根据废气的性质、来源及具体情况而定。

10.4.1　高浓度硫化氢资源化技术

利用 H_2S 的还原性和可燃性，以 O_2 将 H_2S 氧化成硫或硫氧化物，制得硫黄或硫酸。相关技术有克劳斯法和湿法制酸法。

10.4.1.1　克劳斯法

克劳斯法（Claus process）是英国人 C. F. Claus 于 1883 年发明的，其基本原理是：

1/3 体积的 H_2S 在克劳斯燃烧炉内氧化生成 SO_2，继而与剩余 2/3 体积的 H_2S 作用生成硫黄，实现 H_2S 废气净化和硫资源化。基本化学反应如下：

$$\text{燃烧}\quad H_2S + \frac{3}{2}O_2 \longrightarrow H_2O + SO_2 + 518kJ/mol \tag{10.65}$$

$$\text{转化}\quad 2H_2S + SO_2 \longrightarrow 2H_2O + 3S + 96.1kJ/mol \tag{10.66}$$

上述第一个反应发生于燃烧炉，第二个反应发生于催化转化器。总反应式：

$$3H_2S + \frac{3}{2}O_2 \Longrightarrow \frac{3}{x}S_x + 3H_2O \tag{10.67}$$

常规克劳斯工艺流程如图 10-9 所示。

H_2S 氧化是放热反应。克劳斯法要求 H_2S 初始浓度大于 15%～20%，用以提供足够的热量以维持反应所需的温度。因此，此法适合于 H_2S 浓度较高的废气，其净化效率大于 97%。

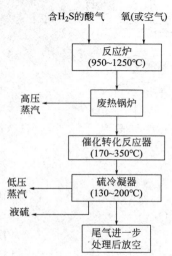

图 10-9　克劳斯法脱硫工艺流程

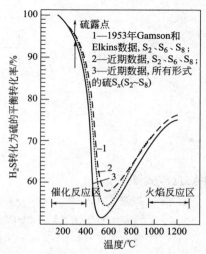

图 10-10　温度对硫的平衡转化率影响

克劳斯工艺关键参数包括以下内容。

① 温度。如图 10-10 所示，燃烧炉热反应区 900℃ 以上（约 1200K），温度升高有利于 H_2S 氧化反应；转化器催化区 260℃ 以下（约 600K），降低温度有利于 S 转化。燃烧产物进入转化器之前经废热锅炉回收热量，产生蒸汽。

② 风气比。反应炉空气和含 H_2S 废气的体积比，空气量不足和过剩都会导致 S 转化率降低，且前者影响更大。一般可采用富氧克劳斯法，增加空气中氧浓度或用纯氧替代空气。提高现有克劳斯装置尾气处理能力，减少惰性气体 N_2 进入。

③ H_2S 和 SO_2 比。当 H_2S 和 SO_2 的物质的量比为 2:1 时，S 转化率最高。

④ 空速。控制反应气体与催化剂的接触时间。空速过高导致反应气体在催化剂床层上的停留时间不够，空速太低则使设备效率降低，体积过大。

⑤ 原料气和过程气的杂质组分影响。如 CH_4、CO_2、水蒸气、羰基硫（COS）和 CS_2 等。

⑥ 催化剂。催化剂一般采用丸形或球形的天然矾土或氧化铝，有时也用活性更大的硅酸铝或铝硅酸钙等。

克劳斯装置尾气含 H_2S、SO_2、COS、CS_2 和硫蒸气，体积分数 $10000\sim15000\mu L/L$，需要进一步处理，才能达标排放。

10.4.1.2 湿法制酸

湿法制酸（WSA）技术是 20 世纪 70 年代托普索博士发明的，适用于处理各种含硫废气，包括 H_2S 和 SO_2。其工艺过程如图 10-11 所示，包括酸性气体燃烧、SO_2 转化为 SO_3、SO_3 气体冷凝与冷却制得硫酸等过程。

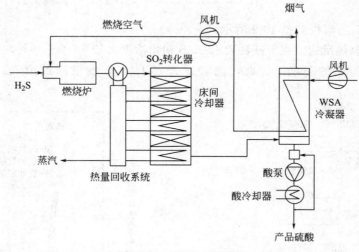

图 10-11　WSA 工艺流程

主要反应式如下：

燃烧	$H_2S+1.5O_2 \longrightarrow H_2O+SO_2+518kJ/mol$	(10.68)
分解	$H_2SO_4(液)+"HC"+O_2+q \longrightarrow SO_2+xCO_2+yH_2O$	(10.69)
氧化	$SO_2+0.5O_2 \rightleftharpoons SO_3+99kJ/mol$	(10.70)
水合	$SO_3+H_2O \rightleftharpoons H_2SO_4(气)+101kJ/mol$	(10.71)
冷凝	$H_2SO_4(气)+0.17H_2O(气) \longrightarrow H_2SO_4(液)+69kJ/mol$	(10.72)

燃烧炉/焚烧器把酸性含硫废气（H_2S、COS 以及 CS_2）、废酸等成分燃烧成 SO_2，产生的热量用于生产蒸汽。

SO_2 反应器是个多层结构的催化床，床层间设置换热器，以移除 SO_2 转化为 SO_3 放出的热量。催化剂是以硅藻土为载体、V_2O_5 为活性组分的拉西环催化剂，空速 $<1000h^{-1}$，起始活性温度为 $370\sim380℃$，一般反应温度为 $430℃$，最高耐热温度为 $650℃$，使用寿命 10 年。

WSA 冷凝器是一个垂直玻璃管降膜式换热器，气体在管中被管外的空气冷却，SO_3、H_2O 在管内壁水合冷凝成近 98% 的浓硫酸。

与克劳斯工艺相比，WSA 硫和能量回收率均很高，工艺布局和操作简单，无二次污染，也无须尾气处理装置；对酸性气体组成没有限制，H_2S 浓度可以低至 1% 以下，或可以超过 90%，原料中可以含有高浓度的 CO_2 以及烃类有机物等杂质；操作弹性范围大，负荷在 25% 以下都可以正常运行，进料等大幅度波动不会影响装置的运行。

10.4.2　低浓度硫化氢处理技术

低浓度 H_2S 处理技术有生物脱硫、化学吸收以及改进型的湿式氧化脱硫。

10.4.2.1　生物脱硫

国外从 20 世纪 70 年代开始研究生物脱硫技术，除 H_2S 脱硫外，还有 SO_2、CS_2、硫醇、硫醚等含硫化合物脱硫。生物脱硫是利用硫细菌的硫化作用，在一定条件下将 H_2S 等含硫物质转化为单质 S，进而再氧化为硫酸的过程。主要反应式为：

$$2H_2S+O_2 \longrightarrow 2S+2H_2O+能量 \tag{10.73}$$

$$2S+2H_2O+3O_2 \longrightarrow 2SO_4^{2-}+4H^++能量 \tag{10.74}$$

该类细菌多为自养菌，如硫杆菌属、贝日阿托菌属、发硫菌属、绿菌属、着色菌属等，均为嗜酸性微生物，最适生长 pH 为 $2.5 \sim 3.5$。各种含硫物质生物脱硫的过程归纳如图 10-12 所示。依据其脱硫原理，生物脱硫分以下几个步骤进行：气态污染物与吸收液接触，由气相转移至液相，液相含硫物质经生物转化为单质 S 或 SO_4^{2-}，转化过程中产生的能量为微生物的生长与繁殖提供能源。生物降解过程中，S 元素一部分转化成为硫黄颗粒，一部分则转化为硫酸盐溶解在喷淋液中，此过程遵循能量守恒定律。

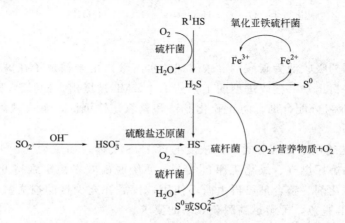

图 10-12　生物脱硫路线图

生物脱硫技术具有运行成本低、反应条件温和、能耗少、能有效减少环境污染等优点，在废水处理、化纤生产、天然气和沼气脱硫等低浓度含硫废气净化领域得到推广应用。

10.4.2.2　化学吸收

化学吸收是利用 H_2S（弱酸）与化学溶剂（弱碱）之间发生的可逆反应来脱除 H_2S，适合于低操作压力或原料气中烃含量较高的场合。依据吸收液成分不同，吸收法分为碳酸钠吸收法、氢氧化钠吸收法、醇胺法等。吸收法均涉及吸收液二次处理问题。

① 碳酸钠吸收法。吸收剂为 $2\% \sim 5\%$ 的碳酸钠溶液。吸收后的碳酸氢钠和硫氢化钠溶液送入再生塔，减压条件下用蒸汽加热再生碳酸钠，释放高浓度硫化氢气体，进入克劳斯系统回收硫黄。脱硫反应和再生反应互为逆反应，脱硫效率（$80\% \sim 90\%$）不高，动力消耗大。

$$Na_2CO_3+H_2S \longrightarrow NaHS+NaHCO_3 \tag{10.75}$$

② 氢氧化钠吸收法。吸收剂为 $5\% \sim 10\%$ 的氢氧化钠溶液。反应吸收后溶液中的 NaHS 可以加碱转化为 Na_2S。Na_2S（浓度 25%）作为副产品用于其他生产过程。

$$2NaOH+H_2S \longrightarrow Na_2S+2H_2O \tag{10.76}$$

$$Na_2S+H_2S \longrightarrow 2NaHS \tag{10.77}$$

③ 醇胺法。醇胺与酸性气体反应生成盐类，具有低温下吸收、高温下解吸的性质，可用于脱除 H_2S 等酸性气体，配合克劳斯等高浓度 H_2S 废气处理工艺，是石油天然气工业中常用的一种脱硫方法。常用的醇胺溶剂有：乙醇胺（MEA）、二乙醇胺（DEA）、二甘醇胺（DGA）、二异丙醇胺（DIPA）、甲基二乙醇胺（MDEA）等。

10.4.2.3 湿式氧化脱硫

湿式氧化脱硫是指用三价铁等氧化剂的水溶液，将 H_2S 吸收、氧化成硫而脱除，铁氧化剂可以通过空气氧化、H_2O_2 氧化、生物氧化、电氧化等再生。因此，湿式氧化脱硫包括吸收氧化、再生反应两个过程，操作过程与液体吸收法类似。

铁湿式氧化脱硫的基本反应为：

$$\text{吸收：} H_2S(g) + H_2O(l) \rightleftharpoons H_2S(l) + H_2O(l) \tag{10.78}$$

$$H_2S(l) \rightleftharpoons H^+ + HS^- \tag{10.79}$$

$$\text{氧化：} Fe^{3+} + HS^- \longrightarrow Fe^{2+} + S\downarrow + H^+ \tag{10.80}$$

$$\text{空气氧化再生：} O_2(g) + H_2O(l) \rightleftharpoons O_2(l) + H_2O(l) \tag{10.81}$$

$$2Fe^{2+} + \frac{1}{2}O_2 + H_2O \longrightarrow 2Fe^{3+} + 2OH^- \tag{10.82}$$

上述反应常用的吸收液为碳酸钠、碳酸钾的水溶液。由于铁离子在碱性溶液中不稳定，极易在溶液中沉淀析出，一些改进型的工艺如 LO-CAT 被提出。LO-CAT 工艺采用多聚糖与 EDTA 复合成双组分配合剂，防止硫化亚铁和氢氧化铁沉淀，解决铁离子的稳定性，在国外得到较多应用。

LO-CAT 工艺适用于处理各类不同浓度的含 H_2S 气体，如焦炉气、天然气、胺洗酸性气、地热气、石油炼厂燃气、煤化工原料气等，系统脱硫效率稳定维持 99.5% 以上。脱硫过程所使用的铁催化剂、螯合剂可再生循环使用，仅需补充少量的损失铁催化剂、螯合剂。采用两级 LO-CAT 脱硫，可满足高脱硫效率的要求。

例 10.3 天然气气量 $32.8\text{m}^3/\text{s}$，含 H_2S $10000\mu\text{L/L}$。天然气公司拟采用吸收方式将天然气 H_2S 降至 $4\mu\text{L/L}$。吸收剂分别是水和 12.4%（质量分数）乙醇胺，估算水和 12.4% 乙醇胺流量。吸收塔操作压力 100atm、温度为 20℃。

解： 根据式（8.3），天然气 H_2S 分压为：

$$p_i = y_i P = 10000 \times 10^{-6} \times 100\text{atm} = 1.0\text{atm}$$

查附录 3，20℃时 H_2S 的亨利系数 H_{H_2S} 为：

$$H_{H_2S} = 0.0483 \times 10^4 \text{atm}$$

水作吸收剂时，H_2S 与水接触，在水中的摩尔分数为：

$$x_{H_2S} = p_{H_2S}^* / H_{H_2S} = \frac{1.0\text{atm}}{0.0483 \times 10^4 \text{atm}} = 2.07 \times 10^{-3}$$

吸收塔底部水中 H_2S 的摩尔分数为：

$$x_{\text{bottom}} = 0.8 p_{H_2S}^* / H_{H_2S} = 0.8 \times 2.07 \times 10^{-3} = 1.66 \times 10^{-3}$$

$$\frac{L}{G} = \frac{Y_{i,\text{bottom}} - Y_{i,\text{top}}}{X_{i,\text{bottom}} - X_{i,\text{top}}} \approx \frac{y_{i,\text{bottom}} - y_{i,\text{top}}}{x_{i,\text{bottom}} - x_{i,\text{top}}} = \frac{0.01 - 0.000004}{1.66 \times 10^{-3} - 0} = 6.02$$

$$L = 6.02 \times G = 6.02 \times 32.8\text{m}^3/\text{s} = 6.02 \times 1464\text{mol/s} = 158.6\text{kg/s}$$

12.4%（质量分数）乙醇胺溶液作吸收剂时，

$$p_{H_2S} \approx P y^*_{H_2S} \approx 1.91 \times 10^{-4} \text{atm} \exp(195 x_{H_2S})$$

在 12.4% 乙醇胺中的摩尔分数为：

$$x_{H_2S} = \frac{\ln[P \times 0.8 y_{H_2S}/(1.91 \times 10^{-4})]}{195} = \frac{\ln[100 \times 0.8 \times 0.01/(1.91 \times 10^{-4})]}{195} = 0.0428$$

$$\frac{L}{G} \approx \frac{y_{i,\text{bottom}} - y_{i,\text{top}}}{x_{i,\text{bottom}} - x_{i,\text{top}}} = \frac{0.01 - 0.000004}{0.0428 - 0} = 0.234$$

$$L = 0.234 \times G = 0.234 \times 1464 \text{mol/s} \times 19.83 \text{g/mol} = 6.79 \text{kg/s}$$

习题

10.1 某冶炼厂尾气采用二级催化转化制酸工艺回收 SO_2。尾气中含 SO_2 为 7.8%、O_2 为 10.8%、N_2 为 81.4%（体积分数）。如果第一级 SO_2 回收效率为 98%，总回收效率为 99.7%。①第二级工艺的回收效率为多少？②如果第二级催化床操作温度为 420℃，试给出催化转化反应平衡常数 K 的表达式。

10.2 某电厂采用石灰石湿法烟气脱硫，脱硫效率为 90%。电厂燃煤含硫为 3.6%，含灰为 7.7%。①如果按化学剂量比反应，脱除 1kg SO_2 需要多少千克的 $CaCO_3$？②如果实际应用时 $CaCO_3$ 过量 30%，每燃烧 1t 煤需要消耗多少 $CaCO_3$？③脱硫污泥中含有 60% 的水分和 40% $CaSO_4 \cdot 2H_2O$，如果灰渣与脱硫污泥一起排放，每吨燃煤会排放多少污泥？

10.3 某 300MW 机组的燃煤化学组成（质量分数）为：C 68.95%；H 2.25%；N 1.4%；S 1.5%；O 1.6%；Cl 0.1%；H_2O 7.8%；灰分 12%。耗煤 3100t/d。在空气过剩 20% 的条件下燃烧（假设为完全燃烧），机组热效率为 35%。燃煤烟气首先经布袋除尘器脱除 99% 的颗粒物，除尘器出口温度为 530K；经换热器（25℃清水冷却）后，温度降至 350K。最后进入烟气脱硫装置。计算进入脱硫系统的燃气流量和组成。

10.4 通常电厂每千瓦机组运行时烟气排放量为 0.00156m^3/s（180℃，101325Pa）。石灰石烟气脱硫系统的压降为 25.4cmH_2O。试问：电厂所发电中有多大比例用于克服烟气脱硫系统的阻力损失？假定动力消耗＝烟气流量×压力降/风机效率，风机效率设为 0.8。

10.5 石灰石法洗涤脱硫设计采用喷雾塔，喷嘴产生雾滴平均直径为 3mm，假定操作按表 10-3 工况进行。①液滴相对于塔壁的沉降速度是多少？②如果气体进口温度为 180℃，离开塔顶时下降到 55℃，计算雾滴的水分蒸发率。假定雾滴可近似视为水滴。③脱硫液每经过一次喷雾塔，$CaCO_3$ 参与反应的比例是多少？

10.6 某 250MW 燃煤机组设计石灰石脱硫装置。机组燃煤含硫量 1.25%，烟气流量为 800kmol/min（376K，101325Pa），其中含 SO_2 为 957μL/L，含 H_2O 量 8.14%（体积分数）。设计 SO_2 去除率大于 90%。石灰石纯度 95%，实际应用时石灰石过量 20%。① 求石灰石的实际消耗量。② 如脱硫产物为 $CaSO_4 \cdot 2H_2O$，脱硫污泥中含水 40%，求污泥生成量。③ 如果通过脱硫装置的干烟气质量流量不变，耗水量是多少？④ 如果没有再热装置，出口烟气的温度是多少？⑤ 如果再热出口烟气，使其温度升高 15℃，则烟气的相对湿度是多少？⑥ 分析为什么需要再热装置。

10.7　某电厂煤炭消耗量为 $5.5 \times 10^3 t/d$，SO_2 排放量为 $4.8kg/s$，若为该电厂设计石灰石湿法脱硫装置。要求脱硫效率为 90%。试问：①Ca/S 为 1.2 时，每天消耗多少石灰石？假设石灰石纯度为 96%。②脱硫剂的利用率是多少？③如果脱硫污泥的含水率为 40%，每天产生多少吨脱硫污泥？假设电厂燃煤含灰 8%。

10.8　用吸附床等温吸附废气中的硫化氢。吸附剂为分子筛，废气中硫化氢的质量分数 2.4%，气体流率 $6000kg/h$。已知操作条件下吸附床的固气比为最低固气比的 1.5 倍，硫化氢吸附平衡线为 $Y^* = 0.25X$。当净化效率为 95% 时，求：吸附剂用量和吸附剂出口吸附质质量分数。

第11章 氮氧化物污染控制

11.1 氮氧化物

氮氧化物（NO_x）是生成 O_3 的重要前体物之一，也是形成区域细粒子污染和灰霾的重要因子。就全球范围来看，空气中 NO_x 主要来自天然源，如雷电、火山爆发、森林火灾、生物分解等，每年产生量约 5 亿吨。城市大气中 NO_x 大多来自燃料燃烧，如火力发电、机动车尾气和工业炉窑等，这部分占人类活动量的 90%，剩余 10% 来自硝酸生产、各种硝化反应、金属表面处理等过程。人类源排放的 NO_x 每年为 5 千万～6 千万吨，浓度高，排放集中，危害大。

如第 1 章所述，NO_x 由氮和氧两种元素组成，主要包括 N_2O、NO、NO_2、N_2O_3、N_2O_4 和 N_2O_5 等形式。除 NO_2 外，其他氮氧化物不稳定，遇光、湿或热转变为 NO_2 及 NO，NO 又变为 NO_2。因此，污染大气的主要是 NO 和 NO_2，大气中以 NO_2 为主。

燃烧过程形成的 95%NO_x 是以 NO 形式排放的，具体的排放量和形式取决于燃料、燃烧工况等。因此，理解 NO_x 形成机理，是 NO_x 排放控制的基础。

11.2 NO_x 的形成机理

燃烧过程形成的 NO_x 分三类：一类为燃料中氮元素与氧反应生成的 NO_x，称为燃料型 NO_x；第二类为助燃气中氮与氧反应生成的 NO_x，这种反应只在高温下发生，因此称为热力型 NO_x；第三类为低温火焰区碳自由基与助燃气中氮反应生成原子 N，后者与氧反应生成 NO_x，称为瞬时 NO_x。

11.2.1 热力型 NO_x

热力型 NO_x 是空气中氮与氧在高温下反应形成的。根据泽利多维奇模型（Zeldovich，1946），氮和氧存在自由基链式的反应：

$$O_2 + M \Longleftrightarrow 2O + M \tag{11.1}$$

$$N_2 + O \Longleftrightarrow NO + N \tag{11.2}$$

$$N + O_2 \Longleftrightarrow NO + O \tag{11.3}$$

$$N + OH \Longleftrightarrow NO + H \tag{11.4}$$

氧原子由氧分子分解产生，但氮原子主要由氮气和氧原子反应（上述第二个反应）产生，原因是火焰区 O_2 分解的平衡常数远大于 N_2 分解（表 11-1），以至于 N_2 分解可以忽略。

表 11-1 温度对 O_2 和 N_2 热分解平衡常数的影响

温度/K	2000	2200	2400	2600	2800
$\lg K_p(O_2=2O)$	−6.356	−5.142	−4.130	−3.272	−2.536
$\lg K_p(N_2=2N)$	−18.092	−15.810	−13.908	−12.298	−10.914

依据氮和氧之间的反应，热力型 NO_x 主要反应为：

$$N_2 + O_2 \Longleftrightarrow 2NO \tag{11.5}$$

$$NO + \frac{1}{2}O_2 \Longleftrightarrow NO_2 \tag{11.6}$$

上述两个反应的平衡常数 K_p 分别为：

$$K_{p_1} = \frac{(\overline{P_{NO}})^2}{\overline{P_{N_2}}\,\overline{P_{O_2}}} = \frac{(y_{NO})^2}{y_{N_2}\,y_{O_2}} \tag{11.7}$$

$$K_{p_2} = \frac{\overline{P_{NO_2}}}{(\overline{P_{NO}})(\overline{P_{O_2}})^{1/2}} = (P_T)^{-\frac{1}{2}} \frac{y_{NO_2}}{(y_{NO})(y_{O_2})^{1/2}} \tag{11.8}$$

式中，$\overline{P_i}$ 为组分 i 的分压，atm；y_i 为组分 i 的摩尔分数；P_T 为总气压，atm。

表 11-2 给出了在 1atm、各种温度下的 NO 和 NO_2 平衡常数数据。由表可知，随着温度升高，NO 平衡常数快速增大，而 NO_2 平衡常数则减小。因此，高温利于 NO 产生，低温利于 NO_2 形成。当温度高于 1000K 时，会有可观的 NO 形成。

表 11-2 形成 NO 和 NO_2 的平衡常数

温度/K	K_p		温度/K	K_p	
	$N_2+O_2\Longleftrightarrow 2NO$	$NO+\frac{1}{2}O_2\Longleftrightarrow NO_2$		$N_2+O_2\Longleftrightarrow 2NO$	$NO+\frac{1}{2}O_2\Longleftrightarrow NO_2$
300	10^{-30}	1.4×10^6	1500	1.1×10^{-5}	1.1×10^{-2}
500	2.7×10^{-18}	1.3×10^2	2000	4.0×10^{-4}	3.5×10^{-3}
1000	7.5×10^{-9}	1.2×10^{-1}	2200	3.5×10^{-3}	2.6×10^{-3}

例 11.1 仅考虑反应 (11.5)，计算 NO 的平衡浓度，温度 1500K，气压 1atm，气体组成为 76% N_2、4% O_2、8% CO_2 和 12% H_2O。

解： 从表 11-2 可知，在 1500K 时，生成 NO 反应的平衡常数 $K_p = 1.1\times10^{-5}$。

根据式 (11.7)，得：

$$\frac{(\overline{P_{NO}})^2}{\overline{P_{N_2}}\,\overline{P_{O_2}}} = 1.1\times10^{-5}$$

将相关参数值代入，得：

$$\overline{P_{NO}} = \sqrt{1.1\times10^{-5}\times(1\times0.76)\times(1\times0.04)} = 5.78\times10^{-4}\,(atm)$$

NO 的摩尔分数为：$\overline{P_{NO}}/P_T = 5.78\times10^{-4}$。

因此，NO 的平衡浓度为 $5.78\times10^{-4}\times10^6 = 578\mu L/L$。

NO 生成速率是影响实际 NO_x 浓度的一个主要因素。NO 生成速率常数见表 11-3。假设后火焰区域中的 O、H 原子和 OH 基团处于平衡状态，NO 和 N 的生成速率分别为：

$$r_{NO} = K_{+1}[N_2][O] - K_{-1}[NO][N] + K_{+2}[N][O_2] - K_{-2}[NO][O]$$
$$+ K_{+3}[N][OH] - K_{-3}[NO][H] \tag{11.9}$$

$$r_N = K_{+1} [N_2] [O] - K_{-1} [NO] [N] - K_{+2} [N] [O_2] + K_{-2} [NO] [O]$$
$$- K_{+3}[N][OH] + K_{-3}[NO][H] \tag{11.10}$$

表 11-3　泽利多维奇机制涉及的速率常数（NO_x 的形成）

反应	速率常数/[m³/(mol·s)]	反应	速率常数/[m³/(mol·s)]
$(1) N_2 + O \underset{K_{-1}}{\overset{K_{+1}}{\rightleftharpoons}} NO + N$	$K_{+1} = 1.8 \times 10^8 \times e^{-38370/T}$ $K_{-1} = 3.8 \times 10^7 \times e^{-425/T}$	$(3) N + OH \underset{K_{-3}}{\overset{K_{+3}}{\rightleftharpoons}} NO + H$	$K_{+3} = 7.1 \times 10^7 \times e^{-450/T}$ $K_{-3} = 1.1 \times 10^8 \times e^{-24560/T}$
$(2) N + O_2 \underset{K_{-2}}{\overset{K_{+2}}{\rightleftharpoons}} NO + O$	$K_{+2} = 1.8 \times 10^4 \times e^{-4680/T}$ $K_{-2} = 3.8 \times 10^7 \times e^{-20820/T}$		

注：T 的单位是 K。

比较表 11-3 中反应式（2）和反应式（3）需要的活化能可知，N 原子的消耗大于产生，因此，N 净产率可设定为 0。利用等式（11.10）可以求解 N 原子的浓度 [N]：

$$[N] = \frac{K_{+1} [N_2] [O] + K_{-2} [NO] [O] + K_{-3} [NO] [H]}{K_{-1} [NO] + K_{+2} [O_2] + K_{+3} [OH]} \tag{11.11}$$

然后将该结果代入式（11.9）得到 N_2、NO 和 O_2 的浓度以及 O、H 和 OH 平衡浓度的表达式。

$$r_{NO} = K_{+1} [N_2] [O] - K_{-2} [NO] [O] - K_{-3} [NO] [H] +$$
$$(-K_{-1} [NO] + K_{+2} [O_2] + K_{+3} [OH]) ([N]) \tag{11.12}$$

当 NO 浓度小时，式（11.9）和式（11.11）可简化为：

$$r_{NO} = K_{+1} [N_2] [O] + K_{+2} [N] [O_2] + K_{+3} [N] [OH] \tag{11.13}$$

$$[N] = \frac{K_{+1} [N_2] [O]}{K_{+2} [O_2] + K_{+3} [OH]} \tag{11.14}$$

将式（11.14）代入式（11.13），得 NO 的初始生成速率：

$$r_{NO_{nitial}} = 2K_{+1} [N_2] [O] \tag{11.15}$$

例 11.2　碳氢化合物在 1870℃ 火焰燃烧，其中气体 N_2 和 O 原子的摩尔分数分别为 0.75 和 9.5×10^{-4}；① 计算 NO 形成的初始速率，mol/(m³·s)；② 火焰区停留时间为 0.03s，则计算离开火焰区域的气体中 NO 体积分数（μL/L）。

解：当 $T = 1870℃$（2143K）时，

$$K_{+1} = 1.8 \times 10^8 e^{-38370/2143} = 3.015 m^3/(mol·s)$$

假设 $P = 1atm$，空气摩尔密度为：

$$\rho = P/RT = \frac{1}{8.206 \times 10^{-5} \times 2143} = 5.686 (mol/m^3)$$

因此，氮气和氧的摩尔浓度为：

$$[N_2] = 0.75 \times 5.686 = 4.26 (mol/m^3)$$

$$[O] = 9.5 \times 10^{-4} \times 5.686 = 0.0054 (mol/m^3)$$

最初的 NO 生成速率是：

$$r_{NO} = 2 \times 3.015 \times 4.26 \times 0.0054 = 0.1387 mol/(m^3·s)$$

停留时间为 0.03s，则

$$[NO] = 0.1387 \times 0.03 = 4.16 \times 10^{-3} (mol/m^3)$$

即

$$[NO] = \frac{4.16 \times 10^{-3}}{5.686} \times 10^6 = 732(\mu L/L)$$

11.2.2 瞬时型 NO$_x$

众多实验观察到，火焰区域的 NO 浓度明显高于由泽利多维奇机理形成的 NO 浓度。一些研究者认为，这种"瞬间"形成的 NO 是由于烃类燃烧过程存在碳自由基导致的。

碳氢类燃料在过剩空气系数小于 1.0 的富燃料条件下，形成碳自由基，与空气中氮气反应，形成原子 N，原子 N 通过与 O$_2$ 和 OH 反应产生 NO，也有部分 HCN 和 O$_2$ 反应形成 NO。

$$CH + N_2 \rightleftharpoons HCN + N \tag{11.16}$$

MacKinnon（1974）提出预测 NO 浓度的数学速率表达式为：

$$c_{NO} = 5.2 \times 10^{17} \exp\left(-\frac{72300}{T}\right) y_{N_2} y_{O_2}^{\frac{1}{2}} t \tag{11.17}$$

式中，c_{NO} 为 NO 体积分数，$\mu L/L$；y 为组分的摩尔分数；T 为反应温度，K；t 为反应时间，s。

式（11.17）是温度、氮气和氧气的浓度和时间的函数，解释了观察和预测的 NO$_x$ 浓度之间的差异。在实际燃烧系统中，H、C、OH、S 等的存在均会影响 NO 形成速率。

11.2.3 燃料型 NO$_x$

当燃料含有有机氮（大多数煤和残余燃料油）时，燃料有机氮对总 NO$_x$ 产生的贡献是显著的。分子中 N—C 键比 N—N 键弱很多，因此燃料中的氮易被氧化为 NO。实验室（Pershing 等，1975）和全尺寸模拟实验（Thompson 和 McElroy，1976）已经表明，燃料中结合氮可占总 NO$_x$ 的 50% 以上。

目前，燃料中氮氧化动力学机理是一个热门的研究领域。首先，燃料中所有有机氮并非全部转化为 NO$_x$，例如美国多数煤的氮含量为 0.5%～2%，而残余燃料的氮含量为 0.1%～0.5%；其次，燃料型 NO$_x$ 生成经历多个复杂过程，受燃烧温度、过剩空气系数、燃料性质等因素影响，有关研究所涉及的反应过程超过 200 多个。燃料型 NO$_x$ 形成过程框架如图 11-1 所示。

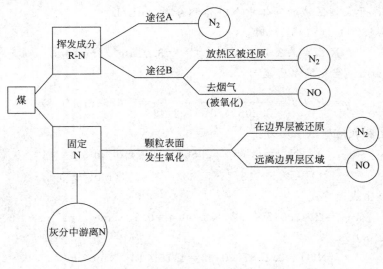

图 11-1 煤炭中氮可能的形成种类

空燃比对燃料中氮氧化为 NO_x 起到了主导作用。图 11-2 给出了燃料当量比（空燃比的倒数）和 NO_x 转化百分比之间的关系。燃料当量比主要影响挥发性 R-N（其中 R 表示有机物部分）的氧化，而不是残留在炭中的氮氧化。燃料-空气混合度也是影响燃料氮转化为 NO_x 的主要因素。

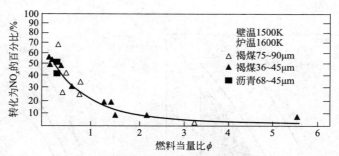

图 11-2　燃料氮转化为 NO_x（对某些煤粉）

例 11.3　当 1000kg/h 煤在 1600K 的流化床燃烧室中燃烧，煤的含氮量 2%（质量分数），此时空燃比是理论计算值的 2 倍，使用图 11-2（忽略其他任何温度形成 NO_x）来估计氮氧化物的排放速率：① 以 NO 排放；② 以 NO_2 排放。

解：① 以 NO 排放。燃料当量比是空燃比的倒数，因此等于 1/2。从图 11-2 可知，35% 的燃料氮转化为 NO。因此，以 NO 表示，质量排放率为：

$$\dot{M}_{NO_x} = 0.35 \times 0.02 \times 1000 \text{kg/h} \times 30 \text{kg(NO)}/14 \text{kg(N)} = 15 \text{kg/h}$$

② 以 NO_2 排放，质量排放率为

$$\dot{M}_{NO_x} = 15 \text{kg/h} \times 46 \text{kg(NO)}/30 \text{kg(NO)} = 23 \text{kg/h}$$

11.2.4　影响燃烧 NO_x 形成的因素

综合考虑燃烧过程三种 NO_x 的形成机理，NO_x 的转化途径可归纳为图 11-3。实际上，燃烧过程中 NO_x 的形成涉及多个因素，如燃烧时间、温度、助燃气含氧量、空气预热和燃料当量比等。三种机理对形成 NO_x 的贡献率也随燃烧条件而改变。图 11-4 给出了燃烧过程三种机理对 NO_x 排放的相对贡献量。

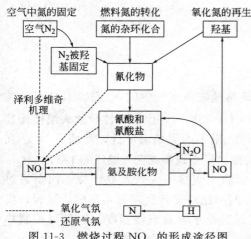

图 11-3　燃烧过程 NO_x 的形成途径图

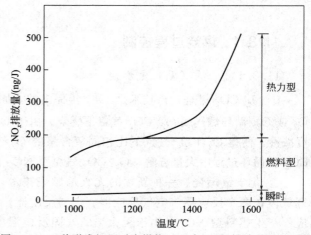

图 11-4　三种形成机理对在燃烧过程中 NO_x 排放总量的贡献

温度是最敏感的因素。美国环保署 1970 年公开了不同温度下获得 $500\mu L/L$ NO 浓度所需时间，1982℃时，需要 0.12s；1760℃时，需要 1.1s；1538℃时，则需要 16s；NO_2 生成的热敏感性低于 NO。当气体远离燃烧区时，随着温度迅速下降，两种反应速率都会降低很多，使得排放的 NO 量基本上还是最初形成的。图 11-5（a）描述了天然气燃烧炉中 NO 浓度、时间和温度之间的关系。

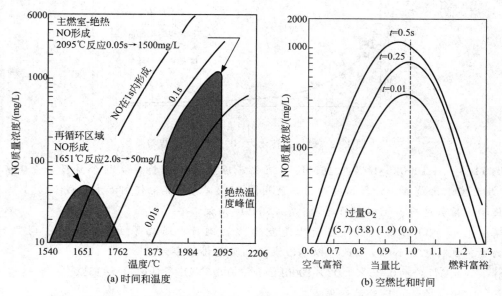

图 11-5   自然通气锅炉中时间、温度和空燃比对 NO 生成的影响

空燃比是另一个关键因素。当实际空燃比等于完全燃烧所需的理论空燃比时，没有过多的氧气，此时化学计量比为 1。图 11-5（b）显示了燃料化学计量比对 NO 浓度的影响。

另外，通过图 11-5 可以深入了解燃烧过程中控制 NO_x 的一些方法，如降低燃烧时的最高温度、缩短在高温区的停留时间、降低高温区的氧浓度、降低氮浓度等。在工程实践中，烟气再循环、分级燃烧等均是利用上述原理来控制燃烧过程 NO_x 生成的。

11.3   固定源 NO_x 控制

11.3.1   燃烧过程控制

11.3.1.1   低（无）氮燃烧

① O_2/CO_2 燃烧。该技术是 1981 年提出的，原理是预先将空气中的 N_2 分离，使煤在纯 O_2 或 O_2/循环烟气或 O_2/CO_2 气氛下燃烧。由于 O_2/CO_2 气氛的高比热容性导致火焰传播速度减慢，使得 O_2/CO_2 气氛下比相同氧含量的 O_2/N_2 气氛下的火焰温度低，而随着 NO_x 在 CO_2 再循环过程中大量分解，O_2/CO_2 气氛下 NO_x 的排放量不到常规空气燃烧的 1/3。

② 化学链燃烧。一种新颖的无火焰燃烧技术，燃料不直接与空气接触燃烧，而是通过载氧体在两个反应器（空气反应器、燃料反应器）之间的循环交替反应来实现燃烧过程，反应不产生燃料型 NO_x。由于无火焰的气固反应温度远远低于常规燃烧温度，因而可控制热力型 NO_x 的生成。目前采用的载氧体主要有铁和镍，对应的金属氧化物为 Fe_2O_3 和 NiO。

这种根除 NO_x 生成的燃烧技术是解决烟气污染问题的一个重大突破。

11.3.1.2　非化学计量燃烧

非化学计量燃烧（OSC）通常称为分级燃烧或燃尽风燃烧，有两个或多个燃烧步骤。主燃烧区域是富含燃料的，而次要区域（或后续区域）是贫燃料的。

基本原理是将燃烧用的空气分阶段送入。首先将一定比例的空气（其量小于理论空气量）从燃烧器送入，供气量是所需空气总量的 70%～90%，使燃料先在缺氧条件下燃烧，燃料燃烧速度和燃烧温度降低，燃烧生成 CO，燃料中含氮化合物分解成大量的氨、胺化物、氢氰酸、氰化物及其大量中间体、自由基等，它们相互复合生成 N_2 或将已经存在的 NO_x 还原分解，从而抑制了燃料 NO_x 的生成。其次，主燃烧区外围通过 1 次或 2 次供入剩余的空气，进行其余烃和 CO 的氧化，完成燃烧。

这种技术只能应用于足够高的锅炉，以提供足够的停留时间（1.5s），以便完成再燃烧和燃尽过程。通过对燃煤、石油和天然气的 30 多个锅炉测试，使用这种方法，NO_x 平均排放减少了 40%～60%。

11.3.1.3　烟气再循环

烟气再循环燃烧（FGR）是将锅炉尾部的低温烟气回抽并混入助燃空气中，经燃烧器或直接送入炉膛或与一次风、二次风混合后送入炉内，从而降低燃烧区域的温度和氧浓度，最终降低 NO_x 生成量，同时还具有防止锅炉结渣的作用。

通常，使用来自省煤器出口的烟气，因此炉内空气温度和炉内氧浓度同时降低。在改造应用中，FGR 可能非常昂贵。除了需要新的大管道外，可能还需要对风扇、阻尼器和控制器进行重大修改。比起现有炉膛改造，FGR 通常更适用于新燃烧炉的设计。

11.3.1.4　降低火焰区温度

降低助燃空气预热温度会降低火焰区域的峰值温度，从而减少热力型 NO_x 产生。然而，除非可以采用替代的回热方式，否则会导致实质性整体能量损失，同时也降低燃烧速率。降低燃烧速率通常会降低热力型 NO_x 的形成，但同时会产生若干问题，除了降低单位容量产生不利后果外，低负荷运行通常需要增加空气来控制烟雾和 CO 的排放。此外，还降低了操作灵活性。

注水（或蒸汽注入）可以有效降低火焰温度，从而减少热力型 NO_x 产生。实践结果显示，注水对于燃烧空气的燃气轮机非常有效，NO_x 减少约 80%。燃气轮机的能量损失约为其额定输出的 1%，最高达 10%。

11.3.1.5　低 NO_x 燃烧器

燃烧器是锅炉燃烧系统中的重要部件，它保证燃料稳定着火、燃烧和燃尽等过程。从 NO_x 的生成机理看，占 NO_x 绝大部分的燃料型 NO_x 在煤粉着火阶段生成。因此，通过特殊设计结构的燃烧器以及通过改变燃烧器的风煤比例，在燃烧器着火区的燃烧过程达到空气分级、燃料分级或烟气再循环法的效果，以降低着火区氧的浓度，从而降低着火区的温度达到抑制 NO_x 生成的目的。

本质上，低 NO_x 燃烧器通过控制燃料和空气的混合来抑制 NO_x 形成。如图 11-6 所示，这种燃烧器有空气和煤混合的喷嘴，以及空气注入端口，方便调节空气/燃料比，使着火区的氧处于亚化学计量，外部区域氧气过量，产生更大和更多分支的火焰，并且峰值火焰温度

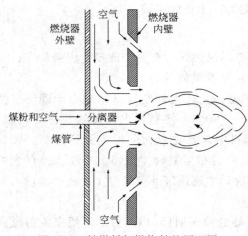

图 11-6 粉煤低氮燃烧粉的原理图

降低，减少 NO_x 形成。新一代低 NO_x 燃烧器设有三个区域或燃烧阶段，以进一步减少 NO_x 排放。辅助计算机建模，通过现场测试和燃烧器的调整，可以获得最佳效果，NO_x 排放量减少值高达 75%。

例 11.4 一个 440MW 燃煤发电厂，煤燃烧速度为 136078kg/h。锅炉所排烟气量为 28317m³/min，烟气中含有 1100μL/L 的 NO 和 90μL/L 的 NO_2。为了满足《火电厂大气污染物排放标准》（GB 13223—2011），计算 NO_x 需要减少的总体百分比。如果低 NO_x 燃烧器和燃尽风的组合估计将 NO_x 的形成减少 55%，那么设计中的 SCR 系统需要的去除效率是多少？

解： 根据 GB 13223—2011，用于 NO_x 控制的允许排放浓度为 200mg/m³。

首先，计算出烟气中 NO 和 NO_2 的摩尔流量：

$$28317m^3/min \times (1100+90)\mu L/L \times \frac{44.6mol}{1m^3} \times \frac{60min}{1h} = 90174mol/h$$

NO_x 的物质的量既可以用 NO 也可以用 NO_2 来表示，因为它们都只含有 1mol 的 N。以 NO_2 表示为：

$$90174mol/h \times 46g/mol = 4148kg/h$$

发电厂的 NO_2 产生浓度为：

$$\frac{4148kg/h}{28317m^3/min \times 60min/h} = 2441mg/m^3$$

需要的去除效率为：

$$1 - \frac{200}{2441} = 91.8\%$$

如果低 NO_x 燃烧器和燃尽风可以防止 55% 的 NO_x 的生成，则还剩 45%：

$$0.45 \times 2441mg/m^3 = 1098mg/m^3$$

因此，SCR 所需去除效率为：

$$1 - \frac{200}{1098} = 81.8\%$$

11.3.2 烟气脱硝技术

11.3.2.1 SCR 技术

SCR 技术即选择性催化还原，20 世纪 70 年代在日本实现产业化，目前在全球得到广泛应用。SCR 工艺在我国已配备烟气脱硝工艺的电厂中占 96%。

① SCR 脱硝原理。在含氧气氛下及催化剂存在时，以 NH_3、尿素或碳氢化合物等作为还原剂，将烟气中 NO_x 还原为 N_2 和水。反应式如下：

$$4NO + 4NH_3 + O_2 \longrightarrow 4N_2 + 6H_2O \tag{11.18}$$

$$6NO_2 + 8NH_3 \longrightarrow 7N_2 + 12H_2O \tag{11.19}$$

二维码11-1 SCR
脱硝工程案例

NH₃、尿素、H₂、CO 甚至 H₂S 都可以用作还原气体，但最常用的物质是 NH₃。无水氨似乎是最具成本效益的试剂，特别是对于较大的发电厂，但无水氨是有毒的。在人口密集的地区，可以指定使用氨水或尿素。在反应温度为 300～450℃ 时，脱硝效率可达 70%～90%。SCR 技术目前已成为世界上应用最多、最有成效的一种烟气脱硝技术，反应温度较低、净化率高、技术成熟、运行可靠、二次污染小；但工艺设备投资大，所用催化剂价格昂贵。

② SCR 系统催化剂。SCR 系统的催化剂主要有三种系列：Pt-Rh 和 Pd 等贵金属类催化剂、V₂O₅ 等金属氧化物类催化剂和沸石分子筛型催化剂。贵金属类催化剂活性较高且反应温度较低，最佳温度范围为 300～400℃。催化剂一般制成颗粒（燃气系统）或蜂窝（煤或燃油系统）形状。

SCR 脱硝系统如图 11-7 所示。氨被蒸发并从省煤器（锅炉给水预热器）的下游注入，实现 80%～90% 的 NO$_x$ 还原。

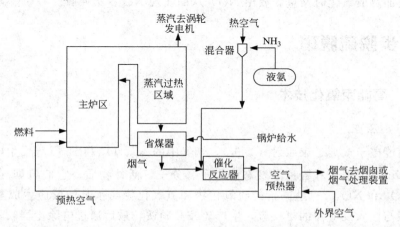

图 11-7　选择性催化还原（SCR）控制氮氧化物排放示意图

③ SCR 系统的设计注意事项。燃煤锅炉的 SCR 系统很大，气流分布很重要，"宽"管道进口可以减缓气体速度，并为气体接触催化剂提供一个空间；空气矫直叶片有助于气流均匀分布。催化床前面设计静态混合器，确保氨与烟道气良好混合。催化剂床底部设计料斗，以捕获 SCR 中掉落的灰分。催化剂结垢也是 SCR 系统需要重点关注的问题。设定 SCR 出口氨浓度（氨逃逸）控制值，一旦超过此值，意味 SCR 工况发生问题或催化剂床可能需要更换。

例 11.5　某发电厂工作时烟气中含有 800μL/L 的 NO$_x$。烟气温度为 300℃，气压为 101.325kPa，烟气流量为 56634m³/min。设计一个 SCR 系统，使得 NO$_x$ 的去除率为 75%。计算所需氨的化学计算量（kg/d）。

解： 假设 100% 是 NO，每摩尔 NO 需要 1mol 的 NH₃，因此

$$\dot{M}_{NO} = \frac{101.325kPa \times 56634m^3/min}{0.082 \times 101.325kPa \cdot m^3/(kmol \cdot K) \times 573K} \times 800 \times 10^{-6} = 964.3 mol/min$$

$$\dot{M}_{NH_3} = 0.75 \times 964.3 mol/min \times 17g/mol \times 1440 min/d = 17704 kg/d$$

11.3.2.2　SNCR 技术

SNCR 即选择性非催化还原，最初由美国某公司发明并于 1974 年在日本成功投入工业应用。工作原理是在高温（900～1100℃）和没有催化剂的情况下，向烟气中喷氨气或尿素等含有氨基的还原剂，选择性地将烟气中的 NO$_x$ 还原为 N₂ 和 H₂O。

在 NH_3/NO_x 物质的量比为 $1:1\sim2:1$ 时，可以实现 $40\%\sim60\%$ 的 NO_x 还原。如果仅需要 $40\%\sim60\%$ 的 NO_x 去除率，则 SNCR 可能优于 SCR，因为操作简单和成本较低。SNCR 潜在的问题包括：NH_3 与热烟气的不完全混合和温度控制。如果温度太低，将会出现未反应的 NH_3 排放；如果温度过高，NH_3 会氧化为 NO。

11.3.2.3 液体吸收法

液体吸收法有水吸收、酸吸收、碱吸收、氧化吸收、还原吸收和络合吸收。

NO 溶解度小，液体吸收工艺适合处理生产过程中含 NO_x 的废气，会伴生二次水污染，大型燃煤锅炉烟气脱硝很少采用。为了有效地吸收 NO，人们通过化学增强技术强化 NO 向 NO_2 转化，如将 NO 氧化为 NO_2，随后用苛性碱洗涤溶液吸收 NO_2。液相络合吸收主要是利用液相络合剂［如 EDTA-Fe(Ⅱ)］直接同 NO 反应，形成 EDTA-Fe(Ⅱ)(NO) 络合物，络合物被加热或氧化时又重新放出 NO，从而实现 NO 富集回收。

11.4 同步脱硫脱硝

二维码11-2 烟气
脱硫脱硝

11.4.1 高能束氧化技术

11.4.1.1 原理

烟气受高能电子或离子束照射（轰击），烟气中的 N_2、O_2 和 H_2O 等发生电离，产生大量的离子、自由基、电子和各种激发态的原子、分子等活性物质，它们将烟气中的 SO_2 和 NO 氧化为 SO_3 和 NO_2。这些高价的硫氧化物和氮氧化物与水蒸气反应生成雾状的硫酸和硝酸，这些酸与注入反应器的氨反应，生产硫铵和硝铵，最后通过电除尘器收集，净化后的烟气经烟囱排放，副产物经造粒后作化肥销售。

主要反应过程如下：

生产活性物质，
$$O_2, H_2O, N_2 + e* \longrightarrow \cdot O, \cdot OH, \cdot HO_2, \cdot N \tag{11.20}$$

氧化反应，
$$SO_2 \longrightarrow SO_3 \longrightarrow H_2SO_4 \tag{11.21}$$
$$SO_2 \longrightarrow HSO_3^- \longrightarrow H_2SO_4 \tag{11.22}$$
$$NO \longrightarrow NO_2 \longrightarrow HNO_3 \tag{11.23}$$
$$NO \longrightarrow NO_2 + HO \longrightarrow HNO_3 \tag{11.24}$$

酸与氨反应生成硫酸铵和硝酸铵，
$$H_2SO_4 + 2NH_3 \longrightarrow (NH_4)_2SO_4 \tag{11.25}$$
$$HNO_3 + NH_3 \longrightarrow NH_4NO_3 \tag{11.26}$$

11.4.1.2 工艺系统

能量束（电子束和离子束）工艺设备相对简单，其工艺系统主要由烟气系统、脱硫脱硝反应系统、副产品处理系统、电气与仪表控制系统组成。主要设备是能量束发生装置和反应器。如图 11-8 所示。

烟气系统包括烟气冷却装置、集尘装置等。烟气经冷却塔高压喷淋水雾降温、去尘后，进入脱硫脱硝反应器。

脱硫脱硝反应系统包括能量束发生装置和反应设备。能量束发生装置包括高压电源和电

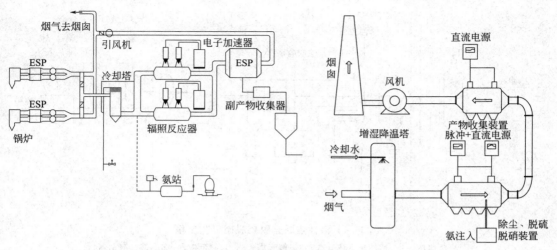

图 11-8　电子束烟气处理流程图

子或离子发生器。根据产生能量束的方式不同，有电子束照射法（EBA）和脉冲电晕引发的等离子体化学方法（PPCP）两种，它们于 1970 年和 1986 年在日本提出。EBA 需要电子加速器，而 PPCP 不需要这个设备，避免了 X 射线屏蔽等问题，能量效率是 EBA 的两倍，投资仅为 EBA 的 60%。

反应器是用于烟气中 SO_2 和 NO 氧化、与氨反应形成盐的过程，在反应器内部设置有排烟整流装置、二次烟气冷却装置和副产品排出装置。

副产品处理系统主要是将收集的副产品造粒加工，使副产品更有利于应用。从电除尘器及反应器收集的副产品（主要是硫酸铵和硝酸铵），由链式输送机和埋刮板机送到造粒间，经造粒机压缩、打散、加工，成粒后送到储存间，直接作为肥料或作为制造复合肥料的原料。

控制系统采取控制室集中控制方式，采用常规的仪器仪表配合微机可编程控制器和可编程调节器实现整个脱硫系统的监视、调节、操作。在现场操作人员的配合下，在控制盘上完成对冷却塔、反应器、氨系统及整个系统的程序停启控制、运行监视及事故处理。

11.4.2　吸附技术

11.4.2.1　炭质材料吸附

炭质材料吸附的脱硫脱硝原理基本相同，即烟气中 SO_2、NO 吸附在活性炭质材料表面，利用烟道气中的氧在常温下对其氧化生成 SO_3 和 NO_2，然后与烟气中的水分反应，生成硫酸和硝酸，被水吸收移除。吸附材料有活性炭和活性焦（图 11-9），目前最新技术是活性碳纤维（ACF）技术。

吸附法脱硫脱硝工艺流程分两部分：吸附单元和再生单元。该方法不存在吸附剂中毒问题，能达到 90% 以上的 SO_2 脱除率和 75%～80% 的 NO_x 脱除率，还能兼顾去除废气中的砷、汞等污染物，处理后的烟气排放前不需要加热，没有二次污染，建设费用低，运行费用经济，占地面积小。新的 ACF 脱硫脱硝技术，其脱硫脱硝率可达 90%。

11.4.2.2　氧化铜吸附法

氧化铜作为活性组分同时脱除烟气中 SO_2 和 NO，20 世纪 70 年代在美国提出。其工作原理是，在 300～450℃ 的温度范围内，CuO 与 SO_2 反应，生成 $CuSO_4$；CuO 和生成的 Cu-

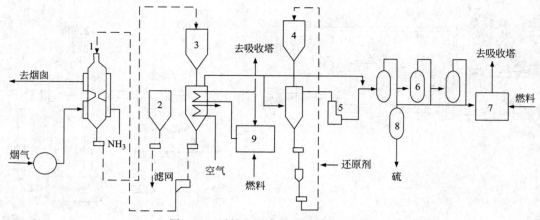

图 11-9　活性焦联合脱硫脱硝工艺流程

1—吸收塔；2—活性炭（焦）仓；3—解吸塔；4—还原反应器；5—烟气清洁器；
6—Claus 装置；7—煅烧装置；8—硫冷凝器；9—炉膛；10—风机

SO_4 具有很高的 SCR 还原脱硝催化活性。吸收饱和后生成的 $CuSO_4$ 被 H_2 或 CH_4 还原再生，再生产物富含 SO_2 可回收制酸；还原得到的金属铜用烟气或空气氧化成 CuO 后又重新用于吸附过程。

氧化铜吸附法涉及的主要反应如下：

$$CuO+SO_2+1/2O_2 \longrightarrow CuSO_4 \tag{11.27}$$

$$4NO+4NH_3+O_2 \longrightarrow 4N_2+6H_2O \tag{11.28}$$

$$2NO_2+4NH_3+O_2 \longrightarrow 3N_2+6H_2O \tag{11.29}$$

$$CuSO_4+1/2CH_4 \longrightarrow Cu+SO_2+1/2CO_2+H_2O \tag{11.30}$$

$$Cu+1/2O_2 \longrightarrow CuO \tag{11.31}$$

这个技术已经安装在日本 40MW 燃油锅炉上，SO_x 去除率 90%，NO_x 还原率 70%。

11.4.3　气/固催化技术

气/固催化同时脱硫脱硝工艺使用催化剂，通过氧化、氢化或 SCR 的催化反应，实现硫氮同时脱除。气/固催化技术包括 SNOX 和 SNRB 两类技术。

11.4.3.1　SNOX 技术

该技术将 SCR 脱硝技术和气固催化脱硫技术相结合（图 11-10）。具体地，烟气经电除尘后（尘量<10mg/m^3），与氨混合进入 SCR 反应器，脱除 NO_x；之后，进入 SO_2 催化转化器，SO_2 转化为 SO_3，同时完成 CO 及烃类物质氧化，SO_3 水合制得副产物硫酸。

丹麦和德国分别于 1986 年、1988 年对 SNOX 技术实施产业化。此工艺可脱除 95% 的 SO_2、90% 的 NO_x 和几乎所有的颗粒物，没有二次污染，投资及运行费用较低。

11.4.3.2　SNRB 技术

SNRB 是一种新型的高温烟气净化工艺，由美国某公司开发，利用高温袋式除尘器实现同时脱硫脱硝与除尘。工艺流程如图 11-11 所示。

其工作原理是在省煤器后喷入钙基吸附剂脱除 SO_2，在气体进入布袋除尘器前喷入氨，利用除尘器滤袋内侧附着的 SCR 催化剂除去 NO_x。除尘器位于省煤器和空气预热器之间，

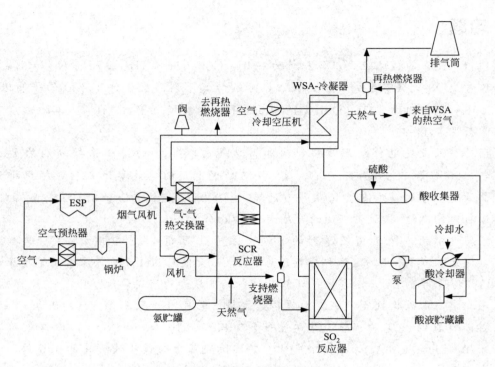

图 11-10　SNOX 工艺流程

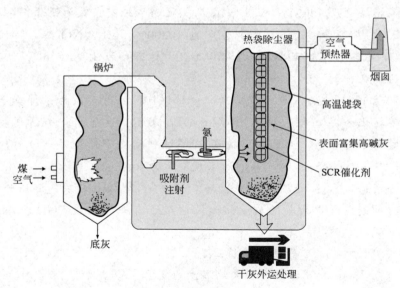

图 11-11　SNRB 工艺流程

保证温度在 300～450℃，烟气在进入滤袋内部之前已经完成脱硫和除尘，脱硝过程在滤袋内侧进行，减少催化层的堵塞、磨损和中毒。

该工艺 NH_3/NO_x 物质的量比为 0.85，氨逸出量低于 $4mg/m^3$，脱硝率达 90%；钙硫比为 2.0 时，脱硫率达 80%～90%，除尘效率达 99% 以上。SNRB 工艺将 SO_2、NO_x 和颗粒物三种污染物在一个设备内集中脱除，从而降低了成本并减少了占地面积。其缺点是 SCR 要求烟气温度为 300～500℃，因此，需要采用特殊的耐高温陶瓷纤维编织的过滤袋，从而增加了成本。

习题

11.1 气体的初始组成以体积计为 8.0% CO_2、12% H_2O、75% N_2 和 5% O_2。假如仅考虑 N_2 与 O_2 生成 NO 的反应，分别计算下列温度条件下 NO 的平衡浓度：① 1200K；② 1500K；③ 2000K。1200K 时平衡常数 $K_p = 2.8 \times 10^{-7}$，其他温度下的平衡常数见表 11-2。

11.2 假设发电锅炉燃用煤、油和天然气时，NO_x 的排放系数分别为 8kg/t、12.5kg/1000L 和 6.25kg/1000m³。某 600MW 火电厂的热效率为 36%，根据排放系数计算该电厂分别以热值 26000kJ/kg 的煤、42000kJ/kg 的重油和 37400kJ/m³ 的天然气为燃料时的 NO_x 排放量（油的密度为 0.92kg/L）。

11.3 拟用以尿素为还原剂的 SNCR 法净化习题 11.2 中排放 NO_x 中 NO 的 55%，假定 NO_x 中 95%（体积分数）为 NO，尿素仅与 NO 反应，尿素用量按尿素中 N/NO（物质的量比）=1.5 计，计算三种情况下尿素的消耗量（t/d）。

11.4 用水吸收氨气，逆流操作，氨气与水的气液平衡关系为 $y = 0.76x$。已知吸收塔进口氨的浓度（以每千摩尔空气计）8.70×10^{-2} kmol/kmol，出口氨的浓度 4.35×10^{-3} kmol/kmol，求最小液气比？若实际液气比为最小液气比的 1.5 倍，混合气体中空气流量 2.04×10^{-2} kmol/s，则实际的用水量为多少？

11.5 某燃煤电厂 400MW 机组 SCR 烟气脱硝系统以液氨为还原剂，运行时脱硝效率仅为 75%，烟气排放量（干标态）为 1020000m³/h，NO 浓度（干标态）为 500mg/m³，不考虑 NO_2，若 NH_3 逃逸浓度（干标态）为 2.0mg/m³，计算运行时每小时液氨的实际耗量。

11.6 烟气中 NO_x 的浓度经常以体积分数（10^{-6}）表示，为了计算 NO_x 排放总量，通常将其转化为以每千克 NO_2 计（kg/GJ）表示。试导出一个通用的转化公式，需引进的变量应尽可能少。若已知甲烷在 10% 过剩空气下燃烧时 NO_x 的体积分数为 $300\mu L/L$，利用导出的公式，将 NO_x 的浓度转化为 kg/GJ。

11.7 如果通过 SCR 的烟道气流量为 $3.36 \times 10^4 m^3/min$，氨气漏出为 $2\mu L/L$，计算每天可能排放到空气中的氨的质量。如果该厂还有一台湿式 FGD 洗涤器，那么这样会怎样影响实际的氨排放率？

11.8 锅炉设计中，燃料完全燃烧后、无任何 NO_x 形成之前，烟气 N_2 和 O_2 初始摩尔分数为 0.73 和 0.05，稳定的火焰温度为 1927℃。

① 计算烟气中 NO 的平衡体积分数（$\mu L/L$），以及最终的 N_2 和 O_2 摩尔分数。

② 如果火焰中 O 原子的摩尔分数为 1.0×10^{-3}，计算 NO 形成的初始速率 [mol/(m³·s)]，仅考虑泽利多维奇反应。

③ 假设在部分②中计算的初始速率持续 0.02s，之后气体离开火焰区域，计算排出气体中的 NO 体积分数（$\mu L/L$）。

第 12 章　碳捕集、利用与封存技术

二维码12-1 CCUS技术

12.1　概述

自工业革命以来，化石燃料燃烧使 CO_2 排放量不断增加，导致了严重的温室效应。据统计，1850—2021 年，全球排放了 3.25 亿吨温室气体，其中，CO_2 排放量占 77％，甲烷排放量占 15％。联合国政府间气候变化专门委员会（IPCC）第五次评估报告指出，21 世纪末期及以后的全球平均地表变暖主要取决于 CO_2 的累积排放。

自然界碳循环过程如图 12-1 所示。大气中 CO_2 被陆地和海洋的植物吸收固定，通过生物或地质过程以及人类活动返回大气，每年数十亿吨的碳在大气、陆地和海洋之间进行着快速的循环运动。人类社会的飞速发展打破了自然界的这种碳循环平衡，化石燃料燃烧等人为造成的 CO_2 排放远远超过了自然界所能吸收转化的容量。

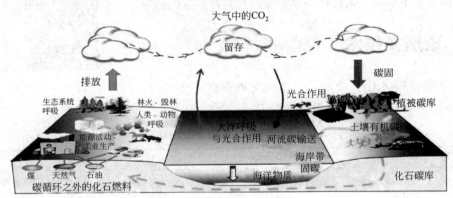

图 12-1　自然界碳循环

碳循环本质是一个氧化-还原过程，减少使用碳或还原使用 CO_2 是实现人为活动低碳化的本质，如大力发展核能、风能、太阳能等清洁能源，开展碳捕集、利用与封存。碳捕集、利用与封存（CCUS）作为一项有望实现化石能源大规模低碳利用的新兴技术，是未来减少 CO_2 排放、保障能源安全和实现可持续发展的重要手段。

CCUS 是指将 CO_2 从工业过程、能源利用或大气中分离出来，直接加以利用或注入地层以实现 CO_2 永久减排的过程。CCUS 技术起源于 20 世纪 70 年代 CO_2 驱油利用（把 CO_2 注入油层以提高油田采油率），按技术流程分为捕集、输送、利用与封存等环节，依据各个环节之间的不同排列，可组合成 CS（碳捕集与封存）、CU（碳捕集与利用）等子集。根据国际能源机构（IEA）数据，预计到 2050 年，CCUS 将贡献约 14％的 CO_2 减排量。表 12-1 比较了 CCUS 与其他碳减排技术的特点。

表 12-1　CCUS 与其他 CO_2 减排技术比较

项目	CCUS	能效技术	核电	太阳能发电	风电	水电
安全性	可能因 CO_2 泄漏导致安全隐患	安全可靠	反应堆、核废料存在泄漏危险,潜在危害大	安全可靠	安全可靠	安全可靠,极端事件发生概率小
稳定性	高	高	高	相对低	相对低	较高
对生态环境影响	大规模施工,CO_2 泄漏会对生态环境造成影响	小	如发生泄漏,对环境影响较大	较小	较小	大水电对流域生态环境影响大;小水电生态影响相对较小
优势	减排潜力大,促进煤清洁利用,符合国情	大规模改造现有产业,不额外增加环境负担	储量大,运输方便,总体成本低、发电稳定	资源丰富、清洁、可再生	资源丰富、清洁、可再生,基建周期短	资源丰富、清洁、可再生,发电效率高
问题	增加发电成本,捕集、封存存在技术挑战	技术突破越来越难	核废料处理要求高,投资成本大,安全隐患大	能流密度低,能源利用率低,多晶硅生产过程耗能大	风电不稳定、不可控,占用大片土地	受季节和旱涝灾害影响,淹没土地,涉及居民搬迁

　　碳运输是将捕集的 CO_2 运送至碳利用场所或封存地点的过程,一般通过管道、船舶或罐车运输,各个运输方式的经济性、安全性、灵活性各有利弊。受篇幅限制,碳运输这部分内容不在此书阐述,下面重点阐述碳捕集、利用与封存三方面内容。

二维码12-2　齐鲁石化-胜利油田百万吨级CCUS项目

12.2　碳捕集技术

　　CO_2 捕集是指将 CO_2 富集、压缩纯化得到高浓度 CO_2。CO_2 捕集的方法主要有燃烧前捕集、燃烧中捕集和燃烧后捕集,如表 12-2 所示。

表 12-2　CO_2 捕集方式比较

类别		内容	适用范围
燃烧前捕集		燃烧前将煤中碳元素转成 CO_2 去除	煤气化联合循环(IGCC)发电和部分化工过程
燃烧中捕集	富氧燃烧	用纯氧或富氧代替空气,促进化石燃料燃烧	部分改造和新建的燃煤电厂
	化学燃烧	燃料与载氧体反应生成 CO_2 和少部分 H_2O,通过冷凝脱水得到高纯度 CO_2 气体	新型发电系统
燃烧后捕集		从燃烧设备(锅炉、燃机、石灰窑等)排出的烟气中捕集或分离 CO_2	各类改造和新建 CO_2 排放源,包括电力、钢铁、水泥等行业

　　燃烧前捕集是指煤燃烧前经过煤气化工艺,将煤中化学能从碳转移出来,碳元素转成 CO_2 被去除后再燃烧,因此燃烧前捕集具有烟气流量小、CO_2 分压高的特点,分离难度小、成本低,但是实现过程复杂,对燃气轮机的要求高,稳定性差。

　　燃烧中捕集主要包括富氧燃烧和化学燃烧。富氧燃烧碳捕集一般适用于新规划的燃煤电站,相对成本低、易规模化,被认为是最容易大规模推广和商业化应用的一种 CCUS 技术。我国富氧燃烧装置采用空气/富氧燃烧兼容设计、干湿双循环运行、低能耗塔空分流程,烟

气中 CO_2 体积分数高达 82.7%，经过简单的压缩纯化过程即可获得高纯度的 CO_2。目前，该技术存在的主要问题是投资大、能耗高。

燃烧后捕集即烟气 CO_2 捕集，从烟气中分离 CO_2，安装在现有污染物脱除装置下游，不影响现有能源利用方式，适合所有燃烧过程，原理简单、工艺成熟。但是，燃煤烟气流量大，烟气组分复杂，CO_2 分压较低，捕集过程能耗偏高。目前可用的燃烧后捕集技术主要有吸收分离、吸附分离、膜分离和低温分离等。

适合 CO_2 捕集的排放源包括发电厂、钢铁厂、水泥厂、冶炼厂、化肥厂、合成燃料厂以及基于化石原料的制氢工厂等，其中最主要的排放源是化石燃料发电厂。

12.2.1　燃烧前捕集技术

燃烧前捕集技术主要应用于以气化炉为基础的整体煤气化联合循环（IGCC）过程。高压下，化石固体燃料与氧气、水蒸气在气化炉反应分解，生成 CO 和 H_2 混合气，经冷却后，送入催化转化器进行催化重整反应，生成以 H_2 和 CO_2 为主的水煤气（CO_2 体积分数高达 10%～40%），对其进行提纯和压缩，获得高浓度 H_2 燃料送入燃气轮机，如图 12-2 所示。

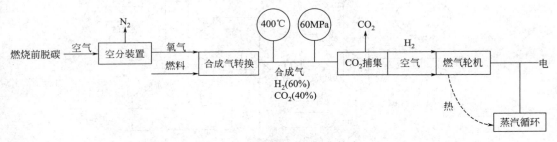

图 12-2　燃烧前 CO_2 捕集技术

相对于其他碳捕集路线，燃烧前捕集技术所需处理的气体压力高、CO_2 浓度高、杂质少，便于吸收法或其他分离方法对 CO_2 的脱除，投资、运行费用和能耗增量也会相应降低。IGCC 技术通过大幅提高煤电效率，实现了 CO_2 近零排放，促进了清洁能源的大力发展。

IGCC 系统燃料气气化重组转换、CO_2 与 H_2 混合气变压分离 CO_2 的过程步骤较为复杂，变换反应器产生的 CO_2 浓度高（烘干条件下体积比为 15%～60%），水煤气压力高（一般在 2.5MPa～5MPa 左右），适合的 CO_2 分离捕集的方法是高压物理吸收，然后降压解吸。经典的物理吸收工艺有低温甲醇洗、碳酸丙烯酯、N-甲基吡咯烷酮、伯胺（MEA）、叔胺（MDEA）等工艺，以及中石化南京化工研究院 20 世纪 80 年代初开发的聚乙二醇二甲醚（也称为 NHD）脱碳工艺。不同吸收溶液对 CO_2 的吸收效果如图 12-3。

① 低温甲醇洗工艺。也称 Rectisol 工艺，由德国林德（Linde）和鲁奇（Lurgi）公司联合开发，也是最早应用于合成气洗涤净化的工艺。低温甲醇洗工艺主要是利用甲醇在低温下对酸性气体溶解度高的特性，实现对原料气各酸性组分的选择性分段吸收（如图 12-4），已广泛应用于以重油和煤为原料合成氨工业中的气体净化。低温甲醇对 CO_2、H_2S 的溶解度高，选择性强，传质及传热性能好，但由于操作温度较低（通常为 $-62\sim-40$℃），捕集系统对设备的材料要求比较严格，设备投资费用高。此外，Rectisol 工艺流程复杂，甲醇溶剂毒性也较大，且需额外制冷设备来冷却溶剂，经济性相对较差。

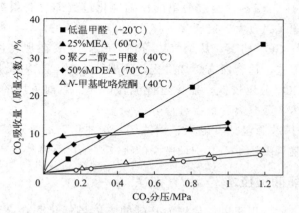

图 12-3   不同吸收溶液对 CO_2 的吸收效果

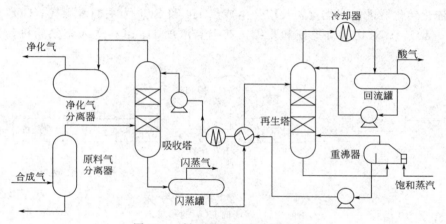

图 12-4   低温甲醇洗脱硫脱碳工艺

② 碳酸丙烯酯工艺。也称 Flour 或 PC 法，是一种以碳酸丙烯酯为吸收剂的脱碳方法，适用于含少量 H_2S 混合气的 CO_2 脱除，工艺流程如图 12-5 所示。碳酸丙烯酯溶剂对混合气 CO_2 具有很好的选择性，而对其他组分溶解性能极差，吸收塔顶排出的脱碳气体压强变化小，无需大量压缩功就可循环利用脱碳气，富碳吸收液经减压后进入汽提塔解吸再生，获得较为纯净的 CO_2 气体，解吸后贫碳吸收液经加压后送入 CO_2 吸收塔。碳酸丙烯酯工艺成熟，溶剂性能稳定，流程也相对简单，CO_2 回收率也高，存在问题是吸收剂损耗大、腐蚀问题严重，目前主要用于合成氨厂中 CO_2 脱除。

③ 聚乙二醇二甲醚工艺。也称 Selexol 或 NHD 工艺，是一种脱除酸性气体的物理净化方法，在脱除 H_2S、CO_2 以及 COS 等酸性气体方面具有良好的分离效果。典型 Selexol 工艺流程如图 12-6 所示。脱硫和脱碳过程分开进行，富碳吸收液通过气提或加热的方式实现解吸再生。聚乙二醇二甲醚工艺流程相对复杂，但对设备腐蚀性小，同样存在溶剂成本高的问题。

中石化南京化工研究院于 20 世纪 80 年代初开发 NHD 工艺，用于天然气、炼厂气等工业过程酸性气体净化脱除，工艺流程与 Selexol 工艺相似，但二者所用的溶剂有所不同。

④ N-甲基吡咯烷酮工艺。简称 Purisol 或 NMP 工艺，以 N-甲基吡咯烷酮作为物理吸收溶剂，脱除混合气酸性组分，如图 12-7 所示。Purisol 工艺与 Selexol 工艺流程相似，操

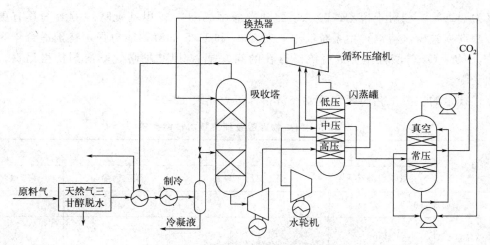

图 12-5 碳酸丙烯酯脱碳工艺

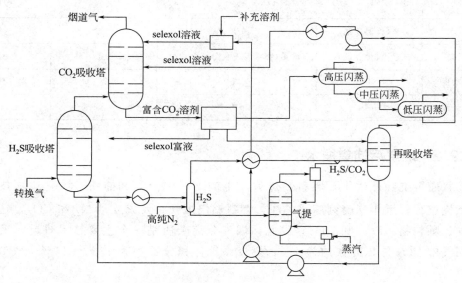

图 12-6 聚乙二醇二甲醚脱碳工艺

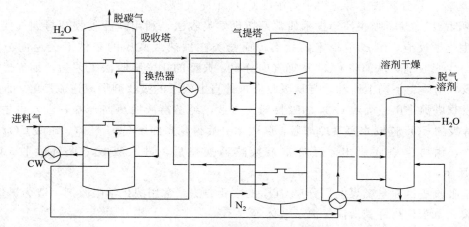

图 12-7 N-甲基吡咯烷酮脱碳工艺

作温度为 $-15℃$。相对于聚乙二醇二甲醚和碳酸丙烯酯，N-甲基吡咯烷酮溶剂具有更高的沸点，溶剂损失少，溶剂再生系统简单，对 CO_2 和 H_2S 的溶解能力强，特别适合于高压混合气 H_2S 和 CO_2 等酸性组分的脱除。存在的问题是 N-甲基吡咯烷酮溶剂价格昂贵，大规模应用受限。

上述技术的主要工艺参数和重要经济指标汇总见表 12-3。

表 12-3　CO_2 物理吸收捕集技术性能比较

项目	脱碳工艺			
	低温甲醇洗	聚乙二醇二甲醚	碳酸丙烯酯	N-甲基吡咯烷酮
操作温度/℃	-40	0	10	-15
溶剂循环量	适中	大（低温下传质受黏度影响大）	大	大
CO_2 脱除效果	好	好	较好	较好
设备要求	高(低温碳钢)	一般	一般	一般
溶剂损失	严重(沸点低)	严重(高温易发生分子聚合)	一般	一般
热公用工程	中	高	高	高
冷公用工程	高	中	低	中

12.2.2　燃烧后捕集技术

燃烧后捕集主要是从化石燃料燃烧后产生的烟气中分离和捕获 CO_2。这项技术适用于所有燃烧过程，近年来受到广泛关注。燃料燃烧烟气主要成分是 N_2 和 CO_2，还有小部分水蒸气、颗粒物、SO_2 和 NO_2，因此，烟气分离杂质是一个主要技术难题。天然气燃烧系统烟气中 CO_2 体积分数约为 4%，燃煤系统体积分数约为 $13\%\sim15\%$，气流温度为 $40\sim120℃$。

燃烧后捕集技术主要有吸收法、吸附法、膜分离法等。吸收法和吸附法主要适用于低浓度 CO_2 场合，膜分离法主要适用于高浓度 CO_2 干净气源。

① 吸收法。CO_2 吸收捕集技术通常是指化学吸收法，利用碱性吸收剂与烟气接触并与 CO_2 发生化学反应，形成不稳定的盐类，而盐类在加热或减压的条件下会逆向分解释放 CO_2 而再生吸收剂，从而将 CO_2 从烟气中分离。典型的化学吸收法工艺为，烟气经预处理后进入吸收塔，自下向上流动，与从吸收塔顶部自上而下的吸收剂形成逆流接触，脱碳后的烟气从吸收塔顶排出。吸收 CO_2 的吸收剂为富液，经贫富液换热器升温后进入再生塔解吸 CO_2，解吸的 CO_2 连同水蒸气冷却后，除去水分后得到高纯度 CO_2 气体。解吸 CO_2 的吸收剂为贫液，由再生塔底流出，经贫富液换热器换热后，进入吸收塔循环吸收 CO_2。如图 12-8 所示。

化学吸收法目前是燃煤电厂分离 CO_2 的主要方法。常用的化学吸收剂一般为碱性液体，如有机胺、氨水、热钾碱溶液、离子液体等。

化学吸收法的优缺点见表 12-4。

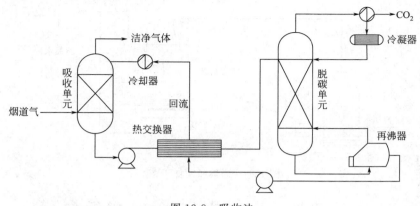

图 12-8　吸收法

表 12-4　各种化学吸收技术的优缺点

技术名称	优势	缺陷
有机胺法	吸收容量高,技术相对成熟	易降解、氧化,腐蚀性强
热钾碱法	成本低,稳定性高,再生能耗低,毒性小,降速率小	吸收速率慢,部分活化剂易造成二次污染
氨法	低成本,再生能耗低,腐蚀性低,抗氧化降解挥发性强	挥发性强,易对环境造成二次污染
离子液体法	结构可调节,化学稳定强,热稳定性高,蒸气压低,挥发性低,选择性强	成本高,合成工艺复杂,黏度大
相变吸收剂法	吸收容量高,再生能耗低	固体沉淀难分离(液-固相变),富相黏度大(液-液相变),再生效率低
吸收法	再生能耗低,无二次污染,吸收容量大,吸收速率快	易受温度、pH 等条件影响,可控性低

② 固体吸附法。燃烧后固体吸附法一般是利用化学吸附,烟气中的 CO_2 与固体材料表面某些原子或基团形成化学键而产生吸附作用。化学吸附工艺依托变温吸附系统进行,其典型工艺系统由吸附和脱附两个反应器组成。烟气首先进入低温吸附反应器 (吸附塔),与吸附剂发生反应,脱除其中的 CO_2;经过旋风分离器将富含 CO_2 的吸附剂与净化气分离;富含 CO_2 的吸附剂进入高温脱附反应器 (解吸塔),通过水蒸气加热再生继而释放其捕捉的 CO_2;再生后的吸附剂即 CO_2 贫乏的吸附剂,经过冷却器进行冷却后,返回吸附反应器,用于循环吸附 CO_2。固体吸附法和溶液吸收相比,无溶剂参与,工艺过程简化,无设备腐蚀,节能降耗明显。固体吸附工艺如图 12-9。

③ 膜吸收法。膜吸收法是将膜和化学吸收相结合,该技术主要采用微孔膜。在膜吸收工艺中,混合气体与吸收液不直接接触,二者分别在膜的两侧流动,所采用的微孔膜本身没有选择性,只是起到隔离混合气体与吸收液的作用,微孔膜上的微孔足够大,理论上可以允许膜一侧被分离的气体分子不需要很高压力就可以穿过微孔膜到膜另一侧,该过程主要依靠膜另一侧吸收液的选择性吸收达到分离混合气体中 CO_2 的目的。CO_2 膜吸收原理如图 12-10。

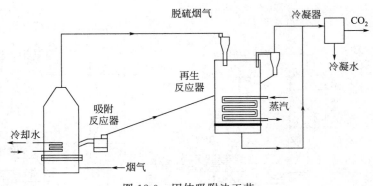

图 12-9　固体吸附法工艺

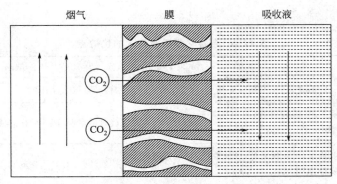

图 12-10　CO_2 膜吸收原理

12.2.3　富氧燃烧捕集技术

富氧燃烧技术（OEC），采用空分后较高纯度氧气掺混锅炉尾气（主要为 CO_2）后与燃料发生燃烧，锅炉尾气主要组成为 CO_2（可达 90%）和水，只需冷凝便可分离（图 12-11）。传统燃烧锅炉尾气 CO_2 体积分数仅为 $10\%\sim14\%$，因此，富氧燃烧可大幅降低 CO_2 的分离成本。富氧气体可加快燃烧速度、降低燃料的燃点、提高燃烧温度，同时，改造不会涉及燃煤锅炉和蒸汽循环系统，只需增添空分设备，非常适合现有设备的改造。富氧燃烧技术具有

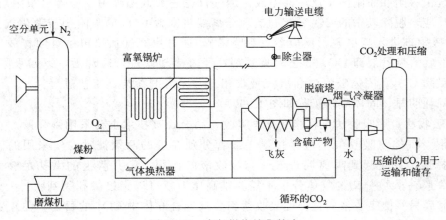

图 12-11　富氧燃烧捕集技术

较好的工艺承接性，且相较于其他碳捕集技术，在捕集成本和易规模化方面均具有较大优势，因此也被认为是最有工业化应用前景的一种碳捕集技术。

燃料经过富氧燃烧可实现烟气中 CO_2 的富集，富氧燃烧烟气中 CO_2 体积分数可达 80％以上，其余杂质气体包含氮气、水蒸气、氧气及硫化物、氮氧化物、汞等。进行 CO_2 的封存和利用前，需对 CO_2 气体进行压缩、冷凝、液化，脱除杂质气体以提高 CO_2 体积分数。

12.3　碳利用技术

碳利用技术也称碳资源化技术，主要包括生物转化、化学合成等。生物转化法是通过植物光合作用将空气中 CO_2 转化为可供植物生长的物质，化学合成是通过化学反应将 CO_2 合成为如甲醇、烯烃、芳烃、汽油等其他可利用的化学品。

12.3.1　矿化利用

CO_2 矿化利用是指模仿自然界 CO_2 矿物吸收过程，利用含碱性或碱土金属氧化物的天然矿石或固体废渣，通过碳酸化反应生成稳定的碳酸盐，成为化工产品或建筑材料，是当前 CO_2 捕集、固定与利用的重要方式，如图 12-12 所示。根据反应历程的不同，CO_2 矿化可分为两类：直接矿化和间接矿化。直接矿化通过高温高压操作，将 CO_2 与矿物质反应生成稳定的碳酸盐化合物；间接矿化分两步进行，首先将 CO_2 转化为较稳定的化合物，然后再与矿物质反应生成碳酸盐。

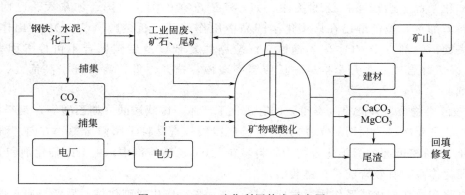

图 12-12　CO_2 矿化利用技术示意图

利用富含钙、镁的大宗固体废物进行矿物碳酸化，是一种非常有前景的大规模固定 CO_2 利用路线，不但固碳能力强、操作成本低，而且能够得到具有一定价值的无机化工产物。每 10t $MgCl_2 \cdot 6H_2O$ 可矿化 1.5t CO_2，产 HCl 1.8t（折算 36％盐酸约 5t），产 Mg-CO_3 2.9t。碳酸镁可作为耐火材料、锅炉和管道的保温材料，盐酸是重要的化工材料。固体废渣磷石膏与 CO_2 进行碳酸化反应，得到 H_2SO_4 和 $CaCO_3$，固存 CO_2，理论上 1t 磷石膏固化约 250kg CO_2，生产约 568kg $CaCO_3$。

CO_2 可与废弃混凝土混合，骨料表面砂浆中的 $Ca(OH)_2$ 和水化硅酸钙 $[Ca_5Si_6O_{16}(OH) \cdot 4H_2O]$ 凝胶，与 CO_2 作用后形成 $CaCO_3$ 和硅胶（SiO_2）并填充于浆体孔隙中，使浆体整体微观结构更加致密，提高了骨料性能，可制得高性能的再生骨料。与标准混凝土和水泥生产相比，该技术可以减少 70％的 CO_2 排放量。

此外，一些学者们根据 CO_2 矿化反应（或碳酸化）热力学吉布斯自由能降低（$\Delta G < 0$）这一特征，提出一种 CO_2 矿化发电的技术路线。酸性气体 CO_2 和碱性固废形成 H^+ 浓差，采用析氢电极和氢气扩散电极，通过循环 H_2 作为氧化还原反应介质，分别在正负两极形成 H_2-H^+ 氧化还原电对，将 H^+ 浓差转化为电势差，从而将 CO_2 矿化反应中的化学能转为电能输出。

12.3.2　化学合成

通过化学合成将 CO_2 催化转化为有机小分子，如低分子量的醇、醛、酸等，成为当前的研究热点。按合成物质类型，可分为能源燃料、醇类物质、羧酸类物质、可降解聚合材料。

① 能源燃料。以 CO_2 为原料制备能源燃料，可减少化石燃料消耗，缓解化石燃料带来的碳排放和环境污染。典型的能源燃料有汽油、合成气等。CO_2 制备汽油主要通过逆水煤气变换反应（RWGS）将 CO_2 还原为 CO，然后通过费托合成转化为烯烃类化合物，再经过聚合、芳构化等，最终生成汽油馏分。2010 年 1 月，Carbon Science 公司开发生物催化工艺，将 CO_2 直接转化为低碳烃类（主要是 C1~C3），然后转变为高碳的燃料，如汽油等。CO_2 和甲烷进行干重整，可制得合成气（H_2：$CO \approx 1$），过程几乎不消耗水，降低能耗的同时减排温室气体，为大规模生产氢气提供可能。

② 醇类物质。CO_2 加氢制备的高级醇，可以作为高附加值的燃料添加剂、反应溶剂和中间体化学品，引起了广泛的关注。如，乙醇已在中国、美国、加拿大、巴西等国家用作燃料添加剂，短链醇已在许多化学产品中用作溶剂，长链醇（C_{5+}OH）用作反应中间体和表面活性剂。受 CO_2 化学惰性、反应路线复杂以及碳碳耦合不可控等因素影响，C2~C5 高级醇合成一直是个挑战，反应速率缓慢，选择性低，需要开发高活性、高选择性催化剂。

③ 羧酸类物质。羧酸是一类重要的有机化工产品，链状羧酸（如乙酸等）是纤维工业、塑料工业的重要原料。利用 CO_2 加氢制备长链羧酸一直是科学家们努力的方向。研究者以 CO_2、H_2 和价格低廉的醚类化合物为原料，在 170℃乙酸溶剂中，由 IrI_4 催化剂和 LiI 促进剂组成催化体系，有效合成了长链羧酸。

醚类化合物在催化体系作用下生成烯烃，进一步反应生成碘代烷，后者与逆水煤气反应生成的 CO 进一步发生反应，生成高级羧酸（如式 12-1）。该催化体系具有良好的底物适应性，各种醚都可以转化为高级羧酸。该路线具有实际重要性，因为某些高级羧酸比相应的醚底物具有更大的价值。

$$R-O-R' + CO_2 + H_2 \xrightarrow[170℃,AcOH]{IrI_4,LiI} R/R'-COOH \tag{12-1}$$

④ 可降解聚合材料。研究者采用 Zn-Mg 异质双核有机金属催化剂，在现有 CO_2 基聚碳酸酯链上引入聚奎内酯链段，将聚碳酸环己烯酯（A）与聚奎内酯（B）共聚，制备得到可降解的 ABA 型嵌段聚合物，CO_2 质量分数为 6%~23%。该方法 CO_2 选择性大于 99%，单体转化率大于 90%；生成的聚合物可预测组成，摩尔质量为 38~71kg/mol，具备良好的热稳定性、高韧性、高断裂伸长率。对催化体系配体结构进行设计改造以及反应机理研究，将会极大提高催化效率并实现工业化应用。

12.3.3　生物转化

植物通过光合作用将 CO_2 和水转化为葡萄糖和氧气，是自然界中最重要的碳捕获利用活动。此外，利用微生物（如细菌和藻类）可将 CO_2 转化为有机物质，通过这种方法可以生产生物燃料、生物塑料和其他有价值的化合物。

微生物利用 CO_2 的天然途径主要是通过羧化或者还原作用来固定 CO_2，主要有卡尔文循环（CBB）、还原性三羧酸循环（rTCA）、Wood-Liungdahl 途径、3-羟基丙酸循环（3HP）、3-羟基丙酸/4-羟基丁酸循环（3HP-4HB）和二羧酸/4-羟基丁酸循环（DIC-4HB）6 个途径。其中，CBB 途径最早被发现，也是大多数植物、藻类和蓝细菌利用 CO_2 的途径，地球上 90% 的无机碳转化为生物质的过程都是由 CBB 途径完成的。Wood-Liungdahl 途径由羰基化和甲基化两个分支途径组成，将 CO_2 还原为甲酸或 CO，然后进入中心代谢途径，消耗 ATP 最少。

利用微生物将 CO_2 转化为高附加值产品是一种绿色的、可持续的生产方式。通过基因工程及代谢途径改造，可将 CO_2 通过丙酮酸或者乙酰辅酶 A 转化为多种醇、碳氢化合物、有机酸、糖、脂肪酸和脂质、生物塑料以及萜类化合物等，如图 12-13。

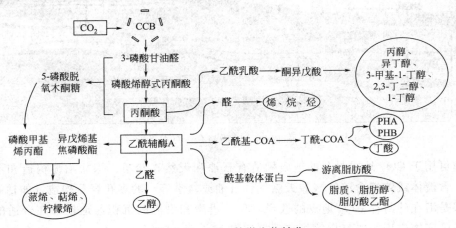

图 12-13　CO_2 的微生物转化

在高效固定转化 CO_2 的微生物种群中，微藻因生长速度快、产物丰富、适应能力强等优点成为固碳生物的典型代表，其 CO_2 固定效率为一般陆生植物的 10～50 倍。地球上现今存活的微藻已超过 2 万种，主要分布于海洋、河流、湖泊和河塘的土壤中。目前研究较多的微藻主要有蓝藻门、绿藻门和金藻门等。

12.4　碳封存技术

碳封存技术包括地质封存、海洋封存和矿物封存三种方式。地质封存是将 CO_2 加压灌注至适宜的地层中，用地层的孔隙空间储存 CO_2。该地层之上必须有透水层作为盖层，以封存注入的 CO_2，防止泄漏。海洋封存是指通过管道或船舶将 CO_2 运输到海洋封存的地点，将 CO_2 注入海洋的水柱体或海底。被溶解和消散的 CO_2 随后会成为全球碳循环的一部分。矿物封存是指利用碱性和碱土氧化物如氧化镁和氧化钙，与 CO_2 化学反应后产生碳酸镁和碳酸钙（石灰石）等，将 CO_2 固化。

12.4.1 地质封存

20 世纪 70 年代，美国研发了 CO_2 驱油提采工艺（EOR 技术），利用 CO_2 能较好地溶解于地层原油并使原油的体积增大，降低地层原油的表面张力，改善流度比，进而提高采收率。EOR 技术能起到一定的封存 CO_2 的目的，驱油过程会有大量 CO_2 逸出到地表，封存能力十分有限，无法达到长期封存 CO_2 的目的。

CO_2 地质封存是将 CO_2 压缩液注入地下岩石构造中，地下温度和压力使 CO_2 保持液态，CO_2 缓慢穿过多孔岩并填满孔隙的微小空间，从而实现对 CO_2 封存（图 12-14）。合适的 CO_2 封存地点包括废弃的油田、废弃的气田、不能开采的煤田、含水岩层、含盐层等。地质封存的最佳方式是将 CO_2 封存在地下的咸水层。

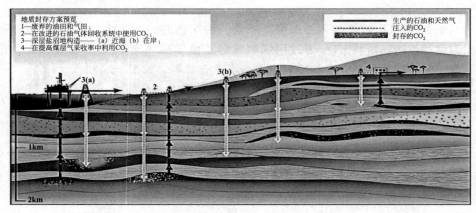

图 12-14　地质封存示意图

目前可用于 CO_2 地质封存的地质构造有石油和天然气储层、深盐沼池构造和不可开采的煤层。含流体或曾经含流体（如天然气、石油或盐水等）的多孔岩石构造（如枯竭的油气储层）都是潜在的封存 CO_2 地点的选择对象。沿岸和沿海的沉积盆地也存在合适的封存构造。国外已实施应用的二氧化碳封存项目见表 12-5。

表 12-5　国外主要 CO_2 地质封存项目

项目名称	年份	封存深度/m	封存构造类型	概况
Sleipner（挪威）	1996	1000	海底咸水层	首例商业化的 CCS 项目
West Pearl Queen（美国）	2002	2000	枯竭油田	美国首次现场试验，共注入 CO_2 2000t 以上
FrioProject（美国）	2004	1540	陆地咸水层	首次把 CO_2 注入咸水层可行性的示范工程
In Salah（阿尔及利亚）	2004	1850	陆地咸水层	首例在陆地上开展的商业规模的 CCS 项目
Otway Basin（澳大利亚）	2005	2050	枯竭气田	澳大利亚最大的 CO_2 地质封存示范项目
Total Lacq（法国）	2006	4500	枯竭气田	法国第一个进行 CCS 全套运作的项目
Snøhvit（挪威）	2008	2600	海底咸水层	初步达到商业规模
Otway 项目（澳大利亚）	2010	2000	衰竭气藏	首次结合应用地震监测技术
Carb-fix（冰岛）	—	400～800	玄武岩含水层	走在玄武岩封存二氧化碳技术前沿

12.4.2　海洋封存

地球表面 71% 的面积被海洋覆盖，海洋在封存 CO_2 方面具有巨大的潜力（图 12-15）。全球光合作用每年捕获的碳量，约 45% 由陆地生态系统完成，约 55% 由海洋生物完成。最新研究显示，过去 200 年来，通过化石燃料燃烧而排放到大气中的 CO_2 有 1.3×10^{12} t 之多，而海洋吸收了其中的 30%~40%。但因海-气界面的 CO_2 交换过程缓慢且仅限于表层、次表层海水，故人们开始探寻用人工方法加快海洋碳封存过程以提升海洋吸收 CO_2 的能力。

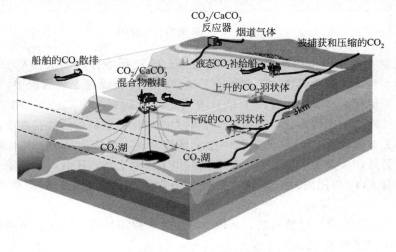

图 12-15　海洋封存 CO_2 示意图

CO_2 可以气态、固态（干冰）、水合物和超临界状态存在。不同状态的 CO_2 在海洋中的行为不同，因此海洋封存就是将 CO_2 以不同的形态，通过物理、化学和生物过程在海洋里保存足够长的时间。长久以来，天然 CO_2 通过海-气界面交换间接进入表层海水，但 CO_2 从表层海水向深层海水的迁移是一个漫长的过程。为了改变和优化海洋封存 CO_2 的自然过程，研究者提出生物泵、溶解泵、沉积物三种 CO_2 海洋封存机理。

生物泵机理认为，由浮游植物、浮游动物、较大的海洋动物构成的食物链循环把 CO_2 从表层海水向深层海水运送，并有效地封存于局部深层海水区域。溶解泵机理认为，CO_2 被注入后将溶解于周围的海水中，海洋洋流强化 CO_2 与海水的混合作用、稀释扩散，促进碳封存效果。一些研究者提出深海沉积物储存 CO_2，认为浅水区海底（<300m）沉积物封存 CO_2 类似于陆地含水层的 CO_2 封存，所注入的 CO_2 在沉积物孔隙中扩散、溶解，并通过与沉积物中矿物反应形成新矿物而被封存；而在深海（300~3700m），温度只有 5℃ 左右，注入的 CO_2 在沉积物孔隙中运移并形成 CO_2 水合物层，从而达到 CO_2 的深海底封存。

12.4.3　矿物封存

矿物封存技术又称矿化，利用 CO_2 与含钙镁硅酸盐矿物进行反应，使 CO_2 生成稳定的碳酸盐（$CaCO_3$/$MgCO_3$），永久地封存，如图 12-16 所示。CO_2 矿化形成稳定的碳酸盐避免了后期 CO_2 泄漏监控，同时由于矿化产物具有一定的附加值，其稳定性和安全性相比于其他封存手段更优异，因此日益受到研究者的关注。

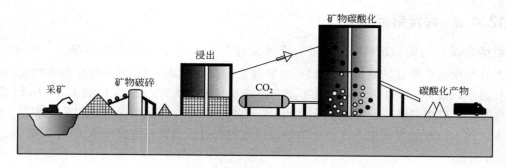

图 12-16　CO_2 矿物封存示意图

CO₂ 矿物封存的原料包括镁橄榄石、蛇纹石、硅灰石等在内的天然矿物以及高炉渣、钢渣、废石膏、粉煤灰等含钙镁的工业固废。这些天然矿物或者工业固废中钙镁含量较高，世界储量或者产量大，故非常适合用于 CO_2 矿化。工业固废的生产过程通常经历了高温或高压处理，其矿物结构及物理化学性质发生了很大的变化，它们的活性往往要比天然矿物高得多。因此，工业固废在 CO_2 矿化过程中比天然矿物具有反应速率快、转化率高、能量输入低等优势。另外，大量工业固废的堆存不仅占用了大量土地，还有可能污染地下水、土壤等，而矿化封存 CO_2 的同时处理了这些工业固废，实现以废治废，因此具有显著的经济优势。

综上所述，CCUS 技术包括捕集、运输、利用、封存等环节。目前，国内外具体技术环节的工程应用示范详见表 12-6。

表 12-6　国内外已建 CCUS 技术工程示范情况比较

技术环节		工程数量		最大工程规模		最长运行经验	
		国外	国内	国外	国内	国外	国内
捕集	燃烧后捕集	>5	4	1.4×10^6 t/a	1.2×10^5 t/a	4 年	2 年
	燃烧前捕集	2	1	1×10^6 t/a	3×10^5 t/a	<6 个月	2 年
	富氧燃烧捕集	>3	1	1×10^5 t/a	$0.5\sim1\times10^5$ t/a	4 年	2 年
运输	CO_2 管道输送	15	2	808km，年输送 20Mt	短距离低压输送	40 年	10 年
	CO_2 大规模储存	—	4	单罐 3000m³	单罐 1000m³	40 年	2 年
利用	CO_2 驱油	>100	10	1.2×10^6 t/a	1×10^5 t/a	近 40 年	6 年
	CO_2 驱煤层气	>5	1	$>2\times10^5$ t/a	≈200t/a	7 年	4 年
	CO_2 化工利用	>10	>5	5×10^4 t/a	2×10^4 t/a	>5 年	>3 年
	CO_2 生物转化应用	5	3	生物柴油 1.47×10^5 t/a	生物柴油 5000t/a	4 年	在建
封存	陆上咸水层封存	>2	1	1×10^6 t/a	1×10^5 t/a	7 年	0.5 年
	海底咸水层封存	2	—	1×10^6 t/a	—	15 年	—
	酸气回注	>60	—	4.8×10^5 t/a	—	21 年	—
	枯竭油气田封存	1	—	$\approx1\times10^4$ t/a	—	7 年	—

习题

12.1 大气层质量约为 5.1×10^{18} kg。请问，大气中 CO_2 质量浓度上升 1.5mg/L 时排放到大气中碳的质量是多少?

12.2 从 1958 年到 2008 年的 50 年间，大气中的二氧化碳质量浓度从 315mg/L 增加到 387mg/L，请问大气中增加了多少碳（万吨）?

12.3 2020 年，我国用于发电的煤炭约为 23 亿吨。同年，机动车每天消耗的汽油和柴油分别为 2100 万桶和 900 万桶（1 桶 = 158.76L）。比较一下我国煤炭燃烧产生的 CO_2 和机动车排放的 CO_2（CO_2 和 C 分别以万吨为单位给出答案）。煤炭的平均碳质量分数为 65%，汽油和柴油的碳质量分数大约是 86%。此外，汽油的密度为 0.70~0.78kg/L，柴油的密度为 0.83~0.855kg/L。

12.4 CCS 和 CCUS 分别是什么? 试比较分析 CCS 和 CCUS 技术的异同点。

12.5 一个发电厂每天燃烧 4000t 煤（碳质量分数为 75%），空燃比是 18:1。烟气 CO_2 目标去除率是 90%，采用胺洗涤器，计算每天 CO_2 去除量。洗涤塔最大设计表观气速为 4.6m/s（塔温为 50℃），一座吸收塔，计算吸收塔直径。

12.6 一个 400MW 的煤炭发电厂，总热效率为 40%，煤炭热值为 23.45MJ/kg，每吨煤的 CO_2 排放量为 2.86t。该工厂建有 72000 亩（1 亩 = 666.67m^2）的藻类生长池塘。日均藻类生长量为 30g/m^2。假设每生产 1t 藻可固定 CO_2 1.1t，试估算，藻类池塘可能捕获的 CO_2 百分比。

12.7 通过化学、生物等方法将 CO_2 转化成为更具附加值的能源、化工原料和精细化学品成为了研究工作的热点。试举例说明如何实现 CO_2 资源化。

第13章 移动源废气污染控制

13.1 移动源及其尾气

13.1.1 移动源

移动源是指能够移动的并在此过程中排放出废气的物体,分道路移动源和非道路移动源。道路移动源包括载客汽车、载货汽车、摩托车3大类,统称为机动车;非道路移动源是指专项作业和运输的可移动机械,包括工程机械、农业机械、内燃机车、船舶和飞机5大类。机动车排放是大中城市空气污染的重要来源,特别是 CO、NO_x、VOCs、PM 等污染物的排放,导致城市空气质量严重超标,多地出现雾霾现象,这是城市空气污染呈现复合型污染特点的主要原因。

移动源(特别是道路移动源)的出现及发展加剧了世界各国的大气污染控制难度。相比固定源,移动源数量巨大、多样化、分散,且接近人群(受体),出现在人们的日常生活中,同时移动源又是衡量国家经济发展水平的一个标志。因此,移动源污染防治难度很大。

长期以来,我国一直把移动源排放控制重点放在机动车上,而对非道路移动源排放问题监管较少。截至 2016 年底,全国机动车保有量达 2.9 亿辆,主要工程机械产品保有量达728 万台,农用机械总动力达 11.44 亿千瓦,水运船舶 16.01 万艘,渔船总功率 2236.81 万千瓦,内燃机车 1.0 万台,民航飞机 2933 架。我国工程机械、农业机械和内河船舶等非道路移动源主要采用柴油机作动力,排放控制水平低,单机排放量大。

移动源排放污染物分为常规污染物、有毒污染物和温室气体三类。其中,常规污染物包括 NO_x、CO 和 PM,有毒污染物包括苯、1,3-丁二烯、甲醛、乙醛、丙烯醛、多环式有机质(POM)、富马酸二甲酯和柴油颗粒物等,温室气体包括 CO_2、CH_4 等。

在任何给定区域的给定时间段内,移动源的总排放量为:

$$排放量=排放速率(g/单位时间)\times 该移动源使用的时间 \qquad (13.1)$$

式中,排放速率=排放因子(g/单位燃料或里程)×该时间段内消耗的燃料(或行驶的里程)。

因此,移动源排放总量受三个因素影响:排放因子、燃料消耗、使用时间。排放因子与移动源类型、性能、使用的能源以及工作状态等有关。

13.1.2 移动源发动机特点

移动源尾气来自发动机内燃料燃烧对外排放的烟气。发动机特性、驾驶员操作和维护、燃料组成、环境条件以及附加的污染控制技术等,都会影响发动机尾气污染物种类和数量。

13.1.2.1　汽油发动机

大多数汽车由常规的四冲程汽油燃烧内燃机提供动力（图 13-1）。在该发动机中，空气和汽油的混合物在活塞进气行程期间被吸入气缸中，压缩到几个大气压后，被来自火花塞的火花点燃。燃料迅速燃烧，在非常短时间内释放大量的热量。这种热量迅速使气体膨胀，在做功冲程期间驱动活塞。之后，在排气冲程期间，燃烧烟气通过排气门被推出气缸。

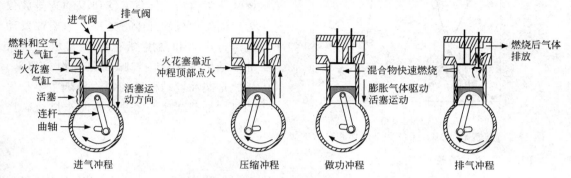

图 13-1　四冲程内燃机原理图

例 13.1　①计算汽油燃烧的化学计量 AFR；②如果空气过剩 10%，计算每千克汽油燃烧产生的废气体积（以标态计）。

解：汽油是 C3～C13 烃类化合物的混合物，分子式通式 C_8H_{17}，平均分子量 113。

① 1mol 汽油燃烧的平衡方程为：

$$C_8H_{17}+12.25O_2+46.06N_2 \longrightarrow 8CO_2+8.5H_2O+46.06N_2$$

干洁空气中 O_2 摩尔分数为 0.21，N_2 摩尔分数为 0.79，即 $1molO_2$ 对应 $3.76molN_2$。1mol 汽油燃烧的质量化学计量 AFR 为：

$$AFR=\frac{12.25mol(O_2)\times32g/mol+46.06mol(N_2)\times28g/mol}{1mol\times113g/mol}=14.88g/g$$

② 如果空气过剩 10%，则 1mol 汽油燃烧的平衡方程为：

$$C_8H_{17}+13.475O_2+50.666N_2 \longrightarrow 8CO_2+8.5H_2O+50.666N_2+1.225O_2$$

此时汽油燃烧的 AFR 为 16.37g/g，1mol 汽油燃烧产生的废气物质的量为：$8+8.5+50.666+1.225=68.39$（mol）。标准状态下，1mol 气体体积为 22.4L。则 1kg 汽油燃烧产生的废气体积为：

$$V=\frac{68.39mol}{1mol}\times\frac{1000g}{113g/mol}\times\frac{22.4L}{1mol}\times\frac{1m^3}{1000L}=13.56m^3$$

AFR 是内燃机有效运行的关键参数。AFR 低，意味着燃烧时氧不够，则汽车尾气中 CO 和 VOCs 排放量高；AFR 高，空气量过剩，燃料被"稀释"，燃烧不稳定，发动机动力下降，CO 和 VOCs 排放量增大。因此，化学计量空燃比（AFR）是最合适的。此时，燃烧气体温度最高，如第 11 章所述，NO 形成主要是受温度影响，因此气缸中 N_2 会和 O_2 反应形成 NO，NO 的产量在氧气富余 10% 时达到最大，如 AFR=16.37。图 13-2 显示了四冲程汽油燃料内燃机中 AFR 对三种主要污染物体积分数变化的影响。

13.1.2.2　柴油发动机

柴油发动机主要用在载重大的车辆上，如卡车和公共汽车，以及非公路车辆（如火车和船舶），有时还被用于客车。与汽油发动机不同，柴油发动机不需要火花点火，空气-燃料混合物被压缩到比汽油发动机更高的压力，使得混合物温度达到燃料的自燃温度，燃料在动力

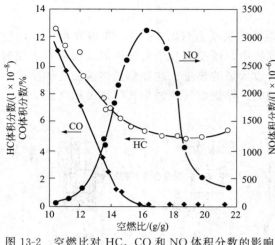

图 13-2　空燃比对 HC、CO 和 NO 体积分数的影响

冲程中燃烧并向下驱动活塞。

柴油燃料像汽油一样，也是烃的混合物，比汽油重且更不易挥发。与汽油发动机相比，柴油发动机通常在较高的空燃比下运行，AFR 范围 15～100。柴油发动机燃烧非常清洁，尾气 CO 和 VOCs 排放仅为汽油发动机的几十分之一，但柴油发动机运行压力和温度高，NO_x 排放高于汽油发动机。此外，气味和颗粒物（烟雾）排放是柴油发动机的问题，黑烟主要是发动机"加载减速"（过载）时未燃烧碳产生的烟灰。

13.1.2.3　涡轮喷气发动机

驱动大多数现代飞机的是涡轮喷气发动机，涡轮喷气发动机通过热能使气体膨胀流过燃烧室（与更多的过量空气混合），然后进入涡轮机部分，其中高能气体转动风扇，并且最终从发动机后部高速排出，驱动飞机前进。在喷气发动机中，燃料（烃的煤油类混合物，比汽油重，但比柴油燃料轻）喷射到燃烧室前部，与足够的一次空气混合，燃烧大部分燃料；过量的空气在分离区域完成剩余燃料的燃尽。

喷气发动机污染物排放与其工作状况密切相关，如表 13-1 所示。类似道路移动源，起飞时污染物排放系数是最大的，其次是爬升过程。

表 13-1　喷气发动机驱动的飞机污染物排放量

飞机	发动机	模式	燃料流量/(lb/h)	每架飞机的排放速率/(lb/h)					
				CO	NO_x	VOCs	SO_x	颗粒物	CO_2
A330-200（空中巴士）	PW4168A TalonⅡ（每架飞机 2 个发动机）	空闲	4674	10.4	18.3	0.5	1.8	0.2	4284
		起飞	29193	64.8	114.1	3.2	11.0	1.1	26754
		爬升	20528	45.6	80.2	2.3	7.7	0.8	18813
		降落	4108	9.1	16.1	0.5	1.5	0.2	3765
B767-300 ER（波音）	PW4060（每架飞机 2 个发动机）	空闲	3731	10.6	16.6	1.3	1.4	0.2	3495
		起飞	23671	67.3	105.1	8.5	9.1	1.1	22174
		爬升	17367	49.4	77.1	6.3	6.7	0.8	16269
		降落	4509	12.8	20.0	1.6	1.7	0.2	4224
DC-10	JT9D-59A（每架飞机 3 个发动机）	空闲	1925	24.7	14.4	6.8	1.3	0.3	3180
		起飞	21381	274.4	159.9	75.1	14.5	3.1	35327
		爬升	17930	230.1	134.1	62.9	12.1	2.6	29625
		降落	4077	52.3	30.5	14.3	2.8	0.6	6737

13.2　移动源排放量计算

13.2.1　道路移动源

道路移动源细分轻型柴油客车、重型柴油客车、轻型柴油货车、重型柴油货车、轻型汽油客车、重型汽油客车、轻型汽油货车、重型汽油货车、摩托车等 9 类。如前节所述，道路移动源气态污染物排放源强的估算公式为：

$$Q_{i,j,k}^{M} = \sum_{i,j,k} (P_{i,j} M_i \mathrm{EF}_{i,j,k}) \times 10^{-2} \qquad (13.2)$$

式中，$Q_{i,j,k}^{M}$ 为道路移动源主要污染物排放量，$10^4 \mathrm{t}$；i 为车型；j 为排放标准；k 为污染物类型；$P_{i,j}$ 为机动车保有量，万辆；M_i 为年均行驶里程，$10^4 \mathrm{km}$；$\mathrm{EF}_{i,j,k}$ 为不同车型、不同污染物、不同排放标准下的排放因子，g/km。

过去 50 年，世界汽车数量总体增长（增长了 10 倍）远超世界人口增长（增长了 1 倍）。联合国预测显示，这一趋势在未来一段时间内仍会继续。特别是发展中国家，城市化发展、收入增加、车辆实际成本降低、改善社会地位需求等因素，导致城市车辆数量增加迅速，引发城市拥堵和机动车尾气污染，这已成为许多发展中国家一个十分严重的问题。

13.2.2　非道路移动源

13.2.2.1　农业机械

农业机械包括农用运输车、拖拉机、排灌机械、收割机械、农副产品加工机械、农机建设机械和其他农业机械。农业机械基本上以柴油为燃料，其大气污染物产生量估算公式为：

$$Q_{i,j,k}^{A} = Q_{i,j,k}^{Ay} + Q_{i,j,k}^{An} = \sum_{i,j,k} (P_{i,j} \times M_i \times \mathrm{EF}_{i,j,k}^{y} \times 10^{-2} + P_i \times T_i \times \mathrm{EF}_{i,j,k}^{n} \times 10^{-6}) \qquad (13.3)$$

式中，$Q_{i,j,k}^{A}$ 为农业机械的主要污染物排放量，$10^4 \mathrm{t}$；$Q_{i,j,k}^{Ay}$ 为农用运输车主要污染物排放量，$10^4 \mathrm{t}$；$Q_{i,j,k}^{An}$ 为除农用运输车以外的其他农业机械的主要污染物排放量，$10^4 \mathrm{t}$；P_i 为其他农业机械柴油总动力，$10^4 \mathrm{kW}$；T_i 为年平均使用时间，h；$\mathrm{EF}_{i,j,k}^{y}$ 为农用运输车不同排放标准下的排放因子，g/km；$\mathrm{EF}_{i,j,k}^{n}$ 为其他农业机械不同排放标准下的排放因子，g/kWh。

13.2.2.2　建筑机械

建筑机械的主要污染物排放量估算公式为：

$$Q_{j,k}^{C} = \sum_{j,k} (W \times \mathrm{EF}_{j,k}) \times 10^{-3} \qquad (13.4)$$

式中，$Q_{j,k}^{C}$ 为建筑机械的主要污染物排放量，$10^4 \mathrm{t}$；W 为建筑机械柴油消耗量，$10^4 \mathrm{t}$。

13.2.2.3　铁路机车

由于我国基本上淘汰了蒸汽机车，因此，铁路机车移动源排放量仅对内燃机车进行估算。内燃机车主要由客运和货运 2 部分组成，估算公式为：

$$Q_{k}^{T} = \sum_{k} (N \times R \times \mathrm{EF}_k) \times 10^{-3} \qquad (13.5)$$

式中，Q_{k}^{T} 为内燃机车的主要污染物排放量，$10^4 \mathrm{t}$；N 为内燃机车周转量，$10^8 \mathrm{t \cdot km}$（客运周转量 1 人 1km 按 $1 \mathrm{t \cdot km}$ 换算）；R 为平均每万吨千米燃油消耗量，$\mathrm{kg}/(10^4 \mathrm{t \cdot km})$。

13.2.2.4　船舶

船舶主要有内河船舶、沿海船舶、远洋船舶 3 种类型。这部分污染源仅考虑我国区域内的污染物排放，不考虑远洋船舶的排放，其估算公式为：

$$Q_{i,k}^{S} = \sum_{i,k} (N_i \times R_i \times EF_{i,k}) \times 10^{-3} \tag{13.6}$$

式中，$Q_{i,k}^{S}$ 为船舶的主要污染物排放量，10^4t；N_i 为船舶周转量，10^8t·km（客运周转量 1 人 1km 按 0.5t·km 换算）；R_i 为平均每万吨千米燃油消耗量，kg/(10^4t·km)。

13.2.2.5 飞机

由于我国对飞机主要污染物排放量的估算研究较少，参考国外相关学者的研究和欧洲环境署颁布的 EMEP/EEA 空气污染物排放清单指南中的推算方法，飞机污染物的排放分为 2 部分：①起降时（LTO）产生的排放；②航行过程中产生的排放。飞机的主要污染物排放量估算公式为：

$$Q_{i,k}^{PL} = Q_{i,k}^{L} + Q_k^{P} = \sum_{i,k} (LTQ_i \times EF_{i,k} \times 10^{-7} + N \times R \times EF_k \times 10^{-3}) \tag{13.7}$$

式中，$Q_{i,k}^{PL}$ 为飞机主要污染物排放量，10^4t；$Q_{i,k}^{L}$ 为飞机起降时主要污染物排放量，10^4t；Q_k^{P} 为飞机航行时主要污染物排放量，10^4t；LTO_i 为航班起降次数。

13.2.3 移动源排放因子

移动源排放因子（EF）是指单位移动源活动过程排放的污染物量。它是反映移动源排放状况的最基本参数，也是确定移动源污染物排放总量及其环境影响的重要依据。表 13-2 列出了不同排放标准下各种移动源主要大气污染物的排放因子。

表 13-2　不同排放标准下各种移动源主要大气污染物的排放因子

类型	PM$_{2.5}$					VOCs				
	国Ⅰ前	国Ⅰ	国Ⅱ	国Ⅲ	国Ⅳ	国Ⅰ前	国Ⅰ	国Ⅱ	国Ⅲ	国Ⅳ
轻型柴油客车/(g/km)	0.300	0.200	0.070	0.050	0.785	0.071	0.046	0.024	0.016	
重型柴油客车/(g/km)	2.000	1.000	0.400	0.300	0.060	2.668	0.576	0.351	0.283	0.107
轻型柴油货车/(g/km)	0.300	0.200	0.070	0.050	0.030	2.097	2.040	1.305	0.368	0.186
重型柴油货车/(g/km)	2.000	1.000	0.400	0.300	0.060	4.683	0.897	0.520	0.255	0.129
轻型汽油客车/(g/km)	0.004	0.003	0.003	0.001	0.001	2.685	0.663	0.314	0.191	0.075
重型汽油客车/(g/km)	0.100	0.030	0.020	0.010	0.010	5.255	5.144	1.980	0.869	0.418
轻型汽油货车/(g/km)	0.120	0.040	0.030	0.020	0.010	4.987	3.324	2.210	0.610	0.228
重型汽油货车/(g/km)	0.100	0.030	0.020	0.010	0.010	6.759	6.749	3.006	1.345	0.555
摩托车/(g/km)	0.310	0.170	0.090	0.090	0.090	2.024	1.388	1.169	0.469	
大型拖拉机/[g/(kW·h)]	0.950	0.810	0.380	0.320		1.300	1.300	1.300	1.000	
中型拖拉机/[g/(kW·h)]	1.140	0.950	0.900	0.520		1.300	1.300	1.300	1.000	
小型拖拉机/[g/(kW·h)]	1.140	0.950	0.900	0.520		1.300	1.300	1.300	1.000	
排灌机械/[g/(kW·h)]	1.140	0.950	0.900	0.520		1.300	1.300	1.300	1.000	
联合收割机/[g/(kW·h)]	0.760	0.670	0.290	0.230		1.300	1.300	1.000	0.800	
农副产品加工机械/[g/(kW·h)]	1.140	0.950	0.900	0.520		1.300	1.300	1.300	1.000	
农用三轮运输机/[g/(kW·h)]	0.170	0.170	0.130			2.850	2.850	1.880		
农用四轮运输机/[g/(kW·h)]	0.180	0.180	0.140			2.850	2.850	1.840		
农机建设机械/[g/(kW·h)]	0.760	0.670	0.290	0.230		1.300	1.300	1.000	0.800	

类型	PM$_{2.5}$					VOCs				
	国Ⅰ前	国Ⅰ	国Ⅱ	国Ⅲ	国Ⅳ	国Ⅰ前	国Ⅰ	国Ⅱ	国Ⅲ	国Ⅳ
农机其他机械/[g/(kW·h)]	1.140	0.950	0.900	0.520		1.300	1.300	1.000		
建设机械/(kg/t)	3.620	3.160	1.360	1.120		6.190	6.190	4.760	3.910	
铁路机车/(kg/t)	1.970					3.110				
内河船舶/(kg/t)	2.170					4.640				
沿海船舶/(kg/t)	2.170					3.210				
国内飞机 LTO/(kg/次)	0.070					0.570				
国际飞机 LTO/(kg/次)	0.150					0.230				
国内飞机航行/(kg/t)	0.200					0.110				

类型	NO$_x$					CO				
	国Ⅰ前	国Ⅰ	国Ⅱ	国Ⅲ	国Ⅳ	国Ⅰ前	国Ⅰ	国Ⅱ	国Ⅲ	国Ⅳ
轻型柴油客车/(g/km)	1.324	0.976	0.976	0.841	0.679	1.340	0.450	0.360	0.140	0.130
重型柴油客车/(g/km)	12.42	11.16	9.892	9.892	9.892	10.53	9.860	3.680	6.740	3.250
轻型柴油货车/(g/km)	6.758	5.578	5.578	3.765	2.636	4.190	3.280	3.220	1.880	1.480
重型柴油货车/(g/km)	17.28	9.589	7.934	7.934	5.554	13.60	5.790	3.080	2.790	2.200
轻型汽油客车/(g/km)	1.971	0.409	0.324	0.100	0.032	25.72	6.170	2.520	1.180	0.680
重型汽油客车/(g/km)	5.156	2.645	2.562	1.520	0.775	100.7	62.09	16.64	8.250	3.770
轻型汽油货车/(g/km)	3.310	2.006	1.656	0.535	0.259	47.83	26.16	21.54	5.610	2.560
重型汽油货车/(g/km)	5.807	2.979	2.905	1.713	0.907	123.1	75.79	23.32	10.71	4.500
摩托车/(g/km)	0.204	0.141	0.123	0.102		13.50	10.39	7.370	4.570	
大型拖拉机/[g/(kW·h)]	10.50	9.200	7.000	3.500		6.500	6.500	5.000	4.500	
中型拖拉机/[g/(kW·h)]	10.50	10.50	7.500	6.000		6.500	6.500	6.500	5.000	
小型拖拉机/[g/(kW·h)]	10.50	10.50	7.500	6.000		6.500	6.500	6.500	5.000	
排灌机械/[g/(kW·h)]	10.50	10.50	7.500	6.000		6.500	6.500	6.500	5.000	
联合收割机/[g/(kW·h)]	10.00	9.200	6.000	2.800		5.000	5.000	5.000	4.500	
农副产品加工机械/[g/(kW·h)]	10.50	10.50	7.500	6.000		6.500	6.500	6.500	5.000	
农用三轮运输机/[g/(kW·h)]	1.100	1.100	0.890		0.960	0.960	0.760			
农用四轮运输机/[g/(kW·h)]	1.100	1.100	0.890		0.890	0.890	0.700			
农机建设机械/[g/(kW·h)]	10.00	9.200	6.000	2.800		5.000	5.000	5.000	4.500	
农机其他机械/[g/(kW·h)]	10.50	10.50	7.500	6.000		6.500	6.500	6.500	5.000	
建设机械/(kg/t)	47.60	43.80	28.60	13.66		23.80	23.80	21.96		
铁路机车/(kg/t)	55.73					8.290				
内河船舶/(kg/t)	46.31					8.810				
沿海船舶/(kg/t)	60.12					7.020				
国内飞机 LTO/(kg/次)	8.300					7.020				
国际飞机 LTO/(kg/次)	8.300					11.80				
国内飞机航行/(kg/t)	10.30					2.000				

机动车排放因子是指单位车辆行驶单位里程排放的污染物量，单位为 g/km。机动车排放因子可采用实测和模型计算等方法，实测法是在实验室采用国家标准的工况测试规程，用常见车种、车型的在用车在底盘测功机上模拟道路行驶工况（加速、减速、匀速、怠速）进行排放测试而得到各车型的平均排放因子；模型计算法是基于基本排放与使用里程呈线性关系，综合考虑机动车排放控制水平、运行工况条件、使用年限、累积行驶里程、车辆的维护保养状况、油料特征以及运行的环境条件等计算得到。

例 13.2 车辆匀速时 CO 排放速度为 6.0g/min，空转时排放速率为 4.0g/min。忽略加速和减速，计算以下两种情况下，行驶 4.8km 的平均排放因子（g/km）：

情况 a：交通空闲——行驶时速度为 48km/h，总停止时间＝2min。

情况 b：交通繁忙——行驶时速度为 32km/h，总停止时间＝5min。

另外，计算每种情况下的平均行驶速度。

解： 情况 a：

$$行驶时间 = \frac{4.8km}{48km/h} \times \frac{60min}{1h} = 6min$$

$$EF = (6min \times 6.0g/min + 2min \times 4.0g/min)/4.8km$$
$$= 9.17g/km$$

平均行驶速度为：

$$\frac{4.8km}{8min} \times \frac{60min}{1h} = 36km/h$$

情况 b：

$$行驶时间 = \frac{4.8km}{32km/h} \times \frac{60min}{1h} = 9min$$

$$EF = (9min \times 6.0g/min + 5min \times 4.0g/min)/4.8km$$
$$= 15.44g/km$$

平均行驶速度为：

$$\frac{4.8km}{14min} \times \frac{60min}{1h} = 20.57km/h$$

如前所述，道路车辆尾气排放量是许多变量的函数，为了正确地计算车辆排放，必须考虑影响排放的所有因素。多年来，各国环保管理部门通过大量的测试和建模工作，以预测车辆的平均排放因子。2009 年 12 月，美国环境保护署（EPA）开发了机动车排放因子计算模型 MOBILE 6。MOBILE 6 基于多年累积的数据，可以计算某类车辆或多种车辆混合的 CO、VOCs、NO_x、PM、CO_2 和各种空气有毒物质（如苯、丙烯醛、甲醛等）排放因子。该模型包含了许多变量，如车辆类型（小型车、SUV、重型卡车等）、车辆年龄、检查和保养、运行条件（怠速、加速、匀速、减速、负载）、道路类型（高速公路、主干道、坡道或当地道路）、燃料（汽油或柴油、蒸气压、含氧量、含硫量）、环境条件（温度、湿度、阳光强度、高度）等。

MOBILE 6 模型首先计算基本排放因子，然后考虑各种因素对其排放因子进行修正，得到实际排放因子。基本排放因子：

$$C_{i,p,n} = A_{i,p} + B_{i,p}Y_{i,n} \tag{13.8}$$

式中，$A_{i,p}$ 为新车排放因子；$B_{i,p}$ 为排放因子劣化率；$Y_{i,n}$ 为累积行驶里程；下标 i，p，n 分别表示车型的出产年代、污染物类型、计算年代。

实际排放因子 E：

$$E = (C + T - M) \times F \times A \times L \times U \times H \tag{13.9}$$

式中，C 为基本排放因子；T 为车辆其他部件老化造成的排放增量；M 为车辆由于进行维修保养减少的排放；F 为包括温度、速度、热启动/冷启动工况等综合的环境修正参数；A 为空调装置修正参数；L 为负载修正参数；U 为拖车修正参数；H 为湿度修正参数。

以上各种修正参数均根据当地实际调查情况确定。由于机动车制造技术和城市道路建设发展迅速，机动车排放水平处于动态变化中，机动车综合排放因子需根据情况定期更新。图 13-3 给出了 MOBILE 6 输出的美国不同年份和车辆速度的污染物情况。

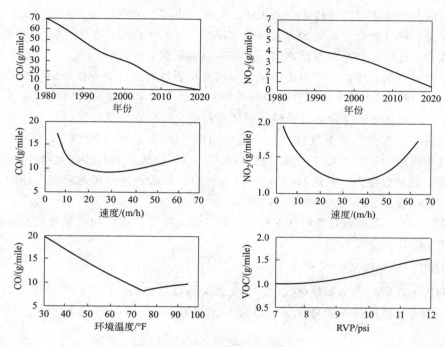

图 13-3　美国轻型车平均排放因子

这些综合排放因子将构成一个大数据库，涵盖广泛的车辆类型和型号、运行条件、道路状况和环境条件等信息，并及时更新，可以非常有效地用于建立不同环境下的机动车排放清单，预测某个道路项目可能产生的环境空气污染物浓度，帮助规划者和监管机构制定国家实施空气质量控制策略。

13.3　排放管控

13.3.1　尾气排放控制

13.3.1.1　发动机设计参数

空燃比是发动机设计参数中对排放影响最强的因子。现代车辆可以精确控制在微幅混合比下燃烧，在不产生过多的 CO 和 VOCs 同时，防止过多的 NO_x 形成。因此，空气和燃料在气缸的每个部分均匀混合是非常重要的。采用两阶段燃烧，可以有效避免化学计量 AFR 时高温燃烧下过多 NO_x 形成，而且燃烧完全，减少 CO 和 VOCs 排放。

另一个重要的发动机设计参数是压缩比。压缩比高意味着输出功率大，但产生的更高温度导致 NO_x 排放增加。燃烧室的表面积与体积比也影响排放量，相对于气缸容积，大气缸壁表面积会加快气体冷却，增加壁上燃烧反应淬火，由此增加 CO 和 VOCs 排放。

废气再循环（EGR）是发动机改造、控制污染物产生量的有效方法。废气一部分被再循环到进气支管，与空气混合后流入气缸，减少 NO_x 形成。

13.3.1.2　燃料组成

燃料组成与燃烧烟气污染排放关系密切。燃料中不能有杂质硫，它不仅会使催化转化器中催化剂中毒，而且燃烧会形成 SO_2，导致 CO、VOCs 和细粒子排放增加。因此，机动车燃料（汽油和柴油）精制是非常严格的，需要通过加氢脱去有机硫。

铅也是汽油中的杂质。为减少铅排放，石油公司通过添加芳香族化合物和烯烃（更高辛烷值的原料），以提高燃料辛烷值。这种处理导致机动车"空气毒素"的更高排放，排出的 VOCs 具有更高光化学活性，而且芳烃比烷烃具有更大的形成烟灰倾向。

汽油的另一个重要特性是其挥发性，通常用雷氏蒸气压（RVP）表示。北方冬季寒冷天气，通过在汽油中添加丁烷，快速启动发动机。当丁烷加入到汽油混合物中时，RVP 增加，燃料蒸发的趋势增大。较高 RVP 燃料油在行驶、加油，甚至在燃料储存期间，均会产生较高的 VOCs 排放。

20 世纪 90 年以来，氧化燃料（甲醇和乙醇）开始被关注，作为汽油替代品或增量剂使用，以减少 CO 和 VOCs 排放。

13.3.1.3　附加污染控制技术

附加的污染控制技术主要是尾气催化转化器，可以大幅度降低发动机尾气污染物最终排放浓度。目前市场使用的三效催化剂可以将 CO、VOCs 和 NO_x 转化为终产物 CO_2、H_2O 和 N_2。

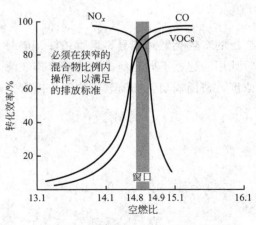

图 13-4　空气燃料比对三效催化剂
转化效率的影响

三效催化转化器使用负载在氧化铝上的铂和铑金属在一个单元中同时进行氧化和还原反应，它需要对发动机 AFR 和排气中氧实时传感、精确计算控制。如图 13-4 显示，需要严格控制 AFR 以使催化剂正常使用。现代车辆（包括大型卡车和客车）配备有车载计算机，可以控制 AFR、火花点火时机、EGR 率、怠速以及其他操作参数。

对于柴油车辆，需要额外安装用于处理尾气炭烟和细粒子的捕集器，通过与催化转化器组合，净化柴油车发动机尾气。

此外，碳罐和曲轴箱强制通风（PCV）阀也是车辆用来减少 VOCs 排放的两个设备。碳罐是一个小型碳床吸附器，用于车辆关闭之后收集来自热发动机的 VOCs 蒸发排放物，下一次汽车运行时，VOCs 由进气流经过碳罐得到脱附，被引导回到汽缸中。PCV 阀的功能是将来自发动机曲轴箱（其内含有油蒸气和雾）的空气引导到气缸中进行燃烧。

13.3.1.4　环境条件

环境条件如温度和压力，也会影响车辆污染物排放率。如上所述，发动机在精确的空燃比下运行最佳。由于发动机消耗液体燃料和环境空气是以体积计量，当环境温度、气压发生变化，即使体积流量保持不变，空气的质量相对于燃料质量也已发生改变。

环境温度还影响发动机工作。发动机刚启动 2～6min 时，此时发动机是冷的且催化转化器尚未达到其操作温度，尾气污染物排放速率明显升高。因此，低温环境条件下，需要延长发动机预热时间。另外，诸如环境湿度、云层和太阳能负载等因素会极大地影响车内空调的使用，空调给发动机带来了显著的附加负荷，这导致污染排放增加。

环境压力直接影响空气密度，但对燃料密度几乎没有影响。当所处环境海拔高度变化很大时，对空气密度的影响非常明显。汽车设计用于标准空气，密度适应于海平面；然而，在高原地区，空气变得稀薄，在那里相同的空气体积流量比海平面处的含氧量少 20%。

例 13.3　基于 $1.20kg/m^3$ 的空气密度，对于燃烧某一等级汽油的特定车辆的设计 AFR 为 14.7。如果这辆车在昆明城区行驶，发动机参数不作任何调整，即每单位液体燃料吸入相同体积的空气，计算其实际 AFR。昆明海拔 1895m，其空气密度为 $1.00kg/m^3$。

解：选择 1kg 燃料燃烧作为基准。在海平面处，AFR 为 14.7，吸入空气的体积为：

$$1kg(燃料) \times \frac{14.7kg(空气)}{1kg(燃料)} \times \frac{1m^3(空气)}{1.20kg(空气)} = 12.25m^3$$

在昆明城区，此体积的空气质量为：

$$12.25m^3(空气) \times \frac{1.00kg(空气)}{1m^3(空气)} = 12.25kg$$

这辆车实际的 AFR 为：AFR＝12.25。

与设计 AFR 相比，发动机运行时实际吸入的空气量少 17%。因此，该车辆燃料喷射器应作调整。

13.3.2　其他管控措施

移动源污染控制难度系数大，除了排放控制技术外，需要从法规标准、监控平台、经济手段等管理政策层面，对移动源污染排放进行有效管控。

13.3.2.1　完善法规制度，严格排放标准

依托《中华人民共和国大气污染防治法》，制订配套的移动源污染防治管理条例，落实法律条款，细化法律要求，规范移动源污染防治管理工作。目前，我国已形成包含法律、部门规章和规范性文件的移动源排放控制政策体系。另外，地方也根据区域经济发展实际情况，制订了地方性法规，实施移动污染源差别化管理。

严格移动源排放标准，提升监控能力。排放标准覆盖从汽车生产、使用到后期维护的各个阶段，将汽车生产点的污染控制、使用中排放控制以及保养和维修的污染控制结合在一起考虑，对机动车生产商和燃料供应商进行许可证的管理，强化车辆定期检查，以确保车辆符合最低使用空气污染标准。根据地区的空气污染状况和经济技术水平，推行按时间分步骤提高强制排放标准。结合移动源排放法规的要求，提高油品质量标准，如对燃油的含硫量、重金属及有毒物质排放制定更加严格的标准。

有学者研究发现，非道路移动源的 NO_x 和 PM 排放与道路车辆相当，非道路移动源发动机 NO_x 和 PM 排放量分别占移动源总排放量的 42.6% 和 60.1%，PM 排放量已经大大超过了道路车辆的排放量。非道路移动源大气污染已经到了非控制不可的程度，需要将控制非道路移动源发动机污染物排放提到与道路车辆污染物排放同等重要的位置。

13.3.2.2 结合经济手段，对不同环节的利益相关方进行经济刺激

首先，鼓励生产企业提升机动车燃油效率。通过税收减免政策鼓励机动车生产企业生产严于强制排放标准的车辆，鼓励生产商主动提高机动车的燃油经济效率。

其次，鼓励使用小排量车辆。对高排放车辆，包括高排量和老旧车辆，征收随排放量增大逐步增加的排放费（税），推行更高汽油税，鼓励小排量车的使用，促进老旧车辆的更新和淘汰。

另外，在城市中心区根据排放水平，实施高价位停车场、行驶收费政策。鼓励居民绿色出行，使用各类公共交通，推行公共交通使用积分奖励政策，如免费乘车券等；如果居民选择轿车共乘的方式，政府也可以出台一定的激励措施，如停车优惠、使用专用车道等。

13.3.2.3 使用清洁燃料，发展绿色能源交通

机动车清洁燃料除 13.3.1.2 阐述的燃料组成外，还有汽油替代品或非烃燃料。汽油替代物或替代燃料包括压缩天然气、液化石油气、纯甲醇或乙醇。这些燃料和常规燃料的一些性质如表 13-3 所示。从表中可以看出，乙醇单位质量的能量明显低于纯烃燃料。甲烷和丙烷单位质量的能量高，但需要压缩或制冷成液体。与汽油相比，压缩天然气和液化石油气产生的 CO 和 VOCs 减少约 50%。更重要的是，它们几乎不产生光化学活性的 VOCs，并且没有有毒成分（如苯）。

表 13-3 机动车燃料特性

特性指标	燃料					
	甲烷	丙烷	甲醛	乙醇	汽油	柴油
沸点/℃	−162	−42	65	79	35~200	120~350
能量含量(LHV[①])/(kJ/g)	50	46	20	27	44	42
液体密度/(kg/L)	0.42	0.51	0.79	0.78	0.72~0.78	0.84~0.88
辛烷值(RON+MON[②])/2	120	105	99	97	87~93	−25

① LHV=低热值。

② RON=研究法的辛烷；MON=动力法的辛烷。

非碳氢化合物燃料车类型包括氢气汽车、电动汽车和太阳能汽车。氢气没有烃，不产生 CO、CO_2，比任何可燃燃料具有最高的单位质量能量。然而，在氢气汽车成为公路车辆的实用商业替代品之前，仍然存在许多技术和安全的障碍。太阳能动力车目前处于实验阶段，但电动车已进入商业化。

除需要轨道或架空电线的电动车外，电动汽车和轻型货车已经商业化。这些电池供电的车辆提供可接受的驾驶性能，在道路上行驶基本上无污染，而且噪声水平非常低。当然，人们认识到存在与电池充电所需的电力相关联的空气污染排放（在化石燃料发电厂）；然而，

这些空气污染物通常可以被很好地控制。随着电池充电所需时间的缩短、高续航里程容量电池的开发，电池供电的交通工具将获得广阔的市场空间。

混合动力车（汽油和电力的组合）通过控制开发成本，实现广泛应用，燃油里程长，怠速时污染物排放基本上降为零。这类车在汽车遇交通信号灯停车时，自动关闭汽油发动机，使用电动机；当加速时，即需要比电动机提供的功率更大时自动重启汽油发动机；当制动时，大部分制动能量被捕获并用于为电池充电。

例 13.4　2006 年国二标准的轻型汽油客车 VOCs 排放因子为 0.314g/km，2012 国四标准值为 0.075g/km。根据《中国统计摘要 2013》，全国私人汽车 2006 年拥有量为 2333.3 万辆，2012 年拥有量 8838.6 万辆。计算执行不同排放标准后 VOCs 总排放量变化。

解： 初设每辆汽车年行驶的里程数是一样的，均为 $1 \times 10^6 km$。根据式（13.1）：

$$2006 \text{ 年总 VOCs} = \frac{0.314g}{km} \times 1 \times 10^6 km \times \frac{2333.3 \times 10000}{1000} \approx 7.33 \times 10^9 kg$$

$$2012 \text{ 年总 VOCs} = \frac{0.075g}{km} \times 1 \times 10^6 km \times \frac{8838.6 \times 10000}{1000} \approx 6.63 \times 10^9 kg$$

尽管私家车拥有量增加了 2.79 倍，但因执行了更严的排放标准，汽车 VOCs 排放量下降 9.55%。

习题

13.1　从 1980 年到 2016 年，某大都市地区的人口和车辆数量翻了一番。此外，每人平均驾驶里程数增加了 20%。使用表 13-2 中的 EF，估计 2016 年来自移动源的 HC 和 NO_x 的年排放水平占 1980 年水平的百分比。1980 年，平均速度保持在 50km/h，2016 年全市范围内平均行车速度 25km/h。

13.2　参考表 13-2 数据，估计下列非道路移动源的 HC 和 NO_x 年度排放量：①草坪和花园设备；②休闲车辆（包括船只和个人船舶、全地形车等）；③农业和建筑设备。

13.3　在冬季 CO 超标地区，要求汽油中有一定的含氧量，假设全部添加 MTBE（$CH_3OC_4H_9$）；要达到汽油中（C_8H_{17}）质量比 2.7% 的含氧要求，需要添加多少百分比的 MTBE？假设两者密度均为 $0.75g/cm^3$；含氧汽油的理论空燃比是多少？

13.4　柴油燃料组分表示为 $C_{15}H_{30}$，汽油组分分子式 C_7H_{13}，空气含 79%N_2 和 21%O_2，计算两者的化学计量 AFR、每千克燃油的废气体积（标况，以 m^3 计）。查燃油密度，换算成每升燃油的废气体积（标况，以 m^3 计）。

13.5　研究柴油和汽油的性质，为每种燃料推导二氧化碳排放因子（以每升燃料中含有的 CO_2 质量计，g/L）。

13.6　高速公路上，车辆以 90km/h 行驶，燃料燃烧率 80%，燃料密度 10g/L，估算 CO 和 NO 排放量，以每克汽油中含有的 CO 和 NO 质量表示。车辆每燃烧 1L 汽油在公路上行驶 8.5km。

13.7　一混合燃料，汽油（C_7H_{13}）质量分数 60%，甲醇（CH_3OH）质量分数 40%，计算理论 AFR。

13.8 假设车辆燃烧纯乙醇（C_2H_5OH）。①计算理论空燃比（质量比）；②车辆以 50km/h 的速度行驶，耗油量为 6.3km/L，乙醇的密度 0.789kg/L，计算空气过剩 5% 时的空气需要量（标况），以 m^3/min 表示。

13.9 拼车可以有效减少汽车尾气排放。计算 2020 年一个城市由于拼车减少的 NO_2 年度排放量。这个城市中约 25 万人每天上下班开车里程 15km，平均车速为 40km/h。无拼车时，每个人每年自行驾驶小汽车 250 个工作日；拼车时，假设有 20% 的人与别人拼一辆车。

第 14 章 气体收集输送系统的设计

14.1 通风

14.1.1 通风的重要性

生产和生活活动过程遇到散发出有害气体、蒸气（汽）或颗粒时，需要进行合理的通风、收集，才能有效控制这些污染物的扩散、降低活动场所内污染物浓度、改善环境和保障接触人群的健康。此外，许多生产过程如烟草、面粉、造纸、酿造等工厂车间，都要求有良好的通风，才能保证正常的技术操作和合格的产品质量。

因此，通风不仅能改善人群的工作和生活环境，而且也是生产活动正常进行、产品达到质量标准的要求。同时，对建筑物进行合理的通风，也是保护建筑物、延长建筑物使用寿命的有效方法之一。

14.1.2 通风方法

通风是改善环境质量的有效方法。按照气流流动方式，通风分进风和排气两种类型，进风是指把干净空气送入生产和生活活动区域；排气是指将污浊空气排出活动区域外面，或将废气收集外排，有局部排气、全面通风和事故排风。

14.1.2.1 局部排气

局部排气就是在污染源处直接把它们捕集起来，经净化后排至区域外面，这种通风方法是防治活动区域大气污染扩散的最有效方法。局部排气系统的特点是风量小、通风效果好、能耗低，因此在选择通风方法时应优先考虑。

局部排气系统的关键部件是集气罩，又称排气罩。

14.1.2.2 全面通风

如果活动区域内污染源分布广、污染点多、污染面积大、污染物不易捕集，就要对区域进行全面通风，又称为整体换气。在技术上，这种通风是比较容易实现的，但是从环境保护的角度看，存在以下缺陷：①靠近排出口区域的空气质量，比靠近吸入口附近差；②由于实际上不能立即和均匀地冲淡有害物质，因此可能造成局部区域有害物质浓度过高。

全面通风有自然通风、机械通风或自然与机械联合通风等方式。通常，当自然通风达不到卫生条件或生产条件时才采用机械通风。为了满足全面通风的要求，需要合理的气流组织和足够的通风换气量。

14.1.2.3 事故排风

在生产过程中，有时由于设备偶然发生故障，会散发大量有害气体或有爆炸危险的气体，需要尽快把有害物质排到活动区域外，为此应设置事故排风装置。

事故排风一般不进行净化处理，但排放的是剧毒物质时，排放高度应大于 15m，并采用必要的处理措施。事故排风设施必须设置在有害物质散发地点，其控制措施（如风机开关）应安装在便于操作的位置。

14.2 集气单元设计

二维码14-1 《排风罩的分类及技术条件》

14.2.1 集气罩气流特性

集气罩口气流流动方式有两种：吸入流动和吹出流动，如图 14-1 所示。集气罩对气流的控制均以这两种气流流动原理为基础，因此，罩口气流流动特性是集气罩设计的基础。

气流流速以等速面的形式确定其分布规律。

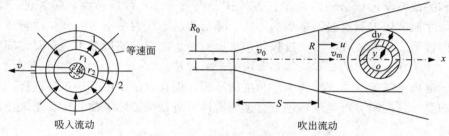

图 14-1 两种罩口气流流动

14.2.1.1 吸入罩口气流速度分布

凡捕集有害气体的罩口均为吸入罩口。如图 14-2 所示，吸气罩口为气流的一个点汇，进入吸气罩口的气流等速面以吸气罩口为中心，风机启动后，周围空气从吸气罩口被吸入。离吸气罩口越近，风速越大。

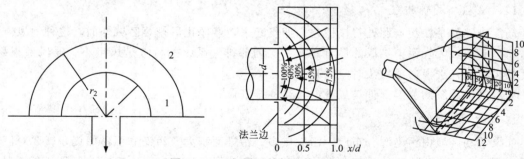

图 14-2 吸气罩口外气流等速面分布

根据风量守恒原则（参见图 14-1）吸气罩口外距离 r_1 和 r_2 处的气流量相等，因此，等速面气流速度 v 和距离 r 存在如下关系：

$$Q_1 = Q_2 \tag{14.1}$$

$$v_1/v_2 = (r_2/r_1)^2 \tag{14.2}$$

式中，Q_1、Q_2 分别为吸气口 r_1、r_2 处的气流量；v_1、v_2 分别为吸气口 r_1、r_2 处的气流速度。

气流速度变化与吸气罩口距离的平方成正比。相同吸风量时，吸气罩口距离近，吸风面积小，气流速度大；相同气流速度时，吸风面积小，吸风量小。吸气罩口设计的主要任务是如何减少吸气面积，而各种吸气罩也是基于这个目的提出的。

14.2.1.2　吹出罩口气流速度分布

空气从罩口喷出，在空间形成一股气流称为吹气流，又称空气射流。吹气流的形状与吹气罩口有关。

依据气流动量守恒定律，距离吹气口不同位置的空气流射流断面动量是相等的。射流气流运动过程卷吸周围空气，射流流量沿射程不断增加，射流断面速度分布符合正态分布，轴心流速大于两边的速度（图 14-3）。圆射流轴心速度 v_m 与气流湍流系数 a、射程距离 x 成反比例关系：

$$v_m = v_0 \frac{0.996}{\dfrac{ax}{R_0} + 0.294} \tag{14.3}$$

式中，R_0 为圆形吹气口的半径。

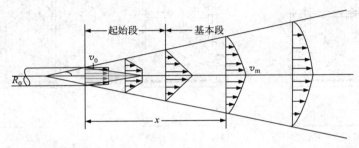

图 14-3　吹气流结构图

14.2.2　集气罩基本形式

按罩口气流流动方式，集气罩分为吸气式和吹吸式两种类型。按集气罩与污染源的相对位置及吸气范围，吸气式集气罩又分为密闭罩、排气柜、外部集气罩、接受式集气罩等。

14.2.2.1　密闭罩

密闭罩是将污染设备或污染源密闭起来，控制污染气流扩散，同时从罩内抽排出一定的空气，使罩内保持负压，罩外的空气从罩的缝隙流入罩内，如图 14-4 所示。密闭罩所需排气量最小，控制效果最好，而且不受环境气流干扰。密闭罩的换气次数可达 20 次/h 以上。

密闭罩分整体密闭罩和局部密闭罩。整体密闭罩是将污染源全部或大部分密闭起来，只把设备需要经常观察和维护的部分留在罩外，适用于多污染散发点的设备或场所；局部密闭罩只密闭涉及污染点的部分，设备大部分露在罩外，方便操作和设备检修，一般适用于污染点少的场合。

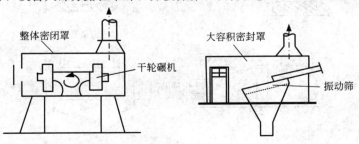

图 14-4　密闭罩

14.2.2.2 排气柜

排气柜也称半密闭罩或箱式集气罩。由于工艺操作的需要，集气罩要开设较大的操作界面，将有害气体发生源围挡在柜状空间内，通过罩口吸入的气流来控制污染物外逸。化学实验室的通风柜和小零件喷漆箱就是排气柜的典型代表。排气柜控制效果好，排风量比密闭罩大，但小于其他形式集气罩。

排气柜吸气口位置对有效排除有害气体有着重要影响。用于冷污染源或产生有害气体密度较大的场合，吸气口宜设在排气柜下部 [图 14-5（a）]；用于热污染源或产生有害气体密度较小的场合，吸气口宜设在排气柜上部 [图 14-5（b）]；对于排气柜内产热不稳定的场合，为适应各种不同工艺和操作情况，应在柜内空间上、下部设置吸气口 [图 14-5（c）]。

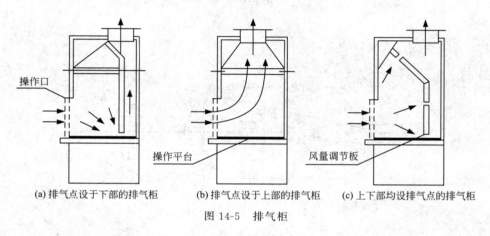

(a) 排气点设于下部的排气柜　　(b) 排气点设于上部的排气柜　　(c) 上下部均设排气点的排气柜

图 14-5　排气柜

14.2.2.3 外部集气罩

外部集气罩设置在污染源附近，依靠罩口外吸入气流运动而实现捕集污染物。外部集气罩形式多样，按集气罩与污染源的相对位置可分为上部集气罩、下部集气罩、侧吸罩和槽边集气罩，见图 14-6。

外部集气罩容易受活动区域气流干扰，影响捕集效率。当吸气方向与污染气流运动方向不一致时，需要较大风量才能控制污染气流的扩散。

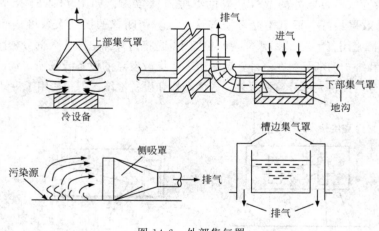

图 14-6　外部集气罩

14.2.2.4　接受式集气罩

接受式集气罩罩口设置在污染气流流线方向，加热或惯性作用形成的污染气流可借助自身的流动能量进入罩口，图 14-7（a）为热源上部的伞形接受罩，图 14-7（b）为捕集砂轮磨削时抛出的磨屑及颗粒的接受式集气罩。

14.2.2.5　吹吸式集气罩

当外部集气罩与污染源距离较大时，单纯依靠罩口吸气无法有效控制污染源扩散，此时，在外部集气罩的对面设置吹气口，将污染气流吹向外部集气罩的吸气口，以提高污染源控制效果。这类通过吹吸气流的综合作用来控制污染气流扩散的集气方式称为吹吸式集气罩（图 14-8）。吹出气流速度衰减慢，射流过程卷入空气量少，达到同样控制效果比单纯采用外部集气罩风量小，且不易受区域气流干扰。

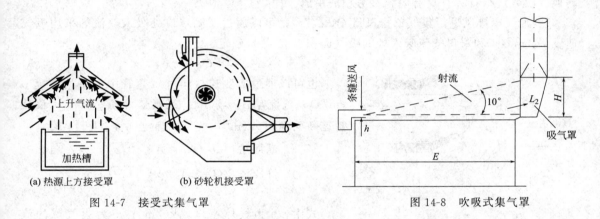

(a) 热源上方接受罩　　　　(b) 砂轮机接受罩

图 14-7　接受式集气罩　　　　　　　　　图 14-8　吹吸式集气罩

14.2.3　集气单元计算

集气单元的主要技术指标是排风量及压力损失。现对其计算方法做介绍。

14.2.3.1　排风量的确定

① 全面通风换气量。对于区域整体换气而言，在稳定状态下，区域内有害气体降低至最高允许浓度所需要的换气量按下式计算：

$$Q = \frac{m}{c_s - c_b} \tag{14.4}$$

式中，m 为区域内单位时间有害物质散发量，mg/h；c_s 为区域内空气中有害物质的最高允许浓度，mg/m³；c_b 为送风空气中有害物质的浓度（环境本底浓度），mg/m³。

当区域内散发多种有害物质时，一般情况下应分别计算，然后取最大值作为车间的全面换气量。如果区域同时散发数种溶剂（苯及其同系物、醇、酮等）的蒸气，或者数种刺激性气体（SO_2、HCl、HF、CO 等），因每种有害物质对人体健康的危害在性质上有相同性，计算全面换气量时，应把它们看成是一种有害物质，因此实际所需的全面换气量应是分别稀释每一种有害气体所需的全面换气量的综合。下面通过一个例题说明。

例 14.1　某车间内同时散发两种有机溶剂蒸气，它们的散发量为：苯 216g/h，乙酸乙酯 180g/h。求必需的全面换气量。

解: 一般有害物质在车间空气中最高允许浓度均可以通过查阅标准获得,两种蒸气的最高允许浓度为:苯 $c_s = 40\text{mg/m}^3$,乙酸乙酯 $c_s = 300\text{mg/m}^3$,送风中两者的 $c_b = 0\text{mg/m}^3$。代入式(14.4)可得:

苯通风量:

$$Q_{苯} = \frac{216 \times 1000}{40 - 0} = 5400 (\text{m}^3/\text{h})$$

乙酸乙酯通风量:

$$Q_{乙酸乙酯} = \frac{180 \times 1000}{300 - 0} = 600 (\text{m}^3/\text{h})$$

全面换气量为:$5400 + 600 = 6000 (\text{m}^3/\text{h})$

如果散入区域空间的有害物质量无法具体计算,全面通风所需要的换气量可按类似车间的换气次数进行计算。具有内容参考相关手册。

② 集气罩排风量。集气罩排风量 $Q(\text{m}^3/\text{s})$,可以通过实测罩口处吸入气流的平均吸气速度 $v_0(\text{m/s})$ 和罩口气流吸入处的吸气面积 $A_0(\text{m}^2)$ 确定。

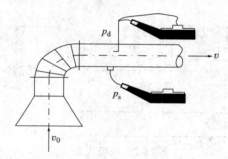

$$Q = A_0 v_0 \qquad (14.5)$$

也可以通过实测连接集气罩直管中的平均速度 v(m/s),气流动压 p_d(Pa)或气体静压 p_s(Pa)及其管道断面面积 $A(\text{m}^2)$ 按下式确定(参看图14-9):

动压法:$Q = Av = A\sqrt{(2/\rho)p_d}$ (14.6)

静压法:$Q = \varphi A = \varphi A\sqrt{(2/\rho)|p_s|}$

(14.7)

图 14-9 流量系数测定

式中,ρ 为气体密度,kg/m^3;φ 为集气罩的流量系数,计算方法见式(14.11)。

平均速度 v、平均动压 p_d 实际测定比较麻烦,通常可以测定连接直管的气流静压 p_s 并按式(14.7)确定排风量。

在工程设计中,常用控制速度的方法来计算集气罩的排风量。所谓控制速度是指在罩口前污染物扩散方向的任意点上均能使污染物随吸入气流进入罩内所需的最小吸气速度。吸气气流有效作用范围内的最远点称为控制点,控制点距罩口的距离称为控制距离,见图14-10。

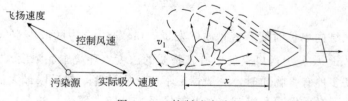

图 14-10 控制速度法

计算集气罩排风量时,首先应根据工艺设备及操作要求,设计集气罩形状及尺寸,由此可确定罩口气流吸入处的吸气面积 A_0;其次,根据污染物的产生状况、周围环境气流情况以及污染物性质等信息,确定罩口气流吸入处控制风速 v_x,参照式(14.5)求得集气罩的排风量。

设计时，控制速度可参考表 14-1、表 14-2 提供的数据。控制速度断面面积计算是一件非常复杂的事，当污染源的污染物发生量较大时，采取集气罩口气流流动曲线或公式计算排风量，边缘控制点上的实际控制风速会小于设计值，污染物捕集效率降低。为了提高控制效果，工程中可采取加大 v_x 的近似方法解决这个问题。

表 14-1　污染源的控制速度 v_x

污染物的产生状况	举例	控制速度/(m/s)
以轻微的速度扩散到相当平静的空气中	蒸汽的蒸发，气体或烟气敞口容器中外逸	0.25~0.5
以轻微的速度扩散到尚属平静的空气中	喷漆室内喷漆，断续地倾倒入有尘屑的干物料容器中，焊接	0.5~1.0
以相当大的速度放散出来，或扩散到空气运动迅速的区域	翻砂，脱模，高速（大于 1m/s）皮带运输机的运转，混合，装袋或装箱	1.0~2.5
以高速放散出来，或扩散到空气运动迅速的区域	磨床，重破碎，在岩石表面工作	2.5~10

表 14-2　考虑周围气流情况及污染物危害性选择控制速度 v_x

周围气流运动情况	控制速度/(m/s)	
	危害性小时	危害性大时
无气流或容易安装挡板的地方	0.20~0.25	0.25~0.30
中等程度气流的地方	0.25~0.30	0.30~0.35
较强气流或不安挡板的地方	0.35~0.40	0.38~0.50
强气流的地方	0.5	1.0
非常强气流的地方	1.0	2.5

14.2.3.2　压力损失的确定

集气罩压力损失 Δp_m 一般表示为压力损失系数 ξ 与连接直管中动压 p_d 之乘积的形式，即

$$\Delta p_m = \xi p_d = \xi \rho v^2 / 2 \tag{14.8}$$

由于集气罩口处于大气中，所以该处的全压等于零（参看图 14-9）。因而集气罩的压力损失亦可写为。

$$\Delta p_m = 0 - p = -(p_d - p_s) = |p_s| - p_d \tag{14.9}$$

式中，p、p_d、p_s 分别为集气罩连接直管中测试断面的气体全压、动压、静压，Pa；v 为连接直管中气流速度，m/s。

如图 14-10 所示，只要测出连接直管中测试断面的动压 p_d 和静压 p_s，便可求得集气罩的流量系数 φ 值：

$$\varphi = \sqrt{p_d / p_s} \tag{14.10}$$

结合式（14-8）~式（14-10），可得到流量系数 φ 和压力损失系数 ξ 的关系式为：

$$\varphi = 1 / \sqrt{1 + \xi} \tag{14.11}$$

14.3 管道设计

14.3.1 压力损失

管道内气体流动的压力损失有两种，一种是由于气体本身的黏滞性及其与管壁间的摩擦而产生的压力损失，称为摩擦压力损失或沿程压力损失；另一种是气体流经管道系统中某些局部构件时，由于流速大小和方向改变形成涡流而产生的压力损失，称为局部压力损失。摩擦压力损失和局部压力损失之和即为管道系统总压力损失。

14.3.1.1 摩擦压力损失

根据流体力学的原理，气体流经断面不变的直管时，摩擦压力损失 Δp_1（Pa）可按下式计算：

$$\Delta p_1 = l \times \frac{\lambda}{4R_s} \times \frac{\rho v^2}{2} = lR_m \tag{14.12}$$

$$R_m = \frac{\lambda}{4R_s} \times \frac{\rho v^2}{2} \tag{14.13}$$

式中，R_m 为单位长度的摩擦压力损失，简称比压损（或比摩阻），Pa/m；l 为直管段长度，m；λ 为摩擦压力损失系数；v 为管道内气体平均流速，m/s；ρ 为管道内气体密度，kg/m^3；R_s 为管道的水力半径，m，它是指流体流经直管段时，流体的断面积 A（m^2）与湿润周边 x（m）之比，即

$$R_s = A/x \tag{14.14}$$

对气体充满直径为 d 的圆形管道水力半径：

$$R_s = \frac{\pi d^2/4}{\pi d} = \frac{d}{4} \tag{14.15}$$

代入式（14.13）得：

$$R_m = \frac{\lambda}{d} \times \frac{\rho v^2}{2} \tag{14.16}$$

14.3.1.2 局部压力损失

气体流经管道系统中的异形管件（如阀门、弯头、三通等）时，由于流动情况发生骤然变化，所产生的能量损失称为局部压力损失。局部压力损失 Δp_m（Pa）一般用动压头的倍数表示，即

$$\Delta p_m = \xi \rho v^2/2 \tag{14.17}$$

式中，ξ 为局部压损系数；v 为异形管件处管道断面平均流速，m/s。

局部压损系数通常是通过实验确定的。实验时，先测出管件前后的全压差 Δp_m 即该管件的局部压力损失，再除以相应的动压 $\rho v^2/2$，即可求得 ξ 值。各种管件的局部压损系数可以从有关设计手册查到。

14.3.2 管道计算

管道计算应在保证气流有效输送的前提下，使管道系统投资和运行费用最低。管道计算的主要任务是在确定管道位置和连接方式的基础上，选择各断面输送气流流速、计算管道压

力损失，以便根据系统的总风量和总阻力选择适当的风机和电机。

管道计算的常用方法是流速控制法，即以管道内气流速度作为控制因素，据此计算管道断面尺寸和压力损失。计算步骤如下。

① 确定各集气点位置、排风量、净化装置、风管材料等。

② 根据现场实际情况布置管道，绘制管道系统轴测图，进行管段编号，标注长度和风量。管段长度一般按两管件中心线间距离计算，不扣除管件（如三通、弯头）本身长度。

③ 确定管道内的气体流速。当气体流量一定时，若流速大，则管径小，材料少，投资省，但系统压损大，动力消耗大，运转费用高。反之，流速小，噪声和运转费用降低，但一次性投资增加。对于除尘管道，流速过低，还可能发生颗粒沉积而堵塞管道。表 14-3 所列为除尘管道内最低气流速度，可供设计参考。

表 14-3　除尘管道内最低气流速度
单位：m/s

颗粒性质	垂直管	水平管	颗粒性质	垂直管	水平管
粉尘的黏土和砂	11	13	铁和钢（屑）	18	20
耐火泥	14	17	灰土、砂尘	16	18
重矿物粉尘	14	16	锯屑、刨屑	12	14
轻矿物粉尘	12	14	大块干木屑	14	15
干型砂	11	13	干微尘	8	10
煤灰	10	12	燃料粉尘	14～16	16～18
湿土（2%以下水分）	15	18	大块湿木屑	18	20
铁和钢（尘末）	13	15	谷物粉尘	10	12
棉絮	8	10	麻（短纤维粉尘、杂质）	8	12
水泥粉尘	8～12	18～22			

④ 根据系统各管段的风量和选择的流速确定各管段的断面尺寸。对于圆形管道，在已知流量 Q 和预先选取流速 v 的前提下，管道内径 d(mm) 可按下式计算：

$$d = 18.8\sqrt{Q/v} \quad \text{或} \quad d = 18.8\sqrt{W/\rho v} \tag{14.18}$$

式中，Q 为体积流量，m^3/h；W 为质量流量，kg/h。

确定管道断面尺寸时，应尽量采用"计算表"中所列的全国通用通风管道的统一规格，以方便加工制作。

⑤ 风管断面尺寸确定后，按管内实际流速计算压损。压损计算应从最不利环路（系统中压损最大的环路）开始。

⑥ 对并联管道进行压力平衡计算。两分支管段的压力差应满足以下要求：除尘系统应小于 10%，其他通风系统应小于 15%。否则，必须进行管径调整或增设调压装置（阀门、阻力圈等），使之满足上述要求。调整管径平衡压力，可按下式计算：

$$d_2 = d_1(\Delta p_1/\Delta p_2)^{0.225} \tag{14.19}$$

式中，d_2 为调整后的管径，mm；d_1 为调整前管径，mm；p_1 为管径调整前的压力损失，Pa；Δp_2 为压力平衡基准值（若调整支管管径，即为干管的压力损失），Pa。

⑦ 计算管道系统的总压力损失（即系统中最不利环路的总压力损失）。

为计算方便和表述清楚，建议对以上管道直径、压力损失等计算内容列表汇总。列表内容可参见后续的 14.5 实际案例部分。

⑧ 根据系统的总风量、总压损，选择风机和电动机。

选择风机的风量 Q_0（m^3/h）按下式计算：

$$Q_0 = (1 + K_1)Q \tag{14.20}$$

式中，Q 为管道计算的总风量，m^3/h；K_1 为考虑系统漏风所附加的安全系数，一般管道取 $K_1 = 0.1$，除尘管道取 $K_1 = 0.1 \sim 0.15$。

选择风机的风压按下式计算：

$$\Delta p_0 = (1 + K_2)\Delta p \frac{\rho_0}{\rho} = (1 + K_2)\Delta p \frac{T\rho_0}{T_0\rho} \tag{14.21}$$

式中，Δp 为管道计算的总压力损失，Pa；K_2 为考虑管道计算误差及系统漏风等因素所采用的安全系数，一般管道取 $K_2 = 0.1 \sim 0.15$，除尘管道取 $K_2 = 0.15 \sim 0.2$；ρ_0、p_0、T_0 分别为风机性能表中给出的标定状态的空气密度、压力、温度，一般情况下，$p_0 = 101.3kPa$，对于通风机 $T_0 = 20℃$，$\rho_0 = 1.2kg/m^3$，对于引风机 $T_0 = 200℃$，$\rho_0 = 0.745kg/m^3$；ρ、p、T 分别为运行工况下进入风机时的气体密度、压力和温度。

计算出 Q_0 和 Δp_0 后，即可按风机产品样本给出的性能曲线或表格选取所需风机的型号规格。

电动机功率 N_e（kW）按下式计算：

$$N_e = \frac{Q_0 \Delta p_0 K}{3600 \times 1000 \eta_1 \eta_2} \tag{14.22}$$

式中，η_1、η_2 分别为风机风压效率和机械传动效率，%（风压效率可从风机样本中查得，一般为 $0.5 \sim 0.7$；机械传动效率，对于直联传动取 1，联轴器传动取 0.98，皮带转动取 0.95）；K 为电动机备用系数，对于通风机，电动机功率 $2 \sim 5kW$ 时取 1.2，大于 $5kW$ 时取 1.3，对于引风机取 1.3。

14.4 集气输送系统设计

14.4.1 管道系统的布置

管道系统布置主要包括系统划分、管网配置和管道布置等内容。

14.4.1.1 系统划分

管道输送系统划分应遵循分质分类输送原则，充分考虑管道输送气体的性质、操作时间、各散发点间距离、回收处理等因素，以确保管道系统的正常工作。

符合以下条件者，可以合为一个管道系统：

① 污染物性质相同，生产设备同时运转，便于污染物统一集中回收处理的场合；

② 污染物性质不同，生产设备同时运转，但允许不同污染物混合或污染物无回收价值的场合；

③ 可能将同一生产工序中同时操作的污染设备排风点合为一个系统。

凡发生下列几种情况之一者不能合为一个系统：

① 同排风点的污染物混合后会引起燃烧或爆炸危险，或形成毒性更大的污染物的场合；

② 不同温度和湿度的污染气流，混合后会引起管道内结露和堵塞的场合；

③ 因颗粒或气体性质不同，共用一个系统会影响回收或净化效率的场合。

14.4.1.2 管网配置

管网布置的一个重要问题就是要实现各支管间的压力平衡，以保证各吸气点达到设计风量，满足污染物收集控制要求。为保证多分支管系统管网中各支管间压力平衡，常用的管网布置有如下三种方式，如图 14-11 所示。

① 干管配管方式。这种方式管网布置紧凑、占地小、投资省、施工方便，应用较广泛，但各支管间压力计算比较繁琐，给设计计算增加一定的工作量。

② 个别配管方式。吸气点多的系统管网，可采用大断面的集合管连接各分支管，集合管内流速不宜超过 3~6m/s（水平集合管＜3m/s，垂直集合管＜6m/s），以利各支管间压力平衡。

③ 环状配管方式。亦称对称性管网布置方式。显然，对于支管多和复杂管网系统，这种配管方式的支管间压力易于平衡，但会带来管路较长、系统阻力增加等问题。

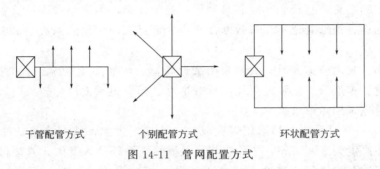

干管配管方式　　　　　个别配管方式　　　　　环状配管方式

图 14-11　管网配置方式

14.4.1.3 管道布置

管道布置关系到整个系统的整体布局，合理设计、施工和使用管道系统，直接关系到整个系统的设计和运转的经济合理性。在大气污染控制工程中，管道输送的介质包括含尘气体、有害气体、蒸气（汽）等。对不同的介质，管道设计要考虑其特殊要求。

就其共性来说，管道布置的一般原则应注意以下几点。

① 对所有管线通盘考虑，统一布置，力求简单、紧凑、平整、美观，而且方便安装、检修和操作。

② 管道布置力求顺直、缩短管线、减少阻力。圆形风管强度大、耗材少，但占用空间大；矩形风管占用空间小、易结合建筑空间布置。

③ 遵循集中成列、平行、明装敷设原则，并尽量沿墙或柱敷设。管道与梁、柱、墙、设备及管道之间应留有足够距离，以满足施工、运行、检修和热胀冷缩的要求。一般间距不应小于 100mm，管道通过人行横道时，与地面净距不应小于 2m，横过公路时不应小于 4.5m，横过铁路时与轨面净距不得小于 6m。

④ 水平管道敷设应有一定的坡度，以便于放气、放水、输水和防止积尘，一般坡度不小于 0.005，坡度应考虑斜向风机方向，并应在风管的最低点和风机底部装设水封泄液管。

⑤ 捕集含有剧毒、易燃、易爆物质的管道系统，要采用负压输送，且此风管不允许穿过其他房间。

⑥ 管道与阀门的重量不宜支承在设备上，应设支架、吊架。焊缝与支架的距离不应小于管径，管道焊缝应在施工方便和受力小的位置。

14.4.2 管道和部件

14.4.2.1 管道材料和连接

① 管道材料。制作风管的材料有砖、混凝土、钢板、环氧树脂、聚氯乙烯等，其中最常用的是钢板、环氧树脂。管道材料应根据气体性质和使用要求的原则选用。

常用的钢板有普通薄钢板和镀锌钢板两种，管道厚度和直径的对应关系可以由"计算表"查得。如果管道易受撞击或磨损以及高温，钢板厚度要加大。如颗粒会造成管壁磨损，除尘管道的钢板厚度应不小于 3.0mm；输送腐蚀性气体的管道，如涂刷防腐涂料的钢板仍不能满足要求，可采用环氧树脂或聚氯乙烯板，但注意这种材料只适用于 $-10 \sim +60℃$，且不防火；输送含酸蒸气时，一般采用含钛钢材或陶瓷管。

② 管道断面形状。管道有圆形和矩形两种。两者相比，在相同断面积时圆形管道的压损小，材料省。圆形管道直径较小时容易制作，便于保温，但圆形管道系统管件的放样、加工较矩形管道困难；矩形管道不仅有效断面积小，而且其四个角的涡流会造成压力损失、噪声、振动。

当管径较小，管内流速高时，大都采用圆形管道，例如除尘系统。有关试验结果证明，输送高温烟气时，矩形管道的强度要比圆形管道高。当管道断面尺寸较大时，为了充分利用建筑空间，有时也采用矩形管道。

③ 管道连接。管道系统大都采用焊接或法兰连接。为保证法兰连接的密封性，法兰间应加衬垫，衬垫厚度为 $3 \sim 5mm$，垫片应与法兰齐平，不得凸入管内。衬垫材料随输送气体性质和温度而不同：输送气体温度不超过 70℃ 的风管，采用橡胶垫、石棉绳或厚纸垫；输送气体温度超过 70℃ 的风管，必须采用石棉厚纸垫或石棉绳。

高温烟气管道，为保证管道系统密闭性，应尽量采用焊接方式。为方便检修，以焊接为主的管道系统，应设置足够数量的法兰，穿过墙壁或挡板的那段管道不宜有焊缝或法兰。

④ 排气筒设置。净化系统的排气筒（烟囱）一般应高出周围建筑物 3m，排气筒高度、排气速度和温度要有利于气体高空扩散稀释，排气筒顶部一般不设风帽。为防止雨水进入，可参照图 14-12 所示方式，设置偏心弯头或排水口。

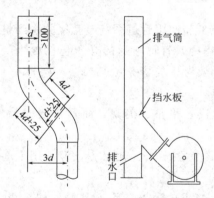

图 14-12 排风主管排水装置

14.4.2.2 管道系统部件

① 异形管件。管道系统的异形管件包括弯头、三通、变径管等。异形管件产生的局部压力损失，在管道系统总压力损失中所占的比重较大。为了减少系统的局部压力损失，异形管件的制作和安装应符合设计规范要求。弯管的曲率半径可按管径的 $1 \sim 1.5$ 倍设计；三通夹角宜采用 $15° \sim 45°$；变径管（渐缩管和渐扩管）的扩散角一般不大于 15%。对于除尘系统，为防止含尘气流改向时对异形管件的磨损，其弯头、三通迎风面管壁厚度可按其管壁厚的 $1.5 \sim 2$ 倍设计，也可采用耐磨材料衬垫。

② 阀门。管道系统使用的阀门按其用途可分为调节阀门和启动阀门两类；按其控制方

式可分为手动、电动、气动或远距离控制等。手动阀门一般用于管网系统压力平衡调节，电动阀常用于风机启动、系统风阀控制等。

对于多分支管道系统，为调节各分支管压力平衡，应在各分支管上装设调节阀门；对于不同时运转的排风点连接管道，宜设置启闭切换阀，并与工艺生产设备连锁，以节约系统风量；对于排气筒高、抽力较大的管道系统宜在风机出风管安装启闭阀，以方便设备检修。管道系统的阀门应设在易于操作、维修和不易积尘的位置，必要时设计检修平台。

③ 测孔。为了调整和检测净化系统的各项参数，管道系统必须设计各种测孔，用于测定风量、风压、温度、污染物浓度等。为检测净化系统排放和净化效率，需在净化装置进出口设置测孔；为测试风机性能参数，需在风机进出口设置测孔；对于多分支管路，为调节管网压力平衡，需在各支管设置测孔。

测试断面选择在气流稳定的直管段，尽可能设在异形管件后大于 4 倍管径或异形管件前大于 2 倍管径的直管段上，以减少局部涡流对测定结果的影响。对于水平安装的除尘管道，不宜在其底部设测孔，以免管内积灰进入测试仪器，造成误差或引起堵塞。

此外，根据具体情况需要，管道系统可能还包括清灰孔、检修平台、加固筋、支吊架等，这些部件也需要按照规范设计。

14.4.2.3　管道热补偿

高温气流管道系统，当气流及周围环境温度发生变化时，因管道的热胀冷缩而产生一定应力，当此应力超过管道系统的承受极限，就会造成破坏。因此，对高温气流管道系统，必须进行热补偿设计。

① 管道热伸长计算。管道由于温度变化引起的伸缩量 ΔL（mm）可按下式计算：

$$\Delta L = \alpha (t_1 + t_2) L \tag{14.23}$$

式中，α 为管材的膨胀系数，对于普通碳素钢可取 $0.012\text{mm}/(\text{m} \cdot \text{℃})$；$L$ 为二个固定支架间管道长度，mm；t_1 为管壁最高温度，℃；t_2 为管壁最低温度，℃，一般取当地冬季室外采暖计算温度。

例 14.2　某高温烟气除尘系统，两固定支架间管道直线距离为 40m，管道直径为 1200mm，管壁热端温度为 143℃，当地冬季室外采暖计算温度为 -7℃。如果采用普通碳素钢制作，试求该管段的热伸长量。

解：按式（14-23）求得管段热伸长量：

$$\Delta L = 0.012 \times 40 \times (143 + 7) = 72 (\text{mm})$$

② 管道热补偿设计。为了保证管道系统在热状态下的稳定和安全，吸收管道热胀冷缩所产生的应力，管道系统每隔一定距离应装设固定支架及补偿装置。

管道热伸长补偿方法有自然补偿和补偿器补偿两类。自然补偿是利用管道自然转弯管段（L 形或 Z 形）来吸收管道热伸长形变，这类补偿方式简单，但管道变形时会产生横向位移，因此不适用于直径 1000mm 以上的管道。补偿器补偿是高温烟气净化系统常用的补偿方式，常用的补偿器有柔性材料套管式补偿器和波形补偿器等。

柔性材料套管式补偿器如图 14-13 所示。这种补偿器构造简单、体积较小，易于加工制作，可制成圆形或矩形与管道匹配。这类补偿器在吸收管道变形时，只产生摩擦力，对固定支架推力甚微，可节省支架及基础费用。补偿器材料的坚固度应与管道一致，以免破损而影响管道正常运行；补偿器安装应严格试压，以免漏风。安装时必须使补偿器外侧标记的箭头方向与管道内气流方向一致。补偿器的材料应根据工况温度、压力、耐腐蚀等要求选用，常用材料有聚四氟乙烯、石棉铝铂复合材料、玻璃纤维与硅橡胶的复合材料等。

波形补偿器是依靠波形管壁的弹性形变来吸收热伸长的补偿装置，波形管采用钢板压制焊接而成，管壁较薄（2～3mm），其外形截面与所连接的管道一致，可制成圆形或矩形，可用焊接或法兰方式与管道连接。常以波形管节数命名分为单波、双波和三波，图 14-14 所示为双波补偿器。选用波节数 N 应视管道系统所需补偿量而定。

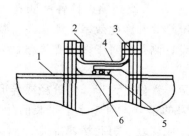 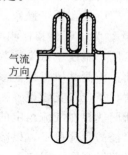

图 14-13　柔性材料套管式补偿器示意图　　　　图 14-14　波形补偿器（双波）示意图

1—管道；2—法兰压圈；3—复合伸缩节；4—外伸缩节；

5—密封盘根；6—内伸缩节

14.5　实际案例

某有色冶炼车间除尘系统管道布置如图 14-15 所示。系统内的气体平均温度为 20℃，钢板管道的粗糙度＝0.115mm，气体含尘浓度为 10g/m³，所选除尘压力损失为 981Pa。集气罩 1 和集气罩 2 局部压力损失系数为 $\xi_1=0.12$、$\xi_2=0.19$，集气罩排风量分别为 $Q_1=4950\text{m}^3/\text{h}$、$Q_2=3120\text{m}^3/\text{h}$。计算该除尘系统的管道直径和压力损失，并选择风机。

解：① 管道编号并注上各管段的流量和长度。

② 选择计算环路。一般从最远的管段开始计算，本题从管段①开始。

③ 有色冶炼车间的颗粒为重矿粉及灰土，按表 14-3 取水平管内流速为 16m/s。

④ 计算管径和压力损失。

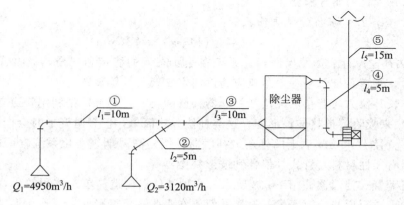

图 14-15　某有色冶炼车间除尘系统管道布置

管段①：根据 $Q_1=4950\text{m}^3/\text{h}$，$v=16\text{m/s}$，查表 14-4 得 $d_1=320\text{mm}$，$\lambda_1/d_1=0.0562$，实际流速 $v_1=17.4\text{m/s}$，动压 182Pa。

则摩擦压力损失：$\Delta p_{l1} = l_1 \dfrac{\lambda_1}{d_1} \times \dfrac{\rho v^2}{2} = 10 \times 0.0562 \times 182 = 102.3$（Pa）。

各管件局部压力损失系数（查手册）如下。

集气罩 1：$\xi_1 = 0.12$；$90°$弯头（弯头半径与风管直径之比 $R/d = 1.5$）$\xi = 0.25$；$30°$直流三通 $\xi_{21(2)} = 0.12$（对应直管通管动压的局部压损系数）。

$$\sum \xi = 0.12 + 0.25 + 0.12 = 0.49$$

则局部压损：$\Delta p_{m1} = \sum \xi \dfrac{\rho v^2}{2} = 0.49 \times 182 = 89.2$(Pa)。

管段③：据 $Q_3 = 8070 \text{m}^3/\text{h}$，$v = 16 \text{m/s}$，查"计算表"得 $d_3 = 420\text{mm}$，$\lambda_3/d_3 = 0.0403$，实际流速 $v_3 = 16.4 \text{m/s}$，动压 161.5Pa。

则摩擦压力损失：$\Delta p_{l3} = l_3 \dfrac{\lambda_3}{d_3} \times \rho v^2/2 = 10 \times 0.0403 \times 161.5 = 65.1$（Pa）。

局部压损为合流三通对应总管动压的压力损失，其局部压损系数 $\xi_{21(l)} = 0.11$；除尘器压力损失 981Pa（进出口压损忽略不计）。

则局部压损：$\Delta p_{m3} = 0.11 \times 161.5 + 981 = 998.8$(Pa)。

管段④：气体流量同管段③，即 $Q_4 = Q_3 = 8070 \text{m}^3/\text{h}$，选择管径 $d_4 = 420\text{mm}$，$\lambda_4/d_4 = 0.0403$，实际流速 $v_3 = 16.4 \text{m/s}$，动压 161.5Pa。

则摩擦压损：$\Delta p_{l4} = 5 \times 0.0403 \times 161.5 = 32.5$(Pa)。

该管段有 $90°$弯头（$R/d = 1.5$）两个，由手册查得 $\xi = 0.25$。

则局部压损：$\Delta p_{m4} = 0.25 \times 2 \times 161.5 = 80.8$(Pa)。

管段⑤：气体流量同管段④，即 $Q_5 = Q_4 = 8070 \text{m}^3/\text{h}$，选择管径 $d_5 = 420\text{mm}$，$\lambda_5/d_5 = 0.0403$，实际流速 $v_3 = 16.4 \text{m/s}$，动压 161.5Pa。

则摩擦压损：$\Delta p_{l5} = 15 \times 0.0403 \times 161.5 = 97.6$(Pa)。

该管段局部压损包括风机进出口及排风口伞形风帽压力损失，若风机入口处变径管压力损失忽略不计，风机出口 $\xi = 0.1$（估算），伞形风帽安装高度 h 与风帽流通直径 D_0 之比 $h/D_0 = 0.5$　$\xi = 1.3$。$\sum \xi = 0.1 + 1.3 = 1.4$。

则局部压损：$\Delta p_{m5} = 1.4 \times 161.5 = 226.1$(Pa)。

管段②：根据 $Q_2 = 3120 \text{m}^3/\text{h}$，$v = 16 \text{m/s}$，查"计算表"得 $d_2 = 260\text{mm}$，$\lambda_2/d_2 = 0.0728$，实际流速 $v_2 = 16.7 \text{m/s}$，动压 167Pa。

则摩擦压力损失：$\Delta p_{l2} = 5 \times 0.0728 \times 167 = 60.8$（Pa）。

该管段局部压损系数如下。集气罩 2：$\xi_2 = 0.19$；$90°$弯头（$R/d = 1.5$）：$\xi = 0.25$；合流三通旁支管：$\xi_{31(3)} = 0.20$。$\sum \xi = 0.19 + 0.25 + 0.20 = 0.64$，$\Delta p_{m2} = 0.64 \times 167 = 106.9$（Pa）。

⑤ 并连管路压力平衡。

$$\Delta p_1 = \Delta p_{l1} + \Delta p_{m1} = 102.3 + 89.2 = 191.5\text{(Pa)}$$
$$\Delta p_2 = \Delta p_{l2} + \Delta p_{m2} = 60.8 + 106.9 = 167.7\text{(Pa)}$$
$$\frac{\Delta p_1 - \Delta p_2}{\Delta p_1} = \frac{191.5 - 167.7}{191.5} = 12.4\% > 10\%$$
$$\Delta p_3 = \Delta p_{l3} + \Delta p_{m1} = 65.1 + 998.8 = 1063.9\text{(Pa)}$$
$$\Delta p_4 = \Delta p_{l4} + \Delta p_{m1} = 32.5 + 80.8 = 113.3\text{(Pa)}$$
$$\Delta p_5 = \Delta p_{l5} + \Delta p_{m5}$$

$$=97.6+226.1=323.7(\text{Pa})$$

根据式（14-19），调整后管径为：

$$d_2'=d_2(\Delta p_2/\Delta p_1)^{0.225}=260\times(167.7/191.5)^{0.225}=252(\text{mm})，圆整管径\ d_2'=250\text{mm}$$

⑥ 除尘系统总压力损失。

$$\Delta p=\Delta p_1+\Delta p_3+\Delta p_4+\Delta p_5=191.5+1063.9+113.3+323.7=1692.4(\text{Pa})$$

把上述结果填入计算表 14-4。

⑦ 选择风机和电机。

a. 选择通风机的计算风量：$Q_0=Q(1+K_1)=8070\times1.1=8877(\text{m}^3/\text{h})$。

b. 选择通风机的计算风压：$\Delta p_0=\Delta p(1+K_2)=1692.4\times1.2=2030.9(\text{Pa})$。

根据上述风量和风压，在风机样本上选择 C6-48，No. 8C 风机，风机转数 $N=1250\text{r/min}$ 时，$Q=8906\text{m}^3/\text{h}$，$p=2060\text{Pa}$，配套电机为 $Y160_\text{L}-4.15\text{kW}$，基本满足要求。

复核电机功率：

$$N_\text{e}=\frac{Q_0\Delta p_0 K}{3600\times1000\eta_1\eta_2}=\frac{8877\times2030.9\times1.3}{3600\times1000\times0.5\times0.95}=13.7(\text{kW})$$

配套电机满足需要。

表 14-4 管道计算表

管段编号	流量 Q/(m³/h)	管长 L/m	管径 d/mm	流速 v/(m/s)	λ/d/m	动压$\frac{v^2\rho}{2}$/Pa	摩擦压损Δp_l/Pa	局部压损系数$\sum\xi$	局部压损Δp_m/Pa	管段总压损/Pa	管段压损累计$\sum\Delta p$/Pa	备注
①	4950	10	320	17.4	0.0562	182	102.3	0.49	89.2	191.5		
③	8070	10	420	16.4	0.0403	161.5	65.1	0.11	998.8	1063.9		
④	8070	5	420	16.4	0.0403	161.5	32.5	0.50	80.8	113.3		
⑤	8070	15	420	16.4	0.0403	161.5	97.6	1.4	226.1	323.7	1692.4	
②	3120	5	260	16.7	0.0728	167	60.8	0.64	106.9	167.7		压力不平衡

 习题

14.1 多分支管道系统设计中，为什么必须进行并联分支管节点压力平衡计算？简述常用节点压力平衡调整的技术措施。

14.2 管道计算选择风机时，为什么必须对样本所给出的风机压头进行风机标定状态和运行工况换算？简述常用的换算方法。

14.3 某上吸式外部吸气罩，罩口尺寸 $B\times L=400\text{mm}\times500\text{mm}$，排风量为 $0.86\text{m}^3/\text{s}$，试计算在下述条件下，在罩口中心线上距离罩口 0.3m 处的控制风速：①四周无边吸气罩；②四周有边吸气罩。

14.4 某台上侧吸条缝罩，罩口尺寸 $B\times L=150\text{mm}\times800\text{mm}$，距离罩口 0.35m 处的控制风速为 0.26m/s，试求该罩吸风量。

14.5 有一镀银槽槽面尺寸 800mm×600mm，槽内溶液温度为室温，采用低截面条缝式槽边排风罩，控制速度为 0.8m/s，试计算其排风量、条缝口尺寸及阻力。

14.6　某产尘设备设有防尘密闭罩，已知罩上缝隙及工作孔面积 $A = 0.08m^2$，密闭罩流量系数 $\varphi = 0.4$，物料吸入罩内的诱导空气量为 $0.2m^3/s$。要求在罩内形成 25Pa 的负压，试计算该集气罩的排风量。如果运行一段时间后，罩上又出现一个面积为 $0.08m^2$ 的空洞而没有及时修补，会出现什么情况？

14.7　某金属熔化炉平面尺寸 $B \times L = 600mm \times 600mm$，炉内温度 600℃，室温 20℃，室内横向气流速度为 0.5m/s。拟在炉口上方 800mm 处设接受式集气罩，试确定该集气罩罩口尺寸及排风量。

第15章 污染物扩散和排气筒设计

15.1 大气的热力过程

15.1.1 大气运动

15.1.1.1 引起大气运动的作用力

大气运动是多种力作用下产生的，包括水平气压梯度力、地转偏向力、惯性离心力和摩擦力（即黏滞力），这些力之间的不同结合，构成了不同形式的大气运动。

① 水平气压梯度力。气压梯度力是指单位质量的空气在气压场中受到的作用力，分垂直方向和水平方向两个分量。垂直气压梯度力大，但被空气自身重力平衡，引起空气在垂直方向运动的作用不大；水平气压梯度力小，但能驱动大气由高气压区向低气压区做水平运动，形成风，这是大气运动的主要动力。水平气压梯度力 G 与空气密度 ρ 成反比，与水平气压梯度 $\partial P / \partial n$ 成正比，即

$$G = -\frac{1}{\rho}\frac{\partial P}{\partial n} \tag{15.1}$$

式（15.1）表明，只要水平方向有气压梯度，大气就从高压侧向低压侧运动，直到有其他力与之平衡为止。

② 地转偏向力。地转偏向力是指由于地球自转而产生的使运动着的空气偏离气压梯度方向的力。如果以 u、ω、φ 分别表示风速、地球自转角速度、当地纬度，以 D_n 表示水平地转偏向力，则有

$$D_n = 2u\omega\sin\varphi \tag{15.2}$$

地转偏向力伴随风速而产生，力的方向垂直于大气运动方向，在北半球指向运动方向的右方，在南半球则指向左方。地转偏向力只改变风向，不改变风速。由式（15.2）可知，该力正比于 $\sin\varphi$，随纬度增高而增大，在两极最大（$2u\omega$），在赤道为零。

③ 惯性离心力。当大气做曲线运动时，将受到惯性离心力的作用。其方向与大气运动方向垂直，由曲线路径的曲率中心指向外；其大小与大气运动的线速度平方成正比，与曲率半径成反比。大气运动的曲率半径很大，因此，惯性离心力通常很小。

④ 摩擦力。摩擦力是指运动速度不同的相邻两层大气之间以及贴近地面运动的大气和地表之间产生阻碍大气运动的阻力，前者称为内摩擦力，后者称为外摩擦力。外摩擦力的方向与大气运动方向相反，其大小与其运动速度和下垫面的粗糙度成正比。摩擦力的大小随大气高度不同而异，在近地层中最为显著，高度越高，作用越弱，在 1~2km 高度，摩擦力始终存在。因此，一般把 1~2km 以下的大气层称为摩擦层，这以上的大气层称为自由大气层。

上述作用于大气的四种力中，水平气压梯度力是引起大气运动的直接动力，其他三种力的作用，则视具体情况而定。讨论低纬度大气或近地层大气的运动时，地转偏向力可不考

虑；大气运动近于直线时，离心力可不考虑；讨论自由大气层的运动时，摩擦力可忽略不计。

15.1.1.2　近地层风速廓线

气象学上，平均风速随高度的变化曲线称为风速廓线，其数学表达式称为风速廓线模式。近地层（约地面以上100m）风速轮廓线模式有多种，常用的有对数表达和指数表达式2种。

① 对数律模式。中性层结条件下的近地层风速廓线，可用对数律模式描述：

$$\overline{u} = \frac{u^*}{K} \ln \frac{z}{z_0} \tag{15.3}$$

式中，$\overline{u}$ 为高度 z 处的平均风速，m/s；u^* 为摩擦速度，m/s；K 为卡门（Kamian）常数，常取 0.4；z_0 为地面粗糙度，m。

表 15-1 给出了一些有代表性的地面粗糙度。实际的 z_0 和 u^* 值，可利用不同高度上测得的风速值按式（15.3）求得。对数律模式用于非中性层结条件，会产生较大误差。

表 15-1　有代表性的地面粗糙度

地面类型	z_0/cm	有代表性的 z_0/cm	地面类型	z_0/cm	有代表性的 z_0/cm
密集的大楼（大城市）	＞300	400	农作物区	10～30	10
分散的大楼（城市）	100～400	100	草原	1～10	3
村落、分散的树林	20～100	30			

② 指数律模式。非中性层结条件下的近地层风速廓线，可用指数律模式描述：

$$\overline{u} = \overline{u_1} \left(\frac{z_2}{z_1} \right)^m \tag{15.4}$$

式中，$\overline{u_1}$ 为邻近气象台（站）z_1 高度 5 年平均风速，m/s；z_1 为相应气象台（站）测风仪所在的高度，m；z_2 为烟囱出口处高度，m，$z_2 < 200m$，按实际高度计，$z_2 > 200m$，按 $z_2 = 200m$ 计；m 为幂指数值，$0 < m < 1$。

幂指数 m 的变化取决于温度层结和地面粗糙度，层结越不稳定时 m 值越小。m 值最好取实测值，当无实测值时，在高度 500m 以下，可按《制定地方大气污染物排放标准的技术方法》（GB/T 3840—91）选取（表 15-2）。

表 15-2　幂指数值

类别	稳定度				
	A	B	C	D	E,F
城市	0.15	0.15	0.20	0.25	0.30
乡村	0.07	0.07	0.10	0.15	0.25

相对于对数律模式，指数律模式计算简便，适用于非中性条件，也能较满意地应用于300～500m 的中性条件气层，因此，在大气污染浓度估算中应用较多。

15.1.1.3　地方性风场

① 海陆风。发生在海陆交界地带、以 24h 为周期的一种海和陆大气局地环流。海陆风是由陆地和海洋的热力性质差异引起的，如图 15-1 所示。白天，太阳辐射致使陆地升温比海洋快，

图 15-1　海陆风局地环流示意图

低空大气由海洋流向陆地（海风），高空大气从陆地流向海洋；夜晚，陆地比海洋降温快，低空大气从陆地流向海洋（陆风），高空大气从海洋流向陆地。大湖泊、江河的水陆交界地带也会产生水陆风局地环流，其活动范围和强度比海陆风要小。海边工厂排放的污染物，进入海陆风局地环流，会因扩散稀释不充分而造成严重污染。

② 山谷风。山谷风是发生在山区、以 24h 为周期的局地环流，是山风和谷风的总称。山谷风主要是由于山坡和谷地受热不均而产生的，如图 15-2 所示。白天，太阳照射使山坡上大气温度高于谷地大气，形成了由谷地吹向山坡的风，称为谷风；夜间，山坡和山顶比谷地冷却快，使山坡和山顶的冷空气顺山坡下滑到谷底，形成山风。山风和谷风的方向是相反的，山谷污染物受白天和晚上风向变化，不易扩散，有可能造成严重的山谷大气污染。

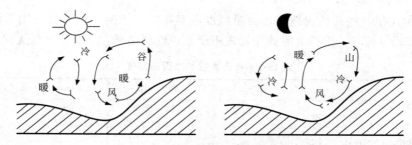

图 15-2　山谷风局地环流示意图

③ 城市热岛环流。城市热岛环流是由城乡气温差引起的局地风。城市人口密集、工业集中，能耗水平高；城市的覆盖物（如建筑、水泥路面等）热容量大，使城市热量摄入比周围乡村多，平均气温比周围乡村高（特别是夜间），形成一种高空气流从城市向乡村移动、低空气流从乡村吹向城市的大气局地环流，称为城市热岛环流或城市风，如图 15-3 所示。据统计，城乡年平均温差一般为 0.4~1.5℃，有时可达 3~4℃，具体差值与城市大小、性质、当地气候条件及纬度有关。因此，若城郊布置很多工厂，则这些工厂排放的污染物在夜间随气流向城市中心输送，造成严重污染，特别是夜间近地面气层有逆温存在时。

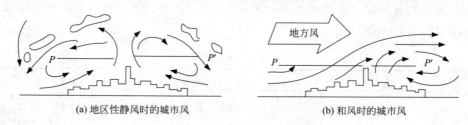

(a) 地区性静风时的城市风　　　　　　　　(b) 和风时的城市风

图 15-3　城市热岛环流

15.1.2　烟流形状与大气稳定度

15.1.2.1　气温的垂直变化

太阳是地球和大气的主要热源，低层大气的增热与冷却，是太阳、大气和地面之间热量交换的结果。太阳以紫外线（<400nm）、可见光（400~760nm）和红外线（>760nm）不同波长的电磁波方式向外辐射能量，其中 150~400nm 波长的辐射能约占太阳总辐射能的99%。大气层吸收太阳短波辐射的能力很弱，但地球表面分布的陆地、海洋、植被等吸收太阳辐射的能力很强，因此太阳辐射到地球上的能量大部分穿过大气层而被地面直接吸收。同时，吸收能量的地面按其自身温度向外以 $3\sim120\mu m$ 长波辐射能量，其中 $75\%\sim95\%$ 被近地面大气中的水汽、CO_2 等吸收。因此，近地层大气温度随地表温度的升降而增减。

大气层温度除与地表温度有关外，还与大气层垂直高度密切相关。学者们提出绝热气团模型，根据理想气体状态方程和气压随高度变化的气体静力学方程，考察气团在大气中做垂直上升运动过程中气团温度变化与垂直高度之间的关系。

气团升降过程气压随高度变化的微分方程为：

$$\frac{\mathrm{d}P}{\mathrm{d}z}=-\rho g=-\frac{gP}{RT} \tag{15.5}$$

根据热力学第一定律，气团温度变化与气压存在如下对应关系：

$$\mathrm{d}Q=C_p\mathrm{d}T-RT\frac{\mathrm{d}P}{P} \tag{15.6}$$

式中，Q 为气团的热量，J/kg；C_p 为干空气的定压比热容，$C_p=1005\mathrm{J/(kg \cdot K)}$；$R$ 为干空气的气体常数，$R=287.0\mathrm{J/(kg \cdot K)}$；$T$ 为气团温度，K；P 为气团压力，hPa。

如果气团在大气中做垂直运动时与周围空气不发生热量交换，即出现气团绝热过程。此时，$\mathrm{d}Q=0$，式（15.6）简化为：

$$\frac{\mathrm{d}T}{T}=\frac{R}{C_p}\frac{\mathrm{d}P}{P} \tag{15.7}$$

将式（15.7）从气团升降前状态（T_0，P_0）积分到气团升降后状态（T，P），得到：

$$\frac{T}{T_0}=\left(\frac{P}{P_0}\right)^{R/C_p}=\left(\frac{P}{P_0}\right)^{0.288} \tag{15.8}$$

式（15.8）称为泊松（Poisson）方程，它描述了气团在绝热升降过程中，气团初态（T_0，P_0）与终态（T，P）之间的关系，说明绝热过程中气温的变化完全是由气压变化引起的。

联合式（15.7）和式（15.5），得到气团绝热上升过程温度变化计算式：

$$\left(\frac{\mathrm{d}T}{\mathrm{d}z}\right)_{绝热}=-\frac{g}{C_p} \tag{15.9}$$

式中，g 为重力加速度，$9.81\mathrm{m/s^2}$；C_p 为干空气定压比热容，$1005\mathrm{J/(kg \cdot K)}$。

将空气热容、重力加速度代入式（15.9），计算得：

$$\left(\frac{\mathrm{d}T}{\mathrm{d}z}\right)_{绝热}=-9.78\mathrm{K/km}=-9.8℃/\mathrm{km} \tag{15.10}$$

式（15.10）表示干空气团（或未饱和的湿空气团）每绝热升高（或下降）1000m 时，气团温度降低（或升高）约 9.8℃。

大气层温度沿垂直高度的分布，可用图 15-4 曲线表示，这种曲线称为气温沿高度分布曲线或温度层结曲线，简称温度层结。大气的温度层结有四种类型：①气温随高度增加而递减，递减幅度大于 9.8，称为正常分布层结（图中直线 1）；②气温值减率接近等于 9.8，称为中性层结（图中直线 2）；③气温不随高度变化，称为等温层结（图中直线 3）；④气温随高度增加而增加，称为气温逆转，简称逆温（图中直线 4）。

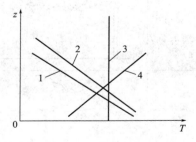

图 15-4　温度层结曲线

15.1.2.2　大气稳定度

大气稳定度是指大气在垂直方向上的稳定程度，污染物在大气中的扩散与大气稳定度有密切关系。大气稳定度可以采用上述气团温度随高度递减幅度（速率）做判断：

$$-\frac{dT}{dz} > 9.8℃/km，大气不稳定；$$

$$-\frac{dT}{dz} = 9.8℃/km，大气中性稳定；$$

$$0 \leqslant -\frac{dT}{dz} < 9.8℃/km，大气亚稳定；$$

$$-\frac{dT}{dz} < 0，大气层出现逆温现象，大气稳定。$$

逆温大气层是强稳定的大气层，像个大锅盖在某一高度阻碍着气流的垂直运动。污染的空气被限制在逆温层下面积聚或扩散，易造成严重污染。空气污染事件多数都发生在逆温和静风条件下，因此，对逆温应予以足够重视。

逆温可发生在近地层，也可能发生在较高气层（自由大气层）。根据逆温生产的过程，逆温有辐射逆温、下沉逆温、平流逆温、锋面逆温及湍流逆温等类型，具体内容请参考有关资料，这里不展开细述。

15.1.2.3　烟流形状与大气稳定度的关系

烟流又称烟羽或烟云，是有组织污染源排放的烟气流动的轮廓。烟流形状与污染源、气象条件及地形条件有关，通过观察烟流，可估测大气污染的程度和范围。烟流扩散的形状与大气稳定度有密切的关系，典型的 5 种烟流形状与温度层结之间的关系如表 15-3 所示。

表 15-3　烟流形状与温度层结

烟流名称	烟流形状	温度层结	说明
波浪型（翻卷型）			烟流呈波浪状，污染物扩散良好，发生在全层不稳定大气中，如晴朗的白天。地面最大浓度落地点距排气筒较近，浓度值较高
锥型			烟流呈圆锥形，发生在中性条件下。垂直扩散比扇型好，比波浪型差
扇型（平展型）			烟流垂直方向扩散差，像一条带子飘向远方，从上面看呈扇形展开，发生在逆温层。污染情况与排气筒高度有关
爬升型（屋脊型）			烟流下部大气稳定、上部大气不稳定。日落后由于地面辐射冷却，低层形成逆温，而高空仍保持递减层结。这种气温层结持续时间较短，对近处地面污染较小

烟流名称	烟流形状	温度层结	说明
漫烟型 （熏烟型）	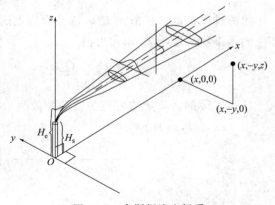		日出后辐射逆温从地面向上逐渐消失，不稳定大气从地面向上逐渐扩展，当扩展到烟流的下边缘或更高一点时，烟流发生向下的强烈扩散，而上边缘仍处于逆温层，此时出现漫烟型情况

15.2　大气污染物扩散运动

15.2.1　大气湍流运动

实际大气运动既不是单纯的对流运动，也不是单纯的水平运动，而是表现为无规则的湍流形式。湍流有极强的扩散能力，其扩散速率比分子扩散快 $10^5 \sim 10^6$ 倍。

近地面大气湍流有两种形式：热力湍流和机械湍流。热力湍流是由于地表面受热不均匀或气温结层不稳定引起的空气垂直运动变化，其强度主要取决于大气稳定度；机械湍流是由于近地面风速不均以及地面粗糙度（山丘、树林、建筑物）引起的风向和风速改变。

归结起来，污染物在大气中的稀释扩散取决于大气的运动状态，而大气的运动由风和湍流来描述，因此，风和湍流是决定污染物在大气中稀释扩散的最直接、最本质的因子，其他一切气象因子都是通过风和湍流的作用而影响大气污染的。风速愈大，湍流愈强，扩散的速率就愈快，大气中污染物的浓度就愈低。

描述大气湍流扩散的基本理论有三种：梯度理论、统计理论和相似理论。目前实际应用的高斯模式就是应用湍流统计理论得到的正态分布假设下的污染物扩散模式。

15.2.2　高斯扩散模式

污染物排入大气，在风和湍流作用下向下风向输送，其波及范围逐渐扩大，气流中浓度因扩散效应不断降低。

高斯扩散模式建立了以污染物排放点或其在地面的投影点为坐标原点、平均风向为 x 轴正向、y 轴水平垂直于 x 轴、z 轴垂直于水平面 xOy 的右手坐标系，如图 15-5 所示。在这种坐标系，污染物扩散流（烟流）中心线或其垂直投影与 x 轴重合。

对于连续排放的污染点源，高斯扩散模式提出四个假设：①污染物排放（即源强）是连续、稳定的；②污染物扩散空间的风速是均匀且稳定的；③污染物浓度在与烟流轴线垂直的 y、z 轴上呈正态分布（高斯分布）；④污染物在扩散过程中遵守质量守恒定律，不发生物理和化学变化。

图 15-5　高斯烟流坐标系

15.2.2.1 无限空间点源扩散模式

无限空间点源扩散不受边界限制，情况最为简单，可作为其他实际应用模型的基础。根据烟流污染物呈正态分布的假定，可得到无限空间点源扩散在空间任意点（x，y，z）污染物浓度的计算模式——高斯模式：

$$c(x,y,z) = \frac{Q}{2\pi \overline{u}\sigma_y \sigma_z} \exp\left[-\left(\frac{y^2}{2\sigma_y^2} + \frac{z^2}{2\sigma_z^2}\right)\right] \tag{15.11}$$

式中，$c(x,y,z)$ 为空间任意点污染物浓度，mg/m^3；Q 为污染源的源强，mg/s；$\overline{u}$ 为空间任意点平均风速，m/s；σ_y、σ_z 分别为 y 和 z 方向的扩散参数（正态分布标准差），m。

15.2.2.2 高架点源扩散模式

对于实际排气筒的高架点源排放的污染物扩散，需要考虑地面的影响。按照前述假设④，污染物扩散至地面不会被吸收，而是全部反射回大气，产生"像源效应"。这样，高架点源的污染物扩散就可用实源和像源扩散叠加的方法来计算。如图 15-6 所示，空间任意点 $P(x,y,z)$ 的污染物浓度是实源 $(0,0,H)$ 和像源 $(0,0,-H)$ 两部分污染物贡献之和。

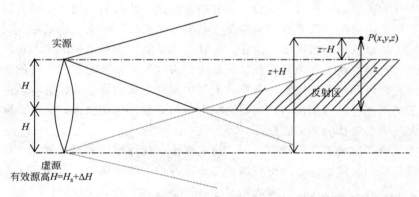

图 15-6　高架点源扩散模式分析示意图

实源排放扩散：扩散点 P 以实源为原点的坐标系中垂直坐标为 $(z-H)$，它在 P 点形成的污染物浓度 c_1 计算式为：

$$c_1 = \frac{Q}{2\pi \overline{u}\sigma_y \sigma_z} \exp\left[-\left(\frac{y^2}{2\sigma_y^2} + \frac{(z-H)^2}{2\sigma_z^2}\right)\right] \tag{15.12}$$

像源排放扩散：扩散点 P 以像源为原点的坐标系中垂直坐标为 $(z+H)$，则它在 P 点产生的污染物浓度 c_2 计算式为：

$$c_2 = \frac{Q}{2\pi \overline{u}\sigma_y \sigma_z} \exp\left[-\left(\frac{y^2}{2\sigma_y^2} + \frac{(z+H)^2}{2\sigma_z^2}\right)\right] \tag{15.13}$$

P 点实际的污染物浓度应为实源和像源贡献之和，即

$$c(x,y,z,H) = c_1 + c_2$$

$$= \frac{Q}{2\pi \overline{u}\sigma_y \sigma_z} \exp\left(-\frac{y^2}{2\sigma_y^2}\right)\left\{\exp\left[-\frac{(z-H)^2}{2\sigma_z^2}\right] + \exp\left[-\frac{(z+H)^2}{2\sigma_z^2}\right]\right\}$$

$$\tag{15.14}$$

式（15.14）即为高架点源在正态分布假设下的高斯扩散模式。由此模式可以计算高架

点源下风向任意点的污染物浓度。

当式（15.14）中 $z=0$，得到地面污染物浓度计算式为：

$$c(x,y,0,H)=\frac{Q}{\pi\overline{u}\sigma_y\sigma_z}\exp\left(-\frac{y^2}{2\sigma_y^2}\right)\exp\left(-\frac{H^2}{2\sigma_z^2}\right)\tag{15.15}$$

当式（15.14）中 $z=0$，$y=0$，得到地面轴线上的污染物浓度计算式为：

$$c(x,0,0,H)=\frac{Q}{\pi\overline{u}\sigma_y\sigma_z}\exp\left(-\frac{H^2}{2\sigma_z^2}\right)\tag{15.16}$$

由于 σ_y 和 σ_z 随距离 x 增加而增大，式（15.16）右边第 1 项将随 x 增加而减小；而右边第 2 项随 x 增加而增大。两项共同作用的结果，地面轴线浓度在某一距离 $x_{c_{\max}}$ 出现最大值 $c_{\max}$。在最简单情况下，假定比值 σ_y/σ_z 不随 x 变化，为常数，将式（15.16）对 σ_z 求导，并令导数等于零，则可求得最大地面浓度及相应的扩散参数 $\sigma_{z(x_{c_{\max}})}$。再按 $\sigma_{z(x_{c_{\max}})}$ 求出最大地面浓度对应的距离 $x_{c_{\max}}$。

$$c_{\max}=\frac{2Q}{\pi\overline{u}H^2\mathrm{e}}\times\frac{\sigma_z}{\sigma_y}\tag{15.17}$$

$$\sigma_{z(x_{c_{\max}})}=\frac{H}{\sqrt{2}}\tag{15.18}$$

15.2.2.3　地面点源扩散模式

当高架点源的源高为零，即相当于地面点源。令式（15.14）中的 $H=0$，即得地面点源扩散模式：

$$c(x,y,z,0)=\frac{Q}{\pi\overline{u}\sigma_y\sigma_z}\exp\left[-\left(\frac{y^2}{2\sigma_z^2}+\frac{z^2}{2\sigma_z^2}\right)\right]\tag{15.19}$$

比较式（15.11）和式（15.19）可知，地面连续点源排放造成的污染物浓度正好是无界连续点源所造成的污染物浓度的 2 倍。

用此式同样可计算地面点源排放造成的污染的地面（$z=0$）浓度和地面轴线（$z=0$，$y=0$）浓度。

15.2.3　污染物扩散浓度的估算

为了利用大气扩散模式估算大气污染物浓度，必须解决有效源高 H 和扩散参数 σ_y、σ_z 的求取问题。

15.2.3.1　有效源高度计算

连续点源基本通过排气筒（烟囱）排放至大气。烟流从排气筒排出后，在其本身动力（气流速度引起的）和热力（烟流温度高于周围大气温度而产生的）作用而上升到一定高度，然后在风和湍流的作用下向下风向伸展、扩散，烟流轴线趋向水平，如图 15-7 所示。烟流轴线与排气口间的距离称为烟流抬升高度 ΔH。抬升高度的出现有利于降低地面的污染物浓度。

有效源高 H_e 等于排气筒几何高度 H_s 与烟流抬升高度 ΔH 之和，即

$$H_e=H_s+\Delta H\tag{15.20}$$

对于一给定的排气筒，几何高度 H_s 是一定值，因此只要计算出烟流抬升高度，就可得出有效源高 H_e。

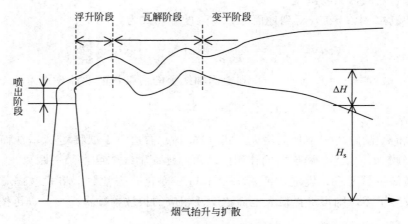

图 15-7　烟流抬升的各个阶段

　　尽管产生烟流抬升的原因只有两个（排气口烟流初始动力和烟流温度高于周围空气温度而产生的热力），但是影响这两种作用的因素很多，包括风速、环境温度、湍流、大气稳定度、风速垂直切变、烟流速度、烟气温度等，导致烟流抬升问题变得十分复杂。到目前为止，烟流抬升高度公式多数是半经验的，是在各自有限的观察资料基础上归纳出来的，具有局限性，如勒普公式和史密斯公式仅考虑了动力抬升，霍兰德公式和布里格斯公式主要以热力抬升为主，因此，使用时尽量选择导出条件和计算条件相仿的公式。这里仅介绍常用的霍兰德公式和我国国家标准中规定的公式。

　　① 霍兰德公式

$$\Delta H = \frac{v_s d_s}{\overline{u}} \left(1.5 + 2.7 d_s \frac{T_s - T_a}{T_s} \right) \tag{15.21}$$

　　式中，v_s 为烟气排出速度，m/s；$\overline{u}$ 为烟囱出口处环境平均风速，m/s；d_s 为烟囱口内径，m；T_s 为烟气温度，K；T_a 为环境空气温度，取最近 5 年平均值，K。

　　霍兰德公式适用于中性气象条件。对于非中性气象条件，霍兰德建议做如下修正：不稳定条件，烟囱抬升高度增加 10%～20%；稳定条件，烟囱抬升高度减少 10%～20%。普遍认为，霍兰德公式对排热率大、排气筒高的抬升高度计算偏差大，不适用。

　　② 我国国家标准规定公式。《制定地方大气污染物排放标准的技术方法》（GB/T 3840—91）规定了不同烟气热释放率 q_H、烟气与环境空气温差 $\Delta T = T_s - T_a$ 和环境风速 $\overline{u}_0$ 条件下的烟气抬升高度计算式。

　　烟气热释放率：

$$q_H = 0.35 P_a Q_v (T_s - T_a)/T_s \tag{15.22}$$

　　式中，P_a 为大气压强，hPa；Q_v 为烟气排放率，m³/s。

　　当 $q_H \geqslant 2100\text{kJ/s}$，且 $\Delta T \geqslant 35℃$ 时：

$$\Delta H = n_0 q_H^{n_1} H_s^{n_2} \overline{u}^{-1} \tag{15.23}$$

　　式中，H_s 为烟囱高度，m；$\overline{u}$ 为烟囱出口处环境平均风速，m/s；n_0 为烟气和地表状况系数，见表 15-4；n_1 为烟气热释放指数，见表 15-4；n_2 为烟囱高度指数，见表 15-4。

表 15-4　n_0、n_1、n_2 值

$q_H/(kJ/s)$	地表状况（平原）	n_0	n_1	n_2
$q_H \geqslant 21000$	农村或城市远郊区	1.427	1/3	2/3
	城区及近郊区	1.303	1/3	2/3
$2100 \leqslant q_H \leqslant 21000$ 且 $\Delta T \geqslant 35K$	农村或城市远郊区	0.332	3/5	2/5
	城区及近郊区	0.292	3/5	2/5

当 $1700kJ/s < q_H < 2100kJ/s$ 时，

$$\Delta H = \Delta H_1 + (\Delta H_2 - \Delta H_1)\frac{q_H - 1700}{400} \tag{15.24}$$

$$\Delta H_1 = \frac{2(1.5v_s d_s + 0.01q_H)}{\bar{u}} - \frac{0.48(q_H - 1700)}{\bar{u}} \tag{15.25}$$

ΔH_2 按式 (15.23) 计算，单位为 m。

当 $q_H \leqslant 1700kJ/s$ 或 $\Delta T < 35K$ 时：

$$\Delta H = \frac{2(1.5v_s d_s + 0.01q_H)}{\bar{u}} \tag{15.26}$$

当地面以上 10m 高处 $\bar{u}_0 < 1.5m/s$ 的地区：

$$\Delta H = 5.5q_H^{1/4}\left(\frac{dT_a}{dz} + 0.0098\right)^{-3/8} \tag{15.27}$$

式中，$\dfrac{dT_a}{dz}$ 取值不宜小于 0.01K/m。

例 15.1　某城市火电厂的烟囱高 100m，出口内径 5m。出口烟气气流速度 12.7m/s。温度 140℃。烟囱出口处风速为 6.0m/s。大气温度 20℃，气压 978.4hPa，试确定烟气抬升高度及有效源高。

解： 由式 (15.22) 计算烟气热释放率：

$$q_H = 0.35P_a Q_v(T_s - T_a)/T_s$$

$$= 0.35 \times 978.4 \times \frac{3.14}{4} \times 5^2 \times 12.7 \times \frac{140 - 20}{140 + 273} = 24799(kW)$$

由式 (15.21) 求出烟囱抬升高度：

$$\Delta H = \frac{v_s d_s}{\bar{u}}\left(1.5 + 2.7d_s \frac{T_s - T_a}{T_s}\right)$$

$$= \frac{12.7 \times 5.0}{6.0}\left(1.5 + 2.7 \times 5.0 \times \frac{413 - 293}{413}\right) = 57.4(m)$$

则有效源高度 $H_e = 57.4 + 100 = 157.4(m)$

15.2.3.2　扩散参数确定

应用大气扩散模式估算污染物浓度，计算了有效源高后，还必须确定扩散参数 σ_y 和 σ_z。扩散参数可以现场测定，也可用风洞模拟实验确定，还可以根据实测和实验数据归纳整理出来的经验公式或图表来估算。

为了实际应用的简便，帕斯奎尔（F. Pasquill）在大量观测和研究基础上总结出了一套根据常规气象资料划分大气稳定度等级和估算扩散参数的方法；后来吉福德（R. A. Gifford）又将其编制成更便于应用的图表。因此，这一扩散参数估算法被称为 P-G 曲线法。

　　帕斯奎尔根据太阳辐射情况、云量和地面风速将大气的稀释扩散能力划分为 A～F 共 6 个稳定度级别：A—极不稳定，B—不稳定，C—弱不稳定，D—中性，E—弱稳定，F—稳定。稳定度等级划分条件如表 15-5 所示，表中夜间指日落前 1 小时至次日凌晨日出后 1 小时。强太阳辐射指碧空下太阳高度角＞60°，弱太阳辐射指太阳高度角为 15°～35°。云会减弱太阳辐射，因此，要将云量与太阳高度一起考虑，如碧空下太阳高度角＞60°，辐射等级为强；但若云量处于 6/10～9/10，辐射强度为中等。这种稳定度等级划分方法对开阔的乡村比较合适，而城市由于下垫面粗糙度大和热岛效应等原因，结果会有较大偏差，尤其是静风晴夜。

表 15-5　稳定度等级划分

地面 10m 处风速 /(m/s)	白天太阳辐射			阴天的白天或夜间	有云的夜间	
	强	中	弱		薄云遮天或低云≥5/10	云量≤4/10
<2	A	A-B	B	D	E	F
2～3	A-B	B	C	D	E	F
3～5	B	B-C	C	D	D	E
5～6	C	C-D	D	D	D	D
>6	C	D	D	D	D	D

　　确定了大气稳定等级后，即可用 P-G 曲线图（图 15-8 和图 15-9）查出相应等级稳定度下污染源下风向距离 x 处的横向（水平）和竖向（铅直）的扩散参数 σ_y 和 σ_z。

　　为了便于应用计算机进行数值计算，可将 P-G 扩散参数曲线用近似的幂函数式表示：

$$\sigma_y = \gamma_1 x^{\alpha_1} \quad \sigma_z = \gamma_2 x^{\alpha_2} \tag{15.28}$$

　　式中，γ_1、γ_2、α_1、α_2 一般情况下随 x 变化，但在较大区间内可看作常数。30min 取样时间的 γ 和 α 值可从表 15-6（有风情况）、表 15-7（小风，$1.5\mathrm{m/s} > \overline{u}_0 > 0.5\mathrm{m/s}$）和静风（$\overline{u}_0 < 0.5\mathrm{m/s}$）中选取。

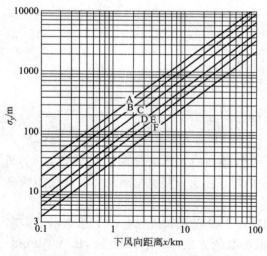

图 15-8　水平扩散参数与下风向距离的关系

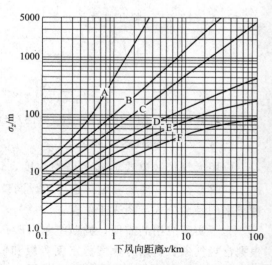

图 15-9　铅直扩散参数与下风向距离的关系

表 15-6　P-G 扩散曲线幂函数数据（取样时间 30min）

稳定度	$\sigma_y = \gamma_1 x^{\alpha_1}$			稳定度	$\sigma_z = \gamma_2 x^{\alpha_2}$		
	α_1	γ_1	下风距离 x/m		α_2	γ_2	下风距离 x/m
A	0.901074	0.425809	0～1000	A	1.12154	0.0799904	0～300
	0.850934	0.602052	＞1000		1.51360	0.00854771	300～500
					2.10881	0.000211545	＞500
B	0.914370	0.281846	0～1000	B	0.964435	0.127190	0～500
	0.865014	0.396353	＞1000		1.09356	0.057025	＞500
B-C	0.919325	0.229500	0～1000	B-C	0.941015	0.114682	0～500
	0.875086	0.314238	＞1000		1.00770	0.0757182	＞500
C	0.924279	0.1777154	0～1000	C	0.917595	0.106803	＞0
	0.885157	0.232123	＞1000				
C-D	0.926849	0.143940	0～1000	C-D	0.838628	0.126152	0～2000
	0.886940	0.189396	＞1000		0.756410	0.235667	2000～10000
					0.815575	0.136659	＞10000
D	0.929418	0.110726	0～1000	D	0.826212	0.104634	1～1000
	0.888723	0.146669	＞1000		0.632023	0.400167	1000～10000
					0.555360	0.810763	＞10000
D-E	0.925118	0.0985631	0～1000	D-E	0.776864	0.111471	0～2000
	0.892794	0.124308	＞1000		0.572347	0.528992	2000～10000
					0.499149	1.03810	＞10000
E	0.920818	0.0864001	0～1000	E	0.788370	0.0927529	1～1000
	0.896864	0.1019747	＞1000		0.565188	0.433384	1000～10000
					0.414743	1.73241	＞10000
F	0.929418	0.0553634	0～1000	F	0.784400	0.0620765	1～1000
	0.888723	0.733348	＞1000		0.525969	0.370015	1000～10000
					0.322659	2.40691	＞10000

表 15-7　小风和静风情况下扩散参数的回归系数

稳定度等级	γ_1		γ_2	
	静风	小风	静风	小风
A	0.93	0.76	1.57	1.57
B	0.76	0.56	0.47	0.47
C	0.55	0.35	0.21	0.21
D	0.47	0.27	0.12	0.12
E	0.44	0.24	0.07	0.07
F	0.44	0.24	0.05	0.05

　　大气扩散模式估算的污染物浓度是一定时间（即取样时间）内的平均值。取样时间增加，风的摆动范围增大，σ_y 增大，污染物平均浓度值随取样时间增加而减小，如式（15.29）。竖向扩散因受地面限制，当取样时间增加到 10～20min 后，σ_z 就不再随取样时间而增加。平均浓度随取样时间增大而减小的作用被称为时间稀释作用，其变化关系如式（15.30）所示。

$$\sigma_{y\tau2}=\sigma_{y\tau1}\left(\frac{\tau_2}{\tau_1}\right)^q \tag{15.29}$$

$$c_{\tau1}=c_{\tau2}\left(\frac{\tau_2}{\tau_1}\right)^q \tag{15.30}$$

式中，$c_{\tau1}$、$c_{\tau2}$ 分别为对应于取样时间 τ_1、τ_2 的浓度；$\sigma_{y\tau1}$、$\sigma_{y\tau2}$ 分别为对应于取样时间 τ_1、τ_2 的横向扩散参数；q 为时间稀释指数，$1h<\tau<100h$ 时 $q=0.3$，$0.5h\leqslant\tau<1h$ 时 $q=0.2$。国家标准 GB/T 3840—91 推荐的 q 值取法见表 15-8。

表 15-8　国家标准 GB 3840—91 推荐的 q 值取法

稳定度	B	B-C	C	C-D	D
$\tau=0.5\sim2h$	0.27	0.29	0.31	0.32	0.35
$\tau=2\sim24h$	0.36	0.39	0.42	0.45	0.48

15.2.3.3　特殊条件下的扩散模式

高斯扩散模式适用于整层大气都具有同一稳定度的扩散，即污染物扩散所波及的垂直范围都处于同一温度层结之中。对于特殊气象条件和特殊地形条件的空气污染扩散，则必须对此做出修正，见表 15-9。

表 15-9　特殊条件下的扩散模式

名称	模式表达式
封闭型扩散模式	地面轴线上浓度 $\rho(x,0,0)=\dfrac{Q}{2\pi\overline{u}\sigma_y\sigma_z}\displaystyle\sum_{-\infty}^{\infty}\exp\left[-\dfrac{(H-2nD)^2}{2\sigma_z^2}\right]$
熏烟型扩散模式	地面轴线上浓度 $c_F(x,0,0)=\dfrac{Q}{2\sqrt{2\pi}\overline{u}h_f\sigma_{yf}}$
无限长线源扩散模式	地面轴线浓度 $c(x,0,0,H)=\dfrac{2Q_L}{\sqrt{2\pi}\overline{u}\sigma_z}\exp\left(-\dfrac{H^2}{2\sigma_z^2}\right)$
面源扩散模式	城市中任意一点的浓度 $c=\Delta x\displaystyle\sum_{i=1}^{n}\dfrac{Q_i}{uD}$ （此处 n 为上风向面源数）
简化为点源的面源模式	下风向面源单元中心处的地面浓度 $c=\dfrac{q}{\pi\overline{u}\sigma_y\sigma_z}\exp\left(-\dfrac{H^2}{2\sigma_z^2}\right)$

注：D 为逆温层高度，m；n 为烟流在两界面之间的反射次数；h_f 为逆温层消失的高度，m；σ_{yf} 为熏烟条件下 y 向扩散参数，m；Δx 为条形面源的宽度，m；Q_i 为第 i 面源的源强，$g/(s\cdot m^2)$；Q_L 为单位线源的源强，$g/(s\cdot m)$；x 为计算点到上风向城市边缘的距离，m。

15.3　排气筒设计

二维码15-1　《制定地方大气污染物排放标准的技术方法》

15.3.1　排气筒高度的计算

排气筒是大气污染控制系统的重要部分。废气通过排气筒以一定的高度排放，借助大气的扩散能力，使污染物在大气环境中的浓度得到稀释，减少了污染物对地面环境的影响。根据前节所述公式，地面污染物浓度与有效污染源高平方成反比，但排气筒造价又与其高度的平方成正比。因此，合理的排气筒设计是非常重要的。

15.3.1.1　污染物浓度控制法

按照扩散计算得出的污染物最大地面浓度值不大于大气环境质量标准规定的允许限值的原则，可计算出所需的排气筒高度。

地面最大浓度计算公式为：

$$c_{max} = \frac{2Q}{\pi \overline{u} H^2 e} \left(\frac{\sigma_z}{\sigma_y} \right) \tag{15.31}$$

有效污染源高度 $H_e = H_s + \Delta H$。则，排气筒物理高度 H_s 计算式为：

$$H_s = \sqrt{\frac{2Q\sigma_z}{\pi e \overline{u} c_{max} \sigma_y}} - \Delta H \tag{15.32}$$

一般地，地面最大浓度不应超过标准规定的最大允许浓度限值 c_0。设环境本底浓度为 c_b，则地面最大浓度允许值 c_{max} 为：

$$c_{max} = c_0 - c_b \tag{15.33}$$

代入式（15.32），得：

$$H_s = \sqrt{\frac{2Q\sigma_z}{\pi e \overline{u} (c_0 - c_b) \sigma_y}} - \Delta H \tag{15.34}$$

式中，σ_y、σ_z 为横向和竖向扩散参数，m；Q 为源强，mg/s；c_0 为污染物允许浓度限值，mg/m^3；c_b 为污染物环境本底浓度，mg/m^3；$\overline{u}$ 为排气筒出口处的平均风速，m/s；e 为自然对数的底（=2.718）；σ_z / σ_y 为常数，一般取值 0.5~1.0。

若扩散参数按 $\sigma_y = \gamma_1 x^{\alpha_1}$、$\sigma_z = \gamma_2 x^{\alpha_2}$ 时，且 $\alpha_1 \neq \alpha_2$，可以导出：

$$H_s = \left[\frac{Q\alpha^{\alpha/2}}{\pi \overline{u} \gamma_1 \gamma_2^{1-\alpha} (c_0 - c_b)} \exp\left(-\frac{\alpha}{2}\right) \right]^{1/\alpha} - \Delta H \tag{15.35}$$

式中，$\alpha = 1 + \alpha_1 / \alpha_2$。

15.3.1.2　排放量控制法

按照《制定地方大气污染物排放标准的技术方法》（GB/T 3840—91），在污染物排放量大、本底浓度较高的地区，设定区域点源排放控制系数 P，用正态分布扩散模式计算高架点源一定排放源强下需要的有效源高度 H_e，再计算排气筒高度。

① 功能区域高架点源烟气污染物允许的排放限值：

$$Q = P \times H_e^2 \times 10^{-6} \tag{15.36}$$

式中，Q 为排气筒允许排放速率限值，kg/h；P 为功能区域高架点源某种污染物排放控制系数，kg/(m^2·h)。P 值与点源地理和空间位置、污染物日均浓度限值等相关，具体参见 GB/T 3840—91 标准 5.17 定义。

将式（15.36）代入有效污染源高度计算式，得到排气筒物理高度计算式：

$$H_s \geqslant \sqrt{\frac{Q \times 10^6}{P}} - \Delta H \tag{15.37}$$

② 生产工艺气态污染物点源排放允许限值按下面公式计算：

$$Q = 0.023 K \times K_e \times \overline{u} \times H_e^2 \times c_0 \tag{15.38}$$

式中，K 为区域调整系数，按一、二、三分别取 0.17、0.35、0.50；K_e 为地区性经济技术系数，取值为 0.5~1.5。

同样地，将式（15.38）代入有效污染源高度计算式，可计算得排气筒物理高度。

例 15.2 锅炉烟气量 $V_s = 19\,\text{m}^3/\text{s}$、$SO_2$ 排放量 $q = 20\,\text{g/s}$，烟囱口烟气温度 $T_s = 418\text{K}$，烟囱口内径 $d_s = 1.4\,\text{m}$。估计烟囱口气温 $T_a = 298\text{K}$，风速 $\overline{u} = 6\,\text{m/s}$。所在地区的 SO_2 本底浓度 $c_b = 0.04\,\text{mg/m}^3$，$SO_2$ 允许浓度 $c_0 = 0.06\,\text{mg/m}^3$。按地面最大浓度不超标的要求，计算 D 级大气稳定度条件下所需的烟囱高度。

解： ① 计算烟囱抬升高度。烟气出口流速为：

$$v_s = \frac{4V_s}{\pi d_s^2} = \frac{4 \times 19}{\pi \times 1.4^2} = 12.35\,(\text{m/s})$$

烟流抬升高度按式（15.21）计算：

$$\Delta H = \frac{v_s d_s}{\overline{u}}\left(1.5 + 2.7d_s\frac{T_s - T_a}{T_s}\right)$$

$$= \frac{12.35 \times 1.4}{6.0}\left(1.5 + 2.7 \times 1.4 \times \frac{418-298}{418}\right) = 7.45\,(\text{m})$$

② 计算烟囱高度按 $\sigma_y = \gamma_1 x^{\alpha_1}$、$\sigma_z = \gamma_2 x^{\alpha_2}$ 计算。

假定最大地面浓度点至排放源的水平距离 x_{max} 在 $1\sim10\text{km}$ 范围内，再按 D 级稳定度查表得：$\alpha_1 = 0.888723$，$\gamma_1 = 0.146669$；$\alpha_2 = 0.632023$，$\gamma_2 = 0.400167$

$$\alpha = 1 + \alpha_1/\alpha_2 = 2.406$$

按式（15.35）计算烟囱物理高度：

$$H_s = \left[\frac{Q\alpha^{\frac{\alpha}{2}}}{\pi\overline{u}\gamma_1\gamma_2^{1-\alpha}(c_0 - c_b)}\exp\left(-\frac{\alpha}{2}\right)\right]^{\frac{1}{\alpha}} - \Delta H = 112.51 - 7.45 = 105.06\,(\text{m})$$

③ 计算有效源高并校核 x_{max}：

$$H_e = H_s + \Delta H = 112.51\,(\text{m})$$

则 $x_{max} = \left(\frac{H_e}{\sqrt{2}\gamma_2}\right)^{1/\alpha_2} = 4330\,(\text{m})$

与原假定的 x_{max} 在 $1\sim10\text{km}$ 范围相符。

15.3.2 排气筒设计中的几个问题

排气筒高度设计计算涉及烟流抬升高度，设计时应选用比较符合实际情况的扩散模式、抬升高度计算式和相关计算参数。

15.3.2.1 烟流扩散模型

上述计算排气筒物理高度的公式都是以烟流扩散范围内层结相同的中性条件下形成的锥型扩散模式为依据的，因为这种情况出现的频率高。锥型烟流正态分布扩散模式导出的计算公式，适合于平坦地区、正常温度层结条件下应用。对于地形复杂或城市中低矮污染源，应结合具体情况，确定计算式和计算参数。

在上部逆温出现频率较高的地区，按上述公式计算后，还应按封闭型扩散模式校核。对低矮源，可考虑用不稳定层结下的扩散参数代入烟流扩散模式计算 H_s。

15.3.2.2 烟气抬升高度和扩散参数

烟流抬升高度 ΔH 对 H_e 的影响很大，所以应选用抬升高度公式的应用条件与设计条件相近的抬升公式。一般情况下，应优先采用 GB/T 3840—91 中推荐的公式。

σ_z/σ_y 值与稳定度和下风距离 x 有关，其值大小对排气筒高度影响很大。比较稳妥的办法是根据稳定度出现的频率和实测的 σ_y、σ_z 值进行统计分析后确定。

15.3.2.3 避免烟气下洗（下沉）

另外，为了避免因建筑物对气流的影响而造成污染气流下洗，排气筒高度不得低于它所附属建筑物高度的 1.5~2.5 倍。为了避免排气筒本身造成的污染气流下洗，排气速度不得低于排放口高度处平均风速的 1.5 倍。对中小型排气筒，应适当增加气流出口速度，以增加动力抬升，但气流出口速度过高会因剧烈夹卷而降低抬升高度。

为避免烟气下洗（下沉），可在排出口处设置直径大于排气筒出口直径的水平圆板，圆板向外伸展的尺寸至少等于排气出口直径。

15.3.2.4 提高排气扩散效果的措施

提高排气速度，有利于动力抬升，对扩散稀释有利。一般排气筒的出口气速不低于18m/s，必要时可提高到 27~30m/s。为了提高出口气速，可将排气筒出口段做成锥形收缩喷口或曲线收缩喷口。需注意，提高出口气速会增加能量消耗。

提高排气温度，有利于增加热力抬升。因此设计时要考虑应尽量减少风管及排气筒的热损失，既能增加排气的热压头，又能增加烟流抬升高度。对湿法脱硫以后的低温烟气需再加热以后排放。

从抬升公式可知，即使具有相同的烟气温度，如果增加排气量，对动力抬升和浮力抬升都有好处。因此，如果条件允许，可将多个污染源合并排放，或将多个排气筒组合为集合式排气筒。

例 15.3 平原地区一城市远郊区某厂拟新装一台锅炉，耗煤量 5.2t/h，煤中硫的质量分数 2.2%，90% 的硫被氧化为 SO_2 进入烟气排放，除尘后烟气出口温度 100℃，初步设计烟囱口径 1.4m，出口速度 14m/s。当地年均气温 18℃、气压 1005hPa、风速 2.6m/s，全年以 D 类天气为主。当地 SO_2 本底一次最大浓度为 0.10mg/m³，厂内没有其他 SO_2 污染源。推荐排放控制系数 $P=26t/(h \cdot m^2)$，试按 GB/T 3840—91 方法设计烟囱高度，并计算此烟囱产生的地面最大浓度及其出现点。

解： ① 计算最低有效烟囱高度。

SO_2 的排放量为：$Q=5.2 \times 0.022 \times 2 \times 0.9 = 0.20592$（t/h）。

由式（15.36）得，最低有效烟囱高度：

$$H_e = (Q \times 10^6/P)^{1/2} = (0.20592 \times 10^6/26)^{1/2} = 89 (m)$$

② 计算烟囱几何高度。

排热率：

$$q_H = 0.35 P_a \frac{T_s - T_a}{T_s} Q_v = 0.35 \times 1005 \times \frac{(100+273)-(18+273)}{(100+273)} \times \frac{\pi}{4} \times 1.4^2 \times 14$$
$$= 1665.7 (kW)$$

设新建烟囱几何高度为 H_s，烟囱出口处的风速为 $\bar{u}$，则

$$\bar{u} = 2.6 (H_s/10)^{0.25} \quad （城市 D 类稳定度，m=0.25）。$$

由于 $q_H < 1700kW$，烟气抬升高度按计算：

$$\Delta H = \frac{2(1.5v_s d_s + 0.01q_H)}{\overline{u}} = \frac{2(1.5 \times 14 \times 1.4 + 0.01 \times 1665.7)}{\overline{u}}$$

$$= \frac{92.13}{2.6 \times (H_s/10)^{0.25}} = \frac{63.013}{H_s^{0.25}} \text{(m)}$$

$$H_e = H_s + \Delta H = H_s + \frac{63.013}{H_s^{0.25}} = 89 \text{(m)}$$

用试差法解得 $H_s = 67m$。实际上，由于工业上烟囱高度是有一定规格的，因此，该烟囱实际高度取 80m。

烟囱出口处的风速：$\overline{u}_{80} = 2.6 \times (80/10)^{0.25} = 4.37 \text{(m/s)}$。

$$\Delta H = 63.013/80^{0.25} = 21.07 \text{(m)}$$

实际有效烟囱高度：

$$H_e = H_s + \Delta H = 80 + 21.07 = 101.07 \text{(m)}$$

③ 计算 $x_{c_{max}}$ 和 c_{max}。按 GB/T 3840—91 规定，平原城市远郊区 D 类应向不稳定方向提半级后查算 P-G 扩散参数，即用 C-D 类的 γ 和 α 值。则

$x > 1000m$，$\gamma_1 = 0.189396$，$\alpha_2 = 0.886940$。

$x \leqslant 2000m$，$\gamma_2 = 0.126152$，$\alpha_2 = 0.838628$。

$$\sigma_z \mid x = x_{c_{max}} = H_e/\sqrt{2} = 101.07/\sqrt{2} = 71.47 \text{(m)} = \gamma_2 x_{c_{max}}^{\alpha_2}$$

$$x_{c_{max}} = \left(\frac{71.47}{0.126152}\right)^{\frac{1}{0.838628}} = 1918.7 \text{(m)}$$

$x_{c_{max}} > 1000m$，与 γ、α 的选择范围相符。

$$\sigma_y = \gamma_1 x_{c_{max}}^{\alpha_1} = 0.189396 \times 1918.7^{0.886940} = 154.6 \text{(m)}$$

$$x_{c_{max}} = \frac{0.234Q}{\overline{u}H_e^2} \times \frac{\sigma_z}{\sigma_y} = \frac{0.234 \times 0.20592 \times 10^9/3600}{4.37 \times 101.07^2} \times \frac{71.47}{154.6} = 0.139 \text{(mg/m}^3\text{)}$$

预测一次污染物浓度落地浓度最大值为 0.139mg/m^3，叠加环境本底浓度 0.10mg/m^3，预测地面的污染物最大浓度值为 0.239mg/m^3，低于国家二级标准（0.5mg/m^3），设计烟囱高度符合要求。

习题

15.1 一登山运动员在山脚处测得气压为 1000hPa，登山到达某高度后又测得气压为 500hPa，试问登山运动员从山脚向上爬了多少米？

15.2 在 1.5m 和 100m 高度上，分别测得气温为 298K 和 296.2K，试计算这层大气的气温递减率，并判断其大气稳定度。

15.3 在气压为 400hPa 处，气块温度为 230K。若气块绝热下降到气压为 600hPa 处，气块温度变为多少？

15.4 污染源的东侧为峭壁，其高度比污染源高得多。设有效源高为 H，污染源到峭壁的距离为 L，峭壁对烟流扩散起全反射作用。试推导吹南风时高架连续点源的扩散模式。当吹北风时，这一模式又变成何种形式？

15.5　某发电厂烟囱高度 120m，内径 5m，排放速度 13.5m/s，烟气温度为 418K。大气温度 288K，大气为中性层结，源高处的平均风速为 4m/s。试用霍兰德和国家标准 GB/T 3840—91 中的公式计算烟气抬升高度。

15.6　某污染源排出 SO_2 量为 80g/s，有效源高为 60m，烟囱出口处平均风速为 6m/s。在当时的气象条件下，正下风方向 500m 处的 $\sigma_y = 35.3m$，$\sigma_z = 18.1m$，试求正下风方向 500m 处 SO_2 的地面浓度。

15.7　某污染源 SO_2 排放量为 80g/s，烟气流量为 265m³/s，烟气温度为 418K，大气温度为 293K。这一地区的 SO_2 本底浓度为 0.05mg/m³，设 $\sigma_z/\sigma_y = 0.5$，$\overline{u_{10}} = 3m/s$，$m = 0.25$，试按《环境空气质量标准》的二级标准来设计烟囱的高度和出口直径。

15.8　农村乡镇某印染企业计划安装一台锅炉，耗煤量 2.8t/h。煤中硫的质量分数 1.2%，90% 的硫被氧化为 SO_2 进入烟气排放，除尘后烟气出口温度 110℃，初步设计烟囱口径 1.0m，出口速度 15m/s。当地年均气温 16℃、气压 1005hPa、风速 2.4m/s，全年以 D 类天气为主。当地 SO_2 本底一次最大浓度为 0.12mg/m³，厂内没有其他 SO_2 污染源。若排放控制系数 $P = 22t/(h \cdot m^2)$，试按 P 值法设计烟囱高度，并计算此烟囱产生的地面最大浓度及其出现点（ΔH、σ_y、σ_z 和 H_s 均按 GB/T 3840—91 规定选取或计算）。

第16章　室内空气质量与控制

16.1　引言

21世纪，室内生活和工作的人口比例呈增长趋势，尤其是经济发达地区。室内场所包括居室、工厂、办公楼、商（旅、餐饮）店、候机（车、船）厅、娱乐场、医院、教室以及机动车等。人的一生在室内度过的时间占70%~90%，许多人平均每天待在室内时间超过20h。因此，室内空气质量（IAQ）是关乎人体健康的重要因素。

室内空气与自然环境或室外空气不同。分析原因，归结起来主要有两个：第一，室内空气多数被认为是私有财产，因此不受与环境空气相同的法规约束；第二，与室外空气相比，室内空气的污染物种类、来源以及其分散行为是不一样的。受环境功能的区分，室内空气质量的控制要求与环境空气质量存在明显的差别。

本章着重介绍室内空气污染物及来源、室内空气质量控制等内容。

16.2　室内空气污染物

室内空气污染物种类很多。通常，它们可以分为五大类：挥发性有机物（VOCs）（包含甲醛）、无机气体、颗粒物、氡和生物污染物，见表16-1。在本节中，简要描述一些主要的室内空气污染物。

表 16-1　室内空气污染物及其来源

污染物	来　　源
VOCs	油漆、稀释剂、香水、发胶、家具上光剂、清洗溶剂、地毯、胶水、干洗衣物、空气清新剂、蜡烛、肥皂、沐浴露、烟草烟雾
甲醛	刨花板、胶合板、胶水、地毯、绝缘材料、燃料燃烧、烟草烟雾
CO,CO_2,NO_x	燃气炉、蜡烛、壁炉、火炉、煤油取暖器、人类呼吸、烟草烟雾
颗粒物	壁炉、火炉、蜡烛、烟草烟雾、烹饪
氡	地基土壤、建筑石材
生物污染物	宠物、室内盆栽植物、昆虫、发霉物(霉菌和真菌)、床上用品、暖通空调、加湿器

（1）VOCs　室内空气中VOCs包含的种类很多，其来源也广泛，如表16-2所示。除单个VOC外，TVOCs（总挥发性有机化合物）的综合污染也是非常主要的。

甲醛（HCHO）是建筑物内最常见且室内污染最严重的一种VOCs污染物。甲醛来自各种层压板和胶水、一些类型的泡沫绝缘材料，以及新安装的地毯、胶合板镶板、刨花板架子和家具等，是新办公楼、住宅、新车内的一个主要空气污染物。表16-3列出了一些材料或活动过程甲醛的排放率。由表可知，甲醛也是炭质燃料不完全燃烧的一种产物，因此甲醛来源也包括天然气炉、烤箱、煤油炉、香烟燃烧等。

表 16-2　室内 VOCs 及其来源

污染物	来源
甲醛	地毯、胶合板、刨花板、层压家具、绝缘、胶水、燃料燃烧、烟草烟雾
一氯甲烷、二氯甲烷、三氯甲烷	溶剂、喷雾剂、热水淋浴
四氯化碳	墨水、胶带、溶剂、橡胶制品
苯乙烯	复印机、塑料、合成橡胶制品、合成树脂
三甲苯	壁纸、针刺毡、胶黏剂、涂料
正己烷	燃料、香水、喷雾剂、清洁剂、涂料、溶剂
甲醇	清洁剂、涂料、稀释剂、化妆品、胶黏剂

表 16-3　甲醛的排放率

材料或活动	排放率/[$\mu g/(m^2 \cdot d)$]（或如标注）	材料或活动	排放率/[$\mu g/(m^2 \cdot d)$]（或如标注）
纤维板	17600～55000	纸制品	260～680
硬木胶合板镶板	1500～36000	地毯	0～65
刨花板	2000～25000	吸烟	1300μg/根
脲醛泡沫绝缘材料	1200～19200	便携式煤油炉	660～4600$\mu g/h$
软木胶合板	240～720	燃气炉或烤箱	8000～28000$\mu g/h$

室内，甲醛对人体的主要健康影响是刺激眼睛，这个浓度范围为 0.01～2.0$\mu L/L$ 时。如果甲醛浓度达 5～30$\mu L/L$，则会对下呼吸道和肺部产生刺激。住宅和办公室内的甲醛浓度范围为 0.02～0.3$\mu L/L$，一些新迁住宅甲醛浓度达 1～2$\mu L/L$。研究表明，甲醛浓度随着室内空气温度升高和湿度增加而显著增加。

（2）无机气体　室内空气中的无机气态污染物主要是指 CO 和 NO_x。它们来自燃烧，包括燃气灶、火炉、煤油加热器和壁炉。如果燃烧过程没有通风，燃烧产物在室内的浓度可以达到很高，如冬天室内木炭取暖，常出现 CO 中毒甚至死亡的事故。高峰期，汽车、卡车和公共汽车中常常也遇到一些"室内" CO 高浓度的情形。另外，如果商业建筑物的外部空气进入口恰好与街道水平或设在停车库旁边，则建筑物内部 CO 和 NO_x 可能会明显增加。

如第 1 章讨论的 CO 对人体健康的影响，CO 比 O_2 更容易被血红蛋白吸收。正常代谢过程，血液中碳氧血红蛋白（COHb）的含量为 0.5%～1.0%。连续暴露于 CO 浓度 20$\mu L/L$ 的空气中，4～5 小时后，血液中 COHb 含量达到 3%，开始明显影响人体健康。血液中 COHb 浓度为 5%～17% 时，人体视觉感知、动手能力和精神敏捷度开始降低。如果每升空气中 CO 值超过数千微升时，人暴露其中会迅速死亡。

NO 可以像 CO 一样干扰血液中的氧吸收。研究表明，暴露于 NO 浓度 3$\mu L/L$ 产生的危害与暴露于 CO 浓度 10～15$\mu L/L$ 相当。另外，NO_2 具有腐蚀性，对肺部深处有刺激性，在水中水解成硝酸，即使浓度低至 0.5$\mu L/L$，也会对哮喘患者产生影响。

（3）颗粒物　"烟"是燃烧不完全的可见指标，通常包括细颗粒物（$PM_{2.5}$）以及各种气体。烟草、雪茄和烟道的烟雾含有多种污染物质，包括 CO、NH_3、HCN、HCHO、焦油、尼古丁、苯并芘、某些重金属（如镉）、酚类和荧蒽，均属 $PM_{2.5}$。在这些物质中，许多是已知的或可疑的致癌物质。自 21 世纪以来，全球范围内每年有 500 万人死于烟草使用，美国吸烟每年导致 40 多万人死亡，中国每年大约有 120 万人死亡。烟，除了在住宅、餐厅、办公室或购物区内各处流通外，还可以沉积在物体表面（如窗帘），而且气味可以长期停留。许多国家和地方政府已制定禁止在大多数建筑物内吸烟的规定。

燃烧源如蜡烛、火炉、壁炉，也会排放各种污染物。木材燃烧通常释放多环芳烃（PAHs）和痕量金属（取决于所燃烧木材的来源）。此处多环芳烃是指有两个或两个以上苯环并具有致癌性的化合物。室内其他细粒子还包括由环境空气带入的灰尘和花粉、石棉纤维、动物皮屑、霉菌孢子、螨虫、棉纤维、昆虫的一部分、毛发、尘埃，以及室内使用的杀虫喷雾剂中农药、铅基涂料中的铅等。

（4）氡　氡（Rn）是镭的放射性衰变产物，存在于一些地方的岩石、土壤和建筑材料中。虽然氡本身没有化学活性，但其衰变产物（钋、铅和铋）可以停留在肺部，并随着时间的推移释放出 α 粒子。氡气通过土壤等孔隙向上迁移，进入住宅和其他建筑物内。

氡浓度以皮居里每立方米（pCi❶/m³，10^{-12}Ci/m³）表示。氡的危害是其本身或其产物的放射性会引起肺癌。多数家庭室内空气氡浓度范围为1500pCi/m³ 或 1.5pCi/L，肺癌的风险大约等于每年接受 75 次胸部 X 射线照射的风险。如果氡浓度超过 4pCi/L，需要采取一些措施，以降低室内氡含量。据估计，在美国氡气每年造成 7000～30000 人因肺癌死亡（占所有肺癌致死人数的 5%～20%）（EPA，1997 年）。

（5）生物污染物　基于生物的室内空气污染物包括霉菌、病毒、细菌、原生动物、植物花粉、宠物皮屑、宠物尿液中的低分子量蛋白质以及来自昆虫的微小身体部位的碎屑和粪便。在具有中央空调的建筑物中，通风管道系统的内壁（特别是达到露点和湿度接近 100%的管道内壁）可能成为霉菌和细菌的滋生地。研究人员对"病态建筑物"的大量调查发现，住宅和商业建筑中的空调引导管道每平方米的内壁上有数千万个真菌孢子，这些霉菌及其孢子或气态代谢产物会引起易感人群过敏。

过敏原是指能够使人发生过敏的抗原，包括了上述提到的各种生物污染物。过敏反应是十分夸张或不适当的免疫反应，可能对宿主造成身体伤害。室内发现的过敏原包括：①有生命的群体，如细菌、真菌、霉菌孢子、花粉和藻类等；②无生命的群体，如房屋尘埃、昆虫身体部位、动物皮屑、死菌和细菌细胞以及尘螨和蟑螂粪便等。由空气传播的过敏原引起的疾病包括过敏性鼻炎、过敏性哮喘和超敏反应性鼻炎等。

16.3　室内空气质量控制

室内空气质量控制包括三方面内容：①源头控制，降低室内污染物产生；②通风，将污染物从建筑物中移除；③分解污染物，实现清洁空气的目的。

16.3.1　源头控制

提高室内空气质量首要考虑的是降低室内污染物的产生。

控制室内污染物包括从建筑材料中去除污染物，减少产生污染物的活动，或将来源与人体隔离开来。这种隔离可以通过物理屏障（罩、气帘或其他空气加压技术），或通过控制污染源活动的时间（例如在夜班搞清洁工作）来实现。

---

❶　1Ci=37GBq。

　　显然，在设计和施工阶段考虑源头控制是重要的，特别是对于病态建筑的修复过程。选择合适的建筑材料、减少室内燃烧的来源和去除过敏原的来源，都是降低室内空气污染浓度的有效手段。清洁管道，去除受污染的壁纸、地毯等，或控制冷却塔中微生物的生长对于控制病态建筑物来说极其重要。

　　当然，源头控制不是确保良好的室内空气质量的全部。

二维码16-1 《民用建筑供暖通风与空气调节设计规范》

16.3.2　通风

　　通风就是采用自然或机械方法使外部空气进入室内，将室内部空气向外排出，以营造卫生、安全、舒适的室内空气环境的技术。足够的通风强度可以提高室内空气质量，有益健康。

　　我国《室内空气质量标准》（GB/T 18883—2022）、《民用建筑供暖通风与空气调节设计规范》（GB 50736—2012）等对不同类型室内空间的通风要求做了明确规定，如表 16-4～表 16-7 所示。

　　建筑物中的空气交换有三种方式：强制通风、自然通风和渗透。强制通风是指使用风扇或鼓风机强制交换室内空气，自然通风是通过打开窗户或门进行自然的空气流通交换，渗透是指即使所有窗户和门都关闭时发生的空气流通交换。通风和渗透的示意图如图 16-1 所示，外环境空气可能通过建筑物中的许多间隙和开口流通至建筑物中，如门窗及其周围的裂缝、厨房和浴室等通风管及各类管道四周形成的间隙等。

表 16-4　公共建筑主要房间每人所需最小新风量

建筑房间类型	新风量/[m³/(h·人)]	建筑房间类型	新风量/[m³/(h·人)]
办公室	30	大堂、四季厅	10
客房	30		

表 16-5　居住建筑设计最小换气次数

人均居住面积 F_P	每小时换气次数	人均居住面积 F_P	每小时换气次数
$F_P \leq 10m^2$	0.70	$20m^2 < F_P \leq 50m^2$	0.50
$10m^2 < F_P \leq 20m^2$	0.60	$F_P > 50m^2$	0.45

表 16-6　医院建筑设计最小换气次数

功能房间	每小时换气次数	功能房间	每小时换气次数
门诊室	2	放射室	2
急诊室	2	病房	2
配药室	5		

表 16-7　部分设备机房机械通风换气次数

机房名称	清水泵房	软化水间	污水泵房	中水处理机房	蓄电池室	电梯机房	热力机房
小时换气次数	4	4	8～12	8～12	10～12	10	6～12

16.3.3　清洁空气

　　清洁空气是指对外部空气（如空气中有大量花粉）和再循环空气（如室内产生的污染物）采取有效手段，以去除空气中含有的污染物。

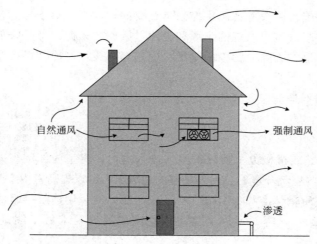

图 16-1　通风和渗透

空气清洁的主要技术原理前面已有阐述，清除 PM 最有效的方法是过滤或静电除尘，控制 VOCs 最有效的技术是吸附（活性炭、分子筛或硅胶）或催化氧化，但催化氧化存在形成二次污染物的风险，需要慎用。

16.4　室内通风计算

（1）室内空气质量平衡方程　室内空气污染物浓度可以通过简单的数学模型计算。模型的关键变量是排放率和通气率。

对于气流流动非常简单的建筑物，可以假定整个建筑物是一个单一的、混合良好的空间。如果情况复杂，则可以将建筑物视为由许多这样的空间串联连接。

对于一个混合良好的房间，就像一个进出空气的箱子，其物料平衡方程称为箱式模型，表示如下：

$$\frac{V dc_i}{dt} = Qc_0 + S - Qc_i - kc_i V \tag{16.1}$$

式中，V 为房间体积，m^3；c_i 为污染物的室内浓度，$\mu g/m^3$；c_0 为外界污染物浓度，$\mu g/m^3$；Q 为通气量，m^3/h；S 为室内源排放率，$\mu g/h$；k 为污染物去除反应速率常数（这里假设为一级），h^{-1}。

经整理，式（16.1）可以表示为：

$$\frac{dc_i}{dt} + \left(\frac{Q}{V} + k\right)c_i = \frac{Q}{V}c_0 + \frac{S}{V} \tag{16.2}$$

式中，Q/V 为空气交换率（用符号 A 表示），h^{-1}，可以理解为每小时整个房间的换气次数（ACH），是表征建筑物或房间通风度的常见指标。

公式左边第二项（$Q/V + k$）的倒数是该建筑物的特征时间或时间常数，用符号 τ 表示，式（16.2）的一般解为：

$$c_i = \left[c_0 - \tau\left(\frac{Q}{V}c_0 + \frac{S}{V}\right)\right]\exp(-t/\tau) + \tau\left(\frac{Q}{V}c_0 + \frac{S}{V}\right) \tag{16.3}$$

式中，c_0 为室内的初始浓度，也即外界污染物浓度。

为方便获得数值解，式（16.3）可以重新排列并写成另一种表达式：

$$c_i = \tau \left(\frac{Q}{V} c_0 + \frac{S}{V} \right) (1 - e^{-t/\tau}) + c_0 e^{-t/\tau} \tag{16.4}$$

如果室内初始浓度（c_0）等于 0。式（16.4）可以简化如下：

$$c_i = c_{iss} (1 - e^{-t/\tau}) \tag{16.5}$$

式中，$c_{iss} = \tau \left(\frac{Q}{V} c_0 + \frac{S}{V} \right) = \left(\frac{A c_0 + S/V}{A + k} \right)$，称为稳态浓度值。

取 $c_0 = 0$，则稳态浓度值为：

$$c_{iss} = \left(\frac{Q}{V} + k \right)^{-1} \frac{S}{V} = \frac{S}{Q + kV} \tag{16.6}$$

随着空气交换率增加，不管污染源排放率或化学反应的分解率如何，室内浓度慢慢接近室外浓度。另一方面，当空气交换率 A 降低到零时，室内浓度主要受污染源排放速率和反应速率常数的影响。为此，建筑规范或标准提供了各种类型房间所需的最小换气量。

对于具有强制通风的建筑，包括大多数现代办公楼和酒店，补充空气量大于渗透空气量。在建筑设计期间，建筑师和工程师根据一些指南或可比较的标准来选择补充气流率。一旦确定补充气流率，则可以确定补充（外部）空气风扇的尺寸大小，进而设计空调和通风管道系统。

对于没有强制通风系统的建筑，空气交换完全是通过自然通风和渗透实现的。这种空气交换的方法适用于没有中央空调的建筑物。表 16-8 给出了一些关于估算窗户关闭时住房的空气换气次数。

表 16-8　窗户处于关闭状态的住房换气次数

房间布局	ACH/(次/h)	房间布局	ACH/(次/h)
没有窗户或外门	0.5	窗户或外门分别在两面墙上	1.5
窗户或外门在一面墙上	1.0	窗户或外门分别在三面墙上	2.0

例 16.1　一个乡村俱乐部刚刚在其客厅镶嵌了新的硬木胶合板。面板以 $20.0 mg/(m^2 \cdot d)$ 的排放速率排放甲醛；并且覆盖了 $81 m^2$ 的墙壁空间。甲醛以每小时 0.40 的一级速率常数衰变成 CO_2。房间长 7.5m、宽 6m、高 3m。平均通气速率为每小时空气交换 1.5 次，并且室外浓度为零。

① 假设俱乐部在安装面板后立即向会员开放，俱乐部室内甲醛最大浓度是多少？
② 假设室内初始甲醛浓度为零，达到稳态（最大）浓度的 95% 需要多长时间？
③ 你建议怎么做？

解： ① 在稳态下：

$$c_{iss} = \left(\frac{A c_0 + S/V}{A + k} \right)$$

排放率为：

$$S = 81 m^2 \times 20.0 mg/(d \cdot m^2) \times \frac{1d}{24h} = 67.5 mg/h$$

房间体积为 $7.5 \times 6 \times 3 = 135$（$m^3$），$c_0$ 为零，则

$$c_{iss} = \frac{S/V}{A + k} = \frac{67.5/135}{1.5 + 0.4} = 0.263 (mg/m^3)$$

该质量浓度转化成体积浓度为 $0.21 \mu L/L$，足以导致对俱乐部成员造成对眼睛和呼吸系统的严重刺激。

②估计达到稳态浓度95％的时间。

对于 $c_0=0$，式（16.4）简化为：

$$c_i=c_i=c_{iss}(1-e^{-t/\tau})$$

$\tau=(Q/V+k)^{-1}$，即

$$\tau=\left(\frac{Q}{V}+k\right)^{-1}=1/(1.5+0.4)=0.526(h)$$

当 $c_i/c_{iss}=0.95$ 时，解出 τ。

$$c_i/c_{iss}=0.95=1-\exp(-t/0.526)$$
$$\ln(1-0.95)=-t/0.526$$
$$t=0.526\times2.996=1.58（h）$$

③ 在这种情况下，最简单的办法是将建筑物的其余部分与此房间隔开，并用大量的外部空气进行通风，直到新的胶合板"治愈"，甲醛排放率降至较低水平。

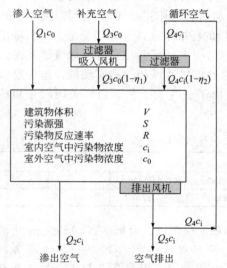

图 16-2　室内空气质量模型示意图

（2）室内通风计算　实际的室内空气质量模型比式（16.1）中描述的复杂。图 16-2 是一个包含渗透、强制通风处理和再循环空气的室内空气物质平衡。

假设建筑物内的空气完全混合，这样模型会比较简单。在实际建筑中，存在许多独立的房间，空气会从一些房间流动到其他房间，并且在许多房间中具有不同的排放率和浓度分布。

根据建筑物内的空气完全混合的假设，描述图 16-2 所示过程的物料平衡方程为：

$$V\frac{dc_i}{dt}=Q_1c_0+Q_3c_0(1-\eta_1)+Q_4c_i(1-\eta_2)-$$
$$(Q_2+Q_4+Q_5)c_i+S-R \qquad (16.7)$$

式中，所有符号已在前面被定义或在图 16-2 中被标注。η_1 和 η_2 为图 16-2 所示两个过滤器的去除效率。

采用数值方法对式（16.7）求解。随着计算机的广泛使用，工程师能相对快速地在电子表格中使用简单的方法来解决这些问题。

例 16.2　一个房主每天使用燃气灶 45min，灶台使用过程中每小时消耗 $0.34m^3$ 天然气（$1m^3$ 气体能量约为 35530kJ）。这种灶台的 NO_2 排放因子为 $15\mu g/kJ$。厨房空气的渗透率为 $120m^3/h$，环境空气的 NO_2 浓度为 $40\mu g/m^3$。厨房的尺寸为 $4.5m\times6m\times2.4m$。该房子没有空调，所以没有空气的再循环。灶台有一个独立的集气罩和排风扇，排气量为 $600m^3/h$，集气率为炉灶气体的 80％。NO_2 的反应速率为零，室内没有其他 NO_2 源。

计算厨房中 NO_2 浓度与时间的关系图。从灶台首次打开之后，3 小时内厨房 NO_2 浓度变化。绘制两条线：其中一条有排风扇运行，另一条没有排风扇运行（注意：排风扇只运行前 45min）。

解：首先计算灶台使用时的 NO_2 排放率：

$$0.34m^3/h\times\frac{1h}{60min}\times35530kJ/m^3\times15\mu g/kJ=3020\mu g/min$$

为方便数值求解，首先将质量平衡方程式（16.7）重写为有限差分方程：

$$V\frac{\Delta c_i}{\Delta t}=Q_1 c_0 + S - Q_2 c_i - Q_5 c_i \tag{16.8}$$

将 Δt 定义为 1min，并将室内的初始浓度（时间 $t=0$）设置为环境浓度（$c_{i0}=c_0$），设计如表 16-9 所示的电子表格，然后简单地复制任意数量的行并观察结果，直到计算出的 c_i 接近恒定值或达到 3h 限制。记得在 45min 后关掉炉子和风扇时，S 和 Q_5 在时间＝45min 时变为零。NO_2 浓度与时间的关系图如图 16-3 所示。

表 16-9 例 16.2 的电子表格解决方法（前 25min）

项目	A	B	C	D	E	F	G	H	I
1	示例问题 16.2 燃气灶具——带和不带风扇的电子表格解决方								
2	案								
3				$c_0=40\mu g/m^3$				c—浓度	
4	定义初始条件和单位转换			$t_0=0min$				c_i—室内浓度	
5		渗透 120m^3/h		$Q_1=2.0m^3/min$				c_0—室外浓度	
6		风扇 600m^3/h		$Q_5=10.0m^3/min$				t—时间	
7		排放		$S=3020\mu g/min$				Q—体积流量	
8		房间 64.8m^3		$V=64.8m^3$				S—污染物排放速率	
9	定义模拟参数			$\Delta t=1min$				V—体积	
10									
11				$V\times(\Delta c/\Delta t)=Q_1\times c_0+S-Q_2\times c_i-Q_5\times c_i$					
12	待解决的方程式								
13				$\Delta c/\Delta t=Q_1/V\times c_0+S/V-(Q_2+Q_5)/V\times c_i$					
14									
15	方法	起始 $c_{old}=c_{i,0}=c_0$；计算公式中的 $\Delta c/\Delta t$；							
16		记录 $\Delta c=c_{new}-c_{old}$						注意：风扇仅开启 45min	
17		乘以 Δt 再加上 c_{old} 得到 c_{new} 复制 c_{new} 到下一行单元格代替 c_{old} 并重复							
18	风扇关闭情况下的结果				风扇打开情况下的结果				
19	时间 t/min	c_{old}/($\mu g/m^3$)	$\Delta c/\Delta t$	c_{new}/($\mu g/m^3$)	时间 t/min	c_{old}/($\mu g/m^3$)	$\Delta c/\Delta t$	c_{new}/($\mu g/m^3$)	
20	0	40	45.21	85.21	0	40	39.32	79.32	
21	1	85.21	43.86	129.07	1	79.32	33.18	112.50	
22	2	129.07	42.54	171.61	2	112.50	27.99	140.50	
23	3	171.61	41.27	212.88	3	140.50	23.62	164.12	
24	4	212.88	40.03	252.91	4	164.12	19.93	184.05	
25	5	252.91	38.83	291.75	5	184.05	16.82	200.86	
26	6	291.75	37.67	329.42	6	200.86	14.19	215.05	
27	7	329.42	36.54	365.96	7	215.05	11.97	227.02	
28	8	365.96	35.45	401.41	8	227.02	10.10	237.12	
29	9	401.41	34.39	435.80	9	237.12	8.52	245.64	
30	10	435.80	33.36	469.16	10	245.64	7.19	252.84	
31	11	469.16	32.36	501.52	11	252.84	6.07	258.90	
32	12	501.52	31.39	532.91	12	258.90	5.12	264.02	
33	13	532.91	30.45	563.36	13	264.02	4.32	268.34	
34	14	563.36	29.54	592.90	14	268.34	3.64	271.99	
35	15	592.90	28.66	621.56	15	271.99	3.08	275.06	
36	16	621.56	27.80	649.36	16	275.06	2.59	277.66	
37	17	649.36	26.97	676.32	17	277.66	2.19	279.85	
38	18	676.32	26.16	702.48	18	279.85	1.85	281.69	
39	19	702.48	25.37	727.86	19	281.69	1.56	283.25	
40	20	727.86	24.62	752.47	20	283.25	1.31	284.57	
41	21	752.47	23.88	776.35	21	284.57	1.11	285.68	
42	22	776.35	23.16	799.51	22	285.68	0.94	286.61	
43	23	799.51	22.47	821.98	23	286.61	0.79	287.40	
44	24	821.98	21.80	843.78	24	287.40	0.67	288.07	
45	25	843.78	21.14	864.92	25	288.07	0.56	288.63	

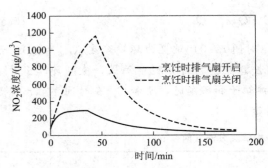

图 16-3　例 16.2NO$_2$ 浓度与时间的关系图

（3）成本问题　解决 IAQ 污染问题的三种有效方法是降低排放率、增加通风率、安装空气净化装置。在通常情况下，安装净化器会增加很多成本，最常使用的方法是提高通风率。

但通风率的提高也会导致能源成本的上升。通风量与风机功率 N_e 之间的关系为：

$$N_e = \frac{Q\Delta p_0 k}{3600 \times 1000 \eta_1 \eta_2} \qquad (16.9)$$

式中 Δp_0 为通风系统的压力损失。

通风产生的费用为：

$$C_m = N_e t C_e \qquad (16.10)$$

式中，C_m 为每年通风产生的费用，元/a；t 为风机运行时间，h/a；C_e 为单位电费，元/(kW·h)。

上述成本 C_m 仅指通风费用，实际上，空气冷却（或加热）成本更大。建筑物的加热或空调的总成本主要取决于外部（T_0）和内部（T_i）温度、进入建筑物的辐射（太阳）能量、内部热负荷、建筑物绝热性和冷却或加热设备的效率。

根据热力学原理，可以估计空气加热或冷却相关的增量成本。如式（16.11）所示：

$$C_{h/c} = \frac{C_p \rho Q |\Delta T| C_e}{3600 \eta} \qquad (16.11)$$

式中，$C_{h/c}$ 为加热或冷却补充空气的成本，元/h；C_p 为空气比热容，kJ/(kg·℃)；ρ 为空气密度，kg/m^3；Q 为风量，m^3/h；$|\Delta T|$ 为（$T_i - T_0$）的绝对值，℃；C_e 为单位电费，元/(kW·h)；η 为设备效率，量纲为 1。

如果排放源位置明确，通风方式也清楚，那么对建筑物内实施局部通风是非常有效的措施。例如，为了控制住房或商业场所的烹饪排放，炉子上方安装烟罩和通风扇。在餐厅，将厨房与用餐区隔离是必要的。与整体换气相比，局部排气只排出一小部分体积的空气，但能捕获某些特定污染物 90% 以上。在电镀工业中，通常在电镀槽附近安装气罩和通风口，用于保持车间环境安全。

 ## 习题

16.1　某酒吧，任一时间段同时吸烟人数为 40 人，平均每人每小时吸 2 支香烟。酒吧内部容积为 252m^3。为防止甲醛浓度超过 0.1mg/m^3，计算所需的空气通气量。假设甲醛释放量为每支烟 1300μg。

16.2　一家餐厅可容纳 150 人就餐，并允许吸烟。估计这家餐厅所需的通风率（仅补充空气）。餐厅转让后，新店主决定不允许吸烟，需要补充空气的新流量是多少？假设该标准要求为：吸烟时，20m^3/(h·人)；不吸烟时，12m^3/(h·人)。估计餐厅禁烟后每月节省的空调费用。假设内外平均温差 15℃，电费为 0.7 元/(kW·h)。

16.3　有一家大型晚餐秀主题餐厅，不允许吸烟，可容纳 500 人。然而，在表演期间，有抛接火炬项目，所以强制通风气流是推荐标准的 150%，渗透风量是总通风量的 15%。每晚餐表演满座，设施的开放时间为下午 4：00—晚上 10：00，每周 7 晚。计算该餐厅的补充空气量（m^3/h），估计每年仅将这些空气移出餐厅的费用（假设压降为 100mmH$_2$O）。7 月份，这家餐厅下午和傍晚的室外平均温度约为 33℃，餐厅的补充空气必须冷却至 15℃才能补充到餐厅内，估计 7 月份仅冷却补充冷空气的成本。

16.4　某下雨天，木炭烧烤炉放在 168m^3 公寓内，所有窗户因为下雨而关闭，所以通风率只有每小时 0.75 次。环境 CO 浓度和室内初始 CO 浓度均为零。1 小时后，CO 浓度为 190mg/m^3，计算炭烤架的 CO 排放率。2 小时后的 CO 浓度是多少？

16.5　针对习题 16.4 情况，假设 CO 的排放速率为 4.0g/min，创建一个电子表格计算室内 CO 浓度随时间的变化。根据变化曲线，估算 CO 浓度达到 40mg/m^3，需要多长时间；达到可能致命的 800mg/m^3 需要多久。

16.6　针对习题 16.4 公寓，经历烧烤事件后，公寓安装了一个 CO 报警系统。这次油炉烟道出现泄漏，CO 开始以 25g/min 的速度泄漏到公寓内，公寓换气速率仅为每小时 0.75 次。不幸的是，声音报警设为"关"，故室内人睡着后察觉不到，但幸运的是，报警器仍向消防部门发出了一个无声的报警信号。消防队在泄漏开始后 45min 到达，开窗户，关闭了油加热器，公寓通风率迅速升高到每小时 2.5 次，拯救了这户人家。创建一个电子表格，绘制开始泄漏之后的前 45min 内公寓中 CO 浓度与时间的关系图。

附 录

附录1 单位换算

1.1 长度

1 码 (yd) =0.9144 米 (m) 1 英尺 (ft) =0.305 米 (m) 1 英寸 (in) =2.54 厘米 (cm)

1 英里 (mile) =1.609 千米 (km) 1 海里 (n mile) =1.852 千米 (km) 1 埃 (Å) =10^{-10} 米 (m)

1.2 面积

1 公顷 (hm^2) =15 亩=100 公亩 (are) =10000 平方米 (m^2)

1 英亩 (acre) =0.4047 公顷 (hm^2) =4.047×10^{-3} 平方千米 (km^2) =4047 平方米 (m^2)

1 平方千米 (km^2) =100 公顷 (hm^2)

1.3 体积

1 桶 (bbl) =0.159 立方米 (m^3) =42 美加仑 (gal)

1 美加仑 (gal) =3.785 升 (L) 1 英加仑 (gal) =4.546 升 (L)

1.4 质量

1 磅 (lb) =0.454 千克 (kg) 1 盎司 (oz) =28.350 克 (g)

1 克拉 (ct) =4 格令 (gr) 1 克 (g) =15.432 格令 (gr)

1 长吨 (longton) =1.12 短吨=1.016 吨 (t) =2240 磅 (lb)

1.5 力

1 牛 (N) =0.225 磅力 (lbf) =0.102 千克力 (kgf)

1 千克力 (kgf) =9.81 牛 (N) 1 达因 (dyn) =10^{-5} 牛 (N)

1.6 压强

1 物理大气压 (atm) =101.325 千帕 (kPa) =1.0333 巴 (bar) 1 达因/厘米^2 (dyn/cm^2) =0.1 帕 (Pa)

1 磅力/英寸^2 (psi) =0.068 大气压 (atm) 1 千帕 (kPa) =0.0102 千克力/厘米^2 (kgf/cm^2)

1 工程大气压=98.0665 千帕 (kPa) 1 托 (Torr) =133.322 帕 (Pa)

1 毫米水柱 (mmH_2O) =9.80665 帕 (Pa) 1 毫米汞柱 (mmHg) =133.322 帕 (Pa)

1.7 密度

1 磅/英尺^3 (lb/ft^3) =16.02 千克/米^3 (kg/m^3)

1 磅/美加仑 (lb/gal) =119.826 千克/米^3 (kg/m^3) 1 磅/英加仑 (lb/gal) =99.776 千克/米^3 (kg/m^3)

1 磅/（石油）桶 （lb/bbl）＝2.853 千克/米³ （kg/m³）

1 波美密度 （B）＝140/15.5℃时的相对密度－130　　API 度＝141.5/15.5℃时的相对密度－131.5

1.8　运动黏度

1 英尺²/秒 （ft²/s）＝9.29030×10⁻² 米²/秒 （m²/s）

1 斯 （St）＝10⁻⁴ 米²/秒 （m²/s）＝1 厘米²/秒 （cm²/s）

1 厘斯 （cSt）＝10⁻⁶ 米²/秒 （m²/s）＝1 毫米²/秒 （mm²/s）

1.9　动力黏度

1 泊 （P）＝0.1 帕·秒 （Pa·s）＝0.1 千克/（米·秒）[kg/(m·s)]

1 厘泊 （cP）＝10⁻³ 帕·秒 （Pa·s）

1 千克力·秒/米² （kgf·s/m²）＝9.80665 帕·秒 （Pa·s）

1 磅力·秒/英尺² （lbf·s/ft²）＝47.8803 帕·秒 （Pa·s）

1.10　传热系数

1 千卡/（米²·时·℃）[1kcal/(m²·h·℃)]＝1.16279 瓦/（米²·开）[W/(m²·K)]

1 英热单位/（英尺²·时·℉）[Btu/(ft²·h·℉)]＝5.67826 瓦/（米²·开）[(W/m²·K)]

1 米²·时·℃/千卡 （m²·h·℃/kcal）＝0.86000 米²·开/瓦 （m²·K/W）

1 千卡/米²·时 （kcal/m²·h）＝1.16279 瓦/米² （W/m²）

1.11　比热容

1 千卡/（千克·摄氏度）[kcal/(kg·℃)]＝1 英热单位/（磅·华氏度）[Btu/(lb·℉)]
＝4186.8 焦/（千克·开）[J/(kg·K)]

1.12　热功

1 卡 （cal）＝4.1868 焦 （J）　1 大卡＝4.186 千焦 （kJ）

1 英热单位 （Btu）＝1055.06 焦 （J）　1 千克力·米 （kgf·m）＝9.80665 焦 （J）

1 千瓦·时 （kW·h）＝3.6×10³ 千焦 （kJ）　1 米制马力·时 （hp·h）＝2.648×10³ 千焦 （kJ）

1.13　功率

1 千克力·米/秒 （kgf·m/s）＝9.80665 瓦 （W）　1 米制马力 （hp）＝735.499 瓦 （W）

1 卡/秒 （cal/s）＝4.1868 瓦 （W）　1 英热单位/时 （Btu/h）＝0.293071 瓦 （W）

1.14　温度

1 摄氏度 （℃）＝$\frac{5}{9}$ [华氏度 （℉）－32]

附录 2　干空气的物理参数（p = 101325Pa）

温度 t/℃	密度 /(kg/m³)	比热容 /[kJ/(kg·K)]	热导率 /[10^{-2}W/(m·K)]	热扩散率 /(10^{-2}m²/h)	动力黏度 /(10^{-6}Pa·s)	运动黏度 /(10^{-6}m²/s)
−100	1.984	1.022	1.617	2.880	11.770	5.940
−50	1.534	1.013	2.035	4.730	14.610	9.540
−20	1.365	1.009	2.256	5.940	16.280	11.930
0	1.252	1.009	2.373	6.750	17.160	13.700
2	1.243	1.009	2.389	6.848	17.279	13.900
4	1.234	1.009	2.405	6.946	17.397	14.100
6	1.224	1.009	2.421	7.044	17.514	14.300
8	1.215	1.009	2.432	7.142	17.632	14.500
10	1.206	1.009	2.454	7.240	17.750	14.700
12	1.198	1.010	2.468	7.324	17.848	14.900
14	1.189	1.011	2.482	7.408	17.946	15.100
15	1.185	1.011	2.489	7.450	17.995	15.200
17	1.177	1.012	2.503	7.534	18.093	15.400
20	1.164	1.013	2.524	7.660	18.240	15.700
22	1.158	1.013	2.535	7.756	18.338	15.882
24	1.149	1.013	2.547	7.852	18.437	16.064
25	1.146	1.013	2.552	7.900	18.486	16.155
27	1.138	1.013	2.564	7.996	18.584	16.337
29	1.131	1.013	2.576	8.092	18.682	16.519
30	1.127	1.013	2.582	8.140	18.731	16.610
32	1.120	1.013	2.596	8.242	18.829	16.808
34	1.113	1.013	2.610	8.344	18.927	17.006
35	1.110	1.013	2.617	8.395	18.976	17.105
37	1.103	1.013	2.631	8.497	19.074	17.303
40	1.092	1.013	2.652	8.650	19.221	17.600
50	1.056	1.017	2.733	9.140	19.610	18.600
60	1.025	1.017	2.803	9.650	20.400	19.600
70	0.996	1.017	2.861	10.180	20.400	20.450
80	0.968	1.022	2.931	10.650	20.990	21.700
90	0.942	1.022	3.001	11.250	21.570	22.900
100	0.916	1.022	3.070	11.800	21.770	25.780
120	0.870	1.026	3.198	12.900	22.750	26.200
140	0.827	1.026	3.326	14.100	23.540	28.450
160	0.789	1.030	3.442	15.250	24.120	30.600

温度 t/℃	密度 /(kg/m³)	比热容 /[kJ/(kg·K)]	热导率 /[10⁻²W/(m·K)]	热扩散率 /(10⁻²m²/h)	动力黏度 /(10⁻⁶Pa·s)	运动黏度 /(10⁻⁶m²/s)
180	0.755	1.034	3.570	16.500	25.010	33.170
200	0.723	1.034	3.698	17.800	25.890	35.820
250	0.653	1.043	3.977	21.200	27.950	42.800
300	0.596	1.047	4.291	24.800	29.710	49.900
350	0.549	1.055	4.571	28.400	31.480	57.500
400	0.508	1.059	4.850	32.400	32.950	64.900
500	0.450	1.072	5.396	40.000	36.190	80.400
600	0.400	1.089	5.815	49.100	39.230	98.100
800	0.325	1.114	6.687	68.000	44.520	137.000
1000	0.268	1.139	7.618	89.900	49.520	185.000
1200	0.238	1.164	8.455	113.000	53.940	232.500

附录 3　水的物理性质

3.1　水的物理参数

附表 3-1　水的物理参数

温度 /℃	压力 /atm	密度 /(kg/m³)	比焓 /(kJ/kg)	质量定压热容 /[kJ/(kg·K)]	热导率 /[W/(m·K)]	热扩散率 /(10⁻⁴ m²/h)	动力黏度 /(10⁻⁵ Pa·s)	运动黏度 /(10⁻⁶ m²/s)
0	0.968	999.8	0	4.208	0.558	4.8	182.5	1.790
10	0.968	999.7	42.04	4.191	0.563	4.9	133.0	1.300
20	0.968	998.2	83.87	4.183	0.593	5.1	102.0	1.000
30	0.968	995.7	125.61	4.179	0.611	5.3	81.7	0.805
40	0.968	992.2	167.40	4.179	0.627	5.4	66.6	0.659
50	0.968	988.1	209.14	4.183	0.643	5.6	56.0	0.556
60	0.968	983.2	250.97	4.183	0.657	5.7	48.0	0.479
70	0.968	977.8	292.80	4.191	0.668	5.9	41.4	0.415
80	0.968	971.8	334.75	4.195	0.676	6.0	36.3	0.366
90	0.968	965.3	376.75	4.208	0.680	6.1	32.1	0.326
100	0.997	958.4	418.87	4.216	0.683	6.1	28.8	0.295
110	0.141	951.0	461.07	4.229	0.685	6.1	26.0	0.268
120	1.96	943.1	503.70	4.246	0.686	6.2	23.5	0.244
130	2.66	934.8	545.98	4.267	0.686	6.2	21.6	0.226
140	3.56	926.1	587.85	4.292	0.685	6.2	20.0	0.212
150	4.69	916.9	631.82	4.321	0.684	6.2	18.9	0.202
160	6.10	907.4	657.36	4.354	0.683	6.2	17.5	0.190
170	7.82	897.3	718.91	4.388	0.679	6.2	16.6	0.181
180	9.90	886.9	762.87	4.426	0.675	6.2	15.6	0.173
190	12.39	876.0	807.25	4.463	0.670	6.2	14.8	0.166
200	15.35	864.7	852.05	4.514	0.663	6.1	14.1	0.160
210	18.83	852.8	897.27	4.606	0.655	6.0	13.4	0.154
220	23.00	840.3	943.33	4.648	0.645	6.0	12.8	0.149
230	27.61	827.3	989.81	4.689	0.637	6.0	12.2	0.145
240	33.04	813.6	1037.12	4.731	0.628	5.9	11.7	0.141

3.2　一些气体水溶液的亨利系数

附表 3-2　一些气体水溶液的亨利系数 H　　　　　单位：10^6 mmHg

气体	温度/℃							
	0	5	10	15	20	25	30	35
H_2	44	46.2	48.3	50.2	51.9	53.7	55.4	56.4
N_2	40.2	45.4	50.8	56.1	61.1	65.7	70.3	74.8
空气	32.8	37.1	41.7	46.1	50.4	54.7	58.6	62.5

气体	温度/℃							
	0	5	10	15	20	25	30	35
CO	26.7	30	33.6	37.2	40.7	44	47.1	50.1
O_2	19.3	22.1	24.9	27.7	30.4	33.3	36.1	38.5
CH_4	17	19.7	22.6	25.6	28.5	31.4	34.1	37
NO	12.8	14.6	16.5	18.4	20.1	21.8	23.5	25.2
C_2H_6	9.55	11.8	14.4	17.2	20	23	26	29.1
C_2H_4	4.19	4.96	5.84	6.8	7.74	8.67	9.62	—
N_2O	0.74	0.89	1.07	1.26	1.5	1.71	1.94	2.26
CO_2	0.553	0.666	0.792	0.93	1.08	1.24	1.41	1.59
C_2H_2	0.55	0.64	0.73	0.82	0.92	1.01	1.11	—
Cl_2	0.204	0.25	0.297	0.346	0.402	0.454	0.502	0.553
H_2S	0.203	0.239	0.278	0.321	0.367	0.414	0.463	0.514
Br_2	0.0162	0.0209	0.0278	0.0354	0.0451	0.056	0.0688	0.083
SO_2	0.0125	0.0152	0.0184	0.022	0.0266	0.031	0.0364	0.0426
HCl	0.00185	0.00191	0.00197	0.00203	0.00209	0.00215	0.0022	0.00224
NH_3	0.00156	0.00168	0.0018	0.00193	0.00208	0.00223	0.00241	—

气体	温度/℃							
	40	45	50	60	70	80	90	100
H_2	57.1	57.7	58.1	58.1	57.8	57.4	57.1	56.6
N_2	79.2	82.9	85.9	90.9	94.6	95.9	96.1	95.4
空气	66.1	69.2	71.9	76.5	79.8	81.7	82.2	81.6
CO	52.9	55.4	57.8	62.5	64.2	64.3	64.3	64.3
O_2	40.7	42.8	44.7	47.8	50.4	52.2	53.1	53.3
CH_4	39.5	41.8	43.9	47.6	50.6	51.8	52.6	53.3
NO	26.8	28.3	29.6	31.8	33.2	34	34.3	34.5
C_2H_6	32.2	35.2	37.9	42.9	47.4	50.2	52.2	52.6
C_2H_4	—	—	—	—	—	—	—	—
N_2O	—	—	—	—	—	—	—	—
CO_2	1.77	1.95	2.15	2.59				
C_2H_2	—	—	—	—				
Cl_2	0.6	0.648	0.677	0.731	0.745	0.73	0.722	—
H_2S	0.566	0.618	0.672	0.782	0.905	1.03	1.09	1.12
Br_2	0.101	0.12	0.145	0.191	0.244	0.307	—	—
SO_2	0.0495	0.0572	0.0653	0.0839	0.104	0.128	0.15	
HCl	0.00227	0.00228	0.00229	0.00224	—	—	—	—
NH_3	—	—	—	—				

附录 4 其他气体物质性质

4.1 可燃气体的主要热工特性

附表 4-1 可燃气体的主要热工特性

气体名称	分子量	密度/(kg/m³)	理论空气量/(m³/m³)	理论产物量/(m³/m³)		发热量/(kJ/m³)		理论燃烧温度/℃	干燃烧产物中CO₂的最大体积分数/%
				湿	干	高	低		
CO	28.01	1.25	2.38	2.88	2.88	12644.74	12644.74	2370	34.7
H₂	2.02	0.09	2.38	2.88	1.88	12770.35	10760.59	2230	—
甲烷	16.04	0.715	9.52	10.52	8.52	3977.65	35715.11	2030	11.8
乙烷	30.07	1.341	16.66	18.16	15.16	69671.68	63768.04	2097	13.2
丙烷	14.09	1.987	23.80	25.80	21.80	99148.16	91276.60	2110	13.8
丁烷	58.12	2.70	30.94	33.44	28.44	128499.03	118680.51	2118	14.0
戊烷	72.15	3.22	38.08	41.03	35.08	15791.71	146126.30	2119	14.2
乙烯	28.05	1.26	14.28	15.28	13.28	63014.35	59078.57	2284	15.0
丙烯	42.08	1.92	21.42	22.92	19.92	91862.78	86042.85	2224	15.0
丁烯	57.10	2.50	28.56	30.56	26.56	121423.00	113551.44	2203	15.0
戊烯	70.13	3.13	35.70	38.20	33.20	150732.00	140934.42	2189	15.0
甲苯	78.11	3.48	35.70	37.20	34.20	146293.78	140390.11	2258	17.5
乙炔	27.04	1.17	11.90	12.40	11.40	58010.88	56042.99	2620	17.5
H₂S	34.08	1.52	7.14	4.64	6.64	25708.18	23698.42	—	15.1

4.2 一些气体的焓值

附表 4-2 一些气体的焓值   单位：kJ/kg

温度 t/℃	CO₂	H₂O	N₂	O₂	空气
38	13.5	41.4	14.9	20.5	22.3
66	8.0	93.7	47.9	46.1	50.2
93	13.3	145.8	80.9	71.9	78.2
121	18.3	198.9	111.0	97.9	106.3
149	23.3	251.7	139.1	124.2	134.5
177	28.6	305.4	170.5	150.7	162.8
204	34.0	358.9	197.5	177.3	191.0
232	39.5	413.4	226.8	204.2	219.6
260	45.0	467.6	256.1	231.4	248.2

温度 t/℃	CO_2	H_2O	N_2	O_2	空气
288	50.7	522.9	285.9	258.9	277.3
316	56.5	578.5	315.4	286.6	306.1
371	68.1	691.1	375.4	342.4	364.5
427	80.2	805.8	435.9	399.4	423.8
482	92.6	922.8	497.3	457.1	491.7
538	105.2	1041.4	559.4	515.5	544.5
593	118.0	1162.4	622.2	574.6	606.0
649	131.1	1286.1	686.0	634.3	668.1
704	144.2	1411.5	758.6	694.3	730.9
760	157.7	1538.3	815.3	755.1	794.4
816	171.3	1669.2	880.9	816.0	858.3
871	185.0	1800.9	947.4	877.6	923.0
927	198.8	1933.9	1014.0	939.1	987.7
982	212.8	2069.8	1081.2	1001.2	1053.5
1038	226.8	2206.8	1148.4	1063.7	1119.3
1093	241.0	2333.3	1216.6	1127.0	1185.2
1149	255.3	2487.1	1285.7	1189.6	1251.7
1204	269.6	2629.2	1353.8	1252.9	1319.1

注：表中数据参考了美国 EPA 发布的《大气污染工程手册》（*Air Pollution Engineering Manual*）；该焓值数据不包括汽化潜热，并且以 -17.8℃ 为零点开始计算。

4.3　氨的性质

附表 4-3　氨的性质

温度 /℃	饱和蒸气压 /atm	蒸气密度 /(kg/m³)	汽化热 /(kcal/kg)	温度 /℃	饱和蒸气压 /atm	蒸气密度 /(kg/m³)	汽化热 /(kcal/kg)
−50	0.4168	0.382	337.97	5	5.259	4.108	297.26
−45	0.5562	0.500	334.68	10	6.217	4.899	292.84
−40	0.7318	0.645	331.34	15	7.431	5.718	288.27
−35	0.9503	0.823	327.95	20	8.741	6.694	283.55
−30	1.219	1.038	324.49	25	10.225	7.795	278.66
−25	1.546	1.297	320.94	30	11.895	9.034	273.59
−20	1.940	1.604	317.29	35	13.765	10.431	268.32
−15	2.410	1.966	313.53	40	15.850	12.005	262.85
−10	2.966	2.390	309.64	45	18.165	13.774	257.18
−5	3.619	2.883	305.64	50	20.727	15.756	251.29
0	4.379	3.452	301.52				

4.4 气体平均比热容

附表 4-4　气体平均比热容　　　　单位：kJ/（m³·K）

$t/℃$	CO_2	H_2O	N_2	O_2	空气	CO	H_2	CH_4	C_2H_6	C_3H_3	C_2H_4	H_2S	SO_2
0	1.5998	1.4943	1.2946	1.3059	1.2971	1.2992	1.2766	1.5500	2.2099	3.0485	1.8268	1.5073	1.7334
100	1.7003	1.5052	1.2958	1.3176	1.3005	1.3017	1.2908	1.4214	2.4950	3.5104	2.0621	1.5324	1.8129
200	1.7874	1.5224	1.2996	1.3352	1.3072	1.3072	1.2971	1.7589	2.7747	3.9665	2.2827	1.5617	1.8883
300	1.8628	1.5425	1.3067	1.3561	1.3172	1.3168	1.2992	1.8862	3.0443	4.3691	2.4954	1.5952	1.9553
400	1.7037	1.5881	1.3164	1.3775	1.5550	1.5550	1.3021	2.0156	3.3085	4.7598	2.6859	1.6329	2.0181
500	1.9888	1.5898	1.3277	1.3980	1.3427	1.3427	1.3050	2.1404	3.5526	5.0939	2.8635	1.6706	2.0683
600	2.0411	1.6149	1.3402	1.4169	1.3566	1.3574	1.3080	2.2610	3.7779	5.4322	3.0259	1.7082	2.1144
700	2.0885	1.6413	1.3536	1.4344	1.3708	1.3721	1.3122	2.3769	3.9864	5.7236	3.1699	1.7459	2.1521
800	2.1312	1.6681	1.3670	1.4499	1.3842	1.3863	1.3168	2.4942	4.1811	5.9886	3.3081	1.7836	2.1814
900	2.1693	1.6957	1.3796	1.4646	1.3976	1.3997	1.3227	2.6026	4.3620	6.2315	3.4316	1.8171	2.4787
1000	2.2036	1.7229	1.3917	1.4776	1.4097	1.4127	1.3289	2.6993	4.5295	6.4614	3.5472	1.8506	2.2358
1100	2.2350	1.7501	1.4035	1.4893	1.4215	1.4248	1.3361	2.7864	4.6840	6.6778	3.6556	1.8841	2.2610
1200	2.2639	1.7769	1.4143	1.5006	1.4328	1.4361	1.3432	2.8631	4.8255	6.8817	3.7528	1.9093	2.2777

附录 5　一些物质在空气和水中的扩散系数

(a)空气中的气体(25℃,1个标准大气压)			(b)水溶液温度 20℃,在稀溶液状态下		
物质	$D/(cm^2/s)$	$(\mu/\rho^{①})/D$	物质	$D \times 10^5/(cm^2/s)$	$(\mu/\rho^{①})/D$
NH_3	0.229	0.67	O_2	1.80	558
CO_2	0.164	0.94	CO_2	1.77	670
H_2	0.410	0.22	N_2O	1.51	665
O_2	0.206	0.75	NH_3	1.76	570
H_2O	0.256	0.60	Cl_2	1.22	824
CS_2	0.107	1.45	Br_2	1.2	840
乙醚	0.093	1.66	H_2	5.13	196
甲醇	0.159	0.97	N_2	1.64	613
乙醇	0.119	1.30	HCl	2.64	381
丙醇	0.100	1.55	H_2S	1.41	712
丁醇	0.090	1.72	H_2SO_4	1.73	580
戊醇	0.070	2.21	HNO_3	2.6	390
己醇	0.059	2.60	乙炔	1.56	645
甲酸	0.159	0.97	乙酸	0.88	1140
乙酸	0.133	1.16	甲醇	1.28	785
丙酸	0.099	1.56	乙醇	1.00	1005
异丁酸	0.081	1.91	丙醇	0.87	1150
戊酸	0.067	2.31	丁醇	0.77	1310
异己酸	0.060	2.58	烯丙醇	0.93	1080
乙二氨	0.105	1.47	苯酚	0.84	1200
丁基胺	0.101	1.53	甘油	0.72	1400
苯胺	0.072	2.14	邻苯三酚	0.70	1440
氯苯	0.073	2.12	对苯二酚	0.77	1300
氯甲苯	0.065	2.38	尿素	1.06	946
丙基溴	0.105	1.47	间苯二酚	0.80	1260
丙基碘	0.096	1.61	氨基甲酸乙酯	0.92	1090
苯	0.088	1.76	乳糖	0.43	2340
甲苯	0.084	1.84	麦芽糖	0.43	2340
二甲苯	0.071	2.18	葡萄糖	0.60	
乙苯	0.077	2.01	甘露醇	0.58	1730
丙苯	0.059	2.62	棉子糖	0.37	2720
联苯	0.068	2.28	蔗糖	0.45	2230
正辛烷	0.060	2.58	氯化钠	1.35	745
三甲苯	0.067	2.31	氢氧化钠	1.51	665

①μ/ρ：温度 20℃且适用于稀溶液条件下，0.01005cm^2/s（水），0.00737cm^2/s（苯），0.01511cm^2/s（苯）。

附录 6 部分 VOCs 的燃烧热值

物质	化学式	分子量	$\Delta H_c/(kJ/kg)$
正构烷烃			
甲烷	CH_4	16.0	50150
乙烷	C_2H_6	30.1	47440
丙烷	C_3H_8	44.1	46350
正丁烷	C_4H_{10}	58.1	45730
正戊烷	C_5H_{12}	72.2	45320
正己烷	C_6H_{14}	86.2	45090
六个碳以上的正烷烃	C_nH_{2n+2}	MW	$\dfrac{[3.8868\times10^6+6.147\times10^5\times(n-6)]}{MW}$
1-烯烃			
乙烯	C_2H_4	28.1	47080
丙烯	C_3H_6	42.1	45760
1-丁烯	C_4H_8	56.1	45300
1-戊烯	C_5H_{10}	70.1	45020
1-己烯	C_6H_{12}	84.2	44780
六个碳以上的烯烃	C_nH_{2n}	MW	$\dfrac{[3.7704\times10^6+6.147\times10^5\times(n-6)]}{MW}$
各式各样的烃类			
乙炔	C_2H_2	26.0	48290
苯	C_6H_6	78.1	40580
1,3-丁二烯	C_4H_6	54.1	44540
环己烷	C_6H_{12}	84.2	43810
乙苯	C_8H_{10}	106.2	41310
甲基环己烷	C_7H_{14}	98.2	43710
苯乙烯	C_8H_8	104.2	40910
甲苯	C_7H_8	92.1	40950
一氧化碳	CO	28.0	10110
氢气	H_2	2.016	120900
乙醇	C_2H_5OH	46.1	25960
甲醇	CH_3OH	32.0	18790
水(气态)	H_2O	18.0	2445
硫化氢	H_2S	34.08	12500
硫(生成 SO_2)	S	32.08	9300

注:温度 25℃产物为气态水 $H_2O(g)$ 和气态 $CO_2(g)$(低热值)。

参考文献

[1] COOPER C D，ALLEY F C. Air pollution control：a design approach ［M］. 4th ed. Long Grove：Waveland press，2011.

[2] DE NEVERS N. Air pollution control engineering（影印版）［M］. 2th ed. 北京：清华大学出版社，2000.

[3] 郝吉明，马广大，王书肖. 大气污染控制工程 ［M］. 3 版. 北京：高等教育出版社，2010.

[4] 羌宁，季学李，徐斌，等. 大气污染控制工程 ［M］. 2 版. 北京：化学工业出版社，2015.

[5] 童志权. 大气污染控制工程 ［M］. 北京：机械工业出版社，2006.

[6] 刘天齐，黄小林，邢连壁. 三废处理工程技术手册：废气卷 ［M］. 北京：化学工业出版社，1999.

[7] 江霞，汪华林. 碳中和技术概论 ［M］. 北京：高等教育出版社，2022.